暴 雨 年 鉴

(2017)

中国气象局 编

内 容 简 介

本书共分为4章。第1章对2017年全国降水及暴雨概况进行统计分析并加以综述;第2章从单站暴雨、连续性暴雨、区域性暴雨、主要暴雨过程等几个方面对2017年的暴雨进行索引;第3章对2017年34次主要暴雨过程的基本天气形势和降水演变特征进行概述;第4章对2017年10次重大暴雨事件从雨情、灾情及天气形势等几个方面进行综合分析。书后的附录给出1981—2010年全国暴雨气候概况。

本书比较全面地反映和记录了2017年我国的暴雨状况,为气象部门开展暴雨的监测预报、科技攻关、灾害评估、预报总结等提供基础检索资料。本书可供从事气象、水文、农业、生态、环境等方面的科研业务、教育培训、决策管理及相关人员参考。

图书在版编目(CIP)数据

暴雨年鉴. 2017 / 中国气象局编. — 北京:气象出版社,2021.6

ISBN 978-7-5029-7427-5

Ⅰ.①暴⋯ Ⅱ.①中⋯ Ⅲ.①暴雨-中国-2017-年鉴 Ⅳ.①P426.62-54

中国版本图书馆 CIP 数据核字(2021)第 077761 号

审图号:GS(2021)1643 号

暴雨年鉴(2017)

Baoyu Nianjian (2017)

出版发行:气象出版社			
地　　址:北京市海淀区中关村南大街46号		邮政编码:100081	
电　　话:010-68407112(总编室)　010-68408042(发行部)			
网　　址:http://www.qxcbs.com		E-mail: qxcbs@cma.gov.cn	
责任编辑:王萃萃		终　　审:吴晓鹏	
责任校对:张硕杰		责任技编:赵相宁	
封面设计:地大彩印设计中心			
印　　刷:北京地大彩印有限公司			
开　　本:889 mm×1194 mm　1/16		印　　张:14.75	
字　　数:467 千字			
版　　次:2021年6月第1版		印　　次:2021年6月第1次印刷	
定　　价:150.00元			

本书如存在文字不清、漏印以及缺页、倒页、脱页等,请与本社发行部联系调换。

前 言

中国地处东亚季风气候区,每年都有大量的暴雨天气过程发生,暴雨是我国最主要的灾害性天气之一。由暴雨产生的洪水时常造成江河湖泊泛滥、农田道路淹没、公路交通阻绝,在山区常常诱发山洪、泥石流、山体滑坡等一系列地质灾害。每年暴雨及其引发的次生灾害造成国家社会经济和人民生命财产的巨大损失。但同时,暴雨又是我国淡水资源的重要来源,它带来的充沛降水对于农田灌溉、水力发电、江河航运、工农业生产、人民生活以及生态系统的平衡和恢复都有非常重要的作用。

暴雨作为一种以高强度降水为主要特征的天气现象,对其进行准确预报一直是气象部门工作的重点和难点。因此,加强暴雨科研,提高其预报准确率,减轻暴雨灾害对社会经济造成的损失,是政府决策部门和社会公众的期望所在。研究和探索暴雨发生、发展和变化的规律,需要大量的探测资料作支撑,需要大量暴雨发生的历史史实为基础。编纂出版《暴雨年鉴(2017)》,既能够提供全面反映、准确记录当年我国暴雨状况的资料汇集,供广大科研、业务、教育培训、决策管理及相关工作的同志参考,为暴雨监测预报、防灾减灾及水资源调配管理等提供服务;又可以为气象部门开展暴雨科技攻关、暴雨灾害评估、暴雨预报总结提供基础检索资料;同时,随着岁月积累,也能逐步形成一套反映我国暴雨状况的历史典籍,丰富我国的气象文化。

《暴雨年鉴(2017)》编制工作由中国气象局武汉暴雨研究所廖移山、闵爱荣等完成,附图的绘制工作由闵爱荣承担。

在《暴雨年鉴(2017)》的编辑过程中,中国气象局及其预报与网络司、湖北省气象局有关领导给予了关心并提出了宝贵的指导意见,国家气象信息中心、国家气象中心、国家气候中心有关领导和专家提供了技术指导和基础资料,武汉暴雨研究所张端禹及国家气象中心何立富、张芳华等相关专业技术人员也参与了年鉴的部分编写工作,在此一并谨致谢忱。

编者

2020 年 12 月

编写说明

1. 资料来源及说明

本年鉴的降水资料来自中国气象局国家气象信息中心提供的全国 2424 个国家气象观测站的整编资料,灾情资料来自国家气候中心提供的相关信息材料。

在 2017 年度暴雨概况统计中,所使用的有完整降水资料记录的台站有 2424 个。在全国暴雨气候概况统计中,多年平均采用世界气象组织(WMO)的约定标准,即 1981—2010 年 30 年气候平均值,这段时期有完整降水资料记录的台站有 2297 个,而在统计全国各省(自治区、直辖市)最大日降水量时,使用了 1961—2010 年有完整降水资料记录的台站有 1934 个。

本年鉴未包含中国香港、澳门和台湾地区的降水资料。

2. 暴雨分级标准

本年鉴采用如下暴雨分级标准:

暴　　雨:日降水量 50.0~99.9 mm;

大　暴　雨:日降水量 100.0~249.9 mm;

特大暴雨:日降水量 ≥250.0 mm。

第 1 章和其他之处图例上相邻色标值相等时,上行色标值视同比原值小 0.1。

3. "单站连续性暴雨"的录选标准

单站连续 3 天达到暴雨标准,或者连续 3 天出现降水且其中至少 2 天达到大暴雨标准,即作为一次单站连续性暴雨。单站连续性暴雨的起止日必须达到暴雨或以上量级。

4. "区域性暴雨日"的录选标准

在同一片雨区中,只要有 15 个站达到暴雨标准,当日即作为一个区域性暴雨日。

5. "主要暴雨过程"的录选标准

过程中至少有 1 天达到区域性暴雨日标准,且至少在一个区域性暴雨日中有 2 个或 2 个以上站达到大暴雨标准。过程的起止日必须有 5 个或 5 个以上站达到暴雨标准。

6. "重大暴雨事件"的录选原则

根据暴雨过程的降水和灾情资料,按照降水强度、降水范围、灾情大小等进行综合排序,遴选出当年影响显著的10次重大暴雨事件。

7. 其他需要说明的问题

降 水 量:指从天空降落到地面上的液态和固态(经融化后)降水,没有经过蒸发、渗透和流失而在单位面积水平面上积聚的深度。

暴雨雨量:在给定的时间范围内所有暴雨日的降水量之和。

资料日界:20—20时(北京时间)。

多年平均:1981—2010年30年平均值。

降水距平:年度值与多年平均值的比较。

干旱地区:多年平均年降水量≤300.0 mm的区域。

绘图说明:西沙、珊瑚两站资料在绘图时未予考虑。

目 录

前言
编写说明

第1章 年度暴雨概况 ·· (1)
  1.1 2017年全国暴雨综述 ·· (1)
  1.2 2017年全国降水概况 ·· (2)
  1.3 2017年不同级别暴雨概况 ·· (22)
  1.4 2017年干旱地区日降水量≥25.0 mm概况 ·· (35)

第2章 年度暴雨索引 ·· (37)
  2.1 全国各省(自治区、直辖市)暴雨索引(1—12月) ··· (37)
  2.2 单站连续性暴雨索引 ··· (75)
  2.3 区域性暴雨日索引 ··· (81)
  2.4 主要暴雨过程索引 ··· (90)

第3章 主要暴雨过程 ·· (95)
  3.1 4月主要暴雨过程(No.1,No.2) ·· (95)
  3.2 5月主要暴雨过程(No.3—No.5) ··· (100)
  3.3 6月主要暴雨过程(No.6—No.12) ··· (106)
  3.4 7月主要暴雨过程(No.13—No.20) ··· (130)
  3.5 8月主要暴雨过程(No.21—No.26) ··· (152)
  3.6 9月主要暴雨过程(No.27—No.31) ··· (166)
  3.7 10月主要暴雨过程(No.32—No.33) ··· (178)
  3.8 11月主要暴雨过程(No.34) ··· (181)

第4章 重大暴雨事件 ··· (183)
  4.1 6月12—22日南方暴雨 ·· (184)
  4.2 6月22日—7月4日南方暴雨 ·· (185)
  4.3 7月13—14日东北暴雨 ·· (187)
  4.4 7月18—21日北方暴雨 ·· (188)
  4.5 7月26—28日北方暴雨 ·· (190)
  4.6 7月30日—8月7日东部暴雨(双台风"纳沙""海棠"暴雨) ··· (191)
  4.7 8月12—16日南方暴雨 ·· (193)
  4.8 8月23—25日南方暴雨(超强台风"天鸽"暴雨) ··· (194)

4.9　8月26—29日南方暴雨(强热带风暴"帕卡"暴雨) ·· (195)

4.10　10月15—16日南方暴雨(强台风"卡努"暴雨) ·· (196)

附录　全国暴雨气候概况 ··· (198)

附录1　1981—2010年30 a平均年降水量分布 ··· (198)

附录2　1981—2010年30 a平均月降水量分布 ··· (199)

附录3　1981—2010年30 a暴雨(≥50.0 mm/d)总日数分布 ······································ (205)

附录4　1981—2010年30 a大暴雨(100.0～249.9 mm/d)总日数分布 ························· (205)

附录5　1981—2010年30 a特大暴雨(≥250.0 mm/d)总日数分布 ······························ (206)

附录6　1981—2010年30 a各月暴雨(≥50.0 mm/d)总日数分布 ································ (206)

附录7　1981—2010年30 a各月大暴雨(100.0～249.9 mm/d)总日数分布 ···················· (212)

附录8　1981—2010年30 a各月特大暴雨(≥250.0 mm/d)总日数分布 ························· (218)

附录9　1961—2016年全国最大日降水量概况表 ·· (223)

附录10　1981—2010年30 a平均年降水量≤300.0 mm的区域分布 ···························· (227)

第1章 年度暴雨概况

1.1 2017年全国暴雨综述

2017年,我国降水(平均降水量641.3 mm)较常年(630 mm)偏多1.8%。从年降水量的分布看(图1.2.1),降水自西北向东南依次递增,这与多年气候平均分布是一致的。新疆大部、内蒙古大部、甘肃河西走廊大部、青海柴达木盆地、西藏西部及宁夏北部年降水量一般不足250 mm。内蒙古中东部、青海大部、西藏中部、甘肃大部、宁夏中南部及北疆部分地区年降水量在250~500 mm。东北大部、华北大部、黄淮大部、江淮东部、陕西大部、四川大部、西藏东部及云南北部年降水量在500~1000 mm。西南地区大部、江汉地区、江淮西部、湖南大部、江西南部、福建南部、浙江北部年降水量在1000~1500 mm。江南北部、华南大部年降水量在1500~2000 mm。江南部分地区、华南部分地区及云南局部地区年降水量超过2000 mm,其中有9个站超过2500 mm。广西东兴、防城、防城港及海南万宁年降水量超过3000 mm,全国最大年降水量出现在广西东兴,为3480 mm。

2017年我国共有217 d出现暴雨,第一个暴雨日出现在1月5日,最后一个暴雨日出现在11月29日。我国西北地区大部、内蒙古大部、西藏地区及西南地区北部全年基本没有暴雨发生,除此之外的大部分地区年暴雨(≥50 mm/d)日数大多在1~6 d,超过6 d的区域主要位于长江流域及江南、华南地区,超过10 d的区域主要位于华南部分地区及江南北部局部地区,超过14 d的区域主要位于华南沿海局部地区,最多的暴雨日数出现在广西东兴,为22 d。我国西北地区、内蒙古地区、西藏地区及西南地区北部除个别站偶有大暴雨发生外,全年都没有大暴雨发生,其他区域大暴雨日数一般不超过2 d,江南、华南局部地区可达3~5 d,广西防城港、东兴、防城3站分别达到6 d、7 d、8 d。

2017年我国有17站次出现特大暴雨,其中广西最多,出现4站次;四川、江苏、广东、浙江各出现2站次;内蒙古、辽宁、湖南、江西和海南各出现1站次。从出现时间看,7月最多出现6站次,6月出现5站次,8月出现3站次,10月出现2站次,11月出现1站次,其余月份没有出现特大暴雨。从每月全国最大日降水量的数值看,除12月未达到暴雨量级外,其余月份均达到暴雨量级,3—11月均达到大暴雨量级,6—8月、10—11月均达到特大暴雨量级。2017年6月16日广东陆丰出现的362.7 mm的降水,为当年全国最大日降水量。

2017我国共出现区域性暴雨日111 d,第一个区域性暴雨日出现在3月10日,最后一个区域性暴雨日出现在11月7日。7月6日出现在华北、黄淮、西北东部及西南东部的区域性暴雨是影响范围最广的一次区域性暴雨,共出现85站暴雨、33站大暴雨、1站特大暴雨,日降水量大于或等于50 mm的总站数达到119站,主要暴雨区共影响到北京、天津、河北、山东、河南、陕西和四川7个省(直辖市),最大暴雨中心出现在四川蓬溪,日降水量

250.3 mm。

2017年我国共出现34次主要暴雨过程,分布在4—11月,其中7月8次,6月7次,8月6次,9月5次,5月3次,4月、10月各2次,11月1次。34次主要暴雨过程中有6次由热带气旋登陆或影响所致。从34次主要暴雨过程中遴选出10次列为年度重大暴雨事件,分别发生在6—10月,其中6月2次,7月4次,8月3次,10月1次。10次重大暴雨事件中有4次为热带气旋登陆所致。第2次重大暴雨事件即"6月22—7月4日南方暴雨"由低涡切变造成连续13 d的强降水,是直接经济损失最大的一次重大暴雨事件,其直接经济损失高达505.1亿元。

2017年我国有29站次突破了56 a(1961—2016年)日降水量的历史记录,其中四川4站次,黑龙江、甘肃、辽宁、云南各3站次,内蒙古、西藏、湖南、江苏各2站次,青海、陕西、山东、浙江、广西各1站次,其余省(自治区、直辖市)没有。2017年全国共78站次出现了连续性暴雨,最长连续天数为5 d,6月13—17日出现在广东陆丰。干旱地区共有83站次日降水量达到或超过25 mm。

1.2　2017年全国降水概况

1.2.1　年降水量分布图

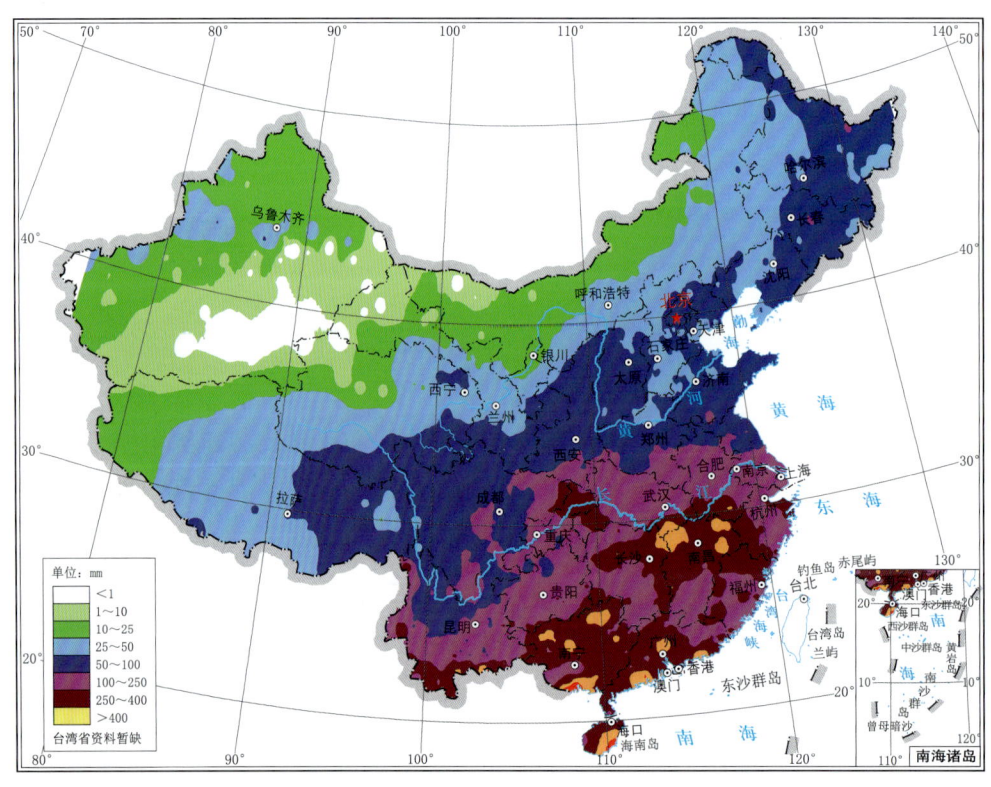

图1.2.1　2017年全国降水量分布图(单位:mm)

1.2.2 年降水量距平分布图

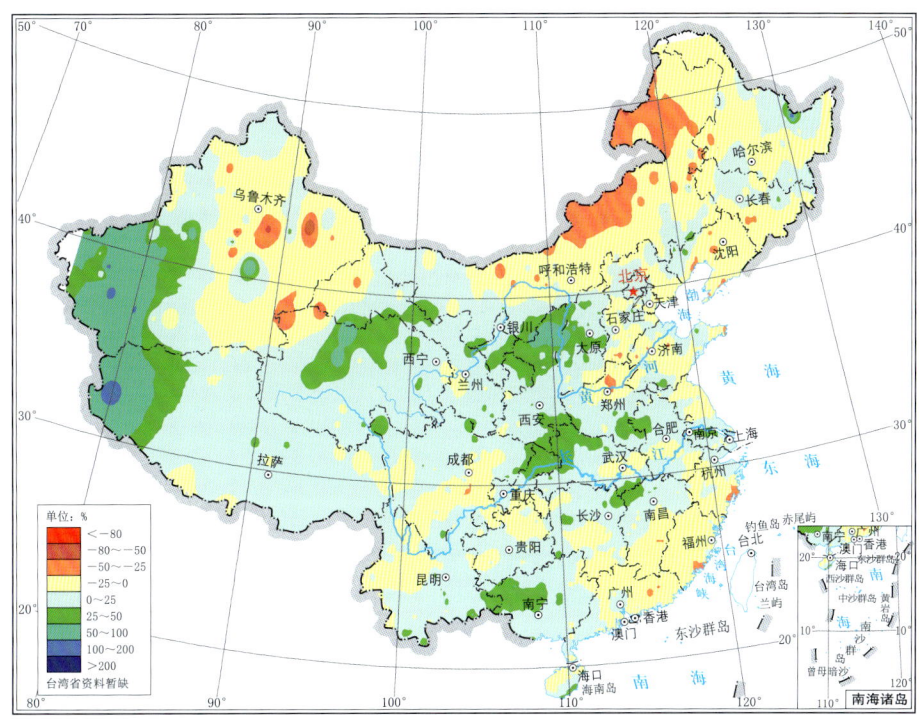

图 1.2.2 2017 年全国降水量距平百分率分布图(单位:%)*

1.2.3 月降水量分布图

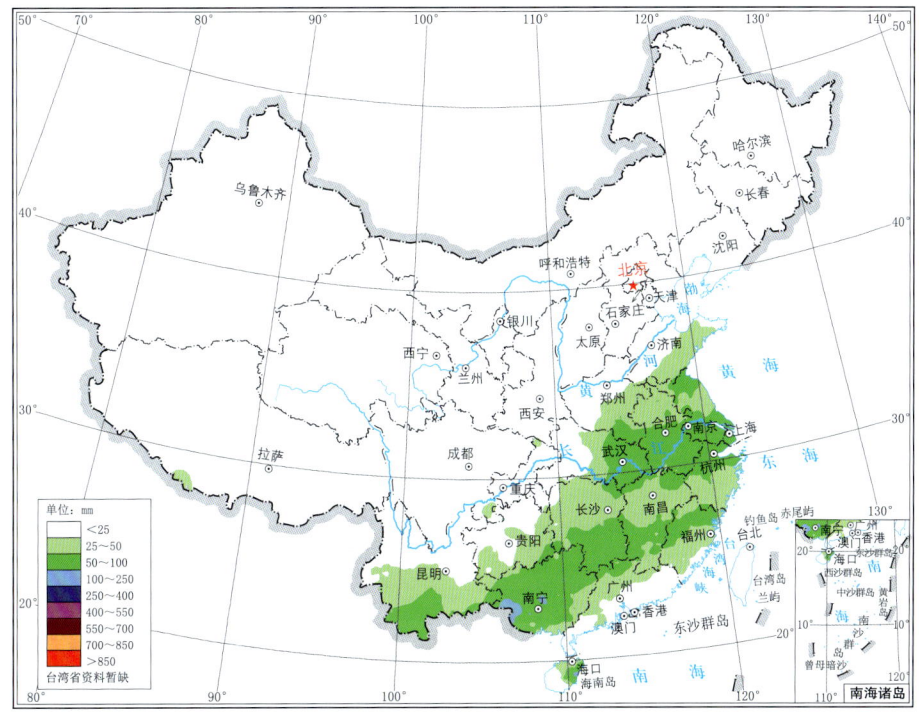

图 1.2.3 2017 年 1 月全国降水量分布图(单位:mm)

---

* 计算降水量距平时,多年平均值采用 1981—2010 年 30 a 平均值,下同。

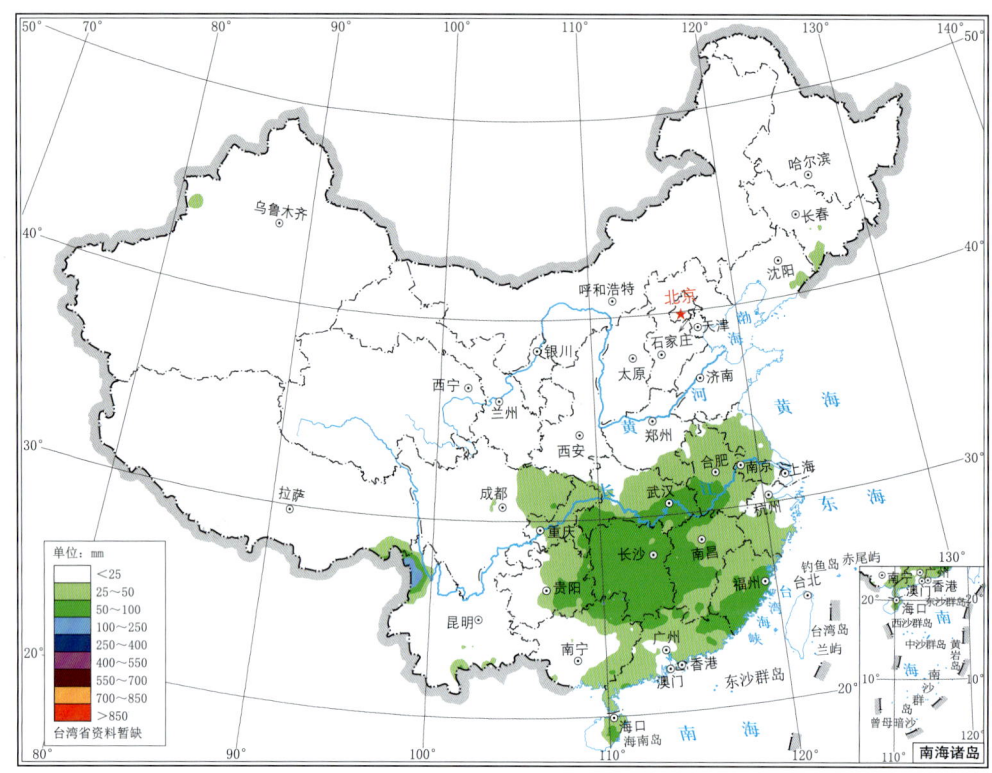

图 1.2.4 2017年2月全国降水量分布图(单位:mm)

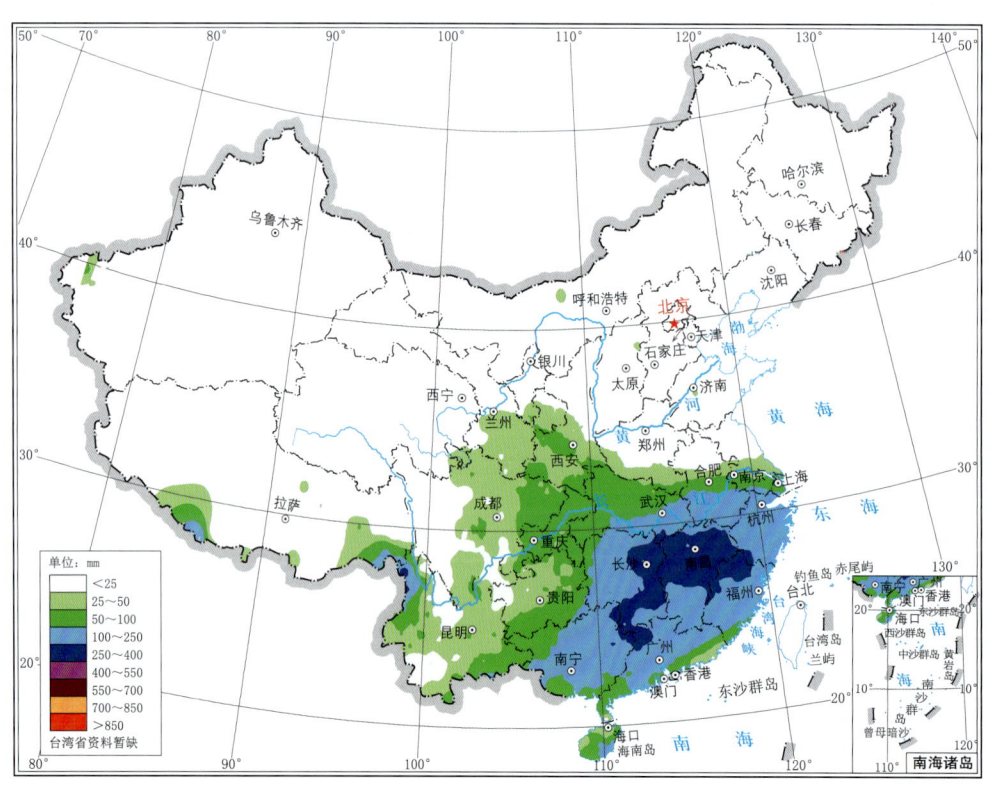

图 1.2.5 2017年3月全国降水量分布图(单位:mm)

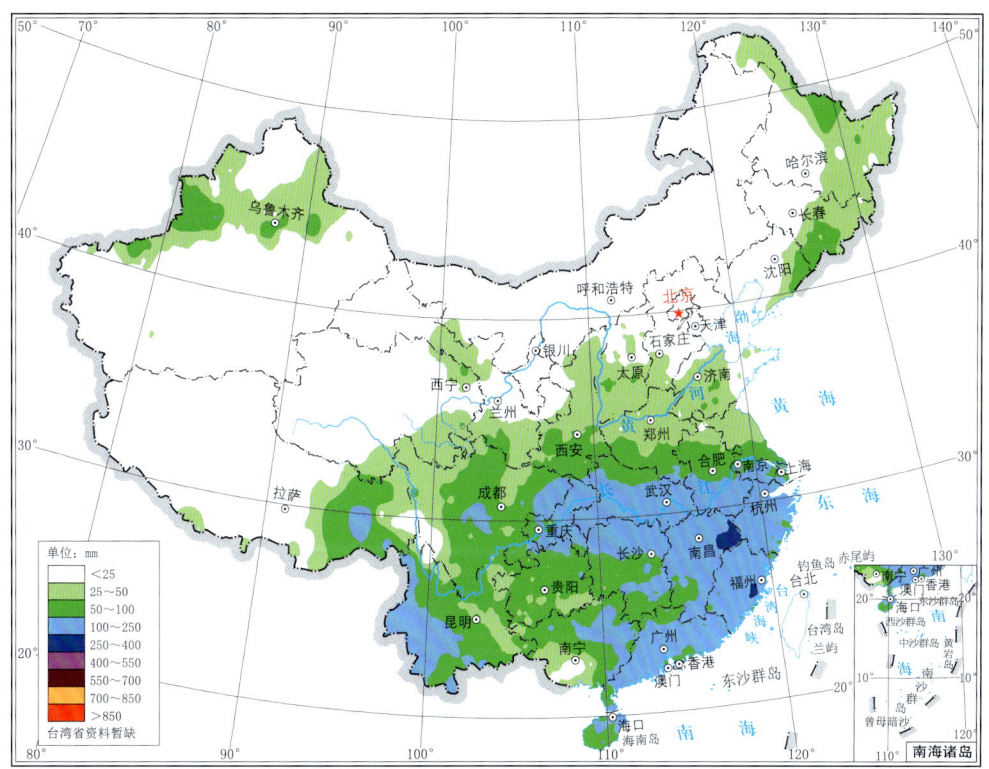

图 1.2.6　2017 年 4 月全国降水量分布图（单位：mm）

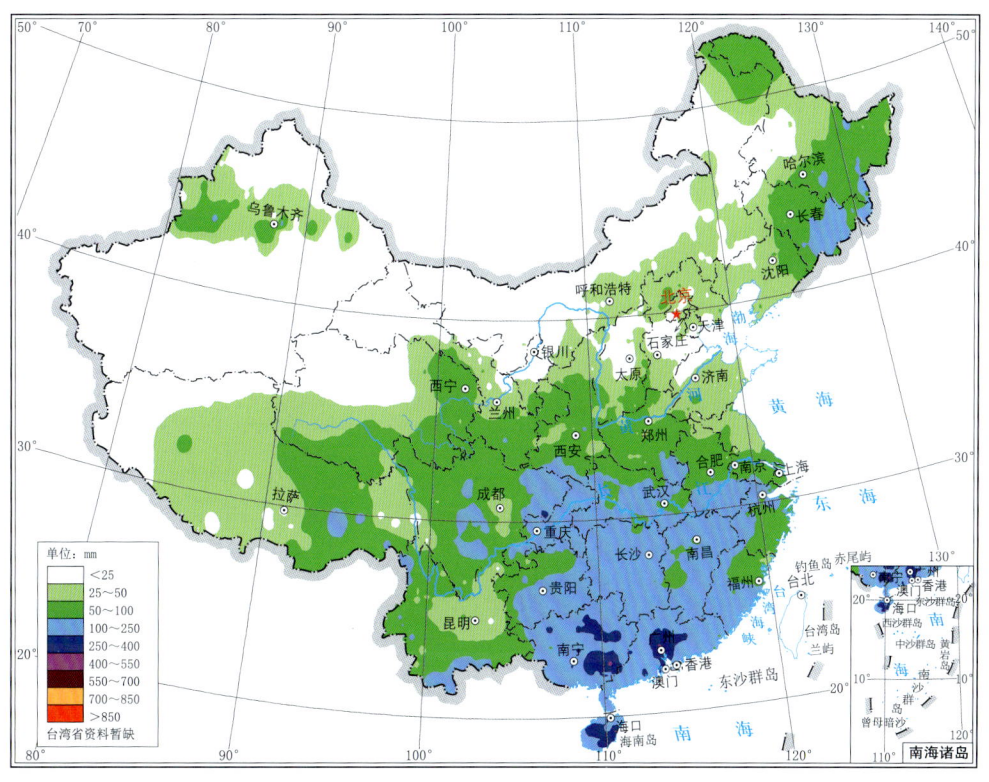

图 1.2.7　2017 年 5 月全国降水量分布图（单位：mm）

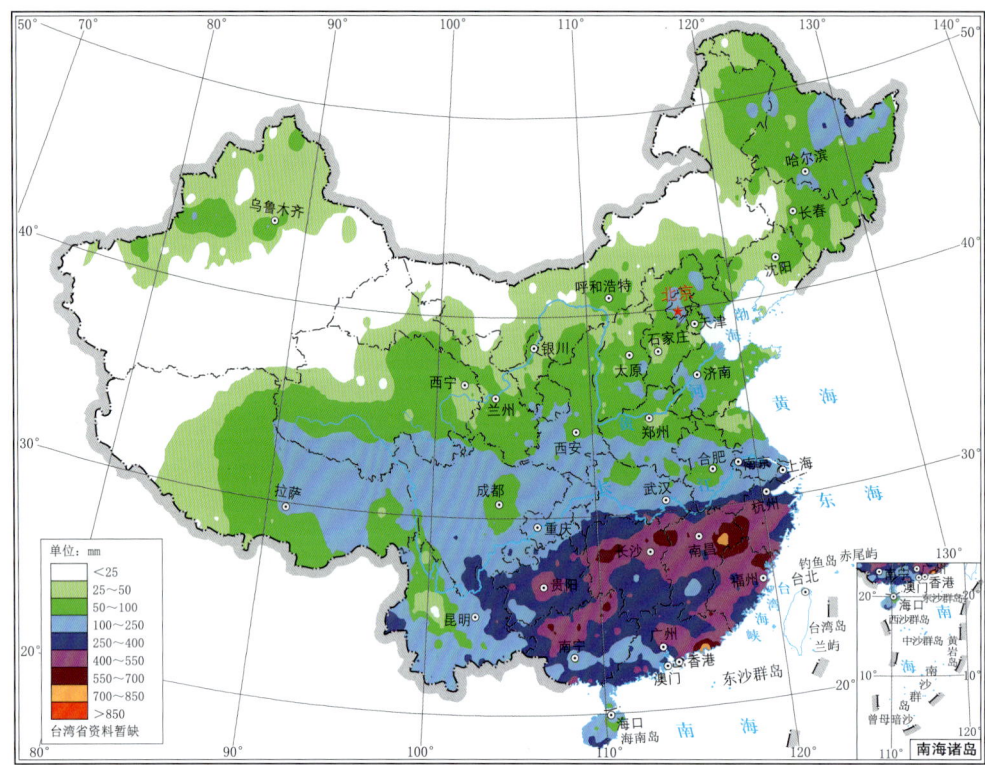

图 1.2.8 2017 年 6 月全国降水量分布图(单位：mm)

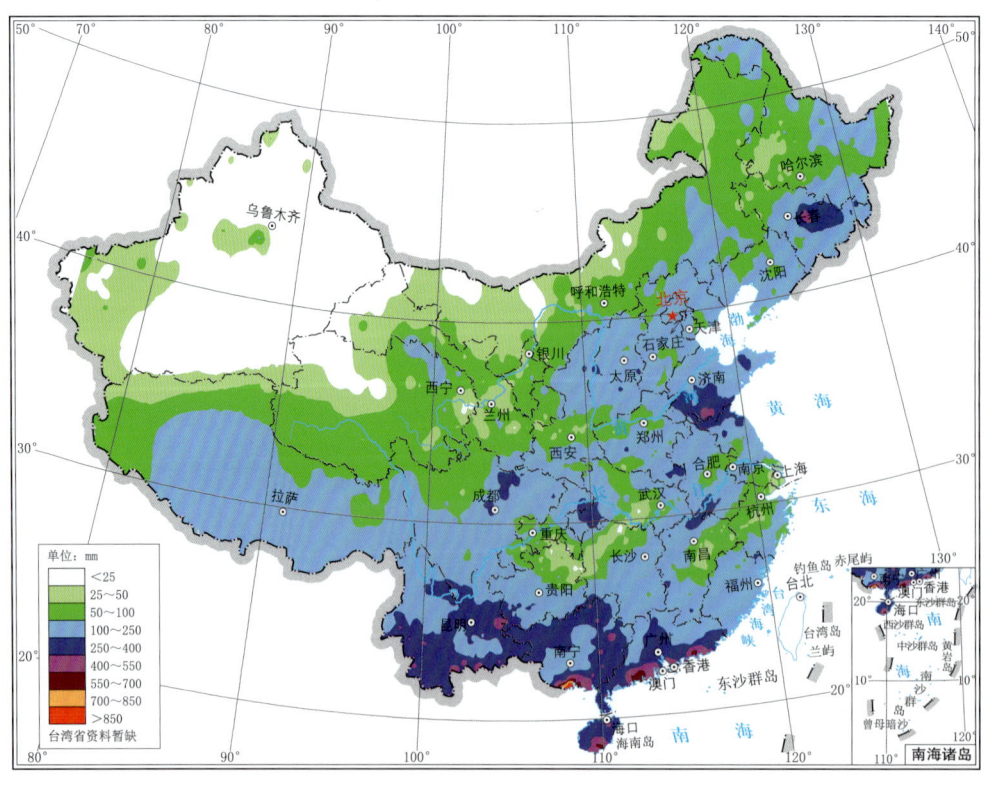

图 1.2.9 2017 年 7 月全国降水量分布图(单位：mm)

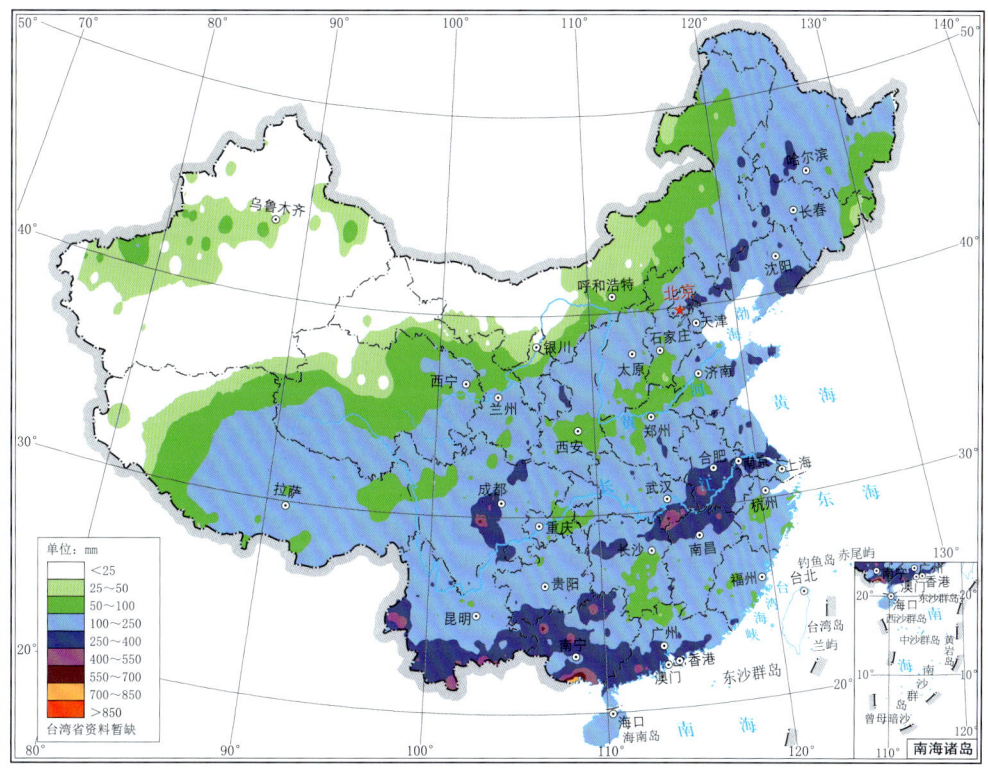

图 1.2.10　2017 年 8 月全国降水量分布图(单位：mm)

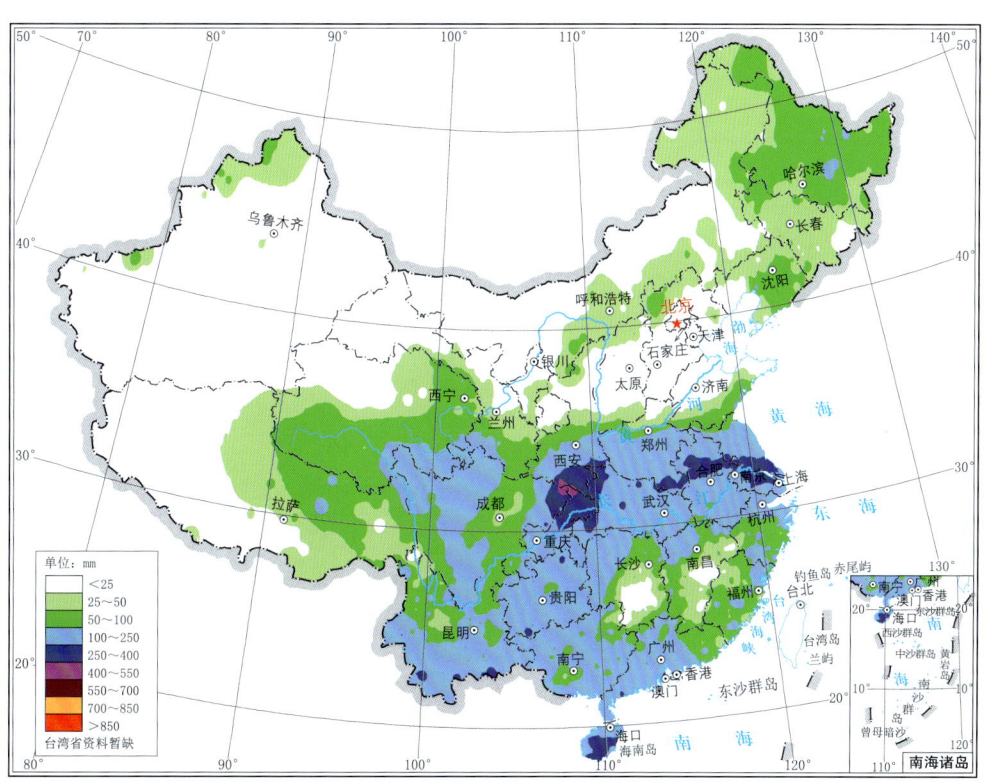

图 1.2.11　2017 年 9 月全国降水量分布图(单位：mm)

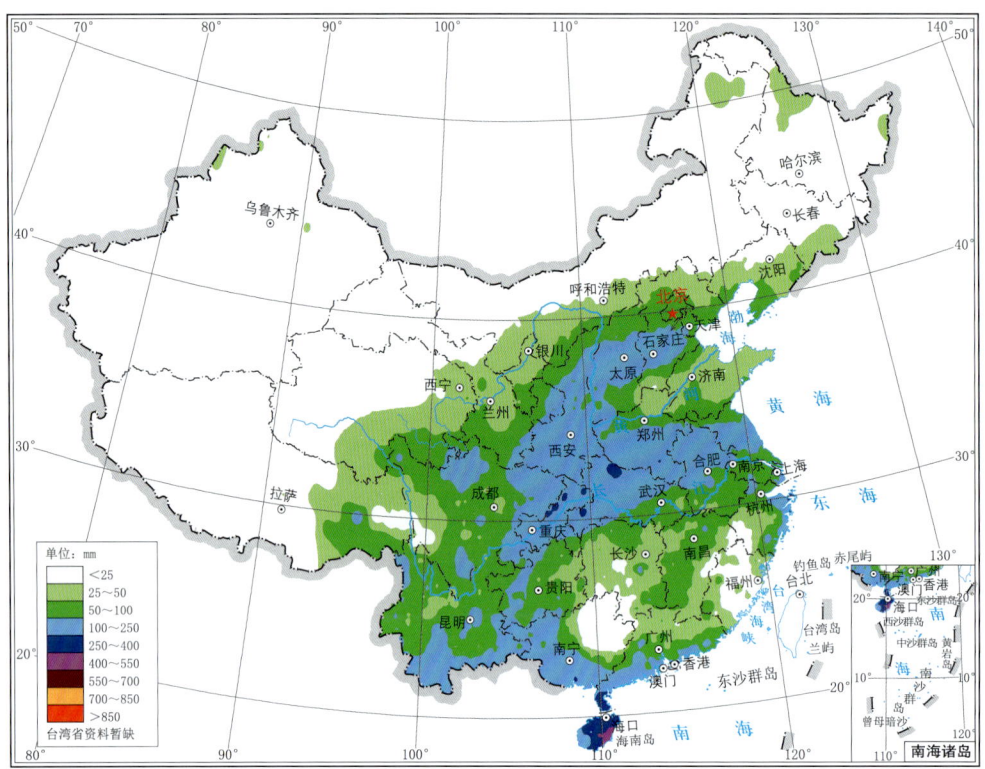

图 1.2.12　2017 年 10 月全国降水量分布图(单位：mm)

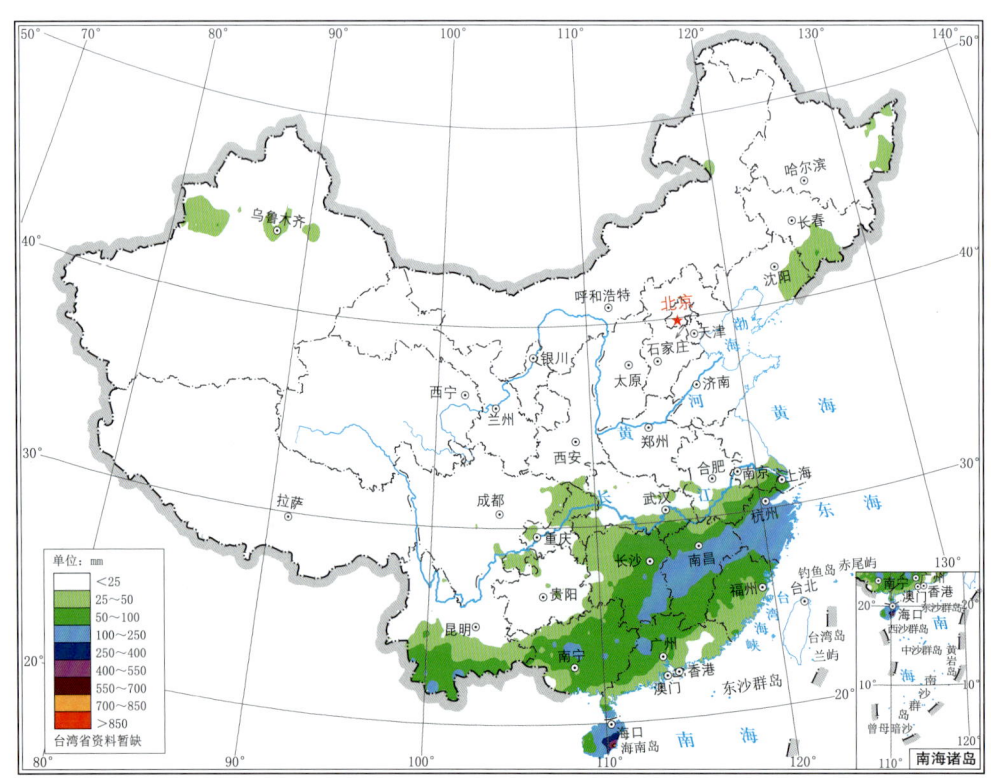

图 1.2.13　2017 年 11 月全国降水量分布图(单位：mm)

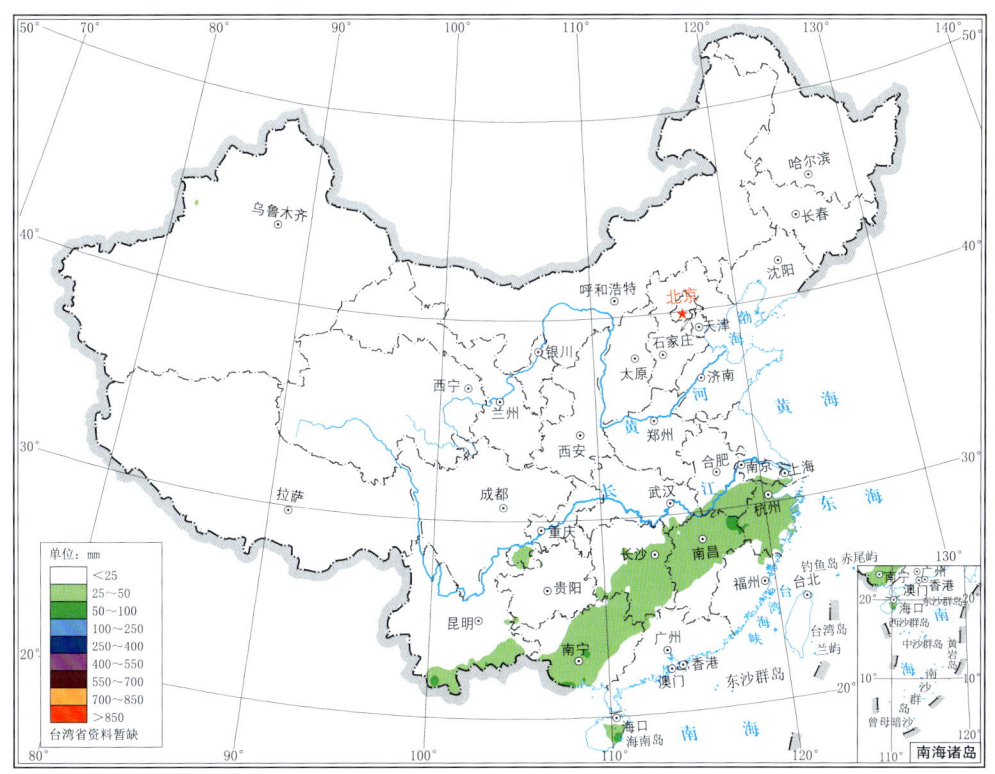

图 1.2.14 2017 年 12 月全国降水量分布图(单位:mm)

1.2.4　月降水量距平分布图

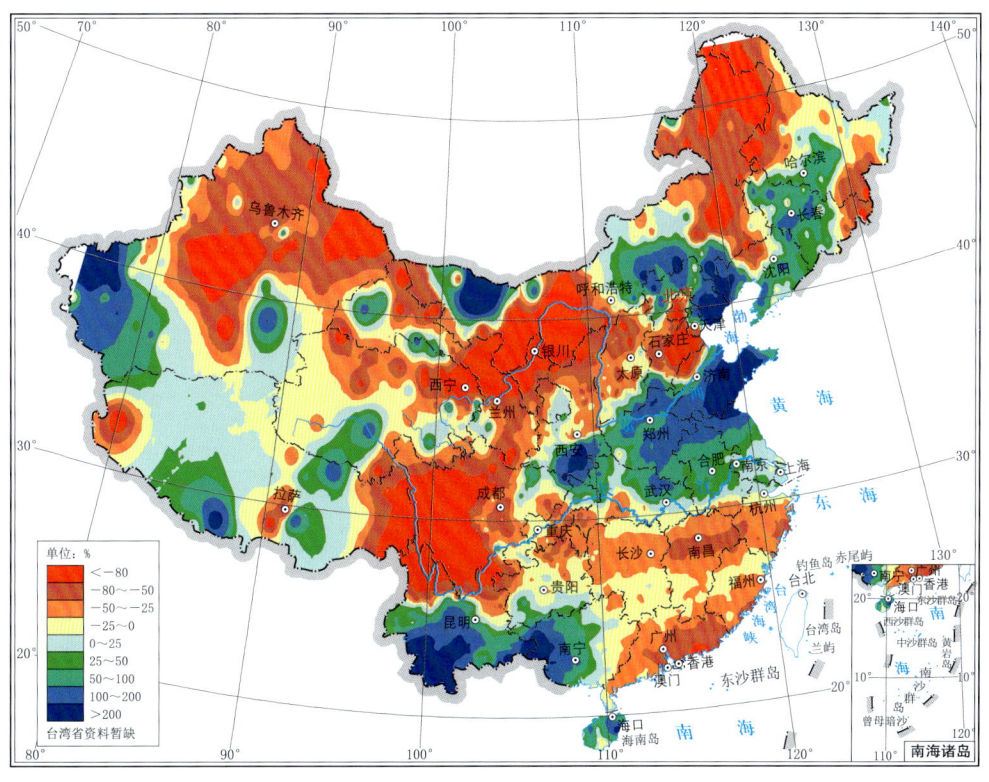

图 1.2.15 2017 年 1 月全国降水量距平百分率分布图(单位:%)

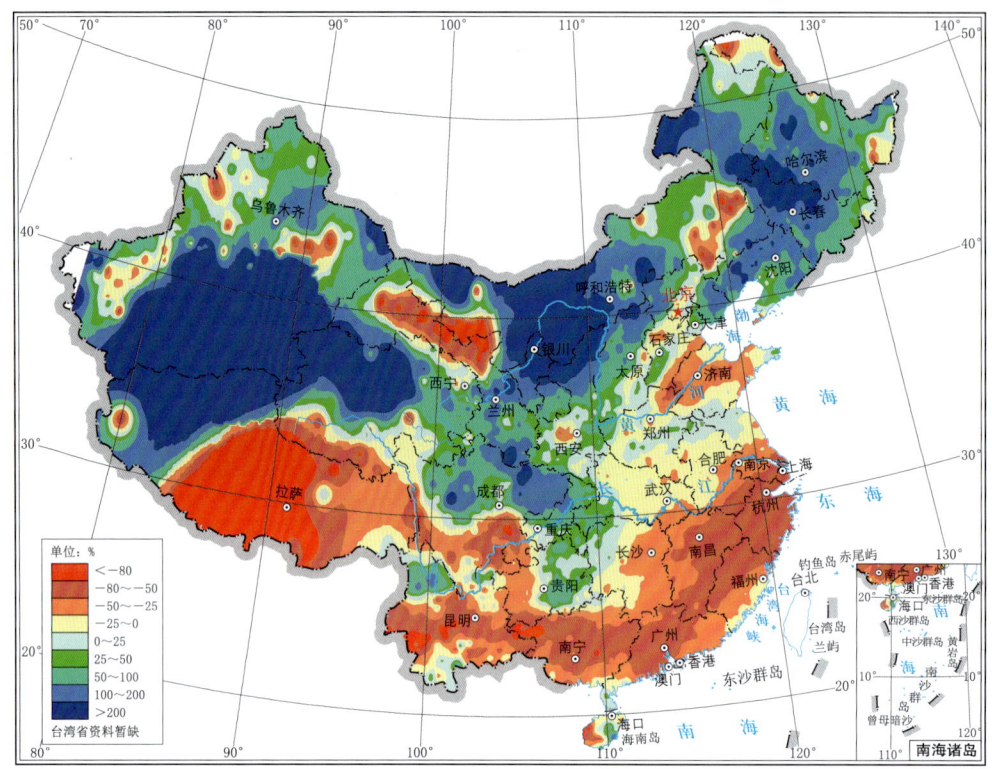

图 1.2.16　2017 年 2 月全国降水量距平百分率分布图(单位:%)

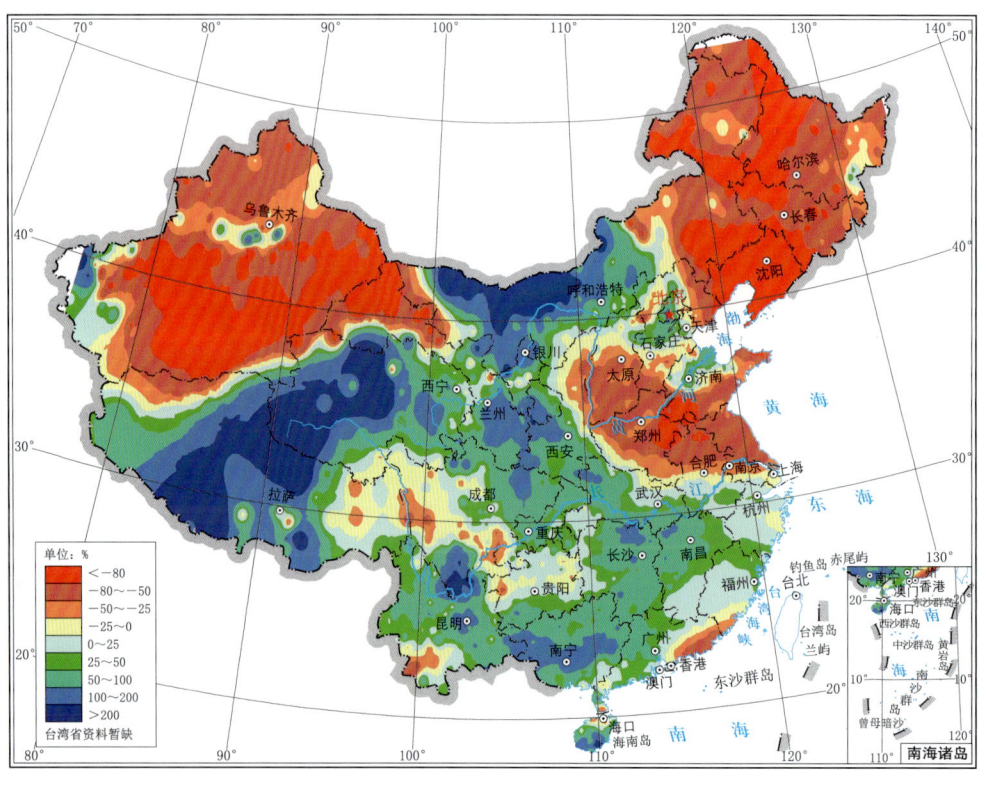

图 1.2.17　2017 年 3 月全国降水量距平百分率分布图(单位:%)

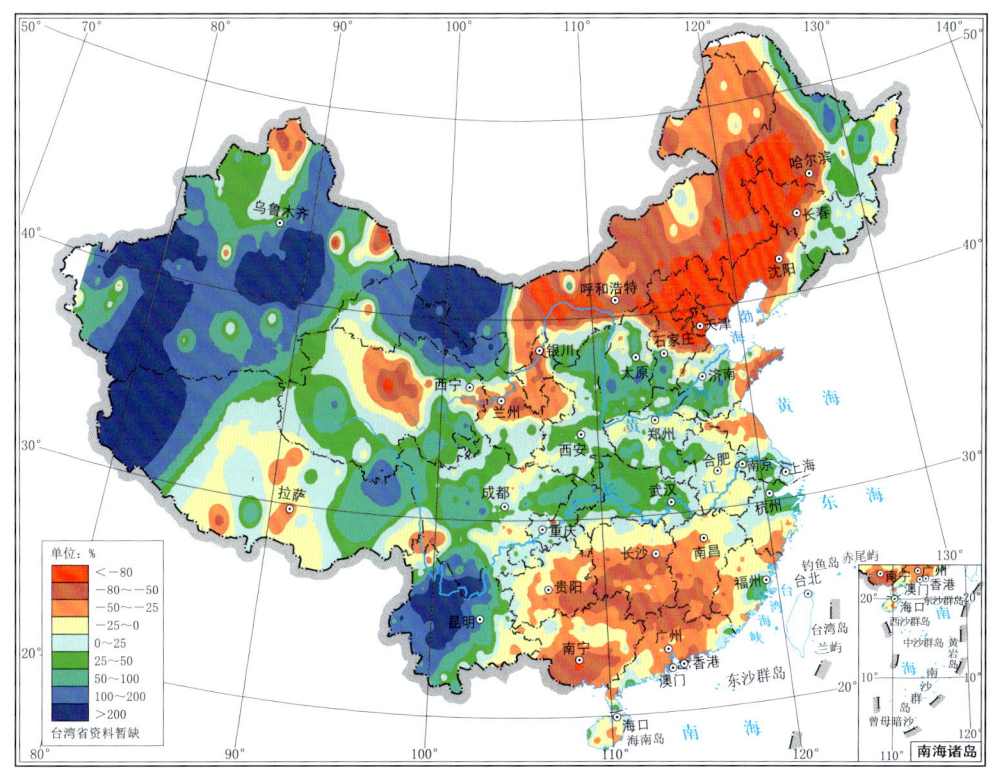

图 1.2.18　2017 年 4 月全国降水量距平百分率分布图(单位:%)

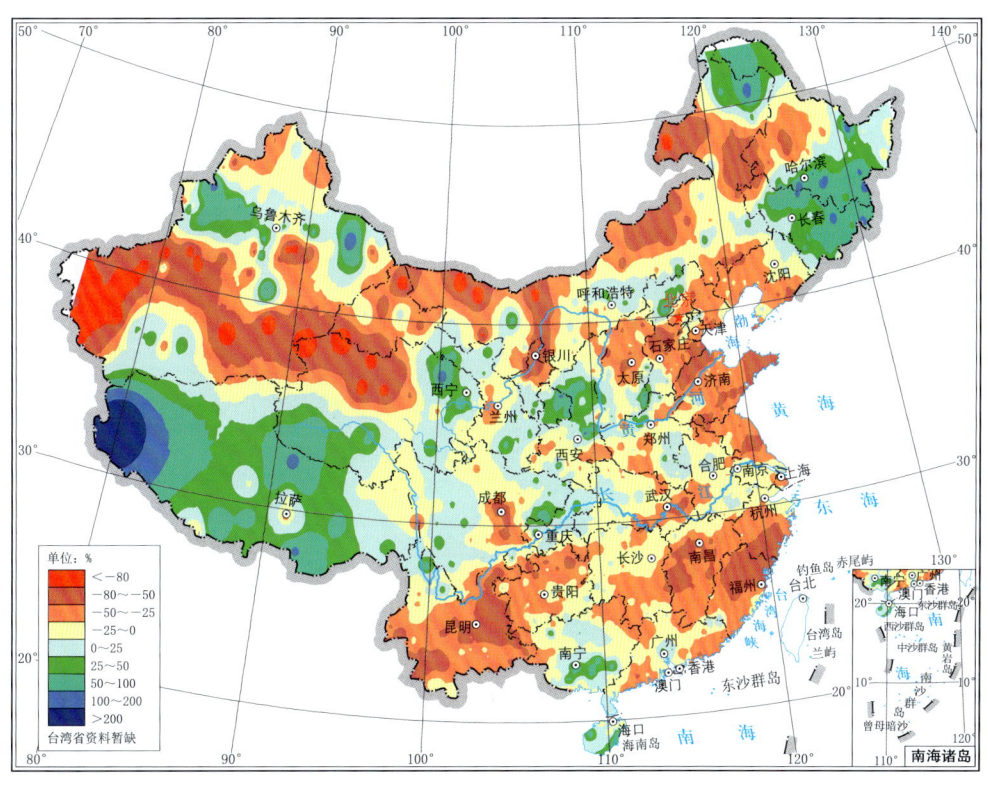

图 1.2.19　2017 年 5 月全国降水量距平百分率分布图(单位:%)

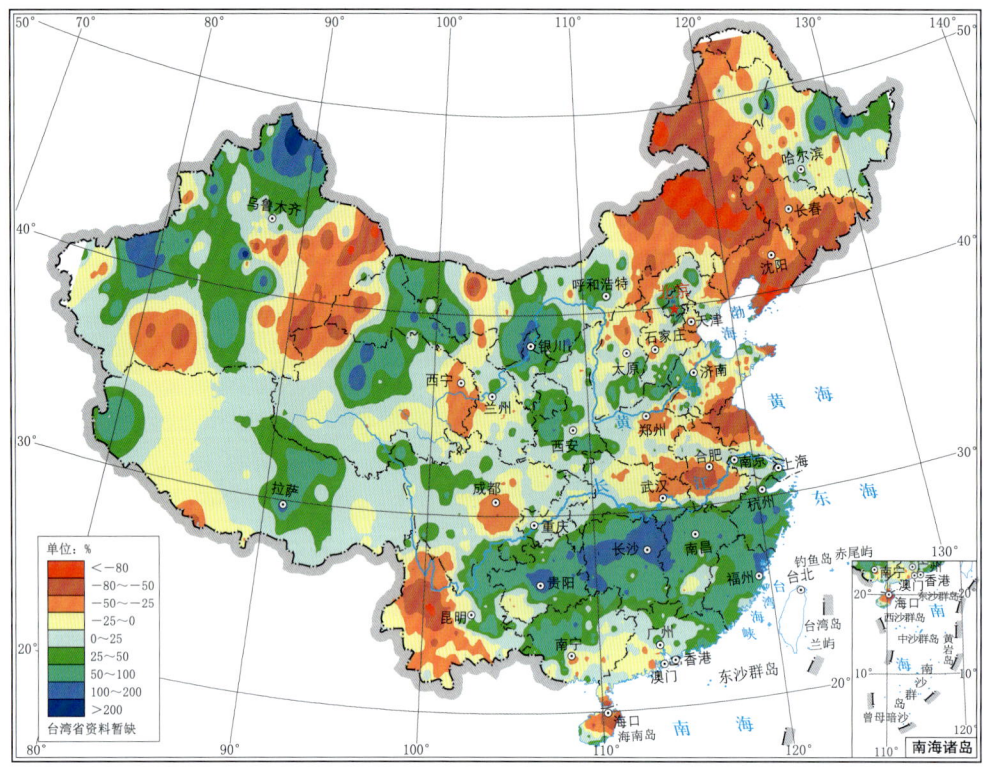

图 1.2.20　2017 年 6 月全国降水量距平百分率分布图（单位：%）

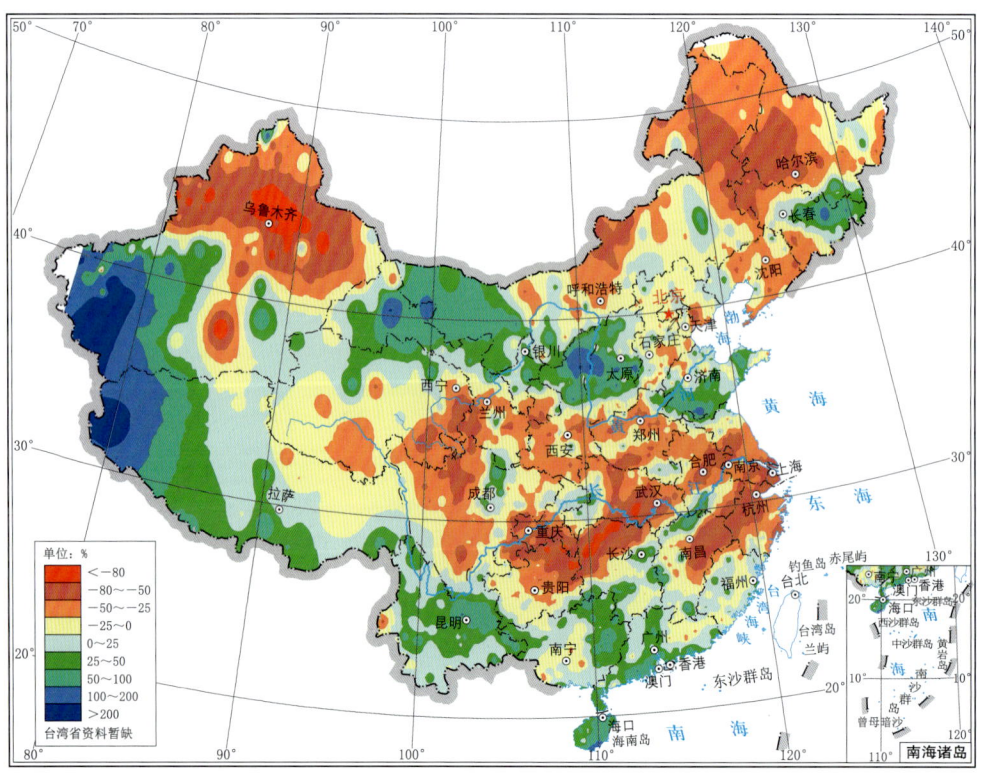

图 1.2.21　2017 年 7 月全国降水量距平百分率分布图（单位：%）

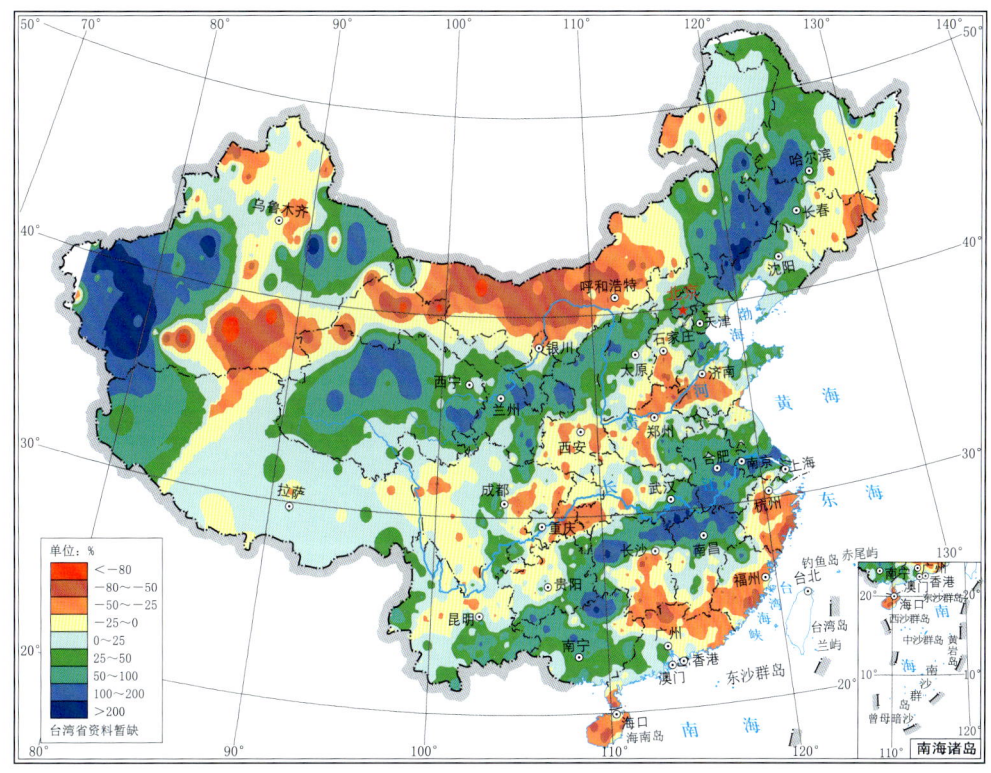

图 1.2.22　2017 年 8 月全国降水量距平百分率分布图（单位：%）

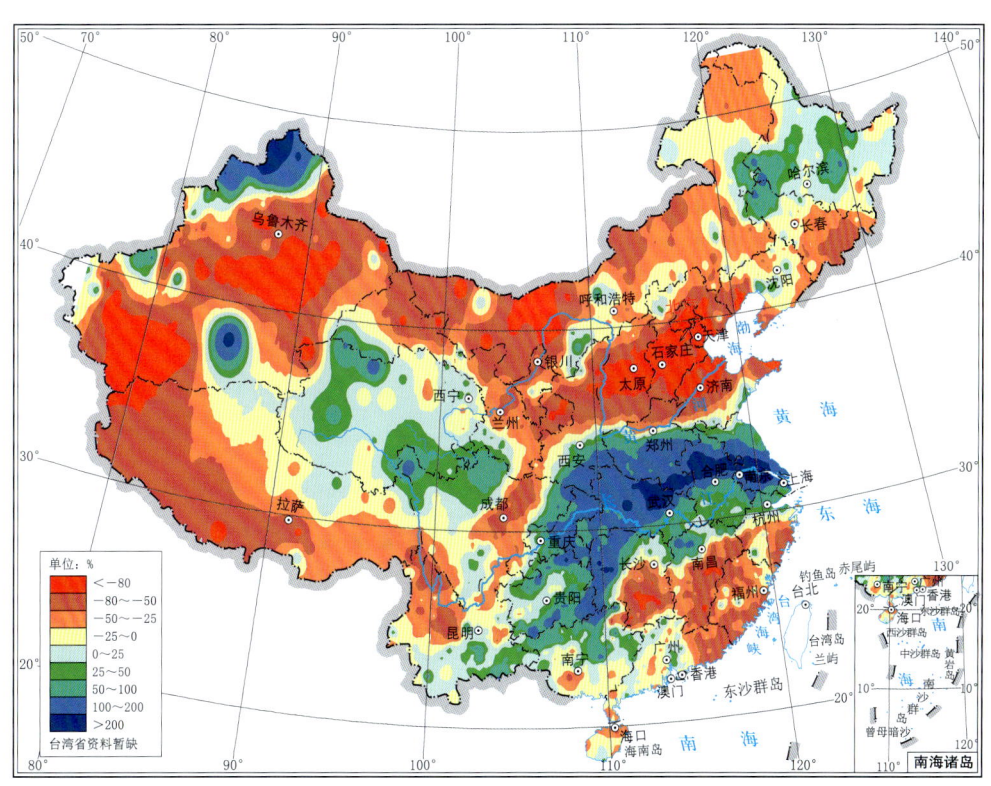

图 1.2.23　2017 年 9 月全国降水量距平百分率分布图（单位：%）

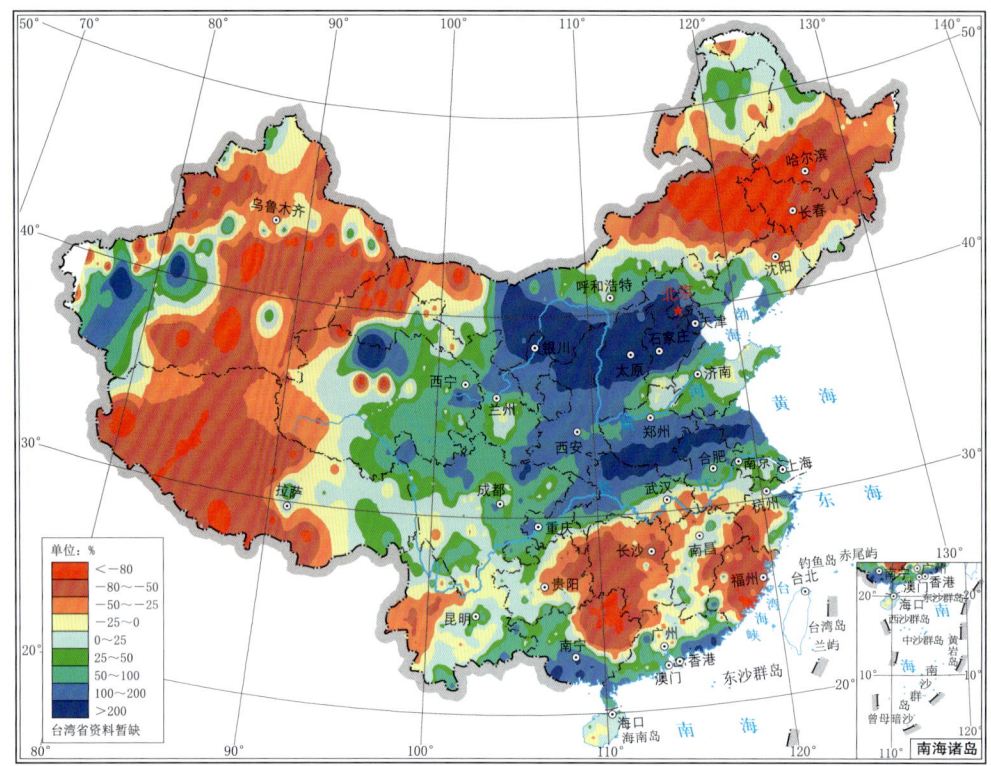

图 1.2.24 2017 年 10 月全国降水量距平百分率分布图(单位:%)

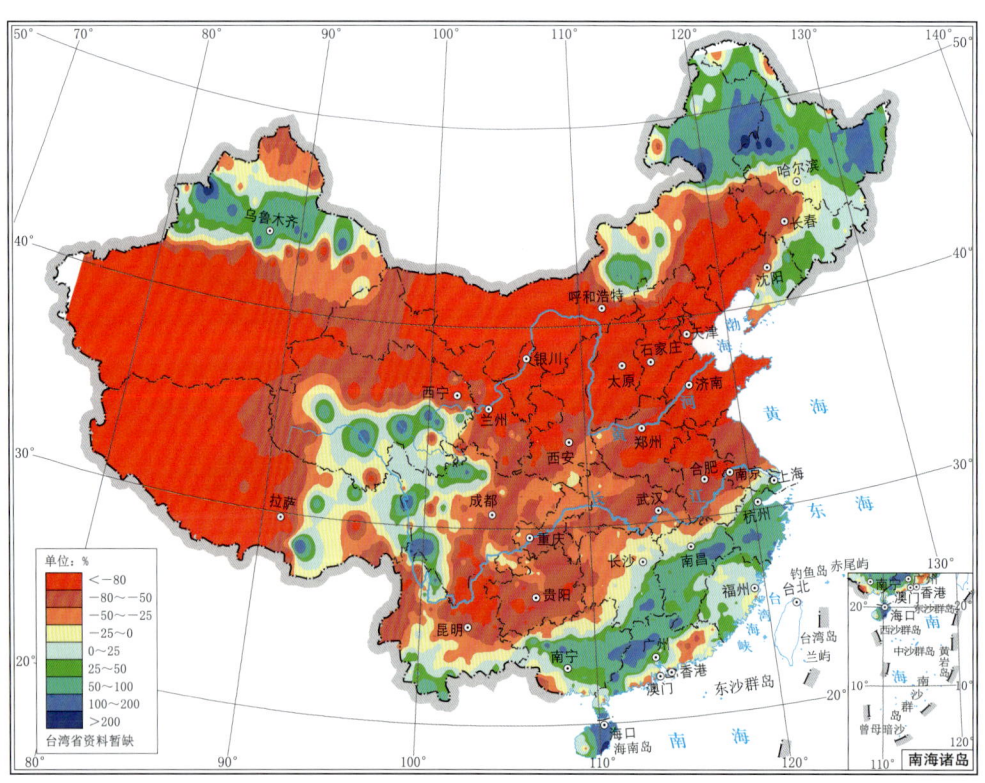

图 1.2.25 2017 年 11 月全国降水量距平百分率分布图(单位:%)

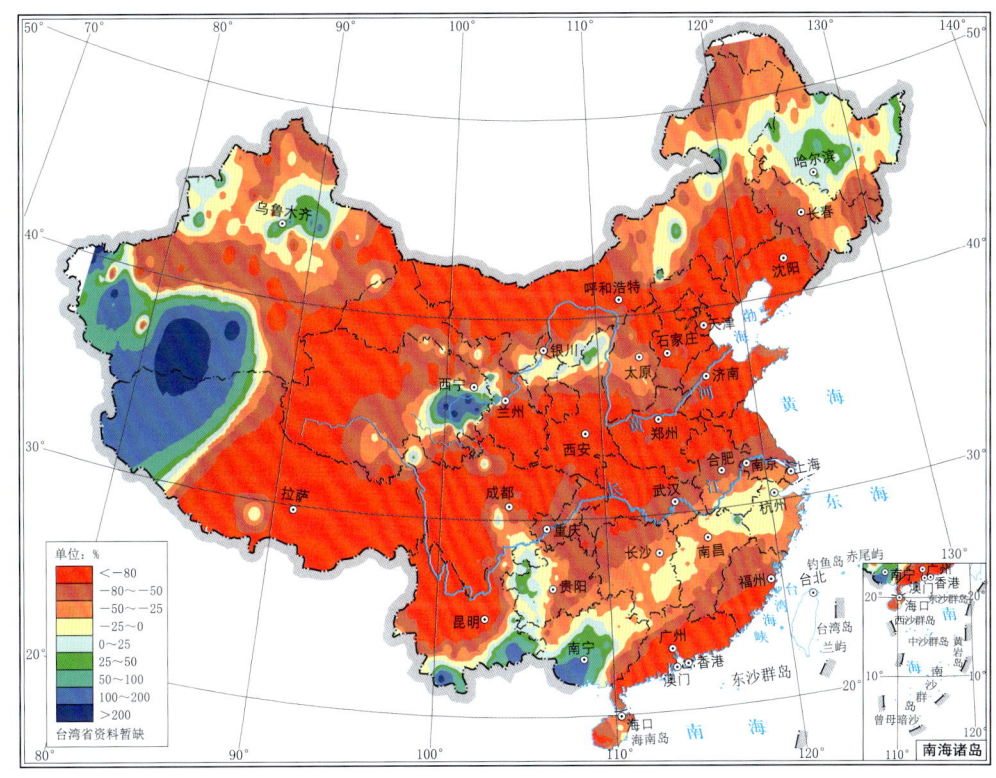

图 1.2.26　2017 年 12 月全国降水量距平百分率分布图(单位:%)

1.2.5　年暴雨(≥50.0 mm/d)雨量占年总降水量百分比

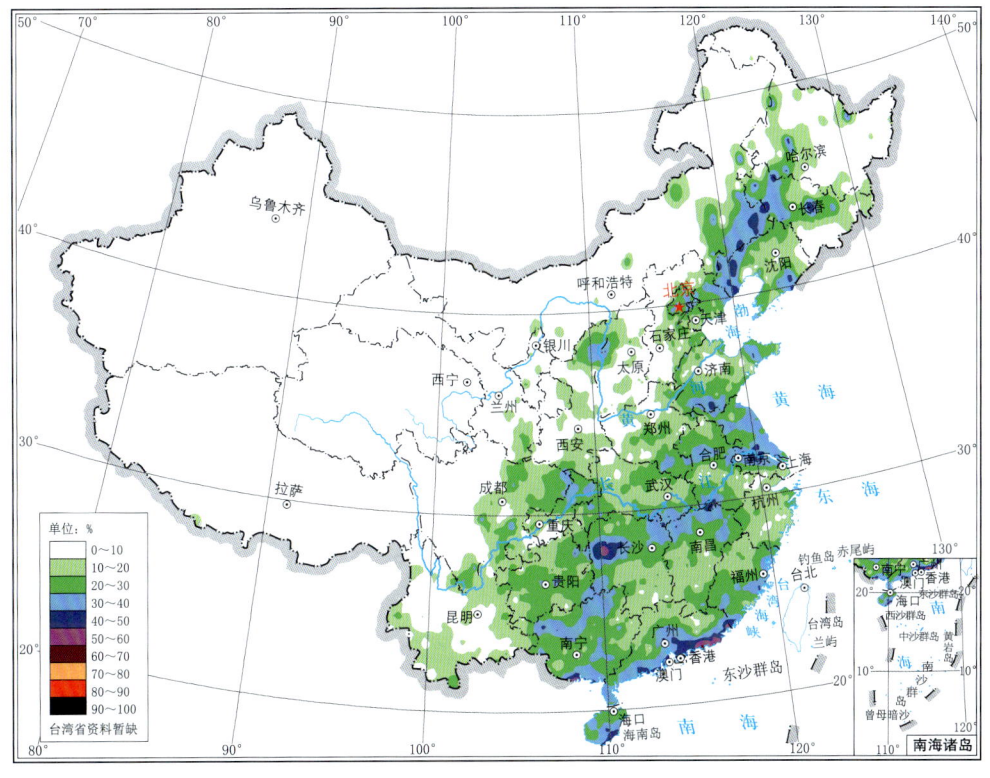

图 1.2.27　2017 年暴雨雨量占当年总降水量百分比(单位:%)

1.2.6 月暴雨(≥50.0 mm/d)雨量占月总降水量百分比

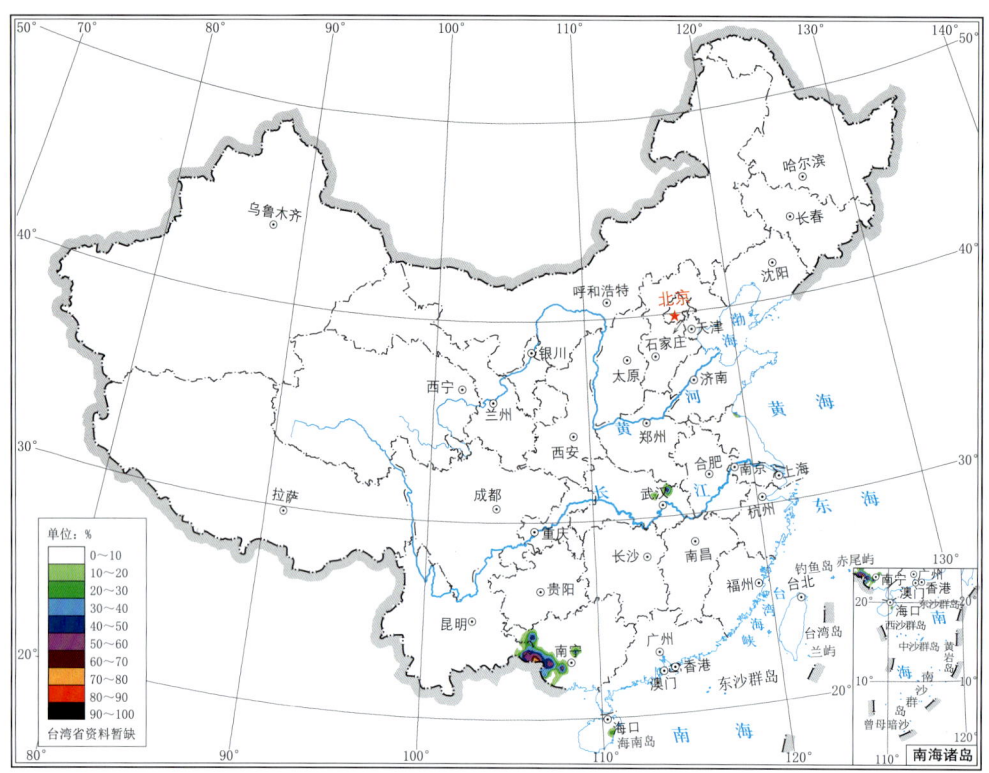

图1.2.28　2017年1月暴雨雨量占当月总降水量百分比(单位:%)

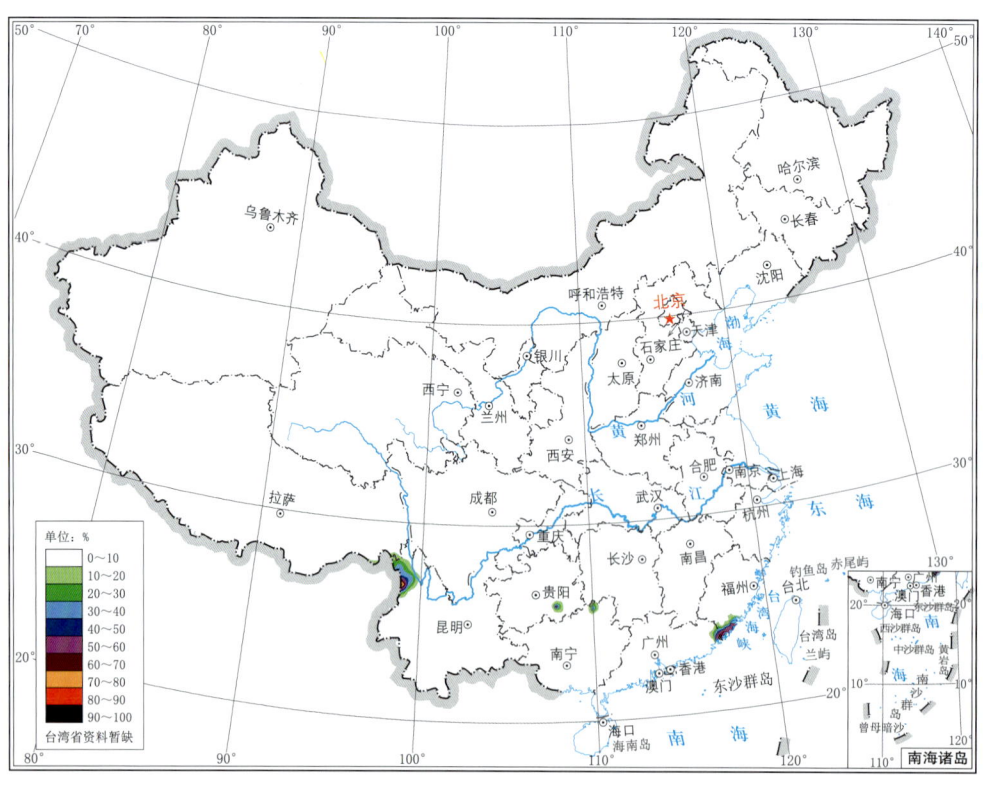

图1.2.29　2017年2月暴雨雨量占当月总降水量百分比(单位:%)

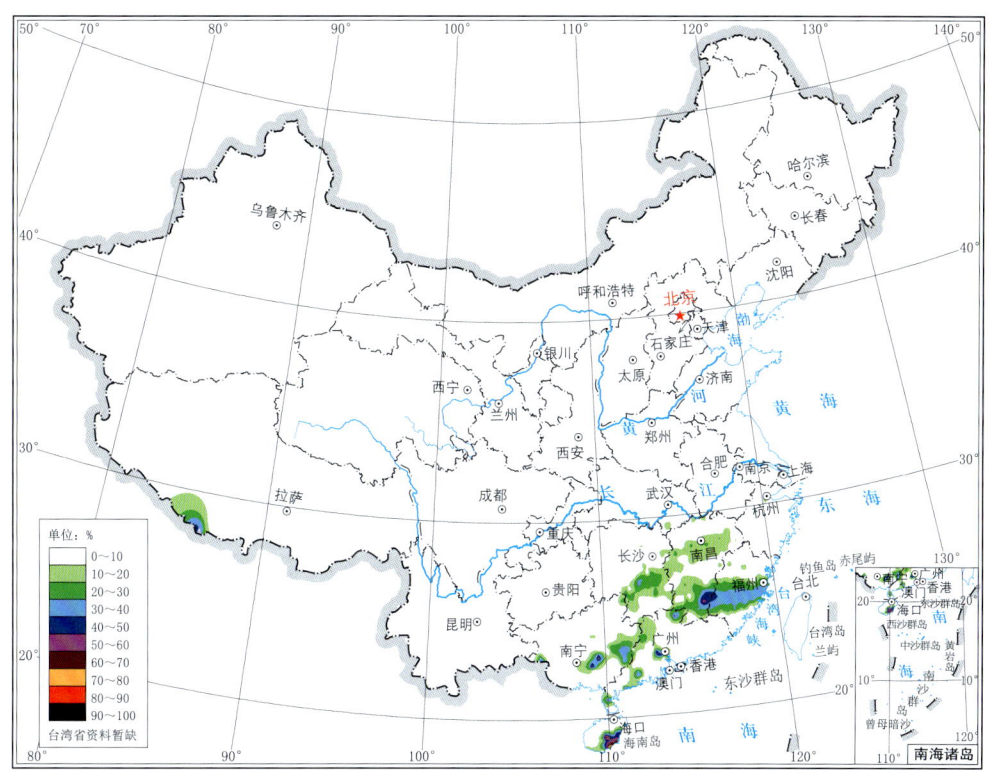

图 1.2.30　2017 年 3 月暴雨雨量占当月总降水量百分比（单位:％）

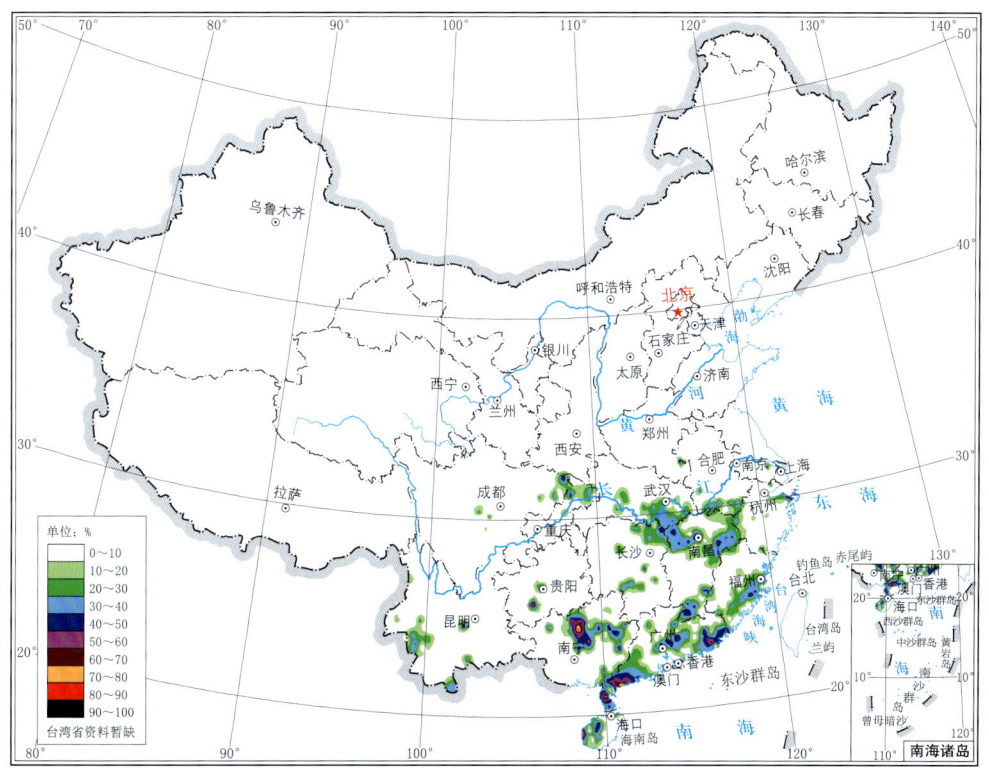

图 1.2.31　2017 年 4 月暴雨雨量占当月总降水量百分比（单位:％）

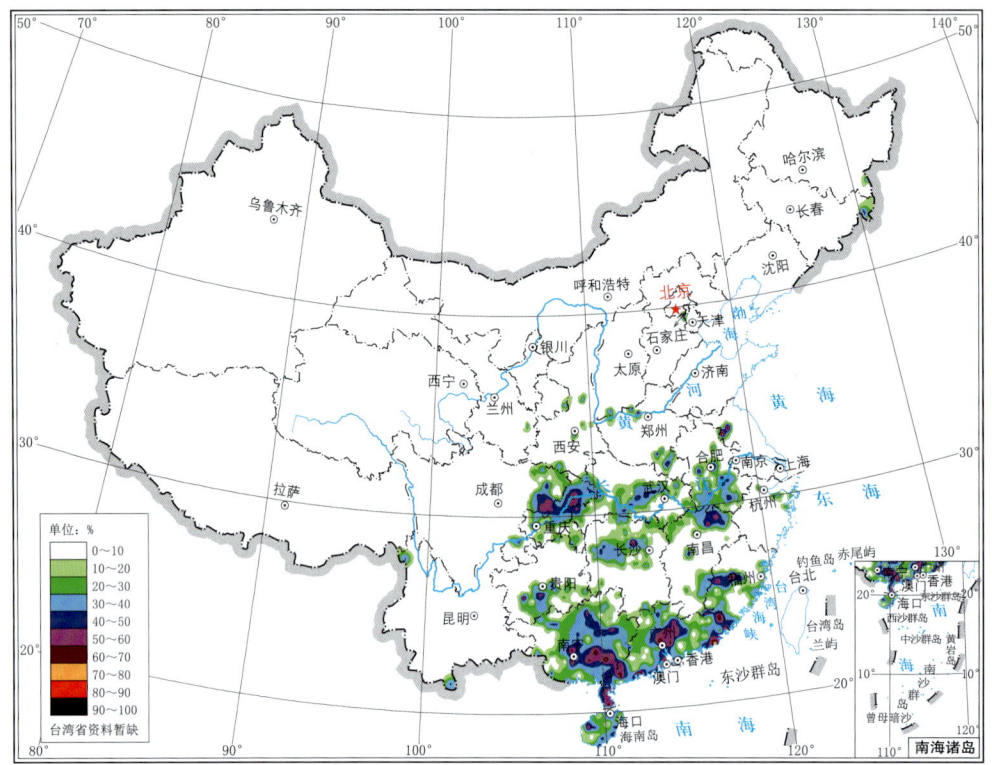

图1.2.32 2017年5月暴雨雨量占当月总降水量百分比(单位:％)

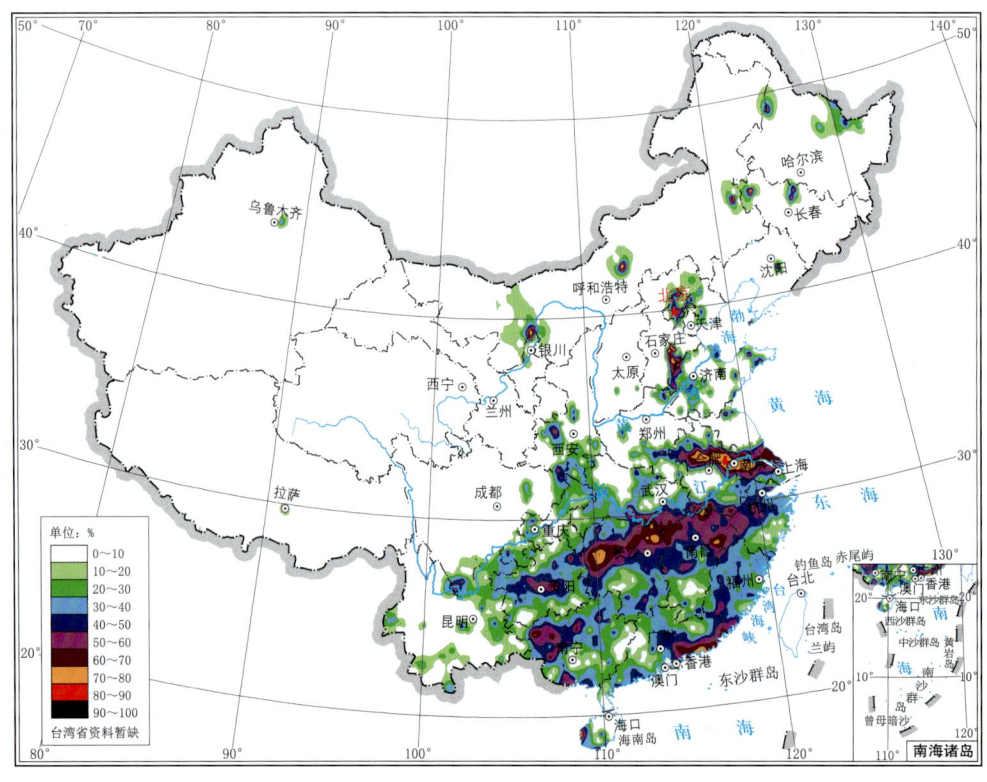

图1.2.33 2017年6月暴雨雨量占当月总降水量百分比(单位:％)

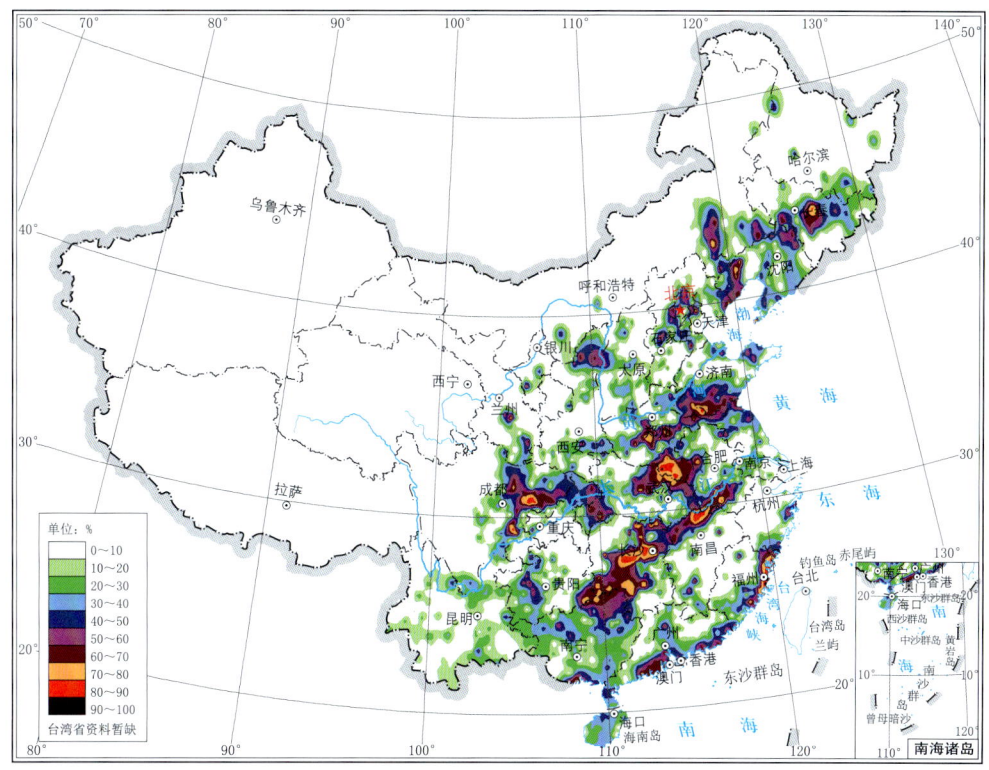

图 1.2.34 2017年7月暴雨雨量占当月总降水量百分比(单位:%)

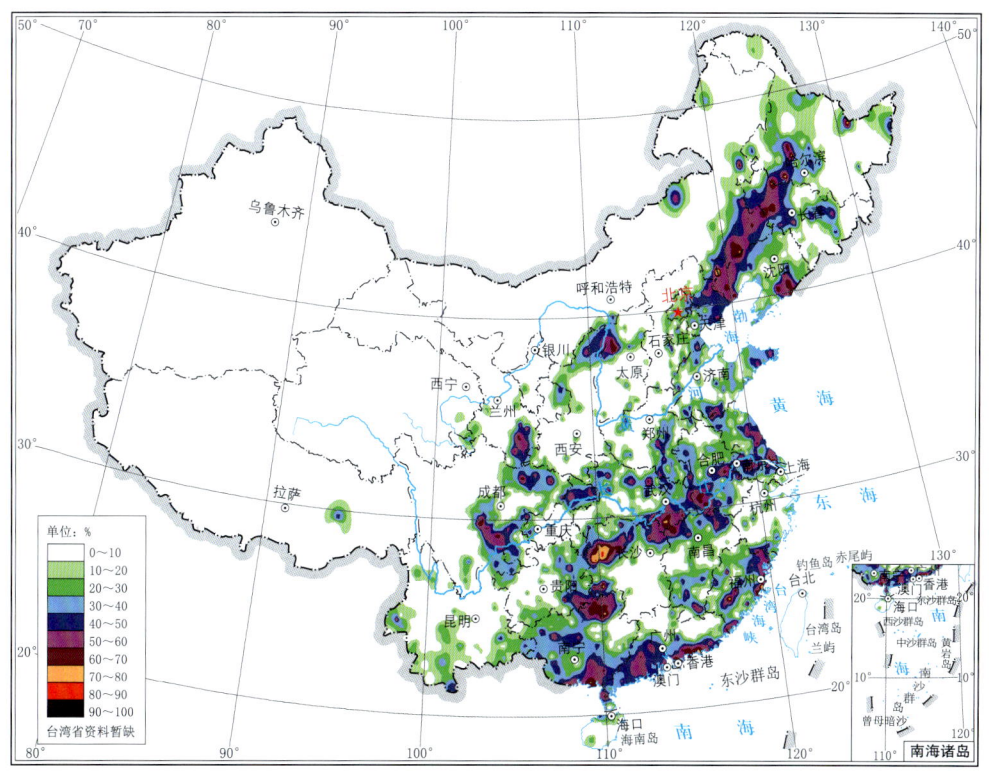

图 1.2.35 2017年8月暴雨雨量占当月总降水量百分比(单位:%)

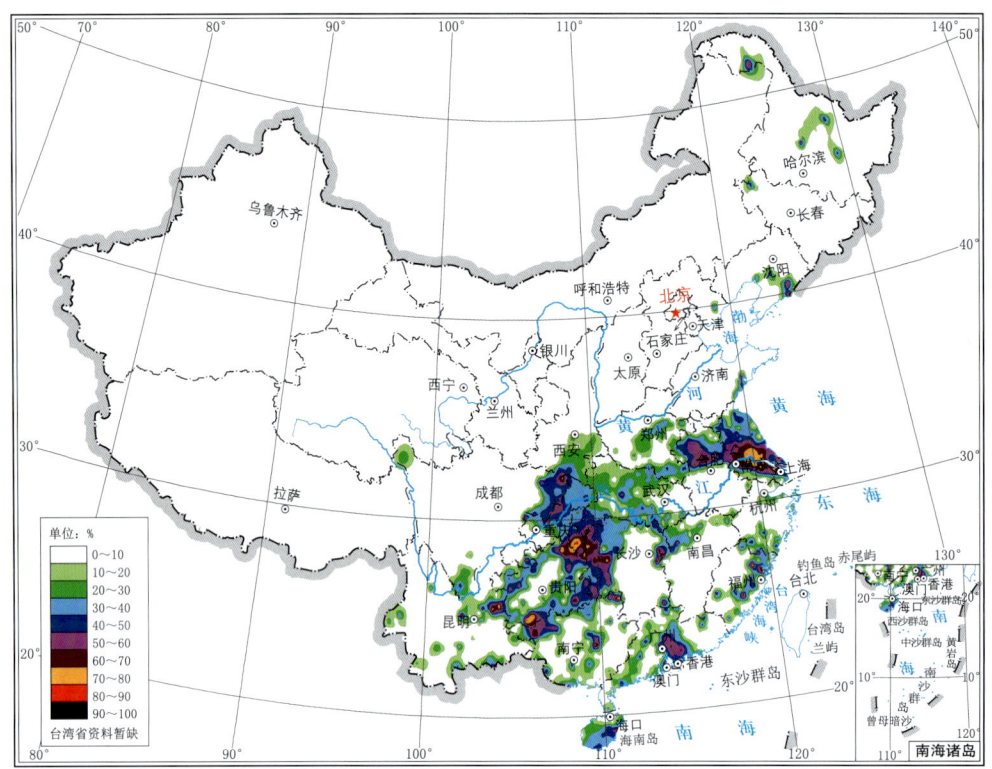

图 1.2.36　2017 年 9 月暴雨雨量占当月总降水量百分比(单位:%)

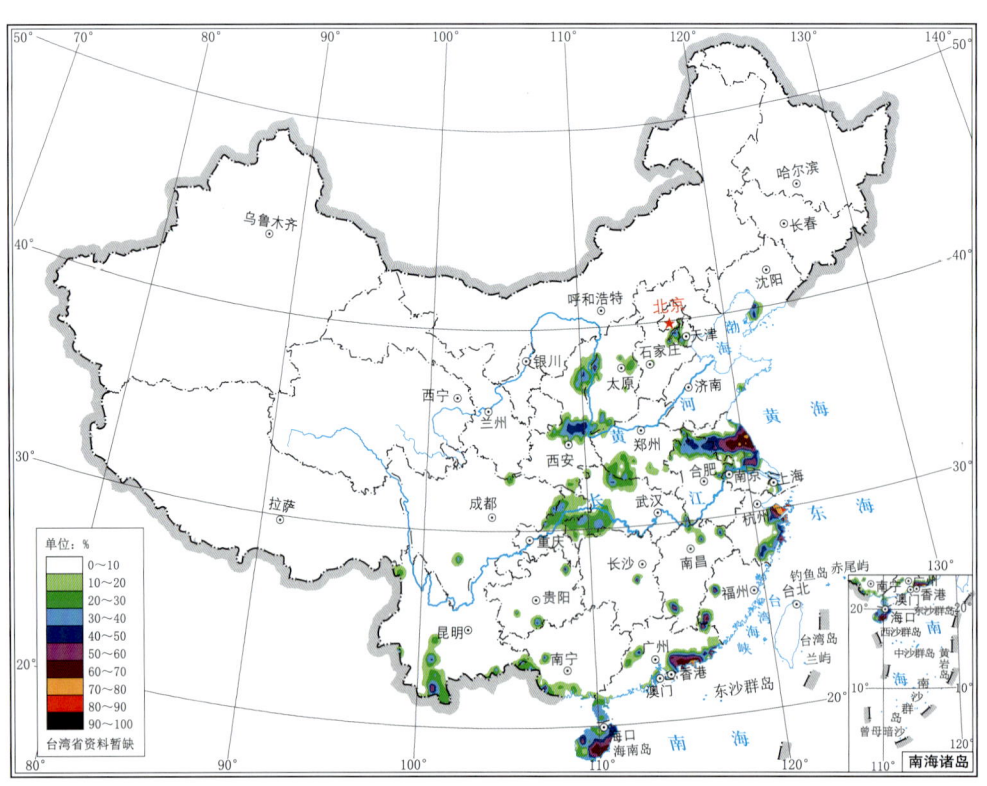

图 1.2.37　2017 年 10 月暴雨雨量占当月总降水量百分比(单位:%)

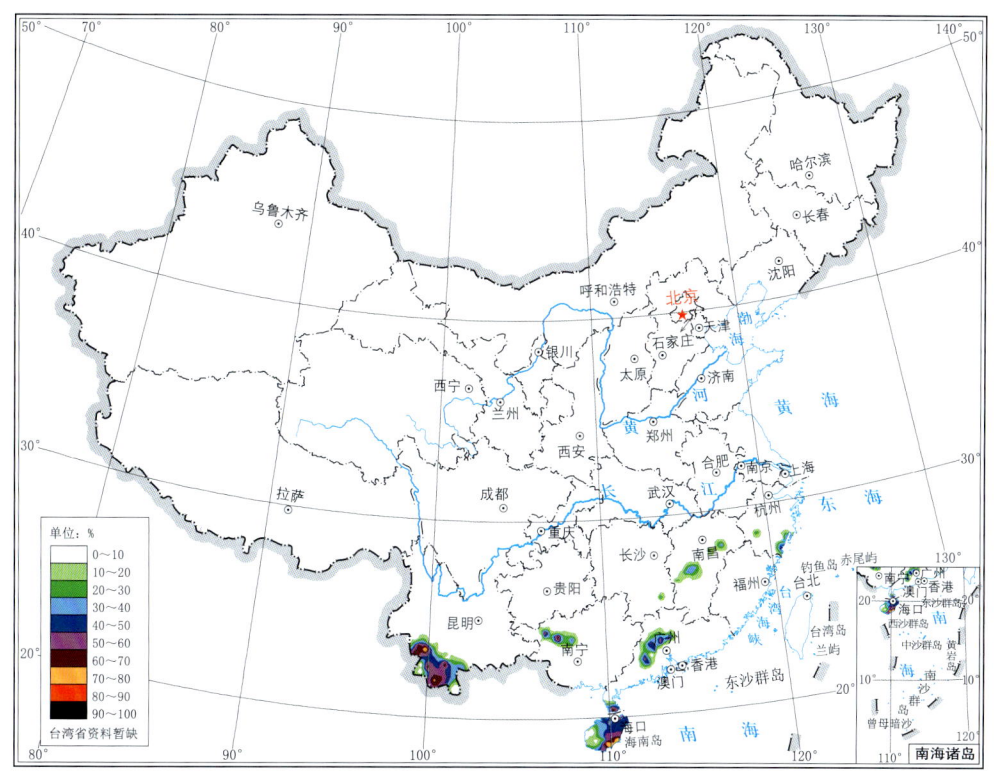

图1.2.38　2017年11月暴雨雨量占当月总降水量百分比(单位:%)

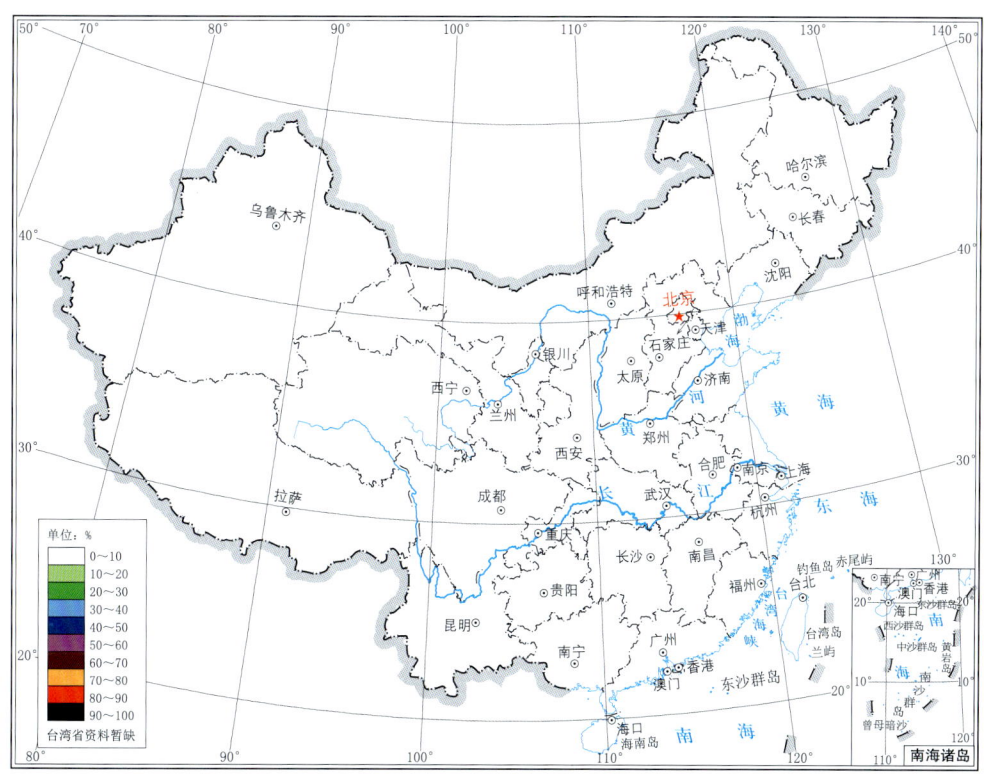

图1.2.39　2017年12月暴雨雨量占当月总降水量百分比(单位:%)

1.3 2017年不同级别暴雨概况

1.3.1 年暴雨(≥50.0 mm/d)日数分布图

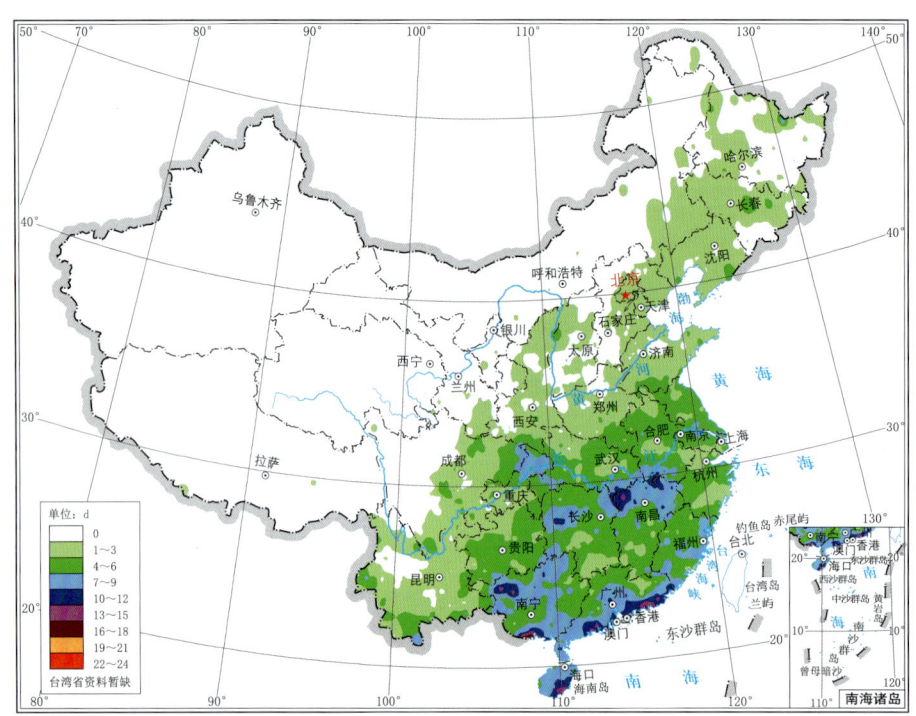

图 1.3.1　2017 年暴雨日数分布图(单位:d)

1.3.2 月暴雨(≥50.0 mm/d)日数分布图

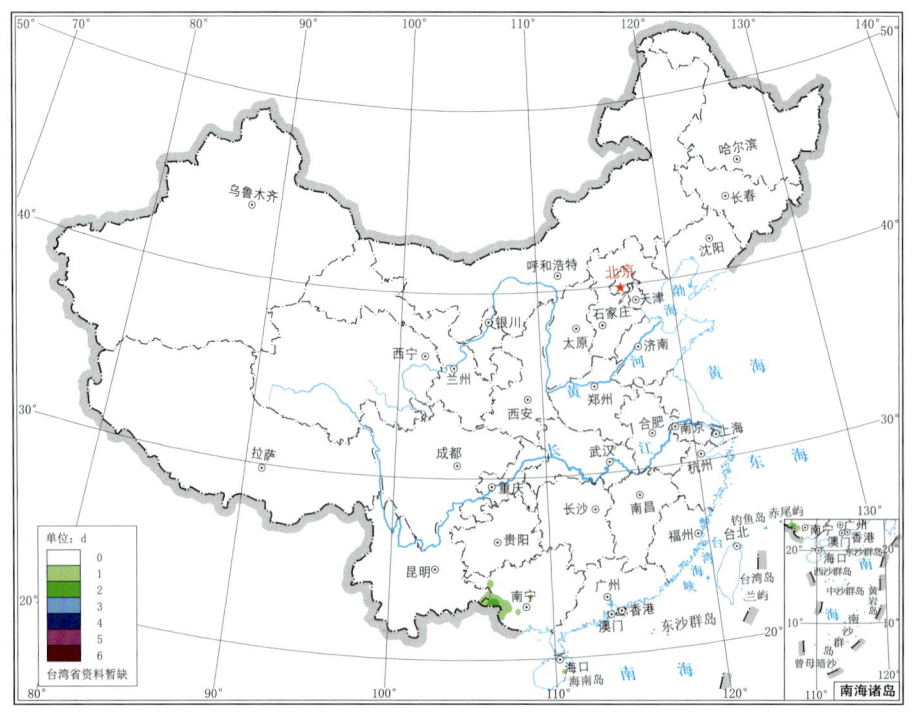

图 1.3.2　2017 年 1 月暴雨日数分布图(单位:d)

第1章 年度暴雨概况

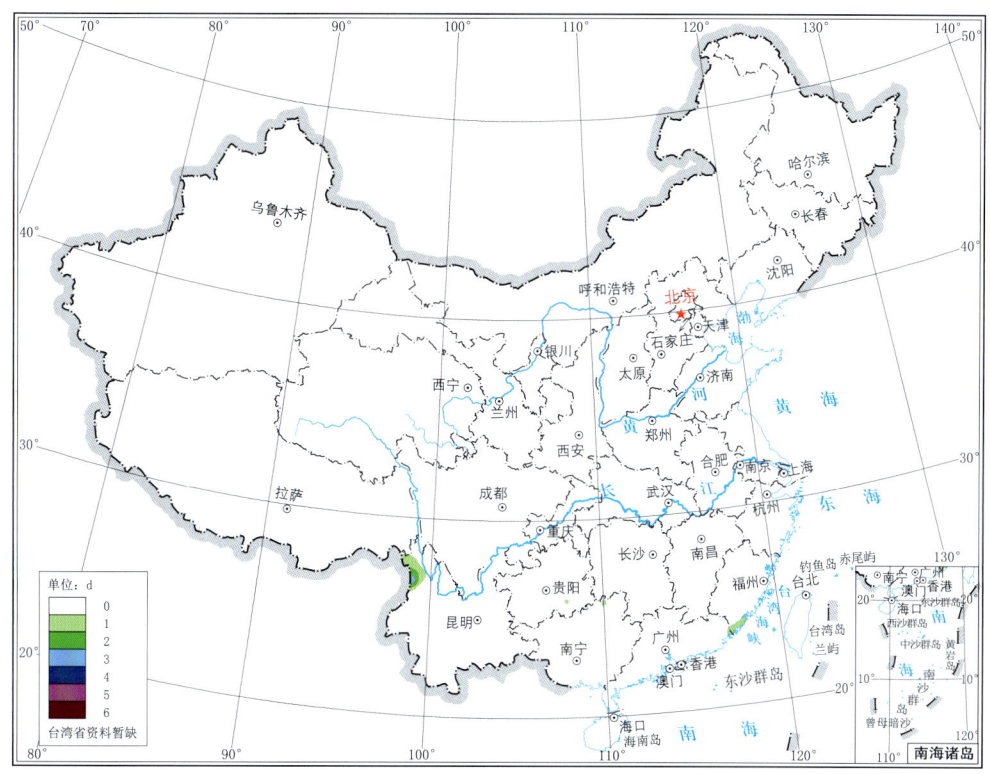

图1.3.3　2017年2月暴雨日数分布图（单位:d）

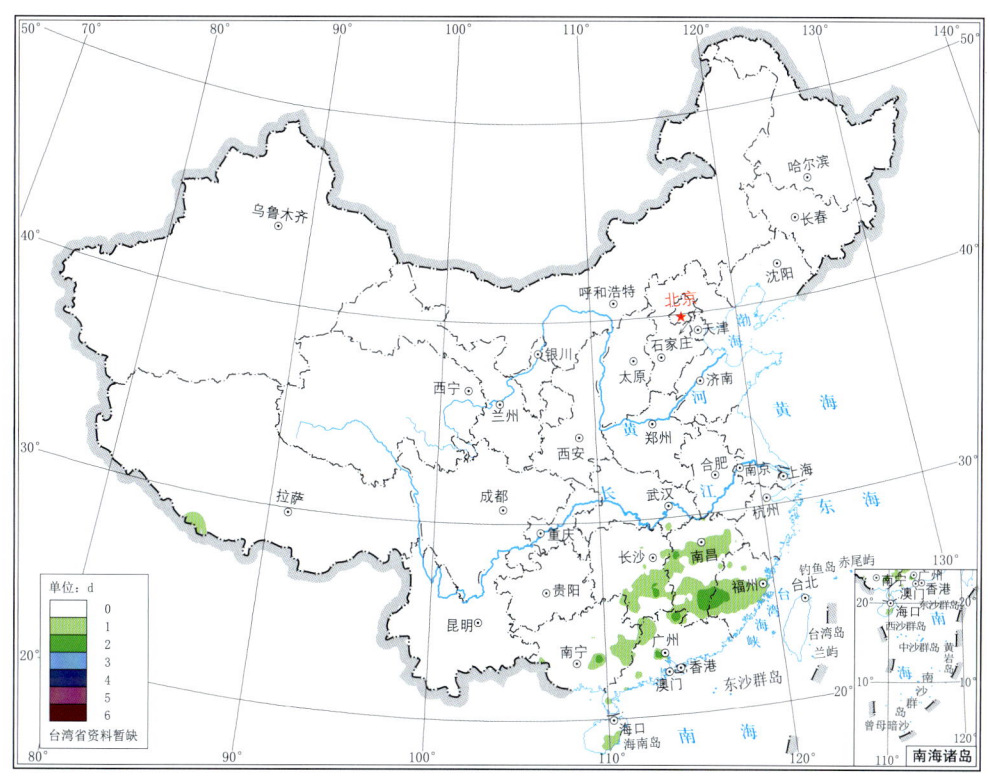

图1.3.4　2017年3月暴雨日数分布图（单位:d）

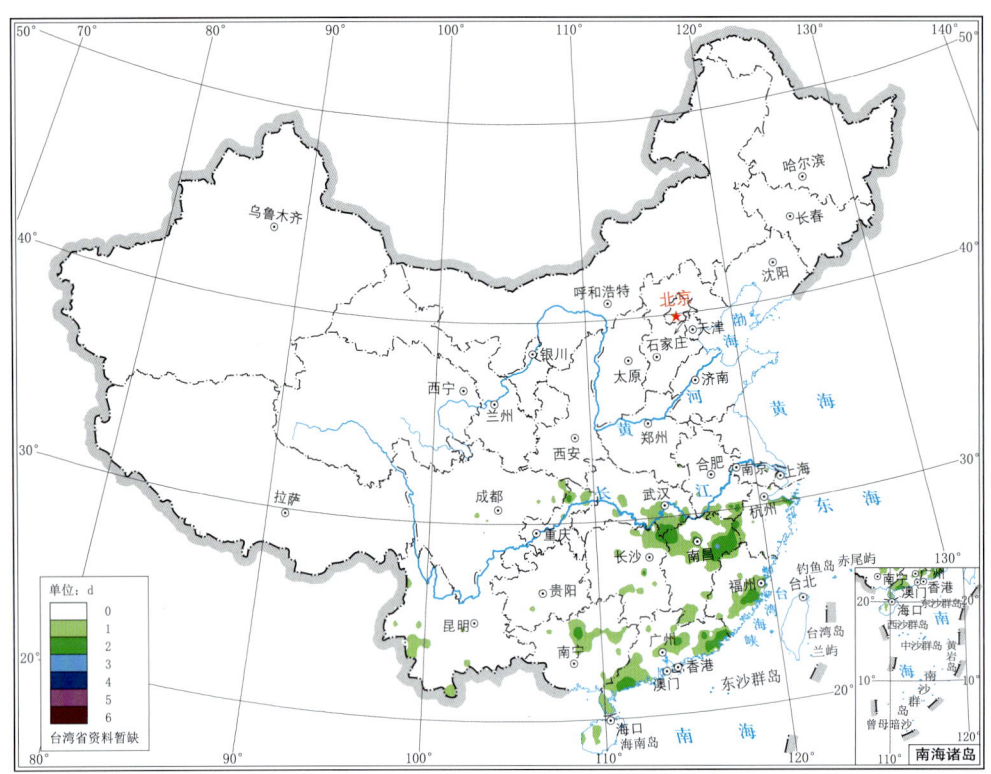

图 1.3.5　2017 年 4 月暴雨日数分布图（单位：d）

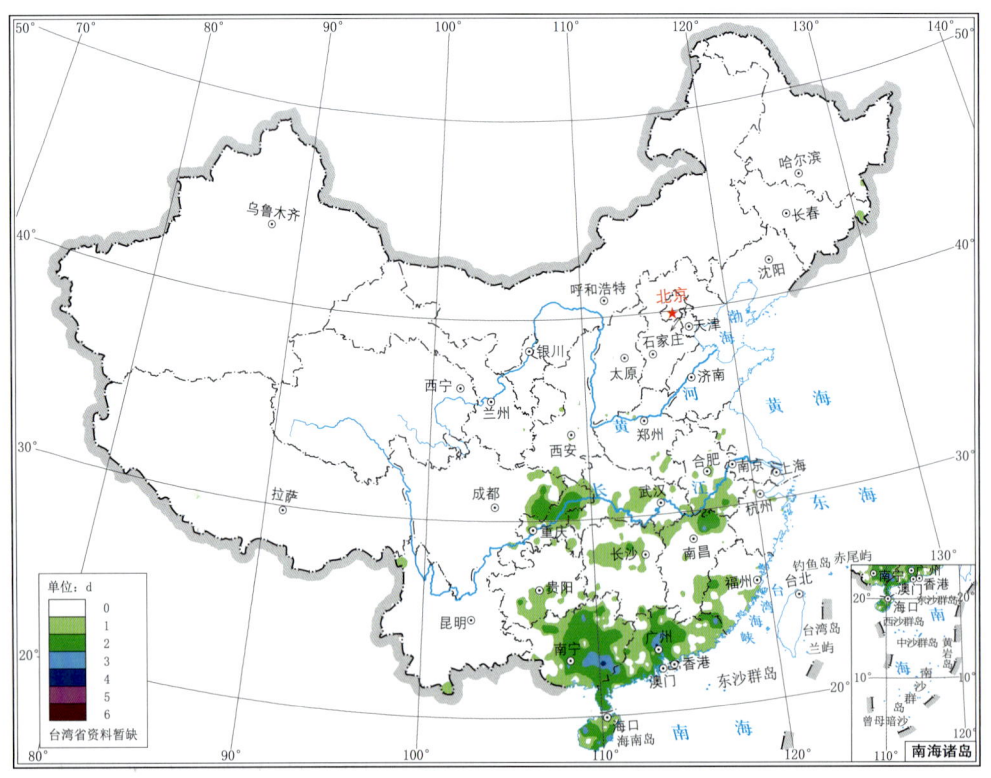

图 1.3.6　2017 年 5 月暴雨日数分布图（单位：d）

第 1 章 年度暴雨概况

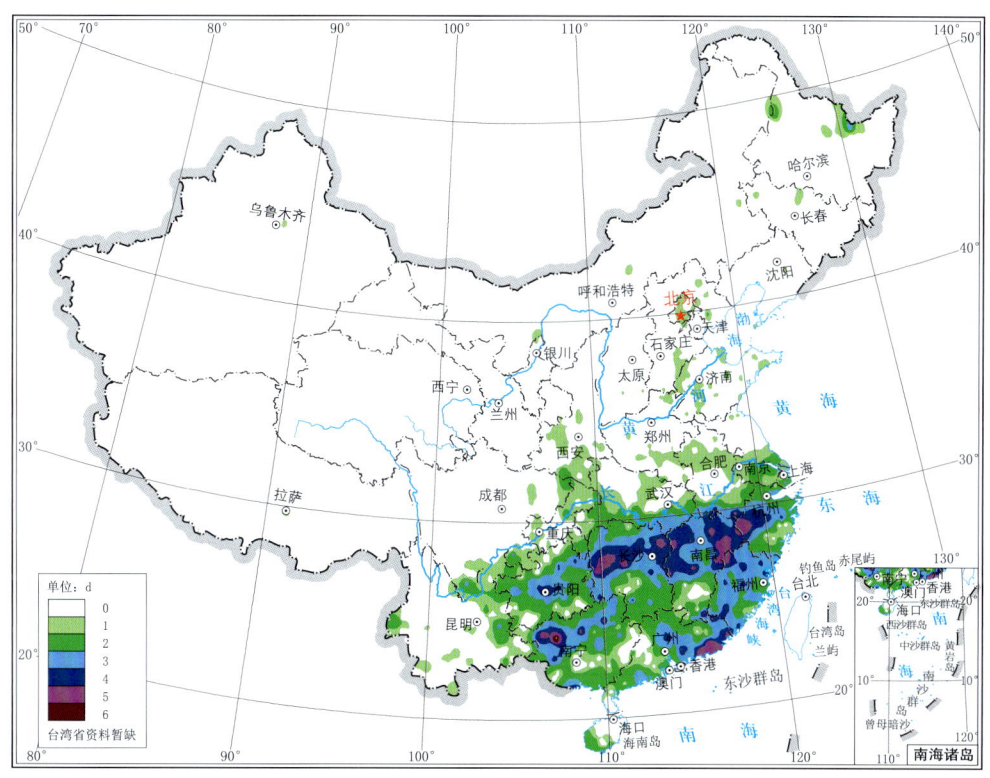

图 1.3.7　2017 年 6 月暴雨日数分布图（单位：d）

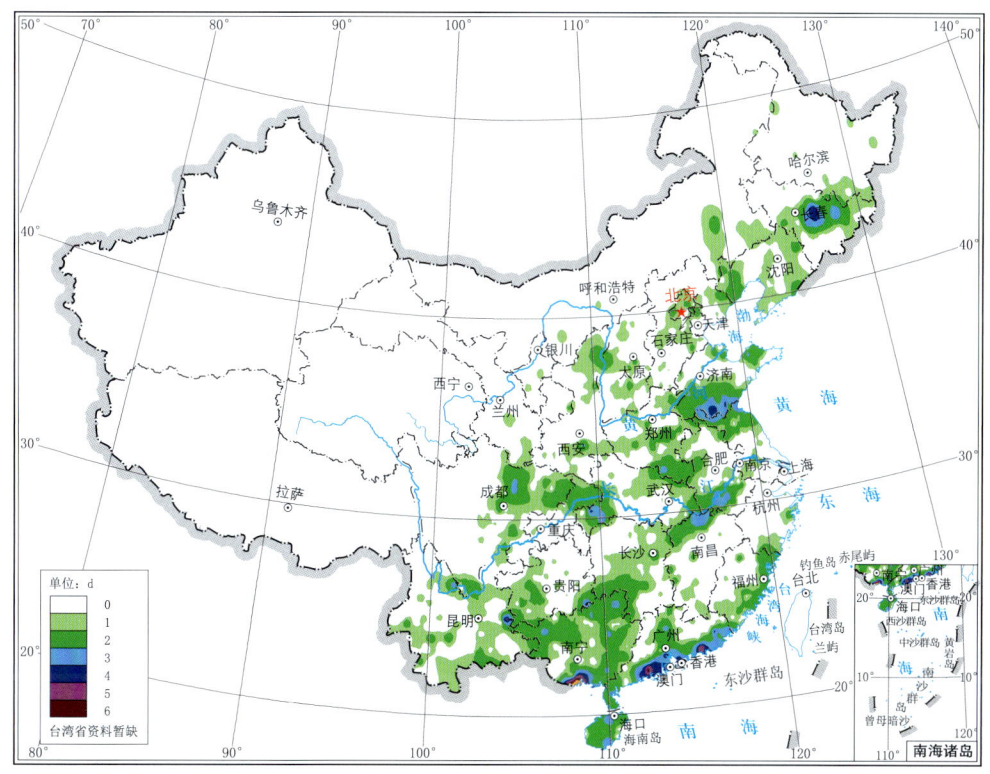

图 1.3.8　2017 年 7 月暴雨日数分布图（单位：d）

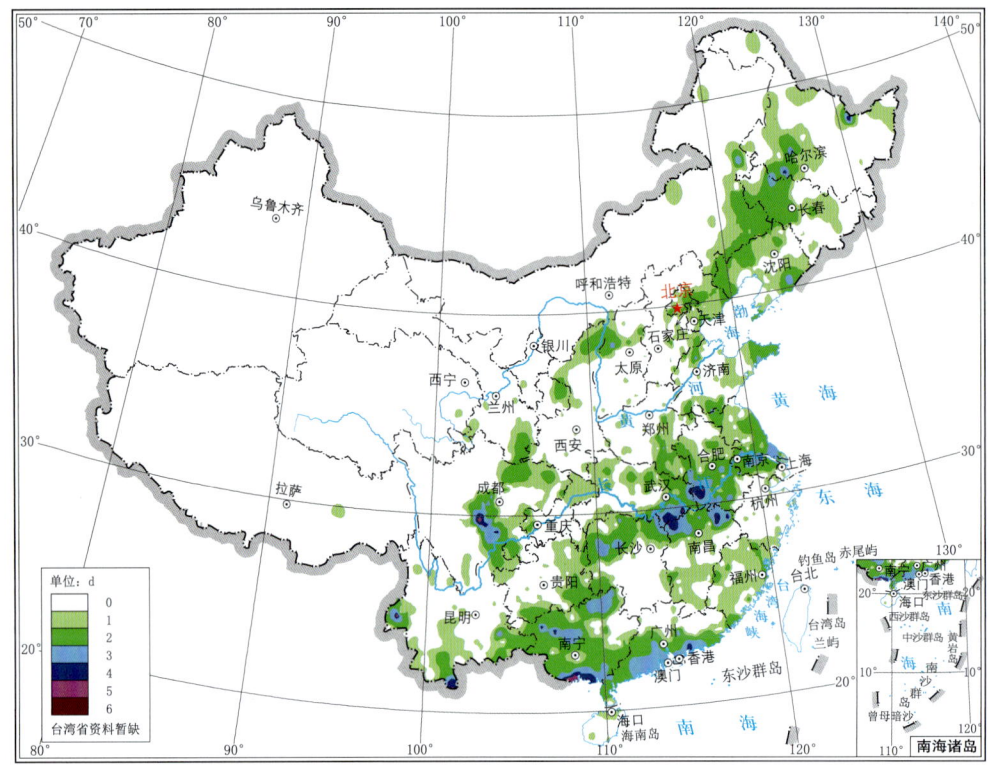

图 1.3.9 2017 年 8 月暴雨日数分布图(单位:d)

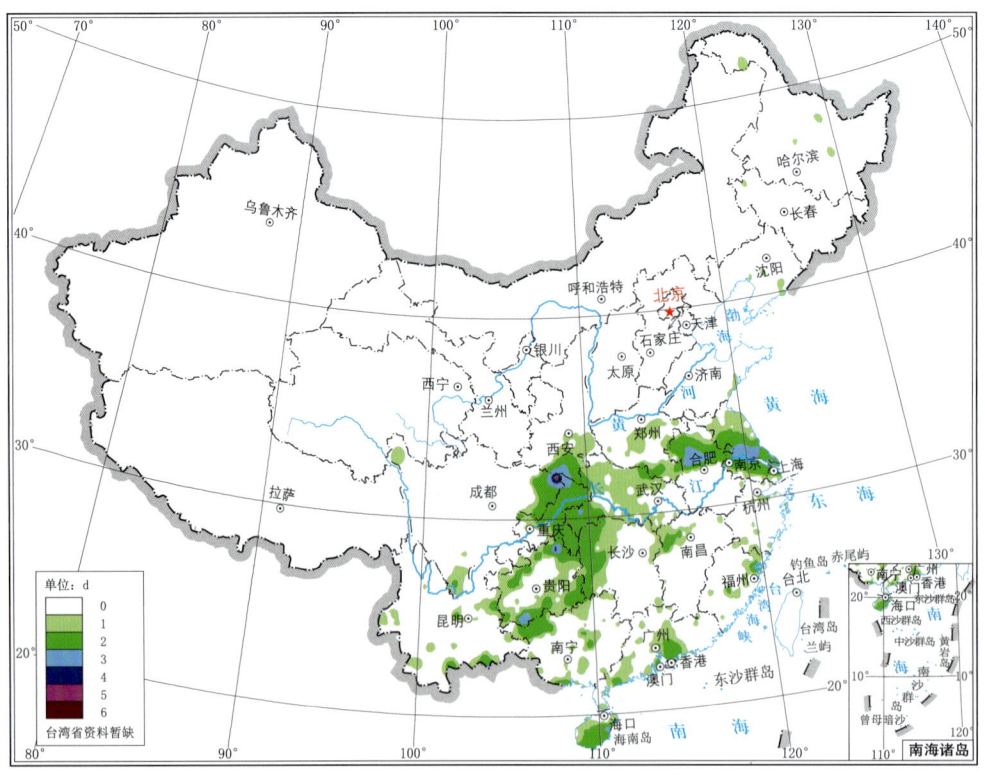

图 1.3.10 2017 年 9 月暴雨日数分布图(单位:d)

第1章 年度暴雨概况

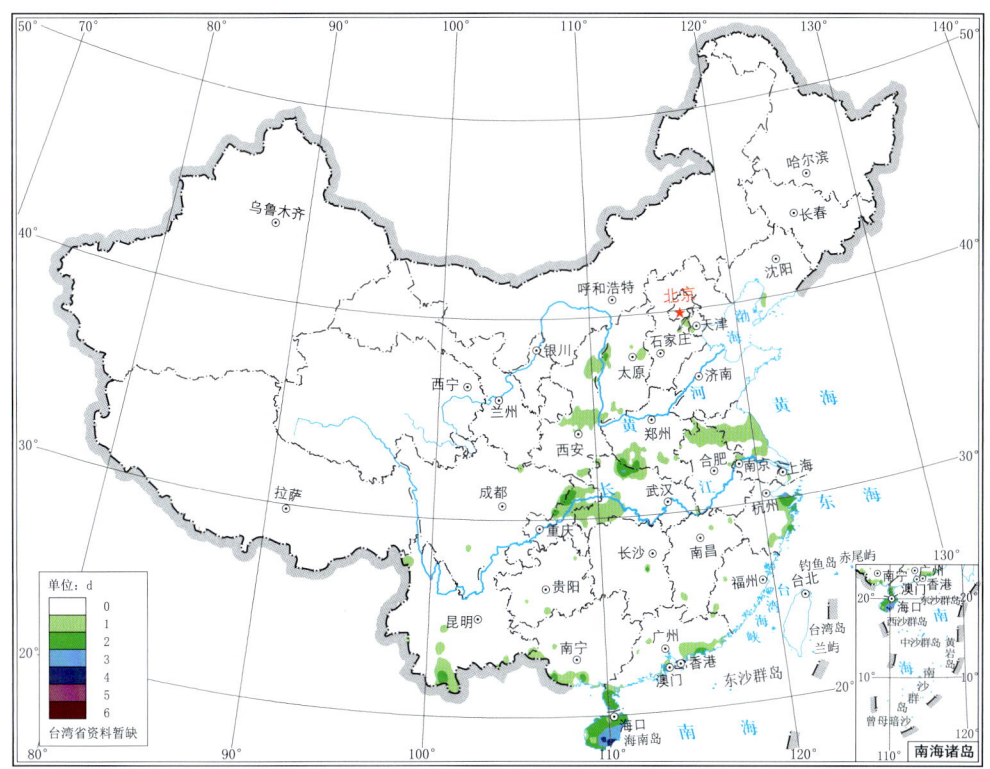

图1.3.11 2017年10月暴雨日数分布图(单位:d)

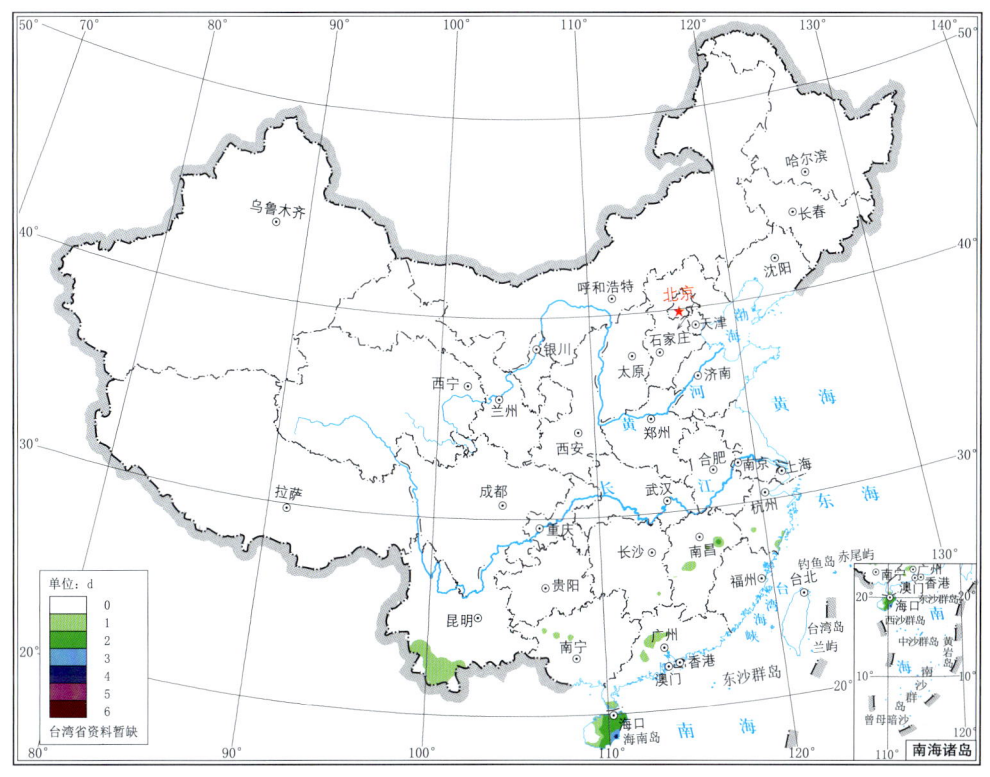

图1.3.12 2017年11月暴雨日数分布图(单位:d)

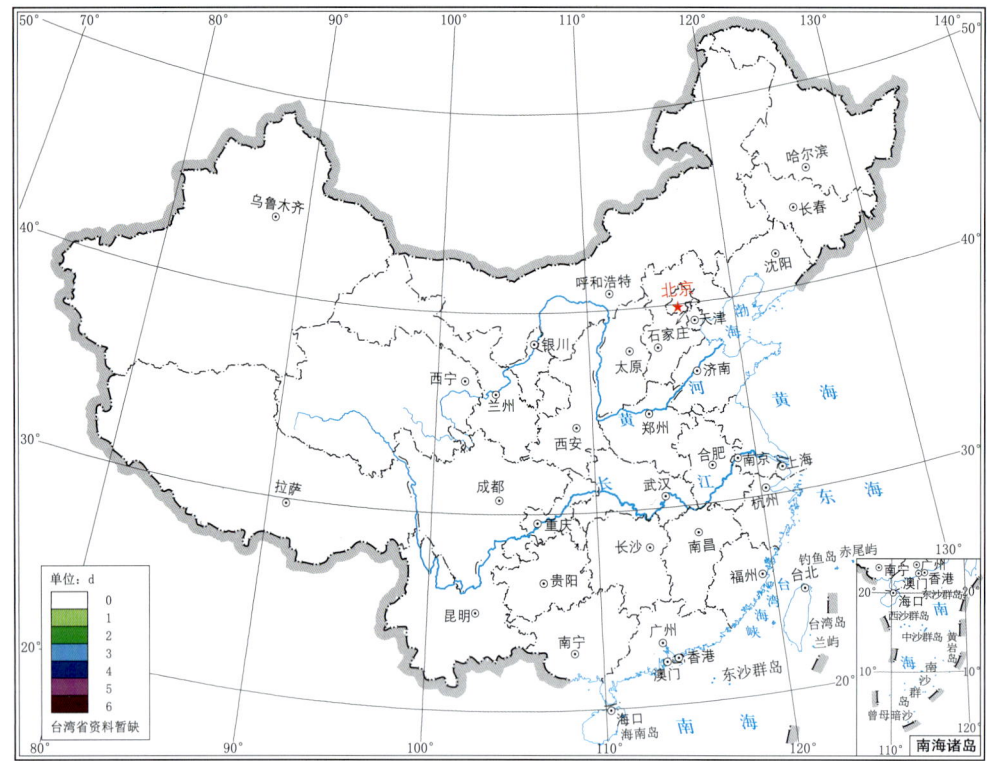

图 1.3.13　2017 年 12 月暴雨日数分布图(单位:d)

1.3.3　年大暴雨(100.0～249.9 mm/d)日数分布图

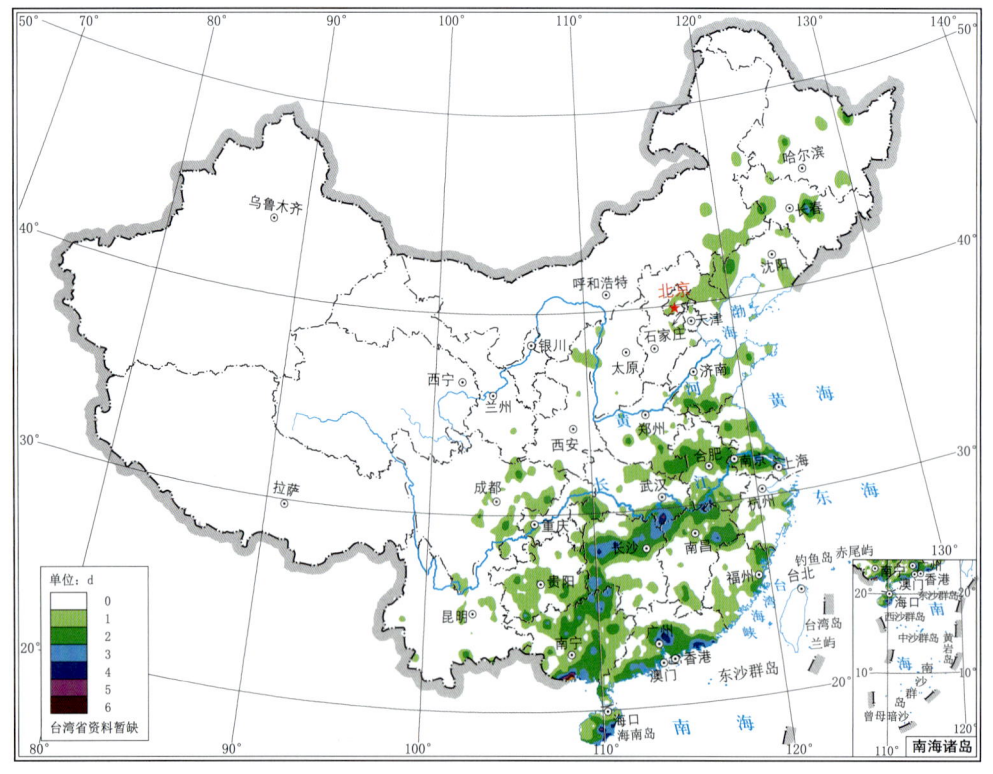

图 1.3.14　2017 年大暴雨日数分布图(单位:d)

1.3.4 年特大暴雨(≥250.0 mm/d)日数分布图

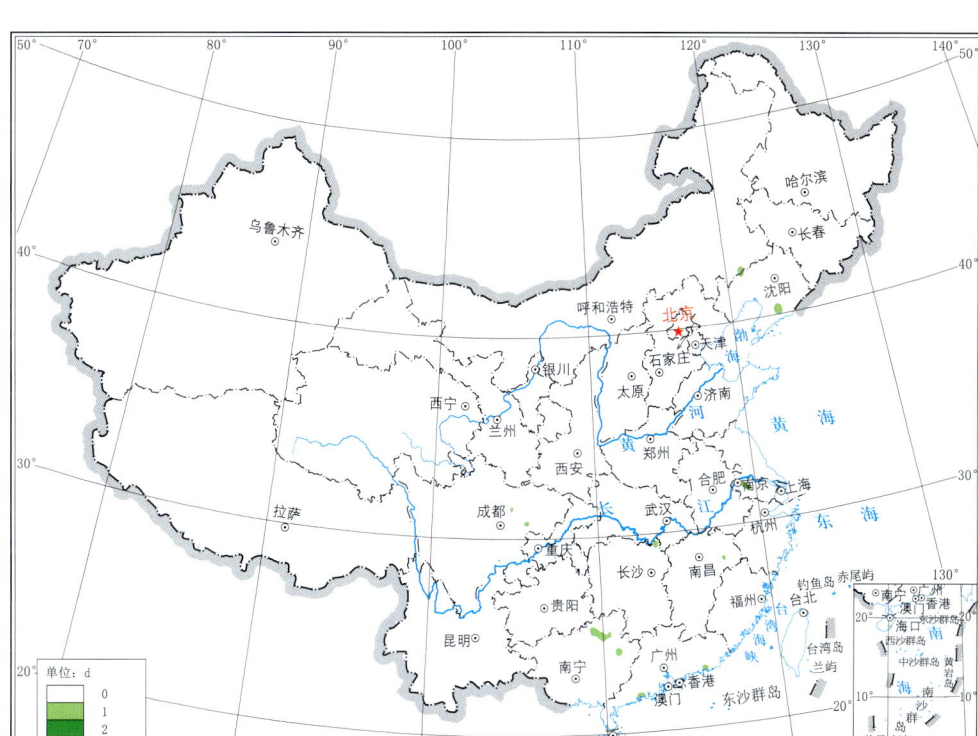

图 1.3.15　2017 年特大暴雨日数分布图(单位:d)

1.3.5 特大暴雨概况表

表 1.3.1　2017 年特大暴雨概况表

省(自治区、直辖市)	站名	降水量(mm)	出现时间(月-日)	省(自治区、直辖市)	站名	降水量(mm)	出现时间(月-日)
内蒙古	青龙山	349.7	08-03	广西	融安	262.1	08-14
辽宁	岫岩	317.6	08-04		永福	295.6	07-02
四川	绵阳	266.7	07-05		雁山	277.7	07-02
	蓬溪	250.3	07-06		昭平	277.9	07-02
湖南	临湘	278.2	06-23	广东	陆丰	362.7*	06-16
江苏	金坛	265.3	06-10		阳江	275.5	07-04
	句容	259.9	06-10	浙江	石浦	286.7	10-15
江西	弋阳	267.5	06-25		大陈	268.2	10-15
海南	万宁	278.0	11-07				

注:以 * 标注的数值为当年全国最大日降水量。

1.3.6 最大日降水量概况表

表1.3.2a 2017年第一季度全国各省(自治区、直辖市)各月最大日降水量概况表

省(自治区、直辖市)	1月			2月			3月		
	站名	降水量(mm)	出现日期	站名	降水量(mm)	出现日期	站名	降水量(mm)	出现日期
北京	汤河口	2.0	07	佛爷顶	9.7	21	佛爷顶	15.6	24
天津	宝坻	4.5	19	宝坻	4.2	22	静海	8.2	23
河北	唐海	14.1	19	藁城	11.7	21	涿州	15.1	24
山西	垣曲	9.4	06	五台山	18.3	21	五台山	16.7	28
内蒙古	多伦县	6.2	07	河南	19.6	21	乌拉特中旗	22.1	22
辽宁	本溪	12.6	26	宽甸	14.7	19	抚顺	2.0	01
吉林	吉林城郊	9.3	26	桦甸	15.3	19	北大湖	5.0	18
黑龙江	五常	5.4	26	嘉荫	7.9	16	绥芬河	7.6	13
上海	浦东	37.3	07	金山	10.5	08	金山	28.9	13
江苏	西连岛	56.0	07	海安	27.8	22	东山	27.4	13
浙江	平湖	36.0	07	江山	17.5	23	杭州	50.9	20
安徽	九华山	46.5	06	东至	36.4	22	歙县	41.4	20
福建	屏南	25.9	18	漳浦	74.1	22	连城	84.7	10
江西	广昌	26.4	18	武宁	45.8	22	南昌县	77.6	22
山东	莒南	26.8	07	微山	15.6	21	济南	19.6	24
河南	新县	36.2	05	信阳	29.5	21	商城	28.5	30
湖北	云梦	50.8	05	鹤峰	44.5	21	崇阳	55.4	19
湖南	通道	34.7	11	溆浦	46.2	21	永州	95.7	30
广东	连南	24.6	12	饶平	60.3	22	怀集	102.8	29
广西	大新	77.4*	11	龙胜	57.4	22	横县	140.0*	18
海南	琼海	53.1	12	屯昌	36.0	04	陵水	130.1	26
重庆	万盛	14.2	11	城口	33.0	21	巫山	33.9	13
四川	苍溪	11.6	09	武胜	35.6	21	西昌	15.7	30
贵州	榕江	27.0	11	三都	50.3	22	贞丰	46.1	30
云南	孟连	45.4	03	福贡	86.3*	22	福贡	45.1	30
西藏	聂拉木	18.4	27	察隅	14.1	23	聂拉木	76.2	11
陕西	镇安	14.6	06	镇巴	20.0	21	武功	34.5	12
甘肃	泾川	5.6	06	康乐	14.3	21	甘谷	29.1	12
青海	都兰	4.3	28	久治	7.9	22	大柴旦	16.0	13
宁夏	六盘山	2.2	09	盐池	13.3	21	六盘山	30.2	12
新疆	阿图什	6.6	07	沙雅	24.5	20	乌恰	18.6	04

注:以*标注的数值为当月全国最大日降水量。

表 1.3.2b 2017年第二季度全国各省(自治区、直辖市)各月最大日降水量概况表

省(自治区、直辖市)	4月 站名	降水量(mm)	出现日期	5月 站名	降水量(mm)	出现日期	6月 站名	降水量(mm)	出现日期
北京	斋堂	1.2	13	北京	29.2	22	昌平	112.3	23
天津	静海	9.1	24	宝坻	42.7	22	渤海A平台	173.2	23
河北	永年	26.4	08	廊坊	51.3	22	丰润	83.4	23
山西	沁县	25.3	08	夏县	59.6	22	潞城	69.7	12
内蒙古	河南	11.8	04	多伦县	33.4	22	科尔沁右翼中旗	60.1	20
辽宁	丹东	48.5	24	本溪县	33.6	31	旅顺	134.3	24
吉林	白山	28.6	24	珲春	76.9	14	洮南	82.7	20
黑龙江	集贤	38.4	30	绥芬河	72.7	14	伊春	103.7	27
上海	松江	28.6	26	金山	36.2	23	崇明	102.9	10
江苏	常熟	50.8	09	泗洪	61.8	04	金坛	265.3	10
浙江	开化	65.3	09	岱山	59.0	24	永康	174.2	12
安徽	石台	99.7	09	黄山	120.9	23	凤台	163.5	10
福建	永泰	117.0	19	清流	115.3	12	柘荣	175.3	13
江西	上饶县	122.9	09	彭泽	85.5	08	弋阳	267.5	25
山东	费县	28.7	17	郯城	38.4	04	东平	109.3	22
河南	淮滨	59.5	08	罗山	85.0	23	汝南	118.6	10
湖北	通山	90.9	09	沙洋	91.1	03	监利	229.5	09
湖南	南岳	74.6	19	澧县	93.1	22	临湘	278.2	23
广东	饶平	137.1	11	从化	185.5*	15	陆丰	362.7*	16
广西	藤县	139.7*	26	灵山	131.9	24	桂林	190.3	26
海南	珊瑚	131.4	01	琼海	159.4	20	三亚	153.1	18
重庆	巫溪	77.4	08	璧山	142.9	21	合川	164.2	09
四川	达县	89.2	08	邻水	122.9	21	攀枝花	137.6	29
贵州	清镇	60.8	06	黎平	97.6	01	铜仁	160.8	24
云南	耿马	69.5	17	贡山	88.7	31	易门	145.7	20
西藏	波密	48.5	28	察隅	46.3	31	拉萨	50.5	22
陕西	镇坪	34.2	08	渭南	68.8	22	汉阴	89.2	04
甘肃	舟曲	23.9	16	正宁	59.8	22	徽县	47.6	04
青海	门源	24.9	15	刚察	42.3	21	天峻	33.9	02
宁夏	盐池	9.6	19	隆德	18.7	18	石嘴山	70.6	05
新疆	天池	46.8	14	新源	38.8	19	天池	52.1	08

注:以*标注的数值为当月全国最大日降水量。

表 1.3.2c 2017 年第三季度全国各省(自治区、直辖市)各月最大日降水量概况表

省(自治区、直辖市)	7月 站名	降水量(mm)	出现日期	8月 站名	降水量(mm)	出现日期	9月 站名	降水量(mm)	出现日期
北京	怀柔	142.2	06	房山	126.1	02	密云上甸子	16.4	10
天津	宝坻	132.1	06	北辰区	130.9	09	大港	4.4	22
河北	秦皇岛	169.7	21	青龙	162.3	03	卢龙	101.6	25
山西	柳林	163.1	26	保德	100.9	22	芮城	35.2	09
内蒙古	翁牛特旗	104.1	07	青龙山	349.7*	03	河南	46.0	15
辽宁	昌图	164.9	14	岫岩	317.6	04	大洼	62.9	17
吉林	永吉	203.9	20	长岭	154.3	03	白城	57.3	19
黑龙江	海林	135.6	19	安达	126.4	04	绥棱	65.7	05
上海	金山	37.3	01	宝山	111.4	20	宝山	154.6	25
江苏	泗阳	134.4	10	海门	156.1	16	无锡	211.3	25
浙江	宁海	106.0	30	桐乡	92.0	29	慈溪	107.1	23
安徽	枞阳	207.8	02	天柱山	173.8	20	滁州	118.1	24
福建	长泰	179.4	31	云霄	217.6	01	寿宁	124.9	08
江西	湖口	150.2	01	彭泽	156.7	02	万载	73.5	20
山东	枣庄	199.1	15	文登	152.3	04	胶州	71.1	26
河南	淮滨	197.4	07	漯河	211.3	19	光山	128.0	24
湖北	鹤峰	135.2	09	金沙	189.5	13	远安	247.3*	10
湖南	长沙	198.9	01	泸溪	214.0	12	龙山	150.1	10
广东	阳江	275.5	04	惠阳	164.6	28	珠海	205.5	04
广西	永福	295.6*	02	融安	262.1	14	资源	129.1	11
海南	珊瑚	246.1	15	海口	85.6	27	五指山	149.0	15
重庆	奉节	140.4	07	开县	95.7	31	酉阳	110.2	19
四川	绵阳	266.7	05	剑阁	145.4	26	武胜	116.4	09
贵州	紫云	133.1	09	雷山	132.9	13	册亨	136.4	20
云南	武定	147.2	07	河口	115.0	17	河口	135.3	07
西藏	墨竹工卡	43.7	07	林芝	53.4	10	芒康	22.7	20
陕西	子洲	206.6	26	府谷	105.4	22	镇巴	123.9	09
甘肃	陇西	95.8	27	礼县	108.4	07	山丹	33.8	04
青海	刚察	45.5	24	泽库	53.7	05	托勒	30.2	04
宁夏	海原	71.7	27	海原	69.5	20	同心	33.1	16
新疆	叶城	47.1	16	伽师	35.1	22	托里	34.7	12

注:以 * 标注的数值为当月全国最大日降水量。

表 1.3.2d　2017年第四季度全国各省(自治区、直辖市)各月最大日降水量概况表

省(自治区、直辖市)	10月			11月			12月		
	站名	降水量(mm)	出现日期	站名	降水量(mm)	出现日期	站名	降水量(mm)	出现日期
北京	通州	46.8	09	佛爷顶	1.4	25	/	/	/
天津	静海	53.7	09	大港	0.2	09	/	/	/
河北	藁城	58.1	09	无极	4.5	03	峰峰	1.6	14
山西	闻喜	69.4	03	永济	6.3	10	交口	3.6	14
内蒙古	河南	27.4	09	阿尔山	16.5	07	阿尔山	4.6	09
辽宁	熊岳	53.8	09	草河口	34.7	10	西丰	1.8	19
吉林	长白	30.7	10	江源	25.6	10	长白	6.7	31
黑龙江	逊克	37.3	01	依安	16.4	10	饶河	10.3	11
上海	小洋山	165.2	16	小洋山	35.7	29	金山	14.5	28
江苏	楚州	138.9	01	太仓	23.5	18	东山	11.2	28
浙江	石浦	286.7*	15	平阳	98.2	07	遂昌	21.3	14
安徽	宿州	106.4	01	九华山	26.4	18	黄山	20.8	28
福建	上杭	91.0	04	福鼎	44.4	07	周宁	13.5	14
江西	波阳	74.6	03	吉安县	70.8	29	婺源	29.0	28
山东	崂山	54.1	01	长岛	7.5	30	成山头	11.0	16
河南	驻马店	60.3	04	商城	12.3	17	新县	4.5	14
湖北	恩施	138.6	02	金沙	19.2	17	金沙	13.4	28
湖南	南岳	84.5	16	资兴	67.2	29	炎陵	20.9	15
广东	海丰	94.6	15	广宁	73.1	07	连山	19.6	14
广西	宁明	89.8	03	巴马	112.7	18	东兴	30.1	14
海南	万宁	197.5	10	万宁	278.0*	07	屯昌	32.5	14
重庆	天城	84.6	04	城口	19.0	11	丰都	9.9	16
四川	开江	64.6	04	渠县	25.4	11	叙永	10.4	15
贵州	关岭	80.6	04	龙里	14.7	11	赤水	11.9	08
云南	马关	93.0	11	沧源	89.1	24	勐海	37.9*	31
西藏	察隅	27.8	31	类乌齐	10.0	23	狮泉河	2.9	12
陕西	大荔	73.8	03	平利	14.6	11	镇巴	3.6	06
甘肃	华池	44.9	09	甘谷	6.9	07	天祝	2.2	30
青海	久治	24.2	11	同仁	6.4	10	同德	5.2	29
宁夏	中卫	25.1	09	六盘山	2.0	07	麻黄山	1.5	13
新疆	塔城	18.7	20	新源	20.5	05	奇台	18.5	28

注：以 * 标注的数值为当月全国最大日降水量。

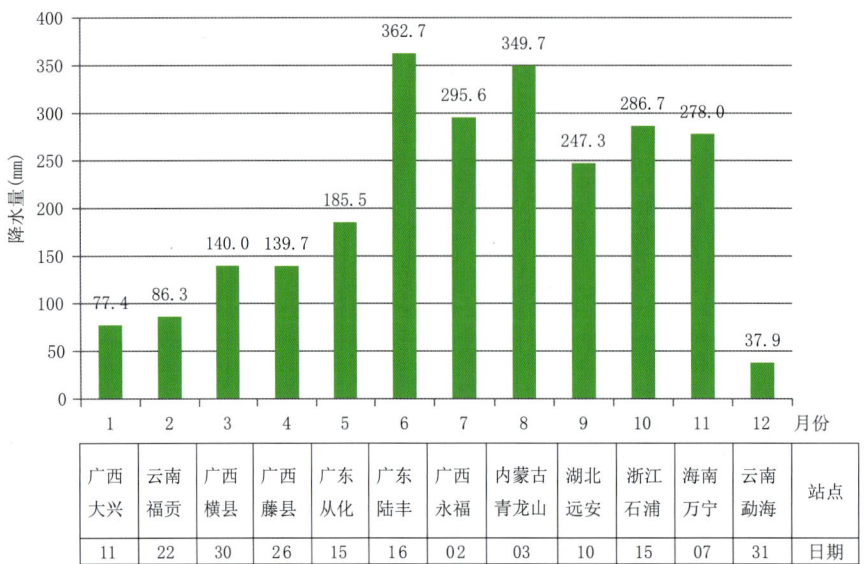

图 1.3.16　2017 年 1—12 月全国最大日降水量直方图

（图下方表格为与横坐标月份对应的最大日降水量出现的站点和日期）

1.3.7　突破 56 a(1961—2016 年)日降水量历史纪录概况表

表 1.3.3　2017 年突破 56 a(1961—2016 年)日降水量历史纪录概况表

省(自治区、直辖市)	站名	2017 年		历史纪录	
		降水量(mm)	出现时间(月-日)	降水量(mm)	出现时间(年-月-日)
黑龙江	萝北	102.2	06-30	99.9	1999-07-27
	萝北	102.5	08-04	99.9	1999-07-27
	青冈	94.8	08-04	94.5	2013-07-30
甘肃	会宁	89.1	08-19	74.2	1973-08-26
	陇西	95.8	07-27	76.9	1973-08-17
	武都	79.2	08-07	76.5	1984-08-03
青海	泽库	53.7	08-05	48.8	1999-06-14
陕西	横山	110.6	07-26	92.3	2001-08-18
内蒙古	通辽	179.0	08-03	174.4	2006-08-12
	宝国吐	206.4	08-03	187.6	1994-07-13
辽宁	昌图	164.9	07-14	164.0	2013-08-16
	朝阳	246.6	08-03	232.2	1963-07-20
	岫岩	317.6	08-04	268.1	1962-08-07
山东	招远	193.9	07-17	149.2	2013-07-11
西藏	拉萨	44.9	06-20	41.6	1969-07-28
	拉萨	50.5	06-22	41.6	1969-07-28

续表

省（自治区、直辖市）	站名	2017年		历史纪录	
		降水量（mm）	出现时间（月-日）	降水量（mm）	出现时间（年-月-日）
四川	石渠	62.7	09-03	54.1	1979-07-01
	九寨沟	53.6	07-28	51.3	1976-08-07
	巴塘	45.8	08-10	42.3	1983-07-29
	高坪区	219.3	07-06	192.7	2015-08-17
云南	剑川	78.9	07-31	76.1	2003-05-20
	武定	147.2	07-07	129.5	2002-06-14
	易门	145.7	06-20	137.0	2014-06-07
湖南	岳阳	239.0	06-23	222.7	2015-04-04
	平江	236.0	06-30	223.9	1998-06-16
江苏	南京	245.3	06-10	207.2	2003-07-05
	无锡	211.3	09-25	202.9	1962-09-06
浙江	石浦	286.7	10-15	281.6	1976-05-25
广西	昭平	277.9	07-02	260.3	2012-06-23

1.4 2017年干旱地区日降水量≥25.0 mm概况

表1.4.1 2017年干旱地区日降水量≥25.0 mm概况表

省（自治区、直辖市）	站名	出现时间（月-日）	降水量（mm）	省（自治区、直辖市）	站名	出现时间（月-日）	降水量（mm）
内蒙古	新巴尔虎左旗	07-09	38.6	内蒙古	五原	07-05	28.5
	新巴尔虎左旗	07-26	27.8		达茂旗气象局	07-22	26.0
	新巴尔虎左旗	08-12	38.2		希拉穆仁气候站	06-22	27.0
	东乌珠穆沁	08-05	51.9		磴口	06-05	29.7
	头道湖	06-05	57.7		乌拉特前旗	07-05	42.5
	头道湖	07-14	28.3		伊克乌素	06-05	26.7
	那仁宝力格	08-08	25.0		鄂托克旗	06-05	31.3
	阿巴嘎旗	07-06	43.1		鄂托克旗	07-25	52.2
	苏尼特右旗	08-08	26.8		阿拉善左旗	06-05	30.6
	朱日和	06-22	54.2		鄂托克前旗	08-26	34.6
	镶黄旗	07-04	30.8	甘肃	肃南	07-21	29.7
	镶黄旗	07-06	34.9		张掖	06-04	25.3
	乌拉特中旗	07-05	29.1		山丹	07-05	25.7
	乌拉特中旗	07-06	34.3		山丹	09-04	33.8

续表

省（自治区、直辖市）	站名	出现时间（月-日）	降水量（mm）	省（自治区、直辖市）	站名	出现时间（月-日）	降水量（mm）
甘肃	武威	07-27	42.9	宁夏	吴忠	07-27	26.1
	景泰	07-27	46.9		银川	06-05	41.7
	景泰	10-09	30.0		银川	07-27	25.8
	兰州	08-13	42.1		青铜峡	06-05	53.6
	靖远	08-13	40.1		青铜峡	07-27	31.0
青海	德令哈	06-02	25.0		灵武	07-27	29.7
	德令哈	08-01	34.2		中卫	07-27	30.3
	贵德	05-22	28.8		中卫	10-09	25.1
	贵德	07-27	25.8		中宁	06-05	29.3
西藏	定日	07-10	25.1		兴仁	07-27	26.6
	定日	07-11	28.8		盐池	06-05	25.4
宁夏	同心	06-05	37.9		盐池	08-22	26.6
	同心	07-27	31.1		盐池	08-26	25.0
	同心	08-05	25.3		同心	09-16	33.1
	平罗	06-05	31.7		韦州	07-24	44.4
	吴忠	06-04	26.8		韦州	07-27	56.1

第 2 章 年度暴雨索引

2.1 全国各省(自治区、直辖市)暴雨索引(1—12 月)

表 2.1.1 2017 年 1 月暴雨索引

序号	日期	省(自治区、直辖市)	暴雨站数	大暴雨站数	特大暴雨站数	≥50 mm/d 站数
1	01-05	湖北	2			2
2	01-07	江苏	1			1
3	01-11	广西	9			9
4	01-12	广西	1			2
		海南	1			

表 2.1.2 2017 年 2 月暴雨索引

序号	日期	省(自治区、直辖市)	暴雨站数	大暴雨站数	特大暴雨站数	≥50 mm/d 站数
5	02-21	云南	1			1
6	02-22	福建	5			10
		广东	1			
		广西	1			
		贵州	1			
		云南	2			
7	02-23	云南	2			2

表 2.1.3 2017 年 3 月暴雨索引

序号	日期	省(自治区、直辖市)	暴雨站数	大暴雨站数	特大暴雨站数	≥50 mm/d 站数
8	03-09	广东	1			1
9	03-10	福建	29			46
		江西	13			
		湖南	2			
		广东	2			
10	03-11	西藏	1			1

续表

序号	日期	省(自治区、直辖市)	暴雨站数	大暴雨站数	特大暴雨站数	≥50 mm/d 站数
11	03-17	福建	1			3
		江西	2			
12	03-18	广东	2			7
		广西	3	1		
		海南	1			
13	03-19	湖北	2			6
		广东	3			
		广西	1			
14	03-20	浙江	1			1
15	03-22	江西	29			40
		湖南	11			
16	03-25	海南		1		1
17	03-26	海南	2	1		3
18	03-29	广东	2	1		4
		广西	1			
19	03-30	江西	4			14
		湖南	9			
		广西	1			
20	03-31	福建	2			20
		江西	2			
		湖南	1			
		广东	8			
		广西	7			

表 2.1.4 2017 年 4 月暴雨索引

序号	日期	省(自治区、直辖市)	暴雨站数	大暴雨站数	特大暴雨站数	≥50 mm/d 站数
21	04-01	海南		1		1
22	04-03	云南	2			2
23	04-06	安徽	1			4
		江西	1			
		贵州	2			
24	04-07	浙江	3			11
		福建	1			
		江西	7			

续表

序号	日期	省（自治区、直辖市）	暴雨站数	大暴雨站数	特大暴雨站数	≥50 mm/d 站数
25	04-08	河南	1			10
		湖北	1			
		湖南	4			
		重庆	2			
		四川	2			
26	04-09	江苏	1			40
		浙江	4			
		安徽	6			
		江西	9	2		
		湖北	16			
		重庆	2			
27	04-10	浙江	1			11
		江西	6			
		湖北	1			
		湖南	3			
28	04-11	福建	1			3
		广东	1	1		
29	04-12	广东	2			4
		广西	1			
		海南	1			
30	04-13	海南	1	1		3
		云南	1			
31	04-16	湖北	1			6
		重庆	1			
		四川	4			
32	04-17	安徽	3			14
		江西	1			
		湖南	2			
		广西	3			
		云南	5			
33	04-18	云南	1			1
34	04-19	福建	13	1		20
		江西	4			
		湖南	1			
		广东	1			

续表

续表

序号	日期	省(自治区、直辖市)	暴雨站数	大暴雨站数	特大暴雨站数	≥50 mm/d 站数
35	04-20	浙江	5			13
		江西	4			
		湖南	1			
		广东	2			
		云南	1			
36	04-21	福建	6			29
		江西	2			
		广东	11	2		
		广西	7			
		贵州	1			
37	04-22	福建	1			1
38	04-24	广东	6	2		10
		广西	1			
		海南	1			
39	04-25	江西	9			22
		湖北	6			
		湖南	2			
		广东	5			
40	04-26	浙江	7			30
		福建	1	1		
		江西	5			
		湖南	1			
		广东	6	1		
		广西	6	1		
		海南	1			
41	04-27	福建	1			6
		广东	5			

表 2.1.5　2017 年 5 月暴雨索引

序号	日期	省(自治区、直辖市)	暴雨站数	大暴雨站数	特大暴雨站数	≥50 mm/d 站数
42	05-01	江西	1			8
		湖北	1			
		广西	1			
		贵州	5			

续表

序号	日期	省(自治区、直辖市)	暴雨站数	大暴雨站数	特大暴雨站数	≥50 mm/d 站数
43	05-02	浙江	3			7
		广东	4			
44	05-03	湖北	16			37
		广西		1		
		重庆	6	1		
		四川	9	1		
		贵州	1			
		陕西	2			
45	05-04	江苏	2			29
		安徽	4			
		江西	9			
		湖北	1			
		广东	9			
		广西	4			
46	05-05	福建	1			2
		海南	1			
47	05-06	广东		1		6
		广西	5			
48	05-07	广东	3	6		11
		广西	2			
49	05-08	安徽	2			34
		江西	8			
		湖南	1			
		广东	10			
		广西	12	1		
50	05-09	广东	4	1		5
51	05-10	广西	1			7
		海南	3			
		重庆	2			
		贵州	1			
52	05-11	江西	2			16
		湖北	4			
		湖南	2			
		重庆	6			
		贵州	2			

续表

续表

序号	日期	省(自治区、直辖市)	暴雨站数	大暴雨站数	特大暴雨站数	≥50 mm/d 站数
53	05-12	安徽	1			31
		福建	7	1		
		江西	6			
		广东	3			
		广西	12			
		海南	1			
54	05-13	福建	1			2
		海南	1			
55	05-14	吉林	1			4
		黑龙江	1			
		海南	2			
56	05-15	福建	1	1		53
		江西	1			
		湖南	1			
		广东	11	4		
		广西	25	6		
		海南	3			
57	05-16	福建	4			24
		广东	16	1		
		海南	2			
		云南	1			
58	05-18	甘肃	1			1
59	05-20	海南	2	2		4
60	05-21	湖北	2			13
		海南	1			
		重庆	3	1		
		四川	5	1		
61	05-22	河北	1			24
		山西	2			
		江西	1			
		河南	1			
		湖北	1			
		湖南	4			
		广东	1			
		重庆	3			

续表

续表

序号	日期	省(自治区、直辖市)	暴雨站数	大暴雨站数	特大暴雨站数	≥50 mm/d 站数
61	05-22	四川	4			24
		贵州	1			
		陕西	4			
		甘肃	1			
62	05-23	浙江	1			72
		安徽	17	2		
		江西	1			
		河南	7			
		湖北	4			
		湖南	21			
		广西	6	2		
		重庆	1			
		贵州	10			
63	05-24	浙江	2			42
		福建	7			
		江西	1			
		广东	21	2		
		广西	6	3		
64	05-25	海南	3			3
65	05-27	海南	2			2
66	05-30	海南	1			1
67	05-31	云南	1			1

表 2.1.6 2017 年 6 月暴雨索引

序号	日期	省(自治区、直辖市)	暴雨站数	大暴雨站数	特大暴雨站数	≥50 mm/d 站数
68	06-01	黑龙江	1			103
		浙江	8			
		福建	14	2		
		江西	37	9		
		湖北	1			
		湖南	24	2		
		贵州	3			
		云南	2			

续表

序号	日期	省(自治区、直辖市)	暴雨站数	大暴雨站数	特大暴雨站数	≥50 mm/d 站数
69	06-02	福建	29	2		43
		江西	4	1		
		广东	2			
		广西	4			
		云南	1			
70	06-03	福建	9	1		26
		江西	1			
		山东	4			
		湖南	1			
		广东	8			
		广西		1		
		贵州	1			
71	06-04	江西		1		59
		湖北	11			
		广东	6	1		
		广西	3			
		重庆	6			
		四川	3			
		贵州	2			
		陕西	26			
72	06-05	内蒙古	1			67
		江苏	1			
		浙江	2			
		安徽	8			
		江西	10	1		
		河南	5			
		湖北	6			
		湖南	12			
		广东	2			
		广西		1		
		重庆	1			
		贵州	12	2		
		宁夏	3			

续表

序号	日期	省(自治区、直辖市)	暴雨站数	大暴雨站数	特大暴雨站数	≥50 mm/d 站数
73	06-06	福建	2			56
		江西	11	2		
		湖南	12	2		
		广东	4			
		广西	18	5		
74	06-07	福建	2			11
		广东	3	1		
		广西	2			
		海南	3			
75	06-08	福建	3			14
		广西	6	1		
		海南	2			
		云南	1			
		新疆	1			
76	06-09	浙江	1			27
		安徽	2	1		
		湖北	8	3		
		广东	2			
		广西	1	1		
		重庆	3	1		
		四川	3			
		陕西	1			
77	06-10	上海	6	1		94
		江苏	15	18	2	
		安徽	12	13		
		河南	8	2		
		湖北	6			
		湖南	1			
		广西	1			
		重庆	2	3		
		四川	2	1		
		贵州		1		
78	06-11	浙江	7			35
		福建	1			
		江西	8			

续表

续表

序号	日期	省(自治区、直辖市)	暴雨站数	大暴雨站数	特大暴雨站数	≥50 mm/d 站数
78	06-11	湖北	1			35
		湖南	10	2		
		四川	1			
		贵州	5			
79	06-12	河北	1			76
		山西	1			
		上海	1			
		浙江	24	2		
		安徽	3			
		福建	2	1		
		江西	6			
		山东	2			
		湖北	7			
		湖南	3			
		广西	2			
		贵州	16	3		
		云南	2			
80	06-13	浙江	27	7		96
		安徽	6			
		福建	7	2		
		江西	7	1		
		河南	4			
		湖北	4			
		广东	12	5		
		广西	10	1		
		贵州	2			
		云南	1			
81	06-14	福建	6			30
		江西	3	1		
		广东	10	2		
		广西	6	1		
		四川	1			
82	06-15	福建	13	2		36
		江西	1			
		湖南				

续表

续表

序号	日期	省（自治区、直辖市）	暴雨站数	大暴雨站数	特大暴雨站数	≥50 mm/d 站数
82	06-15	广东	5			36
		广西	5			
		贵州	8	1		
83	06-16	浙江	6			93
		福建	24			
		江西	8			
		湖南	1			
		广东	16	6	1	
		广西	25	4		
		云南	1	1		
84	06-17	福建	5	1		26
		广东	17	3		
85	06-18	黑龙江	1			28
		福建	6			
		广东	11	3		
		海南	3	1		
		四川	1			
		云南	2			
86	06-19	黑龙江	1			23
		浙江	1			
		福建	1			
		广东	13	2		
		广西	1	1		
		云南	3			
87	06-20	内蒙古	1			28
		辽宁		1		
		吉林	3			
		黑龙江	1			
		福建	4			
		广东	6	1		
		广西	2	1		
		海南	1			
		云南	6	1		

续表

序号	日期	省(自治区、直辖市)	暴雨站数	大暴雨站数	特大暴雨站数	≥50 mm/d 站数
88	06-21	河北	1			45
		浙江	4			
		江西	15			
		河南	2			
		湖南	3			
		广东	10			
		广西	8	1		
		云南	1			
89	06-22	河北	12			75
		山西	1			
		内蒙古	1			
		浙江	5			
		江西	7	4		
		山东	12	1		
		河南	1			
		湖南	2			
		广东	4	2		
		广西	2			
		四川	4	1		
		贵州	10	1		
		云南	4			
		西藏	1			
90	06-23	北京	11	1		87
		天津	1	1		
		河北	4			
		浙江	3			
		安徽	4	1		
		江西	11	2		
		山东	5	1		
		湖北		4		
		湖南	18	6	1	
		重庆	1			
		贵州	8	4		

续表

序号	日期	省(自治区、直辖市)	暴雨站数	大暴雨站数	特大暴雨站数	≥50 mm/d 站数
91	06-24	北京	1			122
		河北	1			
		辽宁		1		
		上海	4			
		江苏	2			
		浙江	23	2		
		安徽	8	3		
		江西	7	9		
		山东	4			
		湖北	2			
		湖南	19	8		
		重庆	3			
		四川	6	1		
		贵州	12	3		
		云南	3			
92	06-25	浙江	12	1		88
		福建	1			
		江西	19	13	1	
		山东	1			
		湖北	1			
		湖南	18	4		
		广西	6	1		
		海南		1		
		贵州	4	1		
		云南	2	2		
93	06-26	福建	10	1		40
		江西	3			
		湖南	6	2		
		广东	2			
		广西	9	3		
		云南	4			
94	06-27	黑龙江		1		32
		上海	1			
		江苏	1			
		福建	3			

续表

续表

序号	日期	省(自治区、直辖市)	暴雨站数	大暴雨站数	特大暴雨站数	≥50 mm/d 站数
94	06-27	江西	11			32
		湖北	1			
		湖南	6			
		广东	2			
		广西	4	1		
		云南	1			
95	06-28	黑龙江	1			61
		福建	3			
		江西	19	1		
		湖南	19			
		广西	13	3		
		云南	2			
96	06-29	黑龙江	1			48
		浙江	1			
		江西	5			
		山东	2			
		湖南	8	2		
		广西	2			
		海南	1			
		重庆	1			
		四川	1	2		
		贵州	15	5		
		云南	2			
97	06-30	河北	1			102
		黑龙江	1	1		
		安徽	8			
		江西	5	1		
		山东	2	1		
		湖北	10	11		
		湖南	14	14		
		广西	3	1		
		四川	5	1		
		贵州	18	3		
		云南	2			

表 2.1.7　2017 年 7 月暴雨索引

序号	日期	省（自治区、直辖市）	暴雨站数	大暴雨站数	特大暴雨站数	≥50 mm/d 站数
98	07-01	黑龙江	1			109
		江苏	7			
		浙江	1			
		安徽	5	3		
		福建	3			
		江西	10	9		
		河南	2			
		湖北	4	1		
		湖南	22	23		
		广东	1			
		广西	7	4		
		贵州	5			
		云南	1			
99	07-02	吉林	4	1		100
		江苏	5			
		安徽	12	2		
		江西	6			
		山东	4			
		湖北	2			
		湖南	6	1		
		广东	11	1		
		广西	26	11	3	
		四川	3			
		云南	2			
100	07-03	浙江	3			49
		福建	1			
		广东	21	7		
		广西	7	3		
		海南	1			
		重庆	1			
		云南	5			
101	07-04	北京	2			28
		河北	2			
		山东	2			

续表

序号	日期	省(自治区、直辖市)	暴雨站数	大暴雨站数	特大暴雨站数	≥50 mm/d站数
101	07-04	河南	2			28
		广东	9	1	1	
		广西	4			
		云南	5			
102	07-05	内蒙古	1			32
		辽宁	1			
		江苏	1			
		浙江	1			
		安徽	1			
		山东	2			
		湖北	1			
		广东	2			
		广西	1			
		海南	3			
		四川	10	3	1	
		陕西	1			
		甘肃	3			
103	07-06	北京	5	3		127
		天津		1		
		河北	20	3		
		山西	1			
		江苏	1			
		山东	14	8		
		河南	20	6		
		湖北	1			
		广东	3			
		广西	2			
		海南	2			
		重庆	1			
		四川	12	11	1	
		云南	1			
		陕西	11			
104	07-07	天津	1			99
		河北	3			
		内蒙古	4	2		

续表

续表

序号	日期	省(自治区、直辖市)	暴雨站数	大暴雨站数	特大暴雨站数	≥50 mm/d 站数
104	07-07	辽宁	12	2		99
		江苏	4			
		安徽	5	1		
		福建	2			
		江西	1			
		山东	13	6		
		河南	7	3		
		湖北	2			
		广东	1			
		广西	1			
		海南	2			
		重庆	5	1		
		四川	5	2		
		贵州	4	1		
		云南	8	1		
105	07-08	福建	1			26
		湖北	3	3		
		湖南	1			
		广东	7	1		
		广西	5	1		
		贵州	1			
		云南	3			
106	07-09	辽宁	5			76
		江苏	5			
		安徽	6	2		
		山东	1			
		河南	2	8		
		湖北	19	3		
		湖南	1			
		广西	5			
		贵州	8	4		
		云南	7			
107	07-10	内蒙古	1			70
		辽宁	6	1		
		江苏	9	1		

续表

续表

序号	日期	省(自治区、直辖市)	暴雨站数	大暴雨站数	特大暴雨站数	≥50 mm/d 站数
107	07-10	安徽	16	1		70
		江西	11	2		
		湖北	3			
		湖南	2	1		
		广西	9	4		
		海南	2			
		贵州	1			
108	07-11	黑龙江	2			17
		江西	1			
		广西	10	1		
		贵州	2	1		
109	07-12	广西	3	2		10
		四川	1			
		贵州	1			
		云南	3			
110	07-13	内蒙古	1			14
		吉林	3	2		
		江西	1			
		广西	1			
		海南	2			
		四川	1			
		云南	3			
111	07-14	河北	1			33
		辽宁	6	2		
		吉林	8			
		黑龙江	1			
		江苏	2	1		
		山东	2			
		广西	1			
		海南	1			
		重庆	6			
		四川	2			
112	07-15	北京	1	2		67
		河北	4	1		
		辽宁	1	1		

续表

序号	日期	省(自治区、直辖市)	暴雨站数	大暴雨站数	特大暴雨站数	≥50 mm/d 站数
112	07-15	江苏	6	2		67
		安徽	2			
		山东	12	9		
		河南	16	2		
		湖北	2	1		
		海南		1		
		云南	3			
		甘肃	1			
113	07-16	吉林	1			36
		山东	8	1		
		河南	3	1		
		湖北	2			
		广东	5			
		海南	2	5		
		重庆	1			
		四川	7			
114	07-17	福建	3			23
		山东		1		
		广东	12	3		
		四川	3	1		
115	07-18	河北	1			46
		山西	1			
		山东	5	1		
		河南	5	2		
		广东	21	4		
		广西	2	1		
		海南	2			
		四川	1			
116	07-19	河北	1			40
		山西	1			
		吉林	1			
		黑龙江	1	2		
		山东	1			
		广东	8			
		广西	4	1		

续表

续表

序号	日期	省(自治区、直辖市)	暴雨站数	大暴雨站数	特大暴雨站数	≥50 mm/d 站数
116	07-19	海南	3	1		40
		四川	9			
		贵州	3			
		云南	4			
117	07-20	内蒙古	4			39
		辽宁	1			
		吉林	12	2		
		山东	1	2		
		广东		1		
		广西	2	2		
		四川	1			
		贵州	7			
		云南	3	1		
118	07-21	北京	1			38
		天津	2			
		河北	12	2		
		山西	1			
		辽宁	3			
		吉林	6			
		山东	1			
		海南	1			
		四川	2			
		贵州	2			
		云南	5			
119	07-22	山东	1			8
		四川	4			
		云南	3			
120	07-23	山西	4			12
		广东	4			
		四川	1			
		云南	2			
		陕西	1			
121	07-24	山西	1			7
		广西	1			
		四川	5			

续表

续表

序号	日期	省(自治区、直辖市)	暴雨站数	大暴雨站数	特大暴雨站数	≥50 mm/d 站数
122	07-25	山西	1			8
		内蒙古	1			
		海南	2			
		云南	3			
		陕西	1			
123	07-26	河北	5			30
		山西	9	1		
		内蒙古	1			
		山东	5			
		云南	1			
		陕西	2	5		
		甘肃	1			
124	07-27	河北	1			31
		山西	11	1		
		黑龙江	1			
		山东	6			
		河南	1			
		陕西	4	1		
		甘肃	3			
		宁夏	2			
125	07-28	河北	1			23
		山西	6			
		江西	1			
		山东	1			
		湖北	1			
		海南	2			
		重庆	1			
		四川	5			
		云南	1			
		陕西	4			
126	07-29	四川	2			3
		陕西	1			
127	07-30	江苏	1			39
		浙江	8	1		
		福建	19	1		

续表

续表

序号	日期	省(自治区、直辖市)	暴雨站数	大暴雨站数	特大暴雨站数	≥50 mm/d 站数
127	07-30	山东	2			39
		河南	6			
		广东	1			
128	07-31	江苏	4	1		66
		安徽	3			
		福建	20	9		
		江西	6	3		
		山东	10			
		湖北	1			
		湖南	2			
		广东	3	1		
		云南	2	1		

表 2.1.8　2017 年 8 月暴雨索引

序号	日期	省(自治区、直辖市)	暴雨站数	大暴雨站数	特大暴雨站数	≥50 mm/d 站数
129	08-01	浙江	5			79
		安徽	3			
		福建	21	11		
		江西	9	1		
		河南	5			
		湖北	11	3		
		湖南	1			
		广东	5			
		广西	2			
		贵州	2			
130	08-02	北京		1		93
		河北	5	4		
		辽宁	1			
		吉林	1			
		黑龙江	8			
		江苏	2			
		安徽	10	4		
		福建	7			
		江西	6	1		

续表

序号	日期	省（自治区、直辖市）	暴雨站数	大暴雨站数	特大暴雨站数	≥50 mm/d 站数
130	08-02	山东	18	1		93
		河南	8			
		湖北	3			
		湖南	1			
		广东	4			
		广西	3			
		四川	3			
		云南	2			
131	08-03	北京	4	1		106
		天津	3			
		河北	15	7		
		内蒙古	7	6	1	
		辽宁	6	7		
		吉林	12	3		
		黑龙江	4			
		江苏	1			
		安徽	1			
		江西	4			
		山东	10	3		
		湖北	1			
		广东	1			
		广西	2	1		
		海南	1			
		四川	4			
		云南	1			
132	08-04	辽宁	4	3	1	47
		吉林	1	1		
		黑龙江	9	3		
		江苏	1			
		浙江	1			
		安徽	1			
		山东	5	3		
		湖北	1			
		湖南	1			
		广东	2			

续表

续表

序号	日期	省(自治区、直辖市)	暴雨站数	大暴雨站数	特大暴雨站数	≥50 mm/d 站数
132	08-04	广西	4			47
		海南	2			
		重庆	1			
		贵州	1			
		云南	1	1		
133	08-05	天津	1			35
		内蒙古	1			
		辽宁	7	1		
		吉林	1			
		上海	1			
		江苏	1			
		浙江	1			
		山东	6	2		
		河南	1			
		湖北	1			
		湖南	1			
		广东	1			
		广西	3	1		
		海南	1			
		四川	2			
		云南	1			
		青海	1			
134	08-06	内蒙古	1			21
		辽宁	3			
		吉林	4	1		
		黑龙江	2			
		安徽	1			
		海南	1			
		四川	1			
		云南	6	1		
135	08-07	辽宁	1			
		黑龙江	7	2		
		江苏	2			
		浙江	1			
		安徽	4	1		

续表

续表

序号	日期	省(自治区、直辖市)	暴雨站数	大暴雨站数	特大暴雨站数	≥50 mm/d 站数
135	08-07	山东	2			47
		河南	7			
		湖北	2			
		四川	7	1		
		陕西	1			
		甘肃	8	1		
136	08-08	江苏	25	1		88
		安徽	8	6		
		河南	1			
		湖北	11	2		
		湖南	1			
		重庆	7			
		四川	16	6		
		贵州	1			
		云南	3			
137	08-09	天津	2	1		49
		河北	1			
		辽宁	1			
		江苏	4			
		浙江	1			
		安徽	6	1		
		江西	5			
		河南	1			
		湖北	2			
		湖南	8	3		
		广西	4			
		贵州	3	1		
		云南	5			
138	08-10	内蒙古	1			16
		吉林	1			
		黑龙江	2			
		浙江	1			
		福建	3			
		江西	2			
		山东	1			

续表

续表

序号	日期	省(自治区、直辖市)	暴雨站数	大暴雨站数	特大暴雨站数	≥50 mm/d 站数
138	08-10	广东	1			16
		广西	3			
		西藏	1			
139	08-11	黑龙江	1			15
		福建	1			
		江西	5			
		广东	1			
		广西	3			
		四川	4			
140	08-12	北京	4			96
		天津	1			
		河北	2	1		
		山西	1			
		内蒙古	3	1		
		吉林	4			
		黑龙江	1			
		江苏	9			
		安徽	5			
		江西	10			
		山东	5	1		
		湖北	6	3		
		湖南	15	5		
		广西		1		
		重庆	1			
		贵州	15	2		
141	08-13	天津	1			78
		河北	2			
		黑龙江	1			
		江苏		1		
		安徽	8	1		
		江西	9			
		山东	2			
		河南	1			
		湖北	12	6		
		湖南	11	3		

续表

续表

序号	日期	省(自治区、直辖市)	暴雨站数	大暴雨站数	特大暴雨站数	≥50 mm/d 站数
141	08-13	广西	2	2		78
		重庆	2			
		四川	1			
		贵州	10	2		
		陕西	1			
142	08-14	内蒙古	2	1		57
		辽宁	2			
		安徽	4	1		
		江西	7			
		山东	1			
		湖北	5			
		湖南	6	1		
		广西	16	4	1	
		四川	1			
		贵州	2	1		
		云南	2			
143	08-15	吉林	1			30
		安徽	1			
		江西	6			
		湖南	1			
		广东	1			
		广西	9	3		
		云南	8			
144	08-16	北京	1			29
		天津	3			
		河北	1			
		内蒙古	2			
		辽宁	2			
		江苏	6	3		
		安徽	4	1		
		湖北		1		
		湖南	2			
		云南	3			

续表

序号	日期	省(自治区、直辖市)	暴雨站数	大暴雨站数	特大暴雨站数	≥50 mm/d 站数
145	08-17	河北	4			18
		辽宁	6			
		福建	1			
		山东	4			
		云南	2	1		
146	08-18	河北	5			35
		山西	2			
		内蒙古	1			
		吉林	2			
		江苏		1		
		浙江	1			
		安徽	3			
		山东	3			
		河南	1			
		湖北	1			
		四川	4	2		
		云南	3			
		陕西	2			
		甘肃	4			
147	08-19	河北	3			53
		山西	4			
		辽宁	1			
		江苏	12	2		
		安徽	3			
		山东	3	1		
		河南	14	5		
		湖北	1			
		广东	1			
		四川	2			
		甘肃	1			
148	08-20	上海	2	1		43
		江苏	12			
		安徽	9	2		
		河南	2			
		湖北	4			

续表

序号	日期	省(自治区、直辖市)	暴雨站数	大暴雨站数	特大暴雨站数	≥50 mm/d站数
148	08-20	四川	1			43
		陕西	3			
		甘肃	6			
		宁夏	1			
149	08-21	上海	1			6
		浙江	1			
		四川	4			
150	08-22	山西	10	1		27
		湖北	1			
		广东	1			
		四川	2			
		陕西	9	1		
		甘肃	2			
151	08-23	北京	8			64
		河北	2			
		辽宁	3			
		吉林	2			
		浙江	1			
		福建	3			
		广东	25	5		
		广西	9			
		四川	5			
		陕西	1			
152	08-24	黑龙江	1			79
		江苏	1			
		安徽	1			
		山东	1			
		河南	1			
		湖南	1			
		广东	10	1		
		广西	35	7		
		海南	1			
		重庆	1			
		四川	6			
		贵州	3			
		云南	9			

续表

序号	日期	省(自治区、直辖市)	暴雨站数	大暴雨站数	特大暴雨站数	≥50 mm/d 站数
153	08-25	上海	1			45
		江苏	4			
		浙江	1			
		安徽	1	1		
		湖北	3			
		广西	1			
		重庆	2			
		四川	17	3		
		云南	11			
154	08-26	山西	1			27
		浙江	2			
		安徽	1			
		福建	2			
		江西	11	1		
		湖南	2			
		广东	1			
		四川	2	1		
		贵州	1			
		云南	1			
		陕西	1			
155	08-27	山西	10			49
		福建	4			
		江西	1			
		广东	27	1		
		广西	3			
		海南	2			
		甘肃	1			
156	08-28	湖南	1			35
		广东	14	4		
		广西	5	1		
		四川	7	1		
		贵州	1			
		云南	1			

续表

续表

序号	日期	省(自治区、直辖市)	暴雨站数	大暴雨站数	特大暴雨站数	≥50 mm/d 站数
157	08-29	江苏	1			31
		浙江	3			
		安徽	6			
		河南	2			
		湖北	1			
		湖南	1			
		广东	1			
		广西	1	4		
		重庆	1			
		四川	5	1		
		贵州	1			
		云南	2			
		陕西	1			
158	08-30	江西	1			9
		广西	1			
		重庆	1			
		四川	5			
		云南	1			
159	08-31	广东	1			3
		重庆	1			
		四川	1			

表 2.1.9　2017 年 9 月暴雨索引

序号	日期	省(自治区、直辖市)	暴雨站数	大暴雨站数	特大暴雨站数	≥50 mm/d 站数
160	09-01	江西	1			7
		四川	3			
		贵州	2			
		云南	1			
161	09-02	河南	1			25
		湖北	6			
		湖南	1			
		广东	1			
		重庆	7			
		四川	1			
		贵州	5	2		
		云南	1			

续表

序号	日期	省（自治区、直辖市）	暴雨站数	大暴雨站数	特大暴雨站数	≥50 mm/d 站数
162	09-03	安徽	7			17
		广西	1			
		四川	2			
		贵州	5	1		
		云南	1			
163	09-04	江苏	15			33
		安徽	2			
		广东	9	3		
		广西	2			
		贵州	2			
164	09-05	黑龙江	3			20
		广东	4	2		
		广西	1			
		重庆	1			
		四川	3			
		贵州	3			
		云南	1			
		陕西	2			
165	09-06	安徽	1			31
		江西	1			
		湖南	1			
		广东	1			
		广西	4	1		
		海南	2	1		
		四川	2			
		贵州	8	1		
		云南	5	3		
166	09-07	上海	1			28
		浙江	2			
		福建	1			
		广东	8	2		
		广西	8	1		
		云南	4	1		

续表

序号	日期	省(自治区、直辖市)	暴雨站数	大暴雨站数	特大暴雨站数	≥50 mm/d 站数
167	09-08	浙江	4			12
		福建	3	2		
		江西	1			
		广东	1			
		海南	1			
168	09-09	浙江	2			30
		河南	1			
		湖南	1			
		广东	1	1		
		广西	1			
		重庆	6			
		四川	8	3		
		云南	1			
		陕西	4	1		
169	09-10	江苏	12	1		92
		安徽	7			
		江西	1			
		河南	26			
		湖北	20	3		
		湖南	1	1		
		广东	1			
		重庆	8			
		四川	3			
		贵州	5			
		云南	3			
170	09-11	黑龙江	1			15
		江苏	1			
		浙江	1			
		江西	5			
		湖南	3			
		广西	3	1		
171	09-12	福建	1			2
		湖南	1			

续表

序号	日期	省(自治区、直辖市)	暴雨站数	大暴雨站数	特大暴雨站数	≥50 mm/d 站数
172	09-13	广东	1			3
		海南	1			
		云南	1			
173	09-14	海南	8			8
174	09-15	海南	3	2		5
175	09-16	广西	1			1
176	09-17	辽宁	1			1
177	09-18	湖北	2			6
		重庆	2			
		四川	2			
178	09-19	吉林	1			42
		湖北	12			
		湖南	17	1		
		广东	1			
		重庆	3	1		
		贵州	6			
179	09-20	安徽	1			39
		江西	7			
		湖南	10			
		广西	7			
		贵州	11	2		
		云南	1			
180	09-21	浙江	2			11
		福建	4			
		广东	1			
		广西	1			
		海南	1			
		云南	2			
181	09-22	辽宁	3			14
		福建	3	2		
		广西	3	1		
		四川	1			
		云南	1			
182	09-23	浙江	3	1		6
		广西	2			

续表

序号	日期	省(自治区、直辖市)	暴雨站数	大暴雨站数	特大暴雨站数	≥50 mm/d 站数
183	09-24	辽宁	1			49
		上海	5			
		江苏	23	1		
		安徽	6	2		
		河南	5	2		
		海南	1			
		重庆	2			
		四川	1			
184	09-25	河北		1		75
		上海	3	5		
		江苏	17	18		
		浙江		1		
		安徽	19	2		
		河南	5			
		广西	2			
		重庆	1			
		四川	1			
185	09-26	江苏	1			15
		山东	3			
		云南	2			
		陕西	9			
186	09-27	江苏	1			17
		浙江	1			
		湖北	3			
		重庆	3			
		四川	2			
		云南	1			
		陕西	6			
187	09-28	福建	3			26
		江西	1			
		湖北	1			
		湖南	6			
		广东	1			
		海南	1			
		重庆	2			
		四川	1			
		贵州	10			

续表

续表

序号	日期	省(自治区、直辖市)	暴雨站数	大暴雨站数	特大暴雨站数	≥50 mm/d 站数
188	09-29	湖北	1			3
		云南	2			
189	09-30	浙江	1			5
		广东	3			
		贵州	1			

表 2.1.10 2017 年 10 月暴雨索引

序号	日期	省(自治区、直辖市)	暴雨站数	大暴雨站数	特大暴雨站数	≥50 mm/d 站数
190	10-01	江苏	8	8		41
		浙江		1		
		安徽	11	1		
		山东	1			
		河南	6			
		湖北	1			
		广东	1			
		陕西	3			
191	10-02	江苏	8			25
		安徽	1			
		湖北	12	2		
		海南	1			
		云南	1			
192	10-03	山西	7			40
		浙江	4			
		江西	1			
		湖北	2			
		广西	1			
		重庆	3			
		四川	2			
		贵州	1			
		云南	1			
		陕西	18			
193	10-04	福建	2			24
		江西	2			
		河南	4			

续表

续表

序号	日期	省（自治区、直辖市）	暴雨站数	大暴雨站数	特大暴雨站数	≥50 mm/d 站数
193	10-04	湖北	5			24
		广东	1			
		广西	1			
		海南	1			
		重庆	6			
		四川	1			
		贵州	1			
194	10-05	广东	2			5
		广西	1			
		海南	2			
195	10-06	广东	1			4
		海南	1	2		
196	10-07	广西	1			3
		海南	1	1		
197	10-08	河北	1			4
		山西	1			
		云南	1			
		陕西	1			
198	10-09	天津	3			37
		河北	7			
		山西	7			
		辽宁	2			
		广东	1			
		海南	9	2		
		四川	1			
		陕西	5			
199	10-10	山西	1			7
		广西	1			
		海南	3	2		
200	10-11	上海	2			15
		浙江	1			
		河南	1			
		广东	1			
		广西	3			
		海南	5			
		云南	2			

续表

续表

序号	日期	省(自治区、直辖市)	暴雨站数	大暴雨站数	特大暴雨站数	≥50 mm/d 站数
201	10-12	贵州	1			1
202	10-13	云南	1			1
203	10-15	上海	1			31
		浙江	13	1	2	
		湖南	1			
		广东	8			
		海南	4			
		云南	1			
204	10-16	上海	1	1		34
		浙江	5	5		
		江西	3			
		湖南	1			
		广东	11			
		广西	4			
		海南	3			
205	10-17	河南	2			3
		湖北	1			
206	10-22	云南	1			1
207	10-24	云南	2			2

表 2.1.11 2017 年 11 月暴雨索引

序号	日期	省(自治区、直辖市)	暴雨站数	大暴雨站数	特大暴雨站数	≥50 mm/d 站数
208	11-06	海南	1	1		2
209	11-07	浙江	5			23
		广东	6			
		海南	8	3	1	
210	11-13	海南	2			2
211	11-14	广东	1			4
		海南	2	1		
212	11-17	江西	2			2
213	11-18	广西	2	1		3
214	11-19	海南	1			1
215	11-20	海南	3	2		5
216	11-24	云南	8			8

续表

序号	日期	省（自治区、直辖市）	暴雨站数	大暴雨站数	特大暴雨站数	≥50 mm/d 站数
217	11-29	浙江	1			9
		江西	7			
		湖南	1			

2.2 单站连续性暴雨索引

表 2.2.1 2017 年全国单站连续性暴雨索引

序号	月份	起止日	省（自治区、直辖市）	站名	日期	降水量（mm）
1	2	21—23	云南	福贡	21	59.2
					22	86.3
					23	68.1
2	6	8—9	广西	防城	8	134.9
					9	129.4
3		11—13	浙江	浦江	11	62.6
					12	61.1
					13	88.3
4		11—13	浙江	东阳	11	59.2
					12	54.4
					13	65.5
5				天台	11	60.1
					12	62.8
					13	62.5
6		13—17	广东	陆丰	13	126.5
					14	100.1
					15	20.5
					16	362.7
					17	168.8
7		14—16	江西	寻乌	14	61.8
					15	58.2
					16	54.9
8			福建	永定	14	78.8
					15	86.4
					16	51.8

续表

序号	月份	起止日	省(自治区、直辖市)	站名	日期	降水量(mm)
9	6	14—16	福建	尤溪	14	64.7
					15	51.4
					16	50.8
10		14—16	广东	蕉岭	14	85.6
					15	51.4
					16	63.6
11			广东	陆丰	14	100.1
					15	20.5
					16	362.7
12		15—18	广东	饶平	15	65.4
					16	55.4
					17	89.9
					18	98.9
13		16—18	广东	汕尾	16	184.9
					17	182.6
					18	51.6
14			广东	阳江	17	52.9
					18	67.1
					19	60.2
15			广东	汕头	17	60.8
					18	72.4
					19	64.5
16		17—19	广东	潮阳	17	53.6
					18	64.4
					19	92.4
17			广东	南澳	17	54.2
					18	121.8
					19	90.3
18			广东	惠来	17	159.3
					18	45.6
					19	195.8
19		18—19	广东	上川岛	18	104.2
					19	123.3
20		23—24	湖南	安化	23	111.0
					24	109.2

续表

序号	月份	起止日	省(自治区、直辖市)	站名	日期	降水量(mm)
21	6	23—24	江西	浮梁	23	123.5
					24	109.7
22		23—25	湖南	冷水江	23	73.6
					24	56.4
					25	93.1
23				新化	23	81.2
					24	53.4
					25	57.9
24		26—28	广西	宜州	26	81.3
					27	57.3
					28	61.5
25		27—29	江西	南城	27	91.6
					28	53.4
					29	56.0
26		6月29日—7月1日	湖南	会同	29	116.6
					30	21.1
					1	119.0
27		6月30日—7月1日	湖南	临湘	30	144.7
					1	122.4
28		6月30日—7月1日	湖南	宁乡	30	111.2
					1	134.0
29			江西	瑞昌	30	102.3
					1	100.4
30		6月30日—7月2日	安徽	枞阳	30	63.3
					1	59.2
					2	207.8
31				石台	30	62.6
					1	76.3
					2	75.9
32			江西	湖口	30	52.0
					1	150.2
					2	79.9
33	7	2—5	广东	恩平	2	50.1
					3	158.1
					4	92.6
					5	59.9

续表

序号	月份	起止日	省(自治区、直辖市)	站名	日期	降水量(mm)
34	7	3—4	广东	新会	3	149.1
					4	100.2
35		7—9	安徽	霍邱	7	129.3
					8	1.3
					9	108.3
36		8—9	湖北	鹤峰	8	115.2
					9	135.2
37		8—10	广西	防城	8	75.1
					9	72.8
					10	114.7
38				东兴	8	100.4
					9	33.7
					10	242.1
39		10—12	广西	防城	10	114.7
					11	33.0
					12	182.6
40		12—14	广西	东兴	12	56.7
					13	91.5
					14	62.1
41		17—18	广东	惠来	17	108.7
					18	123.5
42		19—20	广西	防城	19	164.6
					20	156.1
43		7月30日—8月1日	福建	寿宁	30	91.6
					31	66.7
					1	172.1
44				周宁	30	76.4
					31	85.2
					1	85.4
45				福安	30	65.3
					31	81.2
					1	111.5
46				柘荣	30	110.7
					31	76.7
					1	102.2

续表

序号	月份	起止日	省（自治区、直辖市）	站名	日期	降水量(mm)
47	7	7月30日—8月1日	福建	霞浦	30	65.6
					31	60.6
					1	120.1
48				罗源	30	56.4
					31	81.7
					1	64.2
49				宁德	30	81.0
					31	102.6
					1	94.9
50				福州	30	51.9
					31	74.3
					1	70.2
51				三沙	30	89.3
					31	117.5
					1	80.2
52				德化	30	58.7
					31	77.4
					1	70.0
53				福州郊区	30	83.4
					31	110.4
					1	66.7
54				长乐	30	81.7
					31	127.0
					1	111.5
55				福清	30	71.2
					31	105.4
					1	198.0
56				平潭	30	59.5
					31	174.1
					1	57.8
57				莆田	30	59.0
					31	135.7
					1	111.1
58	8	1—3	江西	浮梁	1	64.1
					2	85.3
					3	53.5

续表

序号	月份	起止日	省(自治区、直辖市)	站名	日期	降水量(mm)
59	8	1—3	江西	景德镇	1	70.3
					2	51.4
					3	59.0
60		2—4	广西	合浦	2	54.9
					3	92.7
					4	70.5
61				北海	2	60.8
					3	158.8
					4	92.3
62			吉林	大安	2	54.0
					3	51.1
					4	136.5
63		11—13	江西	靖安	11	77.4
					12	88.9
					13	60.4
64				奉新	11	56.5
					12	61.1
					13	51.1
65		12—14	湖北	崇阳	12	132.0
					13	115.4
					14	60.3
66				洪湖	12	78.3
					13	69.4
					14	59.8
67				崇阳	12	132.0
					13	115.4
					14	60.3
68				金沙	12	111.3
					13	189.5
					14	81.8
69		12—15	广西	东兴	12	197.7
					13	92.4
					14	59.1
					15	88.0
70		14—15	广西	临桂	14	200.5
					15	145.5

续表

序号	月份	起止日	省(自治区、直辖市)	站名	日期	降水量(mm)
71	8	26—28	广东	惠东	26	53.8
					27	55.3
					28	65.9
72		28—29	广西	防城	28	180.3
					29	138.9
73	9	24—26	江苏	吕泗	24	53.9
					25	78.5
					26	57.6
74		24—25	江苏	太仓	24	114.8
					25	160.0
75	10	9—11	海南	琼中	9	103.5
					10	121.4
					11	69.9
76				五指山	9	59.0
					10	64.0
					11	56.3
77				保亭	9	62.2
					10	55.6
					11	93.8
78				陵水	9	74.3
					10	76.7
					11	75.2

2.3 区域性暴雨日索引

表 2.3.1 2017 年全国区域性暴雨日索引

序号	日期(月-日)	区域	暴雨站数	大暴雨站数	特大暴雨站数	≥50 mm/d 站数	暴雨中心		
							降水量(mm)	地点	
								省(自治区、直辖市)	站名
1	03-10	江南地区 华南北部	46			46	84.7	福建	连城
2	03-22	江南地区	40			40	85.8	湖南	祁东
3	03-31	江南南部 华南地区	20			20	88.8	广西	藤县

续表

序号	日期（月-日）	区域	暴雨站数	大暴雨站数	特大暴雨站数	≥50 mm/d 站数	暴雨中心 降水量（mm）	暴雨中心 地点 省（自治区、直辖市）	暴雨中心 地点 站名
4	04-09	江淮地区 江汉地区 江南北部	38	2		40	122.9	江西	上饶县
5	04-19	江南南部	18	1		19	117.0	福建	永泰
6	04-21	江南南部 华南地区	27	2		29	104.6	广东	普宁
7	04-25	江汉地区 江南北部	17			17	72.8	江西	南昌 万载
8	04-26	江南地区 华南地区	27	3		30	139.7	广西	藤县
9	05-03	西南东部 江汉地区	34	3		37	109.2	四川	渠县
10	05-04	江淮地区 江南地区 华南地区	29			29	86.3	广西	北流
11	05-08	江南地区 华南地区	33	1		34	112.4	广西	邕宁
12	05-11	西南东部 江汉地区 江南北部	16			16	95.8	重庆	忠县
13	05-12	江南地区 华南地区	30	1		31	115.3	福建	清流
14	05-15	华南地区	39	11		50	185.5	广东	从化
15	05-16	华南地区					112.0	广东	增城
16	05-22	华北地区 西北东部 西南东部 江南北部	24			24	93.1	湖南	澧县
17	05-23	黄淮地区 江淮地区 江汉地区 江南地区 华南地区 西南东部	68	4		72	120.9	安徽	黄山

续表

序号	日期 （月-日）	区域	暴雨站数	大暴雨站数	特大暴雨站数	≥50 mm/d站数	暴雨中心		
							降水量（mm）	地点	
								省（自治区、直辖市）	站名
18	05-24	江南东部 华南地区	37	5		42	171.5	广东	增城
19	06-01	江南地区	87	13		100	138.3	福建	蒲城
20	06-02	江南南部 华南北部	39	3		42	114.1	江西	信丰
21	06-03	江南南部 华南北部	20	2		22	105.5	福建	南靖
22	06-04	西北东部 西南东部 江汉西部	51			51	89.2	陕西	汉阴
23	06-05	西北东部 西南东部 华北西部 黄淮西部 江淮地区 江汉地区 江南地区	61	4		65	139.2	贵州	雷山
24	06-06	江南地区 华南地区	46	9		55	173.4	广西	宜州
25	06-09	西北东部 西南东部 江汉地区 江南北部	18	5		23	229.5	湖北	监利
26	06-10	黄淮南部 江淮地区 江汉地区 江南北部 西南东部	52	39	2	93	265.3	江苏	金坛
27	06-11	江南地区 西南东部	33	2		35	109.4	湖南	芷江
28	06-12	江汉地区 江南地区	50	3		53	174.2	浙江	永康
		西南东部	20	3		23	113.2	贵州	贵定
29	06-13	江南北部	46	10		56	175.3	福建	柘荣
		华南中东部	17	5		22	218.4	广东	惠东

续表

序号	日期（月-日）	区域	暴雨站数	大暴雨站数	特大暴雨站数	≥50 mm/d 站数	暴雨中心 降水量（mm）	暴雨中心 地点 省（自治区、直辖市）	暴雨中心 地点 站名
30	06-14	江南地区 华南地区	25	4		29	157.2	江西	信丰
31	06-15	西南东部 江南地区 华南地区	33	3		36	137.2	福建	龙岩
32	06-16	江南地区 华南地区	81	11	1	93	362.7	广东	陆丰
33	06-17	华南中东部	22	4		26	182.6	广东	汕尾
34	06-18	华南中东部	17	3		20	121.8	广东	南澳
35	06-19	华南中东部	15	3		18	195.8	广东	惠来
36	06-20	江南东部 华南地区	13	2		15	147.8	广西	合浦
37	06-21	江南地区 华南地区	40	1		41	127.6	广西	东兴
38	06-22	华北地区 黄淮北部	27	1		28	109.3	山东	东平
38	06-22	西南东部	21	2		23	108.9	贵州	黔西
38	06-22	江南地区 华南地区	17	6		23	148.6	广东	恩平
39	06-23	华北地区 黄淮地区	21	3		24	173.2	天津	平台
39	06-23	西南东部 江南地区	45	17	1	63	278.2	湖南	临湘
40	06-24	西南东部 江南地区	87	26		113	204.6	湖南	辰溪
41	06-25	西南东部 西南南部 江南地区 华南西部	63	22	1	86	267.5	江西	弋阳
42	06-26	西南南部 江南南部 华南地区	34	6		40	190.3	广西	桂林
43	06-27	江南地区 华南北部	30	1		31	143.4	广西	象州

续表

序号	日期 （月-日）	区域	暴雨站数	大暴雨站数	特大暴雨站数	≥50 mm/d 站数	暴雨中心 降水量（mm）	暴雨中心 地点 省（自治区、直辖市）	暴雨中心 地点 站名
44	06-28	江南地区 华南北部	56	4		60	121.1	广西	河池
45	06-29	西南东部 江南地区	34	9		43	153.9	贵州	天柱
46	06-30	西南东部 江南北部 江淮西部	60	30		90	236.0	湖南	平江
47	07-01	江淮西部 江南地区 华南北部	64	40		104	198.9	湖南	长沙
48	07-02	江淮地区 江南地区 华南地区	76	15	3	94	295.6	广西	永福
49	07-03	江南地区 华南地区	33	10		43	172.6	广东	台山
50	07-04	华南地区	13	1	1	15	275.5	广东	阳江
51	07-05	西南东部 西北东部	14	3	1	18	266.7	四川	绵阳
52	07-06	华北地区 黄淮地区 西北东部 西南东部	85	33	1	119	250.3	四川	蓬溪
53	07-07	内蒙古东部 东北南部 华北东部 黄淮地区 江淮西部 江汉地区 西南东部 西南南部	73	19		92	197.4	河南	淮滨
54	07-08	华南地区 西南南部	21	5		26	121.2	广东	阳春

续表

续表

序号	日期（月-日）	区域	暴雨站数	大暴雨站数	特大暴雨站数	≥50 mm/d 站数	暴雨中心 降水量（mm）	暴雨中心 地点 省（自治区、直辖市）	暴雨中心 地点 站名
55	07-09	黄淮南部 江淮地区 江汉地区 西南东部 西南南部 华南西部	53	15		68	195.9	河南	固始
56	07-10	黄淮南部 江淮地区 江南地区 华南西部	51	9		60	242.1	广西	东兴
57	07-11	西南东部 华南西部	13	2		15	115.8	贵州	榕江
58	07-14	东北地区	15	2		17	164.9	辽宁	昌图
59	07-15	华北东部 黄淮地区	43	17		60	199.1	山东	枣庄
60	07-16	黄淮地区 江汉地区 西南东部	21	2		23	108.9	河南	正阳
61	07-17	华南地区	15	3		18	128.7	广东	陆丰
62	07-18	华北南部 黄淮北部	12	3		15	126.4	山东	鄄城
		华南地区	25	5		30	220.3	广东	上川岛
63	07-19	西南东部 华南地区	31	2		33	164.6	广西	防城
64	07-20	东北地区 内蒙古东部	17	2		19	203.9	吉林	永吉
		西南东部 西南南部 华南西部	13	4		17	177.3	广东	湛江
65	07-21	华北地区 东北地区	26	2		28	169.7	河北	秦皇岛
66	07-26	华北中部 西北东部	22	6		28	206.6	陕西	子洲

续表

序号	日期（月-日）	区域	暴雨站数	大暴雨站数	特大暴雨站数	≥50 mm/d 站数	暴雨中心 降水量（mm）	暴雨中心 地点 省（自治区、直辖市）	暴雨中心 地点 站名
67	07-27	华北南部 黄淮北部 西北东部	28	2		30	139.9	山西	浮山
68	07-30	江南东部	28	2		30	110.7	福建	柘荣
69	07-31	黄淮东部 江淮西部 江南中东部 华南东部	49	14		63	179.4	福建	长泰
70	08-01	黄淮西部 江淮西部 江南地区 华南东部	60	15		75	217.6	福建	云霄
71	08-02	华北东部 黄淮地区 江淮西部 江南地区	63	11		74	156.7	江西	彭泽
72	08-03	东北地区 内蒙古东部 华北东部 黄淮东部 江淮地区	67	27	1	95	349.7	内蒙古	青龙山
73	08-04	东北地区 黄淮东部	22	10	1	33	317.6	辽宁	岫岩
74	08-05	东北南部 黄淮东部	16	3		19	140.3	山东	莱阳
75	08-07	黄淮地区 西北东部 西南东部	33	3		36	122.4	安徽	阜阳
76	08-08	江淮地区 江汉地区 西南东部	73	15		88	134.5	安徽	和县
77	08-09	江南地区 华南西部	34	5		39	116.1	贵州	三都
78	08-12	江淮地区 江汉地区 江南北部 西南东部	59	10		69	214.0	湖南	泸溪

续表

序号	日期 （月-日）	区域	暴雨站数	大暴雨站数	特大暴雨站数	≥50 mm/d站数	暴雨中心		
							降水量（mm）	地点	
								省（自治区、直辖市）	站名
79	08-13	江淮地区 江南北部 西南东部 华南西部	51	15		66	189.5	湖北	金沙
80	08-14	江淮西部 江南地区 华南西部	43	7	1	51	262.1	广西	融安
81	08-15	江南地区 华南西部	26	3		29	145.5	广西	临桂
82	08-16	江淮西部 江南北部	15	5		20	156.1	江苏	海门
83	08-18	华北地区 黄淮地区	22	1		23	93.4	河北	安平
84	08-19	华北地区 黄淮地区 江淮地区	40	8		48	211.3	河南	漯河
85	08-20	江淮地区 江南北部	28	3		31	173.8	安徽	天柱山
86	08-22	西北东部 华北地区	24	2		26	105.4	陕西	府谷
87	08-23	华北东部 东北地区	15			15	86.6	北京	佛爷顶
		华南地区	37	5		42	141.5	广东	电白
88	08-24	华南地区 西南东部 西南南部	64	8		72	180.2	广西	浦北
89	08-25	西南东部 西南南部	30	3		33	120.4	四川	雅安
90	08-26	江南地区	19	1		20	138.5	江西	赣县
91	08-27	华南地区	36	1		37	114.5	广东	深圳
92	08-28	华南地区	22	5		27	164.6	广东	惠阳
93	08-29	西南东部 江汉地区 黄淮地区 江淮地区	22	1		23	132.8	四川	旺苍

续表

序号	日期 （月-日）	区域	暴雨 站数	大暴雨 站数	特大 暴雨 站数	≥50 mm/d 站数	暴雨中心		
							降水量 （mm）	地点	
								省（自治区、 直辖市）	站名
94	09-02	西南东部 江汉地区	22	2		24	106.9	贵州	仁怀
95	09-04	江淮地区	17			17	97.6	江苏	姜堰
96	09-06	华南地区 西南东部 西南南部	20	5		25	116.1	贵州	册亨
97	09-07	华南地区 西南南部	20	4		24	135.3	云南	河口
98	09-09	西南东部 西北东部 黄淮西部	18	5		23	123.9	陕西	镇巴
99	09-10	黄淮地区 江淮地区 江汉地区 江南北部 西南东部 西南南部	86	5		91	247.3	湖北	远安
100	09-19	江汉地区 江南西部 西南东部	38	2		40	117.7	湖南	辰溪
101	09-20	江南地区 西南东部 华南西部	37	2		39	136.4	贵州	册亨
102	09-24	江淮流域 江南北部	43	5		48	128.0	河南	光山
103	09-25	黄淮流域 江淮流域 江南北部	46	26		72	211.3	江苏	无锡
104	09-28	西南东部 江南北部	26			26	96.1	湖南	保靖
105	10-01	黄淮地区 江淮东部 江汉西部	30	9		39	138.9	江苏	楚州
106	10-03	西北东部 华北南部 黄淮西部	25			25	73.8	陕西	大荔

续表

序号	日期(月-日)	区域	暴雨站数	大暴雨站数	特大暴雨站数	≥50 mm/d 站数	暴雨中心 降水量(mm)	暴雨中心 地点 省(自治区、直辖市)	暴雨中心 地点 站名
107	10-04	西南东部 江汉地区 黄淮西部	16			16	88.9	湖北	谷城
108	10-09	西北东部 华南地区 东北南部	25			25	59.8	陕西	米脂
109	10-15	江南东部 华南南部	27	1	2	30	286.7	浙江	石浦
110	10-16	江南地区 华南地区	28	6		34	192.3	浙江	嵊泗
111	11-07	华南地区	19	3	1	23	278.0	海南	万宁

2.4 主要暴雨过程索引

表 2.4.1 2017 年全国主要暴雨过程索引

序号	月份	暴雨过程 起止日	暴雨过程 区域	过程累积最大降水量 降水量(mm)	过程累积最大降水量 地点 省(自治区、直辖市)	过程累积最大降水量 地点 站名	备注
1	4	19—21	江南地区 华南地区 西南东部	182	福建	永泰	
2	4	25—27	江汉地区 江南地区 华南地区 西南东部	156	广西	藤县	
3	5	3—4	华北地区 西北东部 黄淮地区 江淮地区 江汉地区 江南地区 华南地区 西南东部	111	广西	凤山	

续表

序号	月份	暴雨过程		过程累积最大降水量			备注
		起止日	区域	降水量（mm）	地点		
					省（自治区、直辖市）	站名	
4	5	15—16	江南南部 华南地区	196	广东	从化	
5		21—24	东北地区 华北地区 西北东部 黄淮地区 江淮地区 江汉地区 江南地区 华南地区 西南东部	192	广东	增城	
6	6	1—4	江南地区 华南地区 西南东部	208	福建	连城	
7		4—8	华北地区 西北东部 黄淮地区 江淮地区 江汉地区 江南地区 华南地区 西南东部	220	广西	昭平	
8		9—13	黄淮南部 江淮地区 江汉地区 江南地区 华南西部 西南东部 西南南部	371	湖北	监利	
9		12—22	江南地区 华南地区 西南地区	951	广东	陆丰	重大暴雨事件1
10		13—14	华南地区	236	广东	惠东	1702号强热带风暴"苗柏"（Merbok）
11		22—24	内蒙古中部 华北地区 黄淮地区	182	天津	渤海A平台	

续表

序号	月份	暴雨过程		过程累积最大降水量			备注
		起止日	区域	降水量(mm)	地点		
					省(自治区、直辖市)	站名	
12	6	6月22日—7月4日	江淮地区 江汉地区 江南地区 华南地区 西南地区	592	湖南	辰溪	重大暴雨事件2
13	7	5—8	内蒙古地区 东北地区 华北地区 黄淮地区 江淮地区 江汉地区 西北东部 西南地区	287	四川	绵阳	
14	7	9—12	黄淮南部 江淮地区 江汉地区 江南地区 华南地区 西南东部 西南南部	403	广西	防城	
15	7	13—14	东北地区	262	吉林	永吉	重大暴雨事件3
16	7	14—16	华北地区 黄淮地区 江汉地区 西北东部 西南东部 西南南部	245	山东	枣庄	
17	7	16—21	西南东部 西南南部 华南地区	364	广西	防城	1704号强热带风暴"塔拉斯"(Talas)
18	7	18—21	内蒙古东部 东北地区 华北地区 黄淮北部	246	吉林	永吉	重大暴雨事件4
19	7	26—28	西北东部 华北地区 黄淮北部	263	陕西	吴堡	重大暴雨事件5

续表

序号	月份	暴雨过程		过程累积最大降水量			备注
		起止日	区域	降水量（mm）	地点		
					省（自治区、直辖市）	站名	
20	7	7月30日—8月7日	内蒙古东部 东北地区 华北地区 黄淮地区 江淮地区 江汉地区 江南地区 华南东部	412	内蒙古	青龙山	1709号台风"纳沙"（Nasat） 1710号热带风暴"海棠"（Haitang） 重大暴雨事件6
21	8	7—10	西北东部 黄淮地区 江淮地区 江汉地区 江南地区 华南地区 西南东部 西南南部	184	湖北	宜城	
22		12—16	江淮地区 江汉地区 江南地区 华南西部 西南东部 西南南部	469	广西	东兴	重大暴雨事件7
23		18—20	西北东部 华北地区 黄淮地区 江淮地区 江汉地区 江南北部	211	河南	漯河	
24		22—23	西北东部 华北地区 东北地区	120	北京	佛爷顶	
25		23—25	华南地区 西南东部 西南南部	256	广东	阳春	1713号超强台风"天鸽"（Hato） 重大暴雨事件8
26		26—29	江南南部 华南地区 西南南部	319	广西	防城	1714号强热带风暴"帕卡"（Pakhar） 重大暴雨事件9

续表

序号	月份	暴雨过程		过程累积最大降水量			备注
		起止日	区域	降水量(mm)	地点		
					省(自治区、直辖市)	站名	
27	9	1—4	黄淮地区 江淮地区 江汉地区 西北东部 西南东部	148	贵州	平塘	
28		5—7	华南地区 西南地区	175	广西	武宣	
29		9—11	西北东部 黄淮地区 江淮地区 江汉地区 江南地区 西南地区 华南西部	248	湖北	远安	
30		18—20	江汉地区 江南北部 华南西部 西南东部	179	湖南	辰溪	
31		24—25	黄淮地区 江淮地区 江南北部	275	江苏	太仓	
32	10	1—2	黄淮地区 江淮地区 江汉地区 江南北部	147	江苏	楚州	
33		15—16	江南地区 华南地区	327	浙江	石浦	1720号强台风"卡努"(Khanun) 重大暴雨事件10
34	11	7	华南地区	278	海南	万宁	

第3章 主要暴雨过程

本章对2017年34次主要暴雨过程的基本天气形势和降水演变特征进行简要叙述,并给出过程每天的降水量分布图及过程总降水量分布图。

3.1 4月主要暴雨过程(No.1,No.2)

第1次主要暴雨过程(No.1):4月19—21日

4月19日,500 hPa云贵高原上空有南支短波槽发展并快速东移至华南上空,中低层四川盆地有西南低涡生成,云贵高原上空有切变形成并东移,华南上空西南暖湿气流发展,受其影响,广东、福建大部分地区出现降水,福建沿海部分地区出现暴雨,局地大暴雨(图3.1.1);20日,500 hPa短波槽继续东移,中低层江南有切变线形成,受其影响,江南、华南出现降水,但暴雨分布较为零散(图3.1.2);21日,500 hPa云贵高原上空又有短波槽发展东移,中低层云贵高原、江南、华南有切变活动,受其影响,西南地区东部、江南、华南出现大范围降水,暴雨主要出现在江南、华南,但较为分散,粤东南局部出现大暴雨(图3.1.3)。图3.1.4为此次暴雨过程总降水量分布。

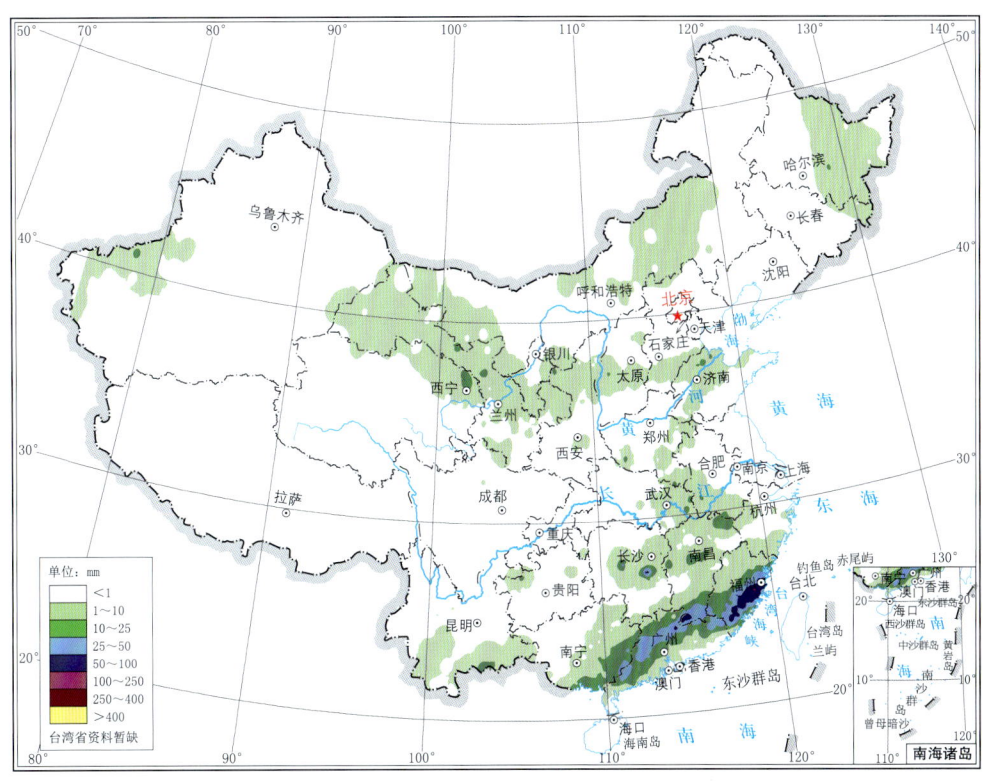

图3.1.1 2017年4月19日全国降水量分布图(单位:mm)

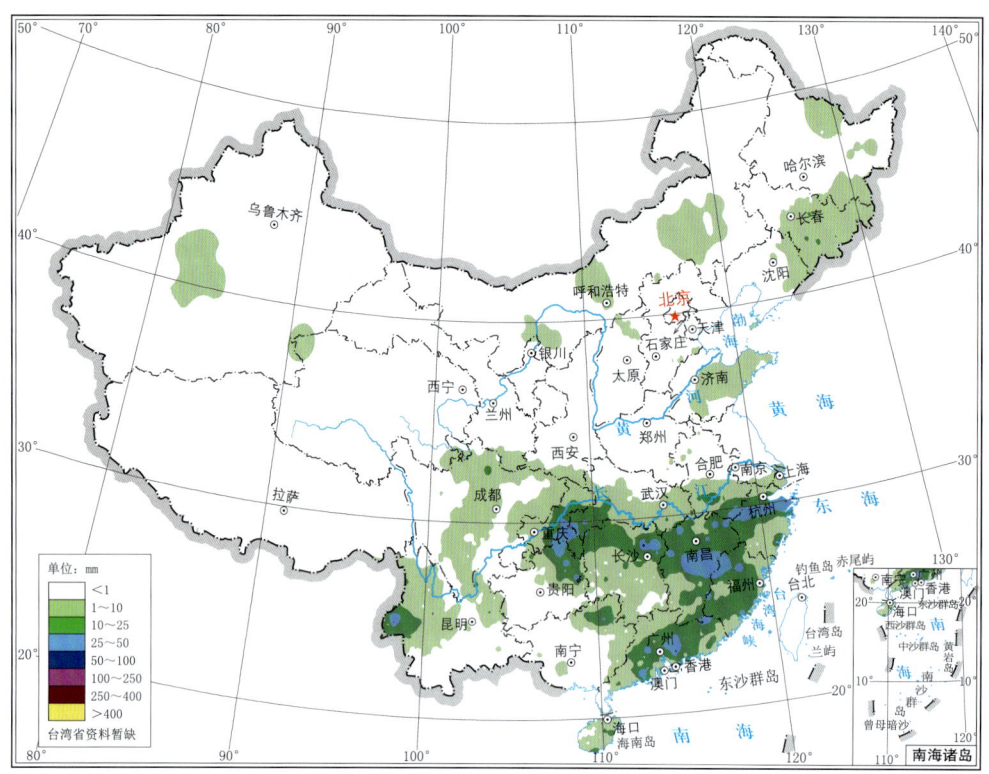

图 3.1.2　2017 年 4 月 20 日全国降水量分布图(单位:mm)

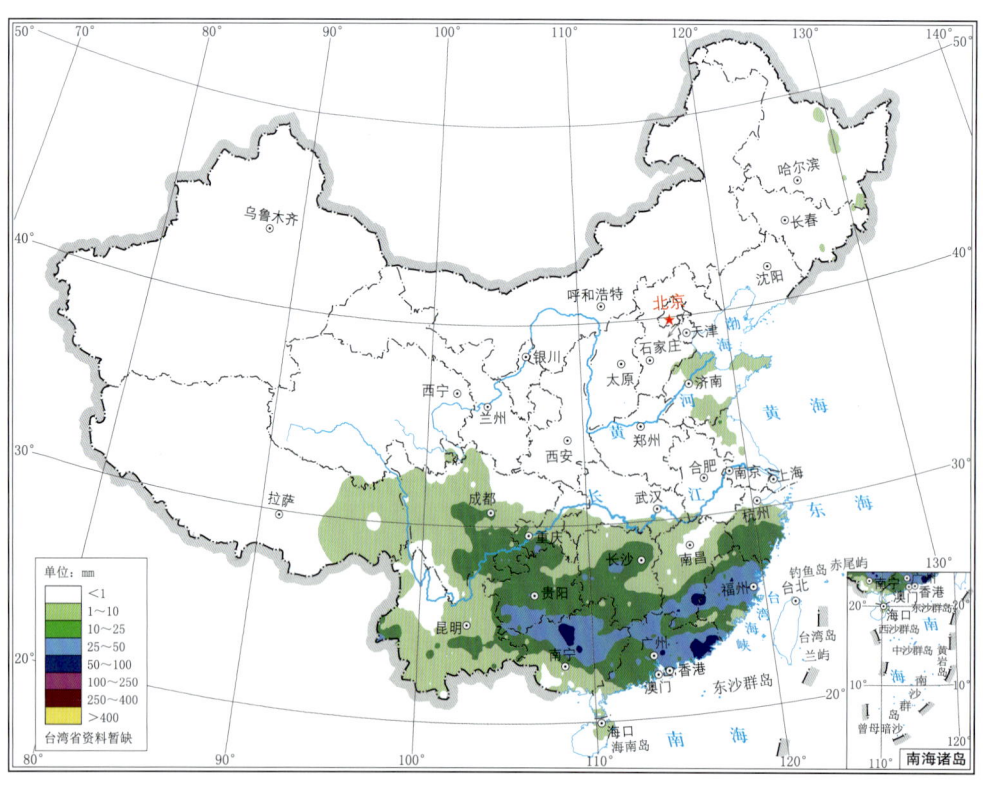

图 3.1.3　2017 年 4 月 21 日全国降水量分布图(单位:mm)

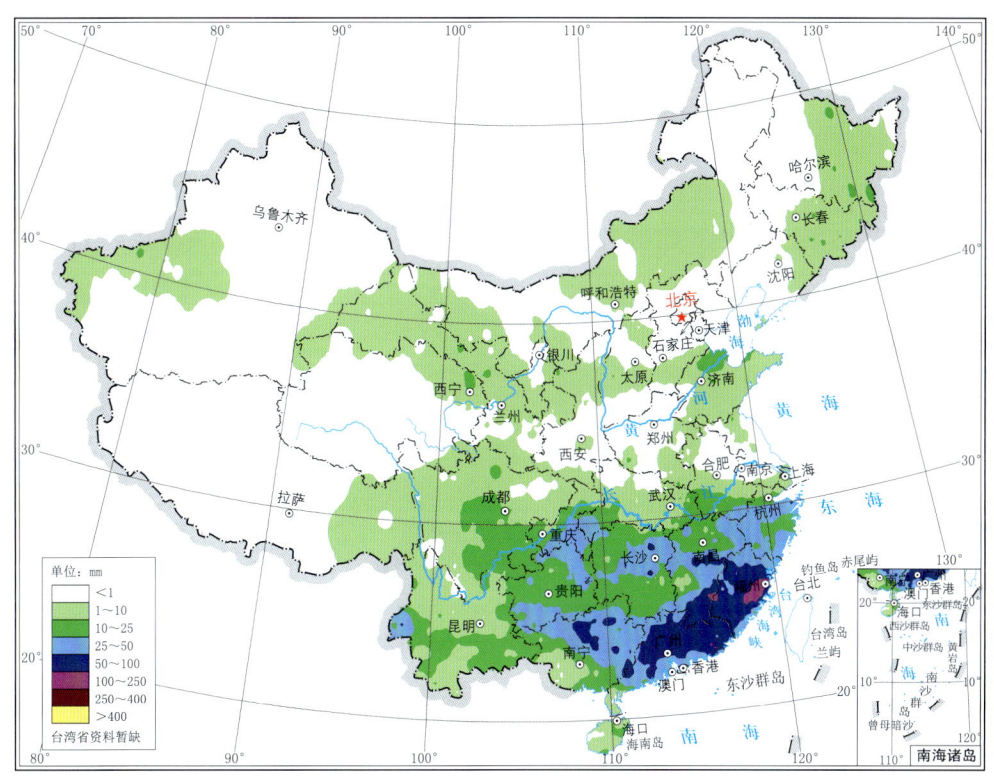

图 3.1.4 2017 年 4 月 19—21 日全国总降水量分布图(单位:mm)

第 2 次主要暴雨过程(No. 2):4 月 25—27 日

4 月 25 日,500 hPa 四川盆地有短波槽发展并快速东移,中低层四川盆地有西南低涡生成,低涡东侧沿长江中游地区有切变线,华南江南有暖湿气流发展,受其影响,长江中游及其附近地区出现降水,部分地区出现暴雨(图 3.1.5);26 日,500 hPa 短波槽快速东移南压,中低层低涡切变也随之快速东移南压,受其影响,降水区快速东移南压至江南、华南地区,暴雨分布较为零散,部分地区出现大暴雨(图 3.1.6);27 日,500 hPa 短波槽及中低层切变进一步东移减弱,受其影响,降水区进一步东移至东南沿海地区,广东局部地区出现暴雨(图 3.1.7)。图 3.1.8 为此次暴雨过程总降水量分布。

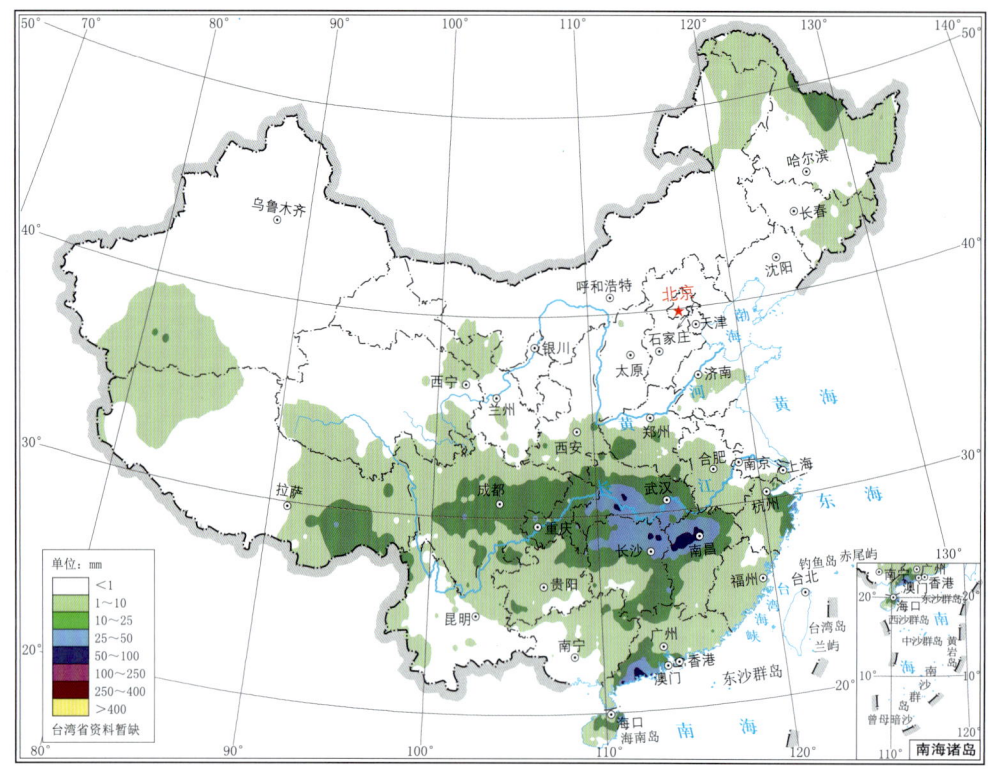

图 3.1.5　2017 年 4 月 25 日全国降水量分布图(单位:mm)

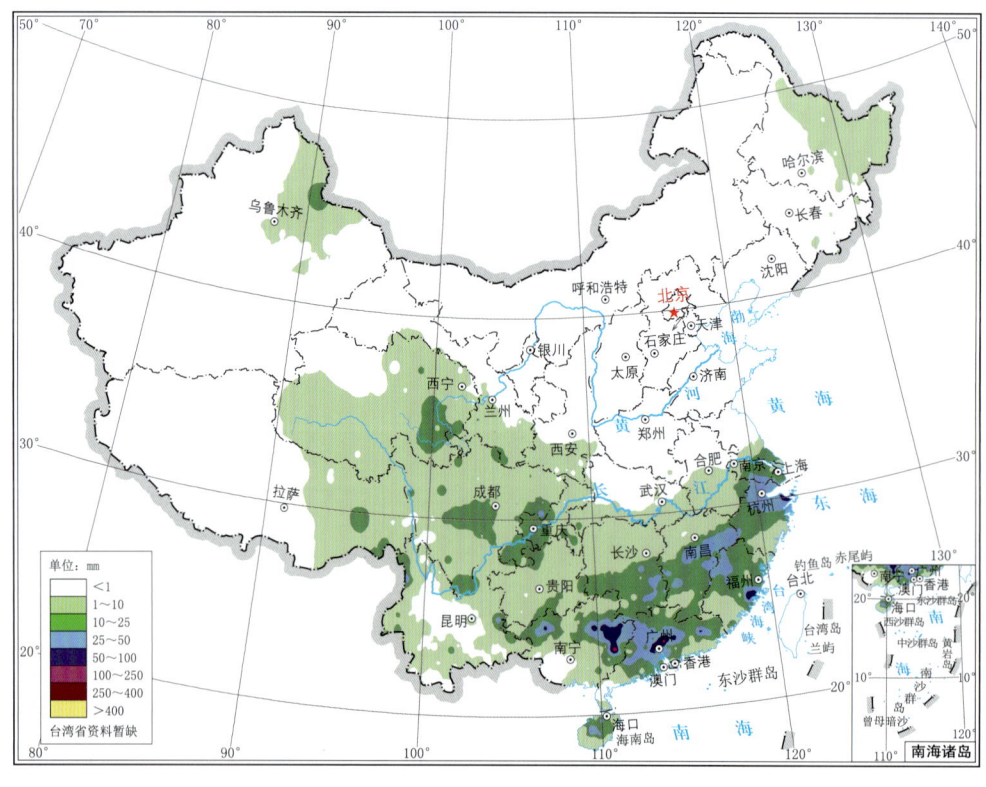

图 3.1.6　2017 年 4 月 26 日全国降水量分布图(单位:mm)

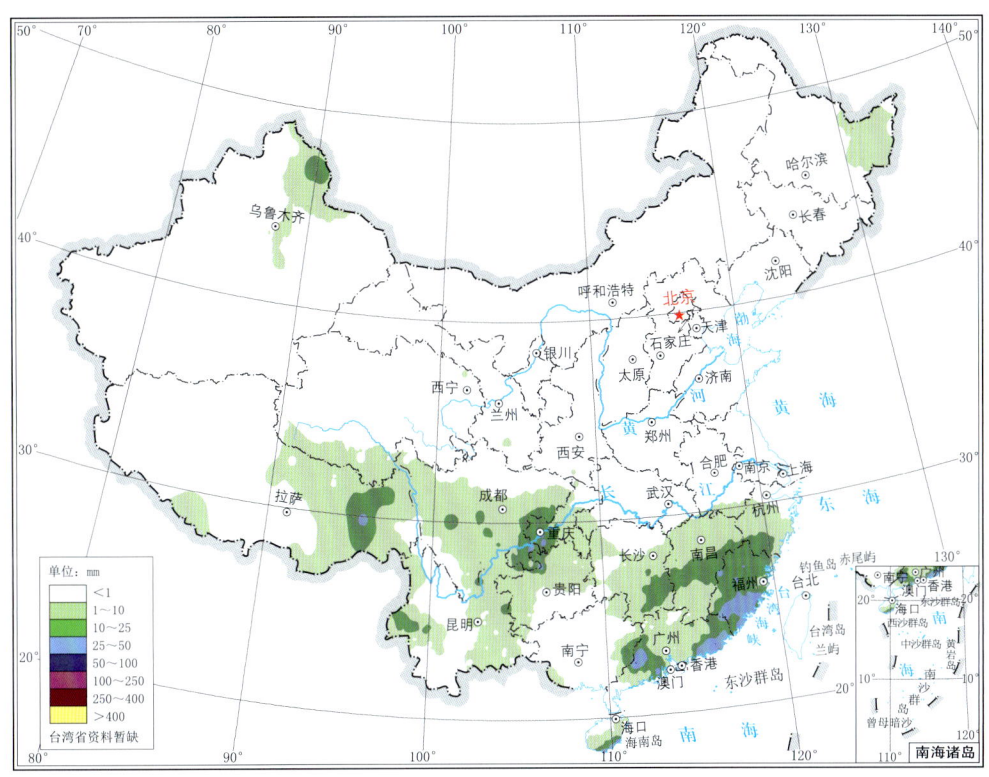

图 3.1.7　2017 年 4 月 27 日全国降水量分布图(单位:mm)

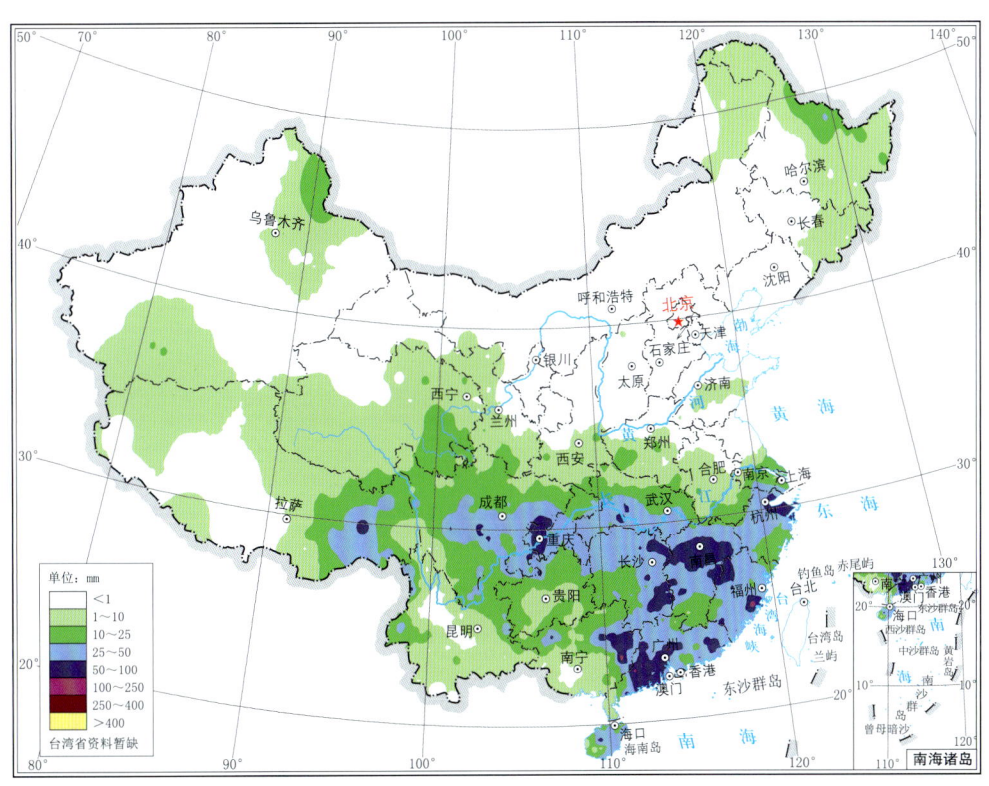

图 3.1.8　2017 年 4 月 25—27 日全国总降水量分布图(单位:mm)

3.2 5月主要暴雨过程(No.3—No.5)

第 3 次主要暴雨过程(No.3):5 月 3—4 日

5月3日,500 hPa 河套至四川盆地有西风槽发展,中低层四川盆地有西南低涡生成,受低涡切变影响,长江中上游及其以北地区出现较大范围降水,暴雨主要出现在长江中上游地区(图3.2.1);4日,500 hPa 西风槽快速东移南压,同时华南有短波槽发展,中低层低涡切变也快速东移南压,受其影响,降水区整体东移南压,黄淮、江淮、江南中东部及华南出现大范围降水,部分地区出现暴雨(图3.2.2)。图3.2.3 为此次暴雨过程总降水量分布。

第 4 次主要暴雨过程(No.4):5 月 15—16 日

5月15日,500 hPa 云贵高原上空有短波槽发展东移,700 hPa 云贵高原上空有切变线东移发展,850 hPa 广西有低涡新生发展,受其影响,华南及江南南部出现降水,暴雨主要出现在华南地区,局部出现大暴雨(图3.2.4);16日,500 hPa 短波槽东移,中低层低涡切变也随之东移至华南中东部地区,受其影响,降水区整体东移,广东中东部、福建南部部分地区出现暴雨,局部大暴雨(图3.2.5)。图3.2.6 为此次暴雨过程总降水量分布。

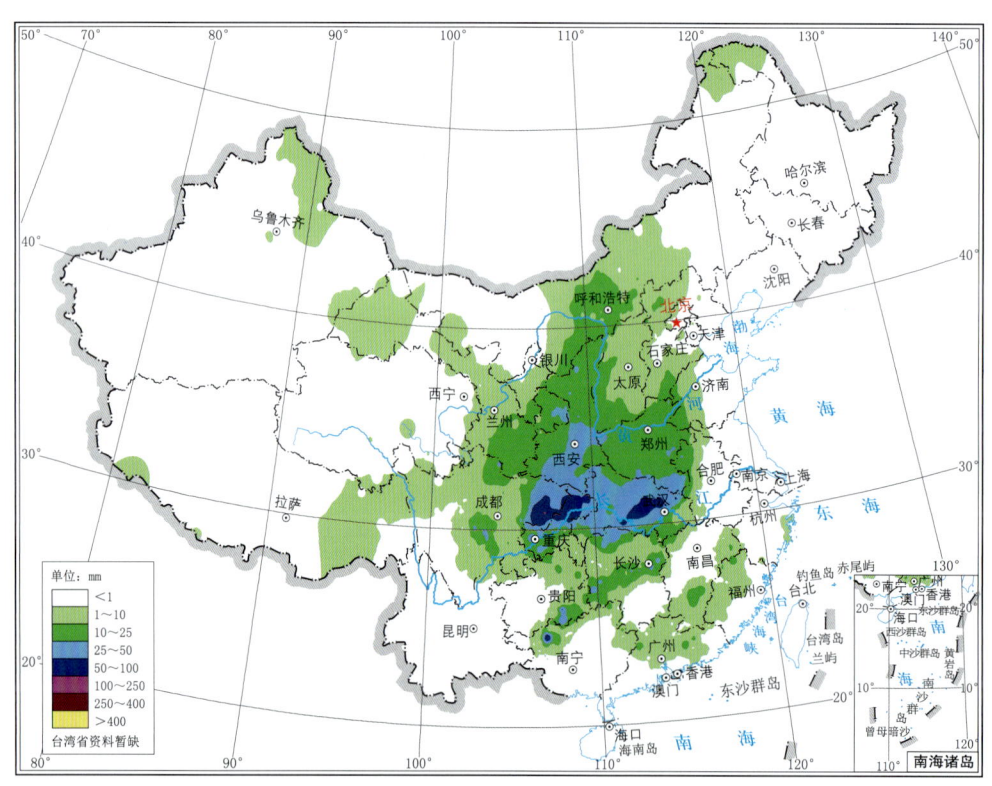

图 3.2.1 2017 年 5 月 3 日全国降水量分布图(单位:mm)

第3章 主要暴雨过程

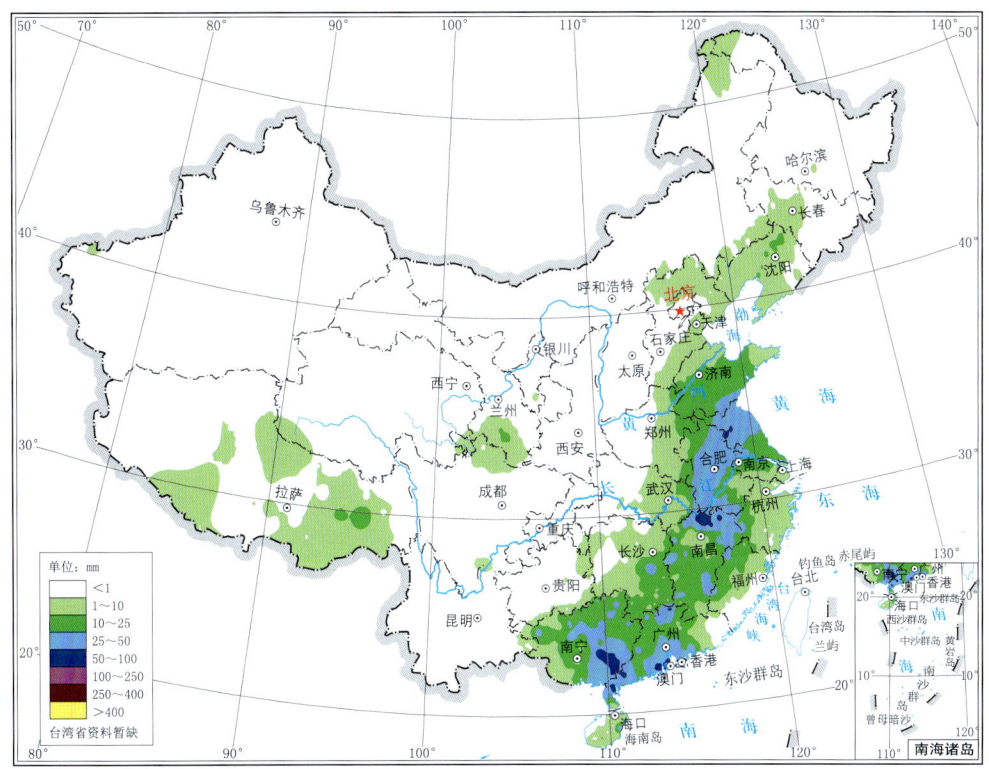

图 3.2.2 2017 年 5 月 4 日全国降水量分布图(单位:mm)

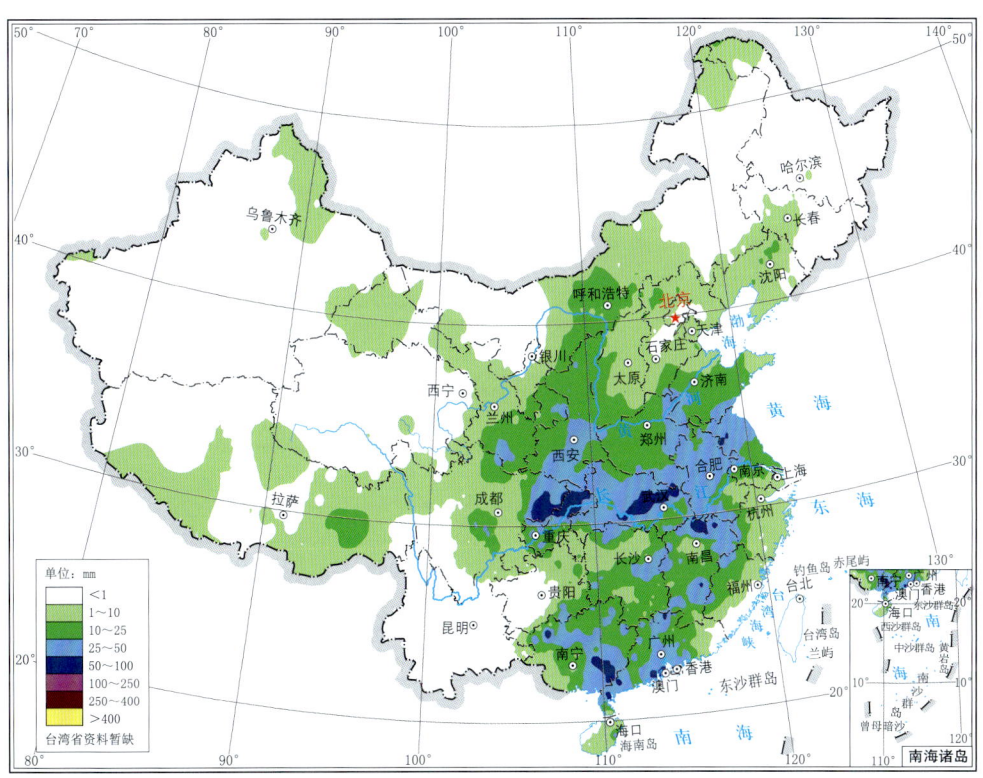

图 3.2.3 2017 年 5 月 3—4 日全国总降水量分布图(单位:mm)

第 5 次主要暴雨过程(No.5):5 月 21—24 日

5月21日,500 hPa四川盆地有短波槽发展,中低层四川盆地有西南低涡生成,受其影响,四川盆地出现降水,暴雨主要出现在盆地东部,局地出现大暴雨(图3.2.7);22日,500 hPa内蒙古中部至河套地区、青藏高原东部又有短波槽东移发展,中低层内蒙古中东部地区及四川盆地分别有低涡形成发展,两低涡之间有切变线发展,受其影响,从东北地区至四川盆地出现东北—西南向雨带,长江中上游地区也出现降水,部分地区出现暴雨(图3.2.8);23日,500 hPa西风槽快速东移南压,中低层低涡切变也随之东移南压,受其影响,雨区东移南压,黄淮、江淮、江汉、江南、华南及西南东部出现大范围降水,安徽南部至贵州南部出现东北—西南向暴雨带,安徽南部、广西东部局地出现大暴雨(图3.2.9);24日,500 hPa西风槽快速东移入海,中低层低涡切变也随之快速东移南压至东南沿海一带,受其影响,雨区也快速东移南压至江南东部至华南地区,暴雨主要出现在广东中部、广西南部和福建浙江沿海局部地区,广东广西局地出现大暴雨(图3.2.10)。图3.2.11为此次暴雨过程总降水量分布。

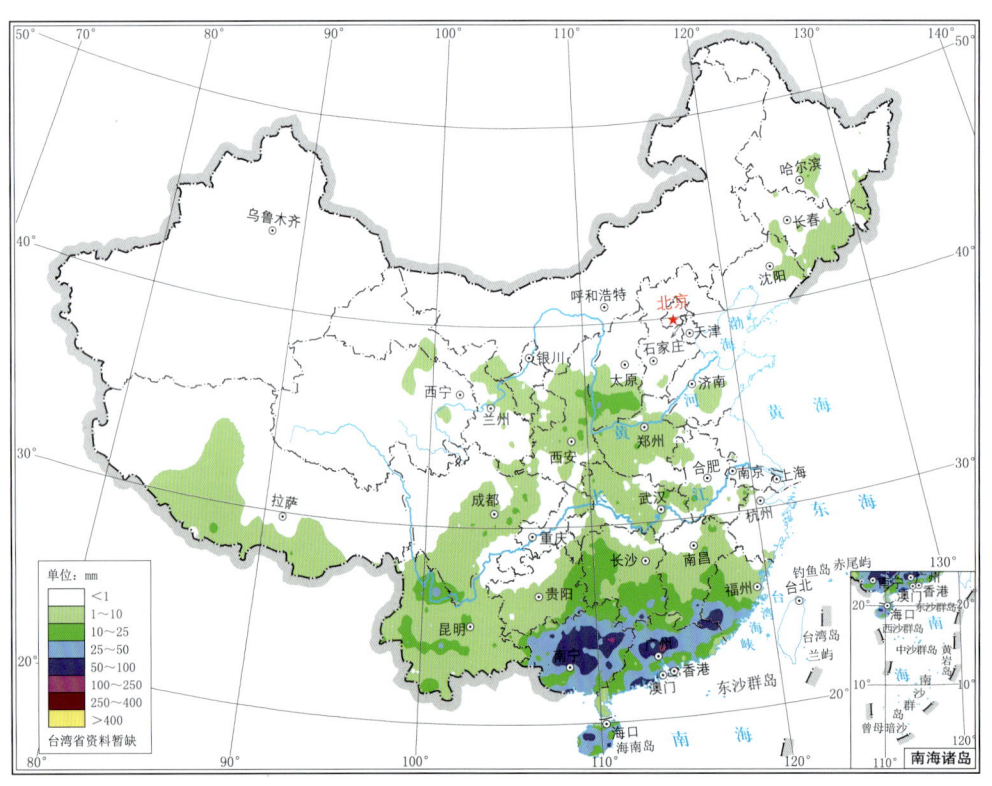

图 3.2.4　2017 年 5 月 15 日全国降水量分布图(单位:mm)

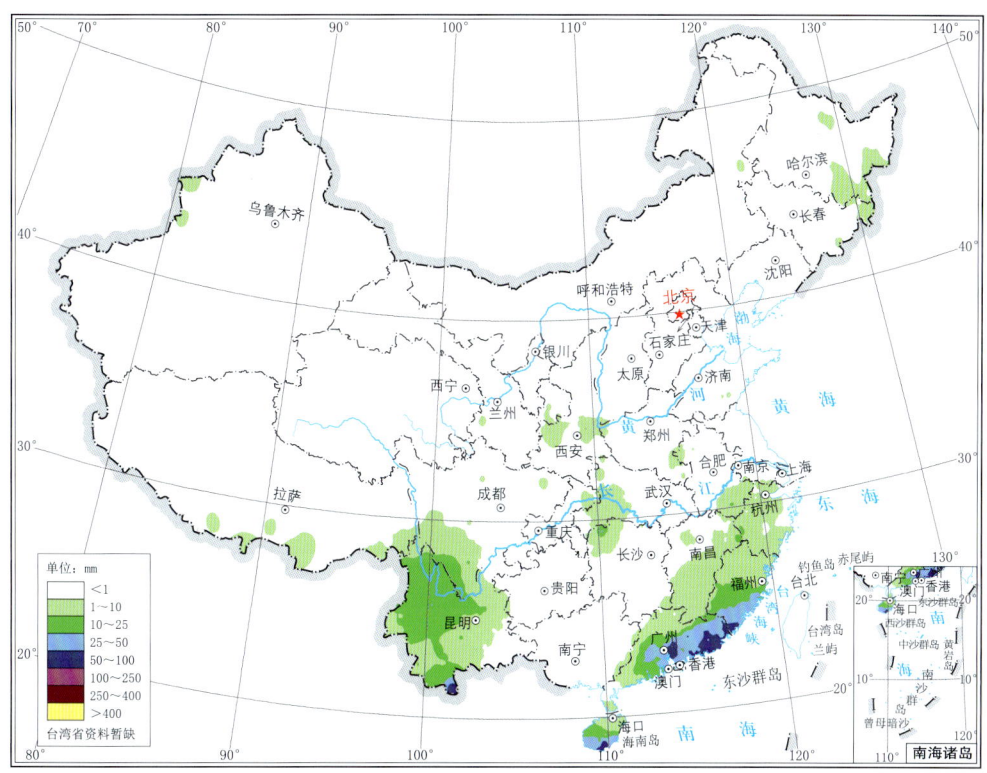

图 3.2.5 2017 年 5 月 16 日全国降水量分布图（单位：mm）

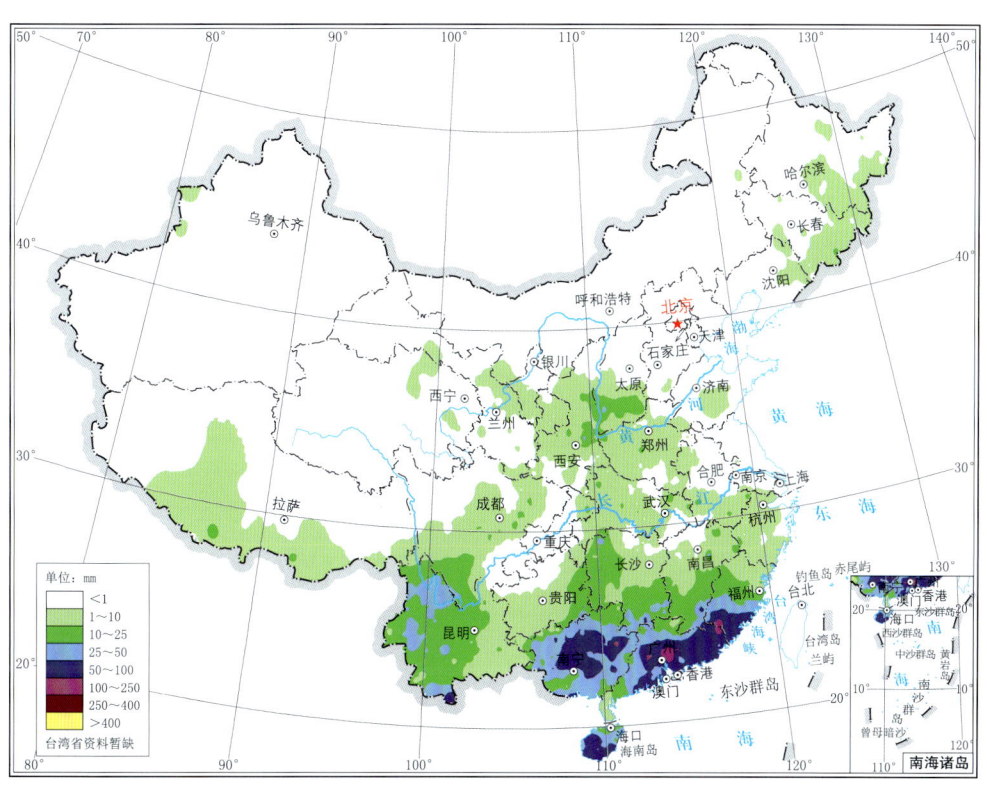

图 3.2.6 2017 年 5 月 15—16 日全国总降水量分布图（单位：mm）

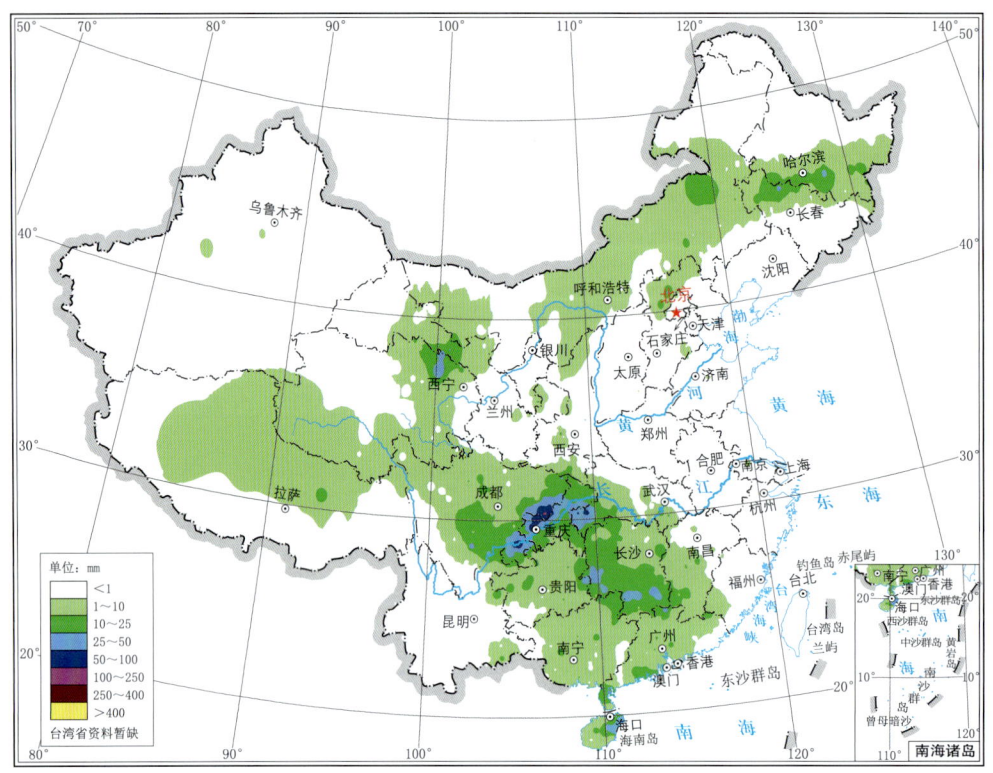

图 3.2.7　2017 年 5 月 21 日全国降水量分布图（单位：mm）

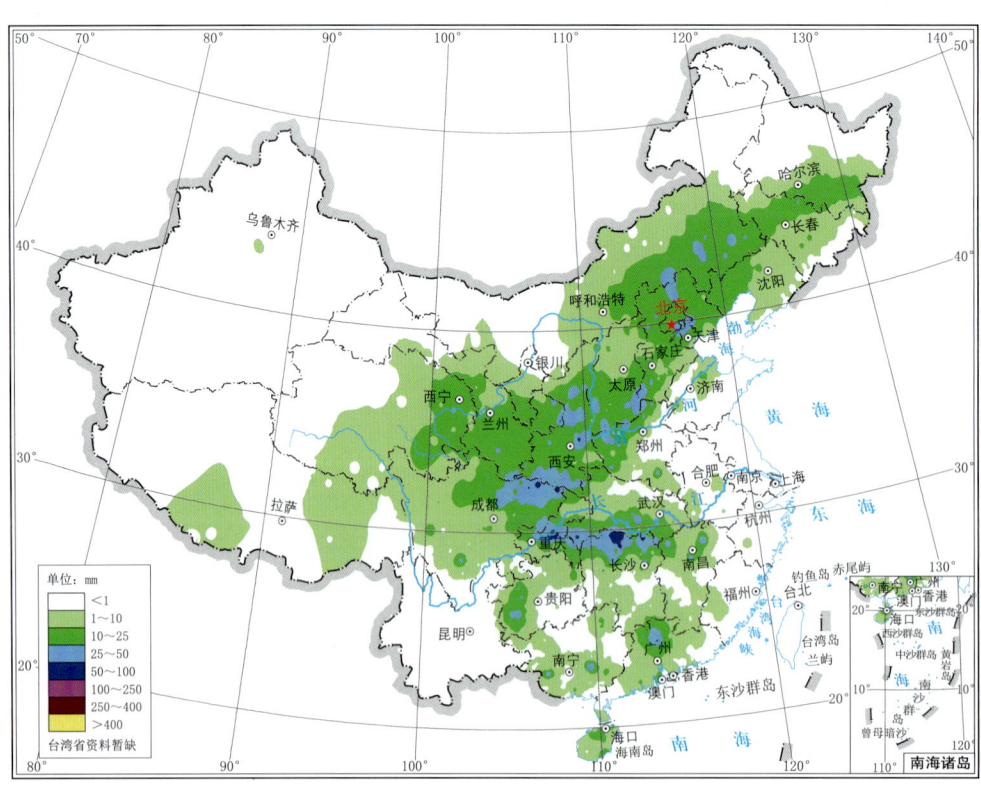

图 3.2.8　2017 年 5 月 22 日全国降水量分布图（单位：mm）

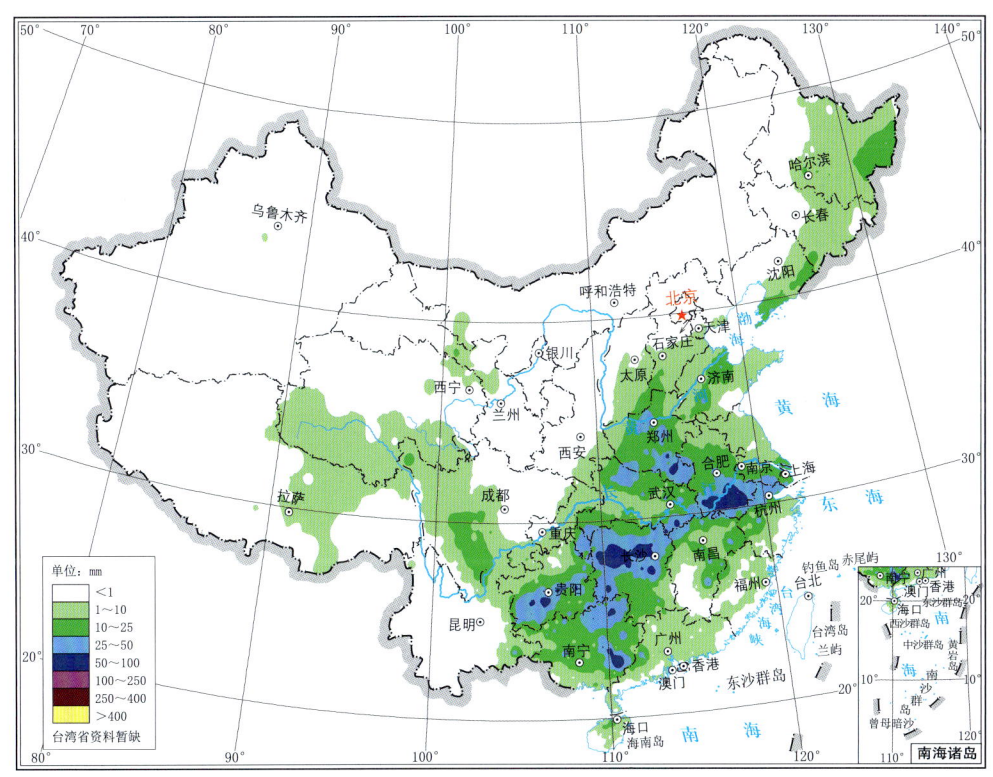

图 3.2.9 2017 年 5 月 23 日全国降水量分布图(单位:mm)

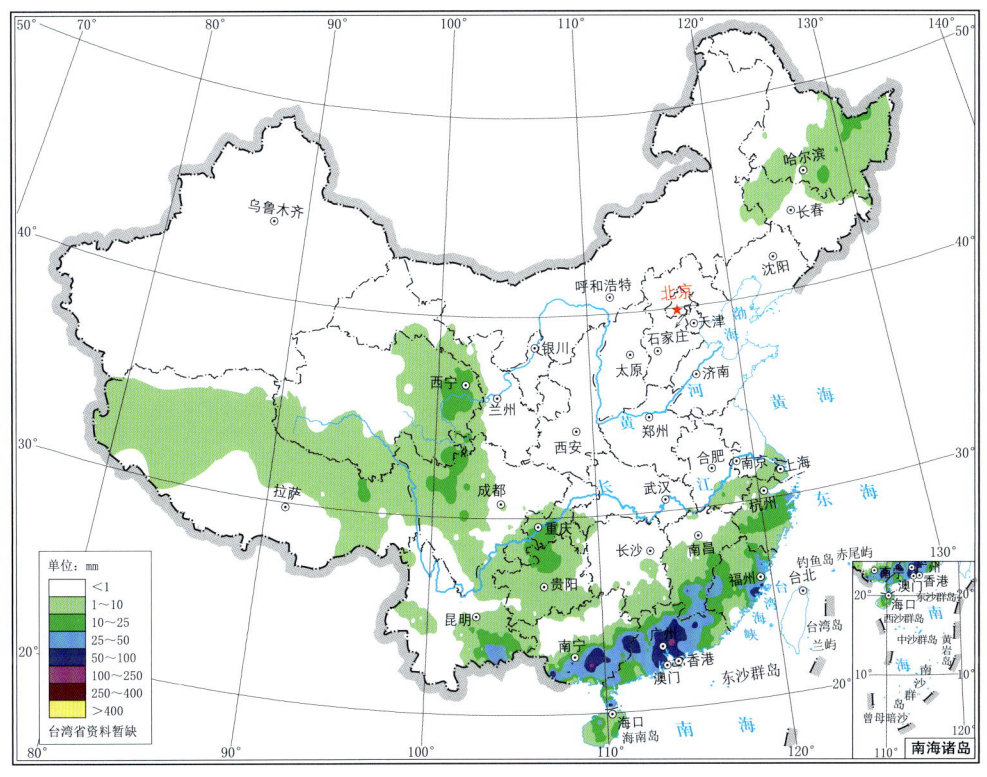

图 3.2.10 2017 年 5 月 24 日全国降水量分布图(单位:mm)

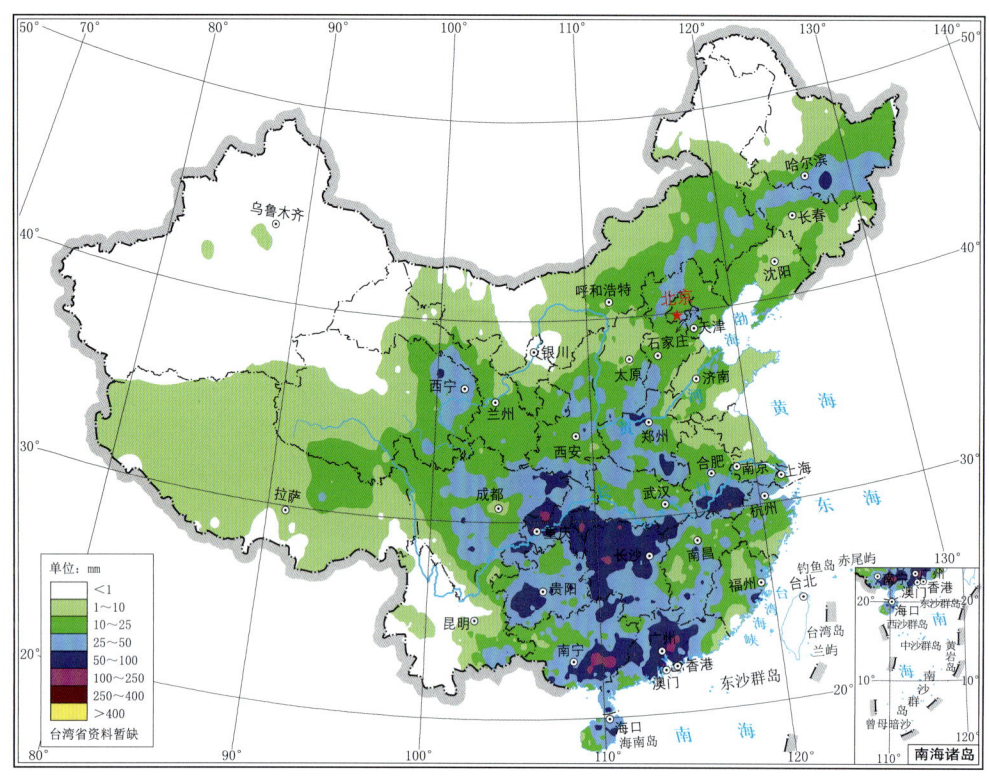

图 3.2.11 2017 年 5 月 21—24 日全国总降水量分布图(单位:mm)

3.3　6 月主要暴雨过程(No. 6—No. 12)

第 6 次主要暴雨过程(No. 6):6 月 1—4 日

6 月 1 日,500 hPa 江南西部有一支短波槽新生发展,中低层贵州东北部有低涡生成,低涡东侧江南北部有一支明显的切变线发展,华南地区西南低空急流明显加强,受其影响,江南中北部出现大范围强降水,湖南西部至福建北部出现集中的东西向暴雨带,江西中北部部分地区出现大暴雨(图 3.3.1);2 日,500 hPa 江南西部的短波槽快速东移入海,但随后江南西部又有新的短波槽生成,中低层低涡切变也快速东移南压,受其影响,降水区也随之东移南压,暴雨主要出现在江西南部至福建中部,局地出现大暴雨(图 3.3.2);3—4 日,500 hPa 短波槽东移减弱,中低层低涡切变缓慢东移南压并不断减弱,受其影响,降水主要出现在福建、广东,部分地区出现暴雨(图 3.3.3、图 3.3.4)。图 3.3.5 为此次暴雨过程总降水量分布。

第 7 次主要暴雨过程(No. 7):6 月 4—8 日

6 月 4 日,500 hPa 青藏高原东部有西风槽发展,中低层四川盆地有西南低涡形成,受其影响,西北东部、西南东部、黄淮西部、江汉西部出现降水,暴雨主要出现在陕西中南部、重庆北部和湖北西部部分地区(图 3.3.4);5 日,500 hPa 高原东部西风槽缓慢东移、发展加深,中低层西南低涡发展东移并有明显的切变线发展,受其影响,西北东部、西南东部、华北西部、黄淮西部、江淮地区、江汉地区、江南地区出现大范围降水,贵州中部至安徽南部出现

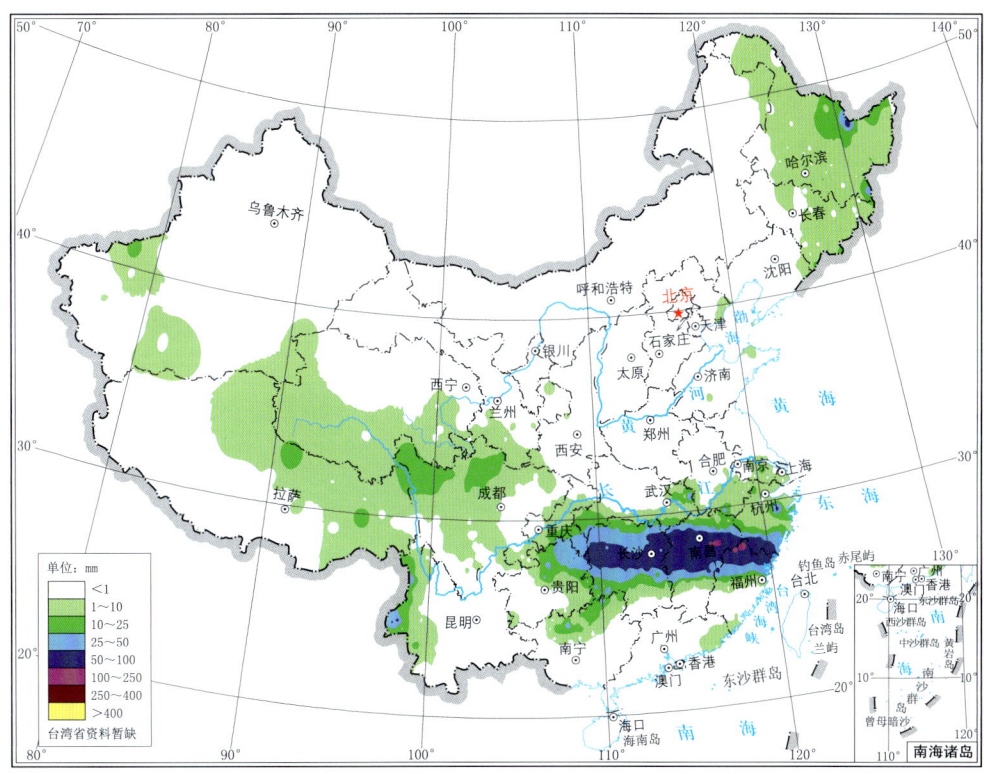

图 3.3.1　2017 年 6 月 1 日全国降水量分布图（单位：mm）

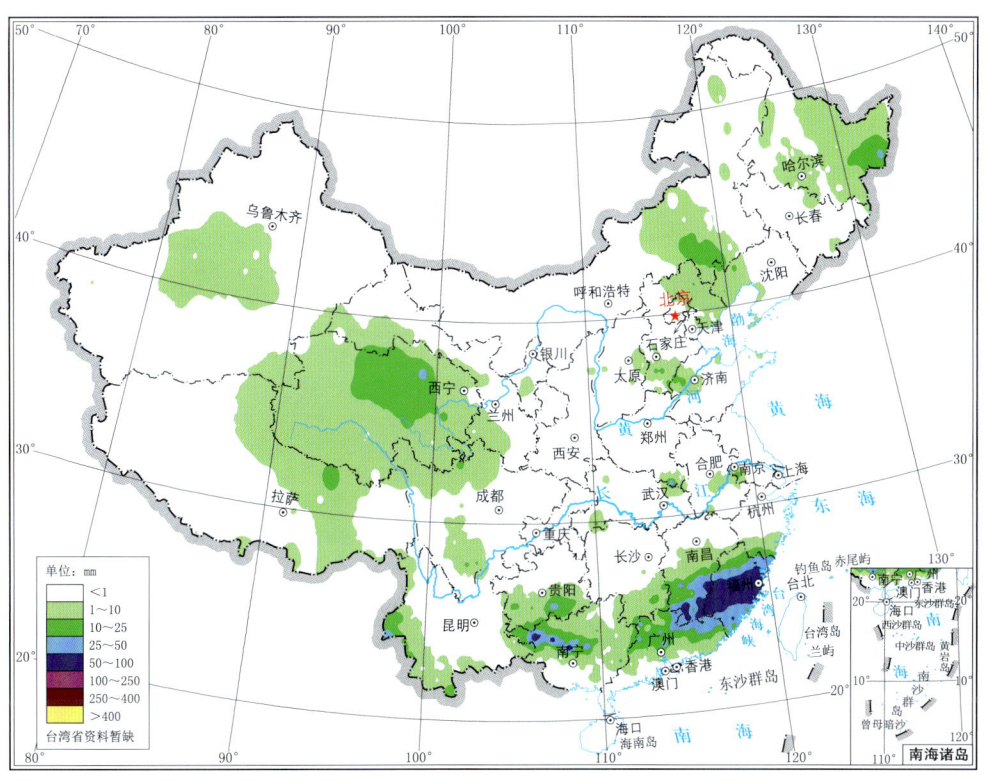

图 3.3.2　2017 年 6 月 2 日全国降水量分布图（单位：mm）

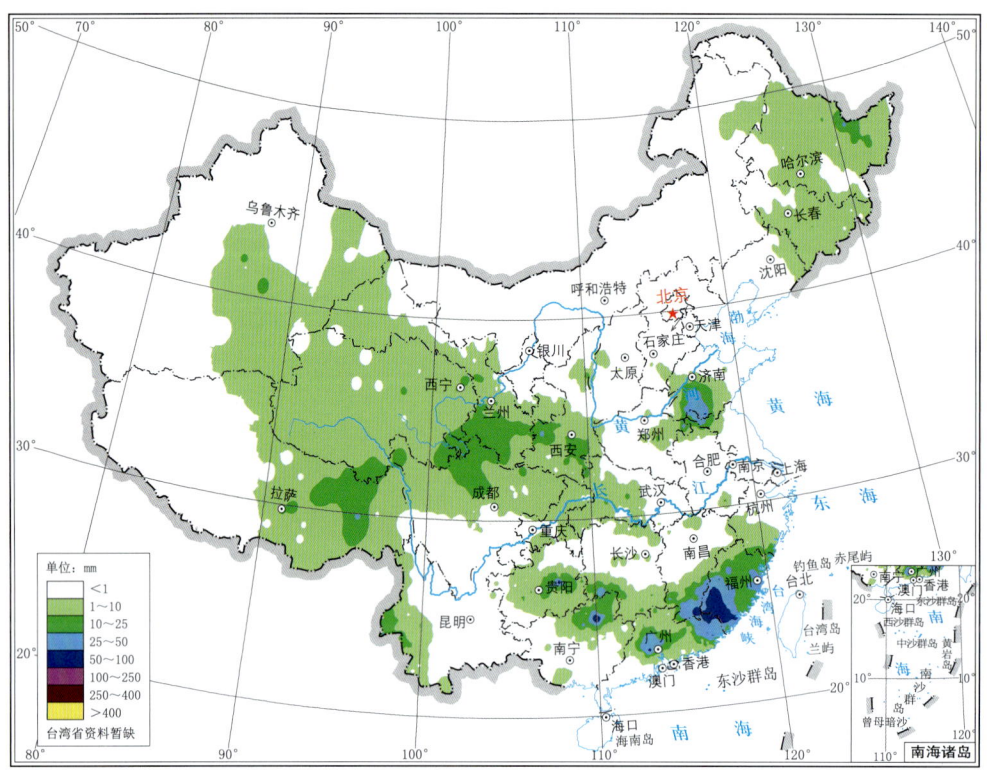

图 3.3.3 2017 年 6 月 3 日全国降水量分布图（单位：mm）

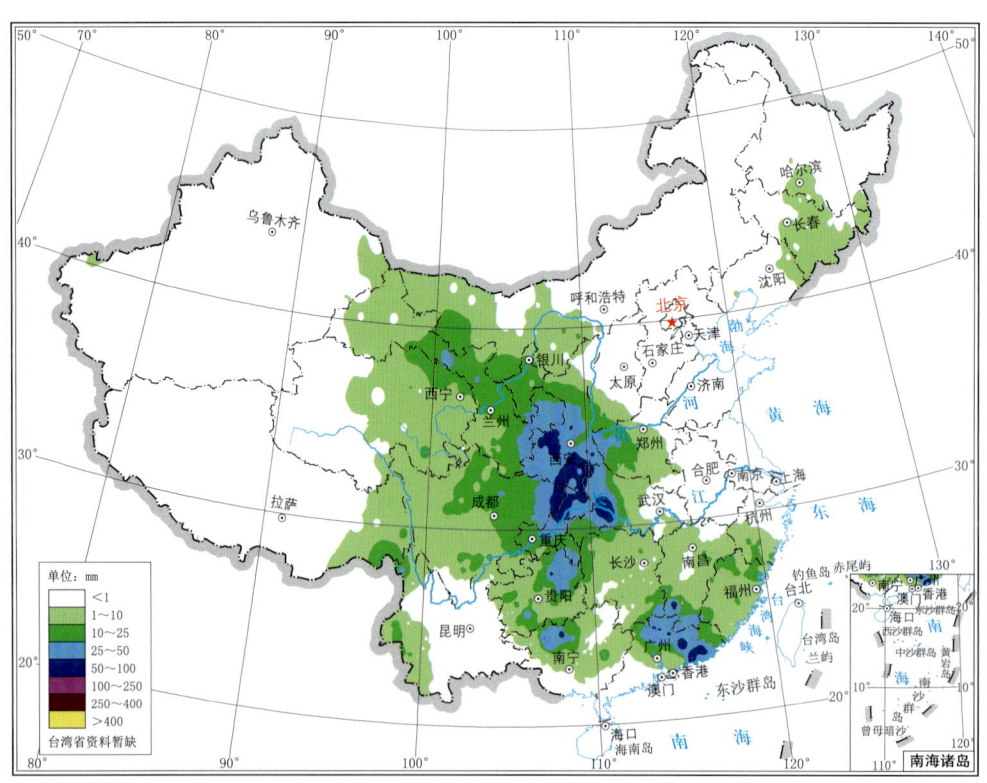

图 3.3.4 2017 年 6 月 4 日全国降水量分布图（单位：mm）

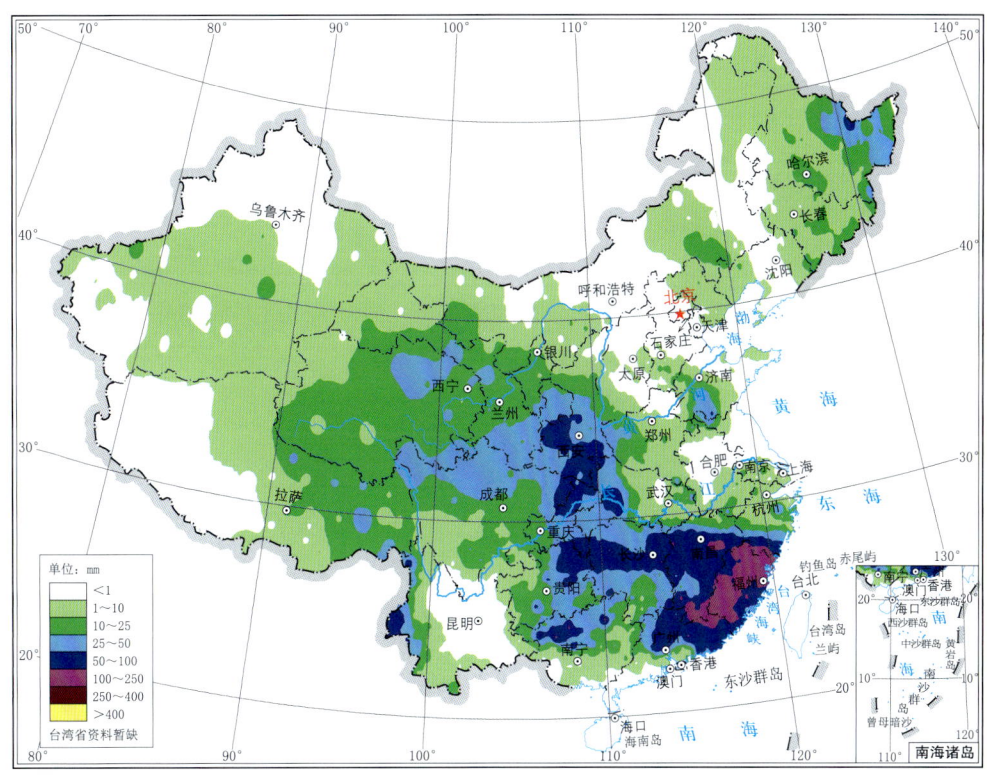

图 3.3.5　2017 年 6 月 1—4 日全国总降水量分布图(单位:mm)

东北—西南向暴雨带,局地出现大暴雨(图 3.3.6);6 日,500 hPa 西风槽继续缓慢东移发展,中低层西南低涡向东北方向东移,而切变线则东移南压至江淮、江南,受其影响,降水区整体东移南压,黄淮东部、江淮东部、江南大部、华南大部出现大范围降水,暴雨主要出现在华南西部、江南部分地区,广西、湖南、江西局地出现大暴雨(图 3.3.7);7—8 日,500 hPa 副热带高压(简称"副高")西伸加强,西风槽东移北收,中低层低涡东移入海,而江南切变线继续东移南压,受其影响,降水区主要出现在江南南部及华南地区,局地出现暴雨、大暴雨(图 3.3.8、图 3.3.9)。图 3.3.10 为此次暴雨过程总降水量分布。

第 8 次主要暴雨过程(No.8):6 月 9—13 日

6 月 9 日,500 hPa 青藏高原东部有短波槽发展,中低层四川盆地有西南低涡形成,受其影响,西北东部、四川盆地、江汉地区出现降水,部分地区出现暴雨,江汉平原局部大暴雨(图 3.3.11);10 日,500 hPa 短波槽缓慢东移发展,中低层西南低涡向东北方向移动至湖北、河南交界区域,低涡切变发展明显,切变南侧长江中下游地区低空急流迅速加强,受其影响,雨区整体东移南压,西南东部、江汉地区、黄淮南部及江淮地区出现大范围强降水,鄂西南局部出现暴雨,四川盆地南部部分地区出现暴雨到大暴雨,河南南部、安徽中北部、江苏南部出现东西向暴雨带,安徽中部至江苏南部出现东西向大暴雨带,其中江苏句容、金坛分别出现 260 mm、265.3 mm 的特大暴雨(图 3.3.12);11 日,500 hPa 短波槽快速东移入海,中低层低涡也随之快速东移入海,而切变线则南压至长江中下游地区,受其影响,雨区整体东移南压至江南北部,暴雨分布较为零散,局部出现大暴雨(图 3.3.13);12 日,500 hPa 华中地区有短波槽东移,中低层切变线稳定维持在长江中下游地区并略有北抬,受其影响,

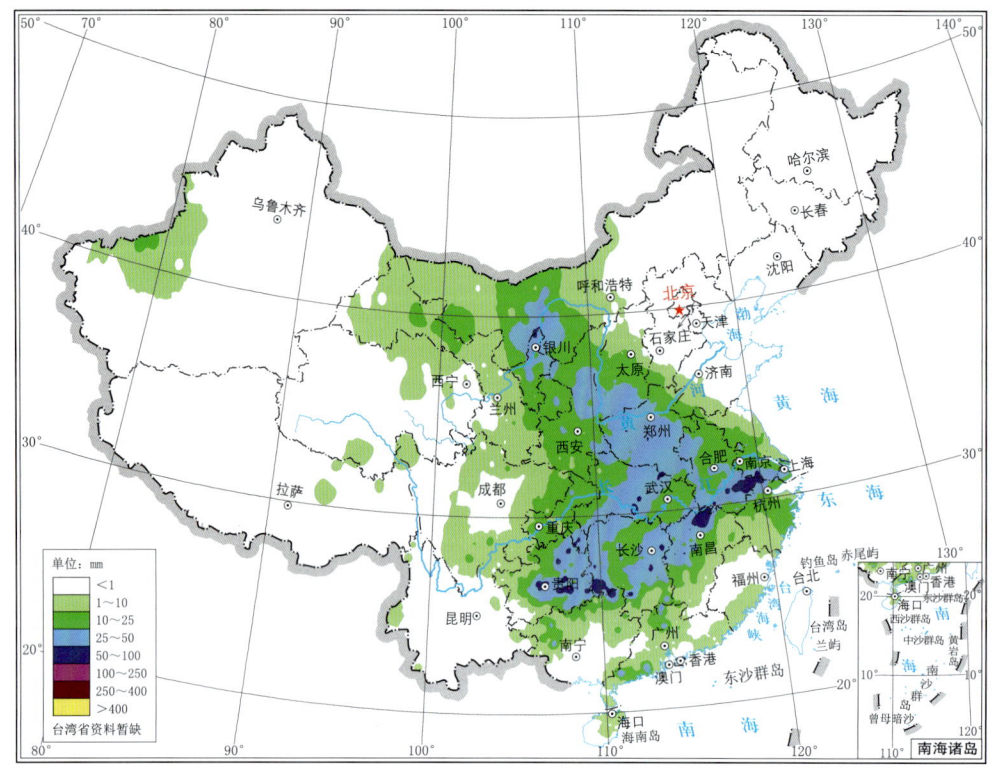

图 3.3.6　2017 年 6 月 5 日全国降水量分布图（单位：mm）

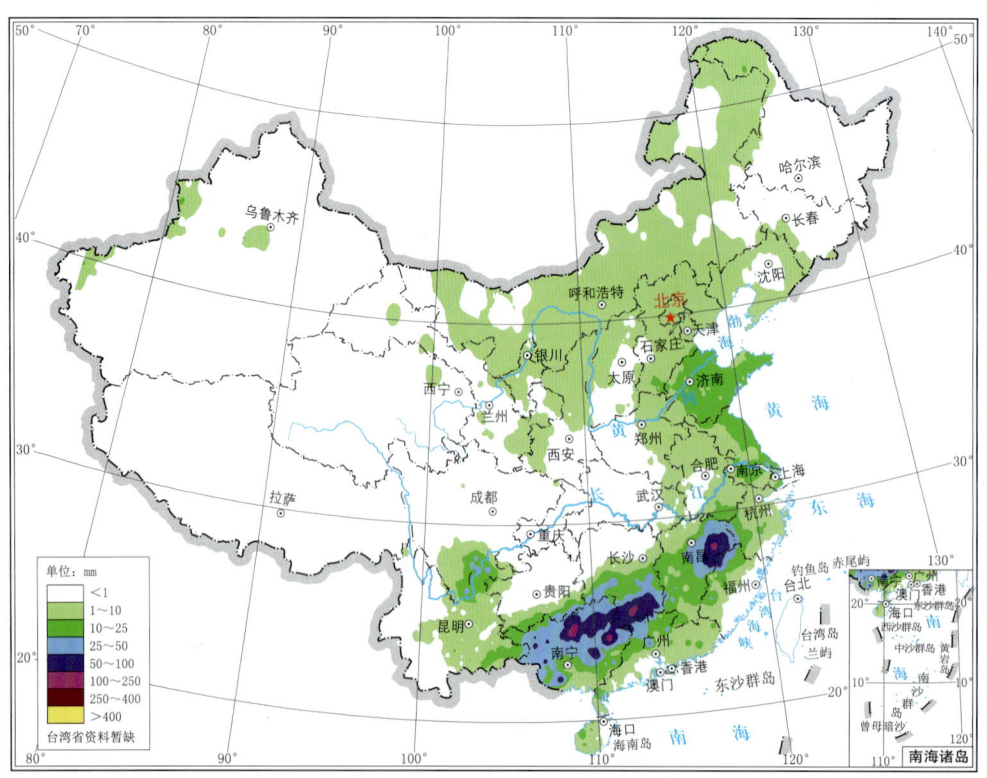

图 3.3.7　2017 年 6 月 6 日全国降水量分布图（单位：mm）

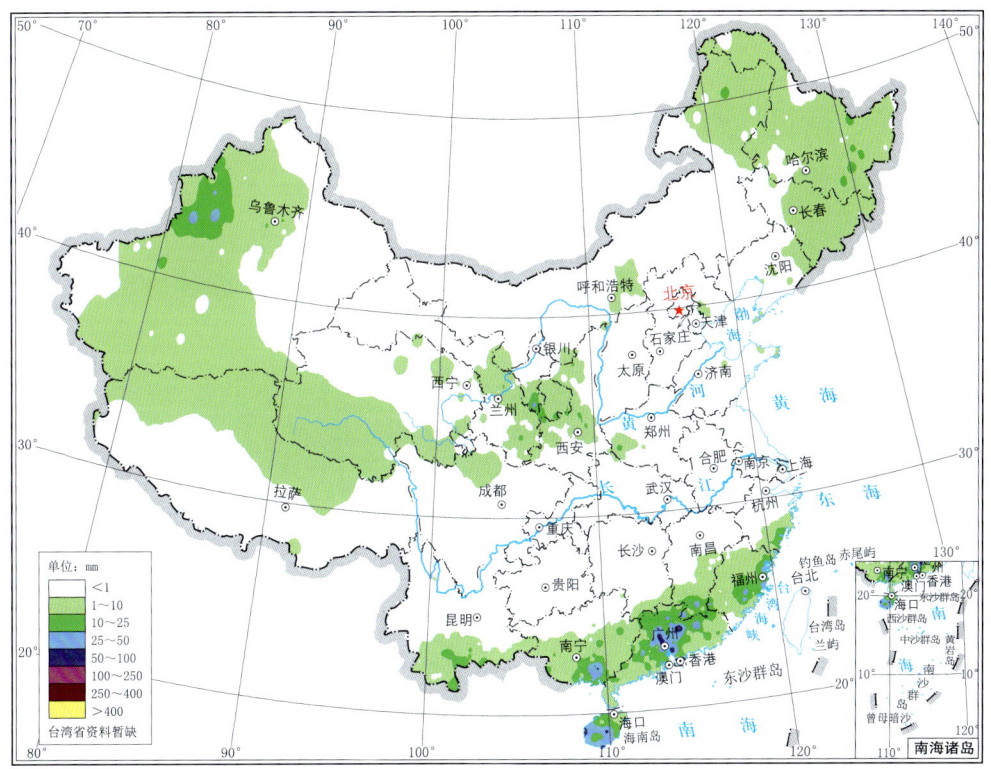

图 3.3.8　2017 年 6 月 7 日全国降水量分布图(单位:mm)

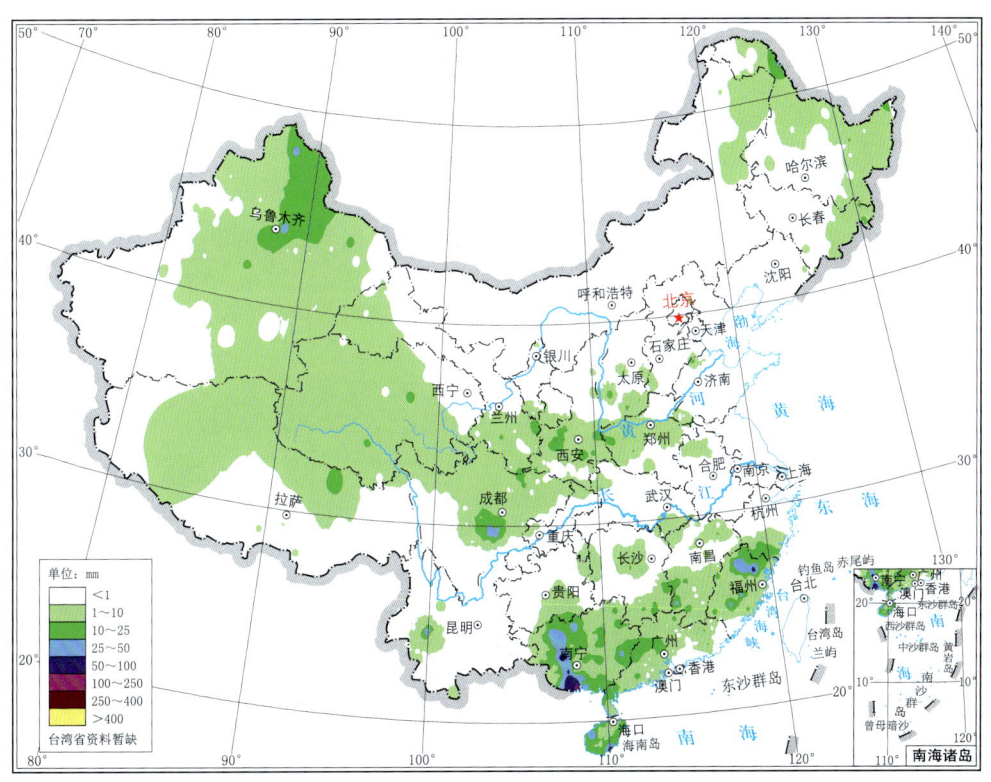

图 3.3.9　2017 年 6 月 8 日全国降水量分布图(单位:mm)

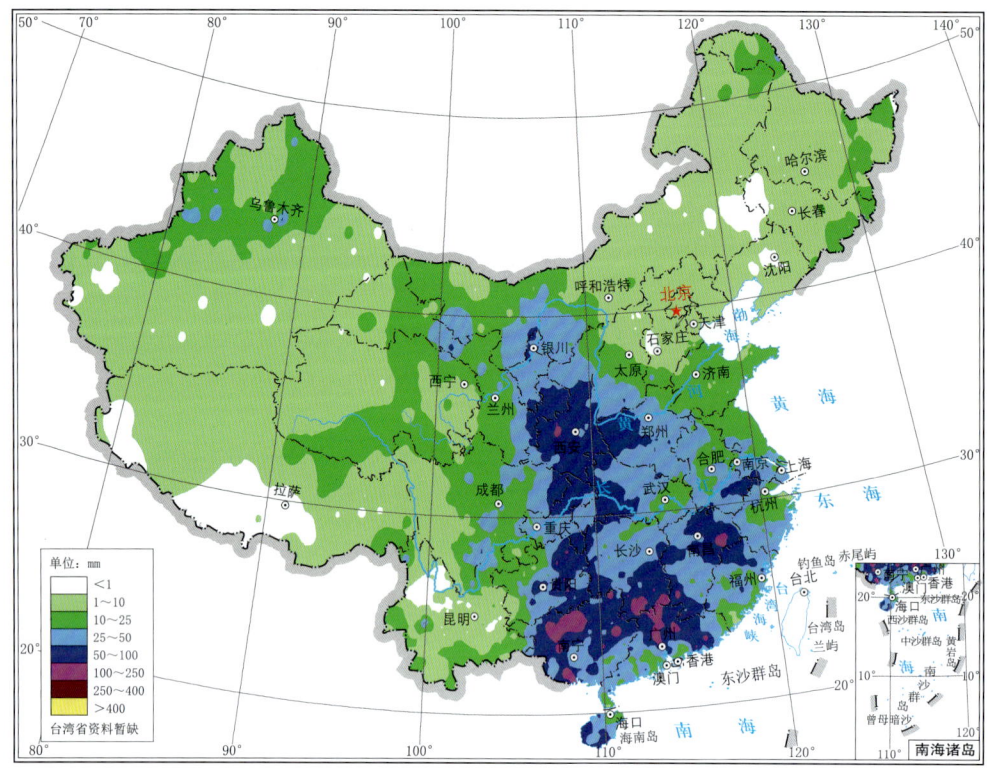

图 3.3.10 2017 年 6 月 4—8 日全国总降水量分布图(单位:mm)

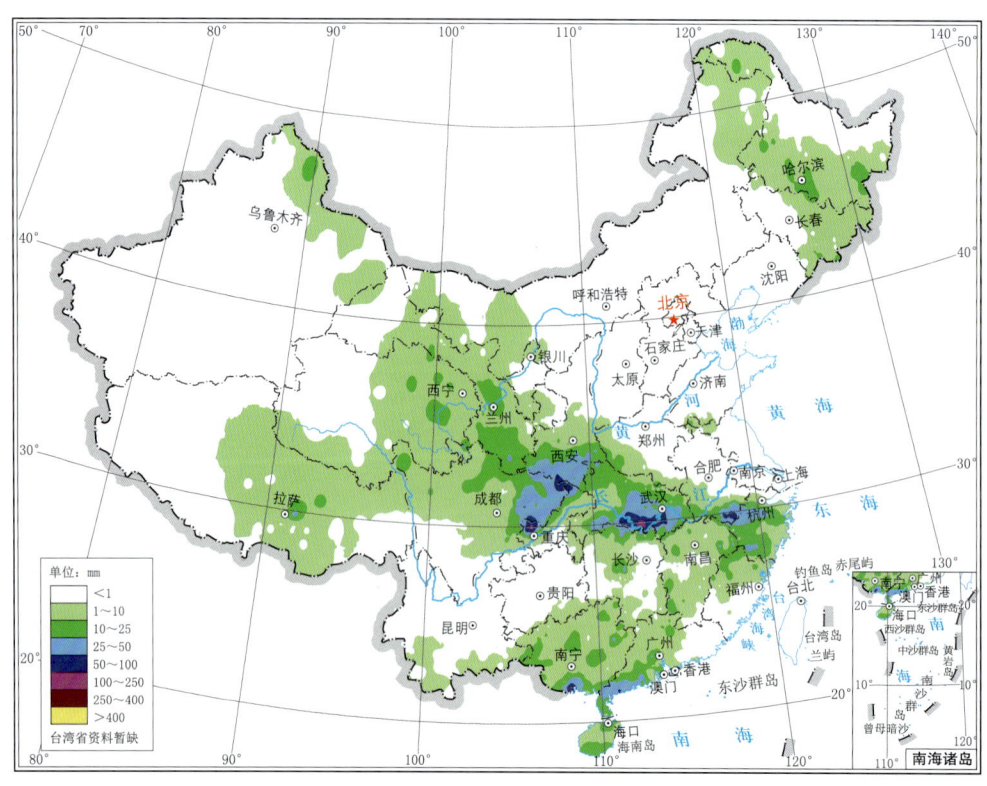

图 3.3.11 2017 年 6 月 9 日全国降水量分布图(单位:mm)

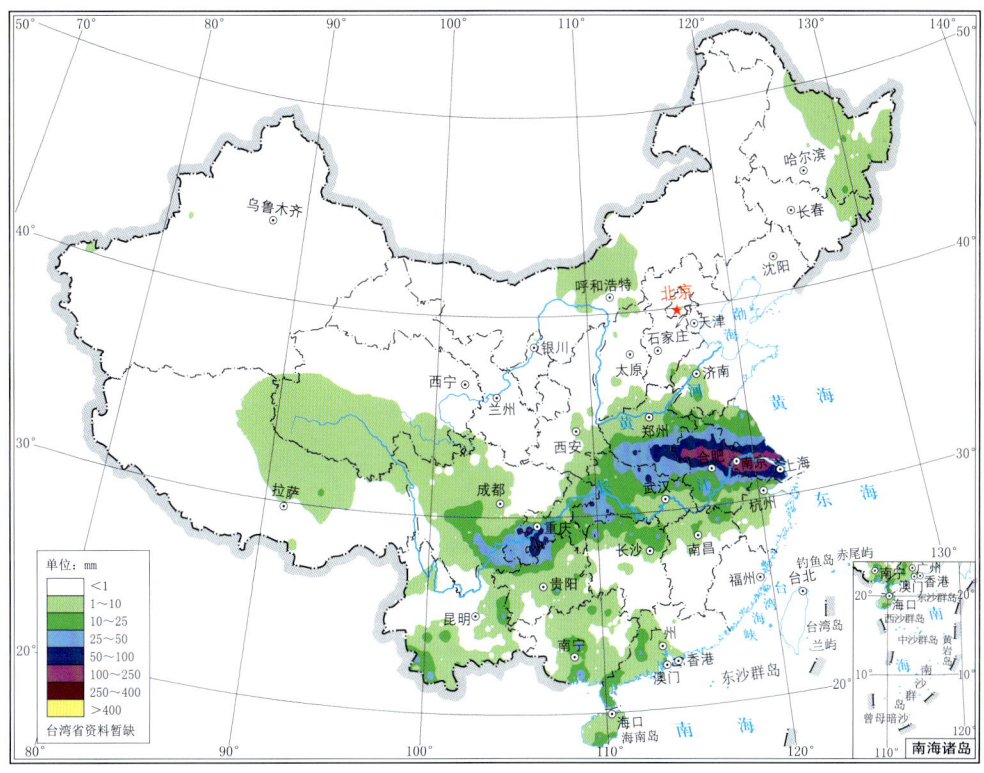

图 3.3.12　2017 年 6 月 10 日全国降水量分布图（单位：mm）

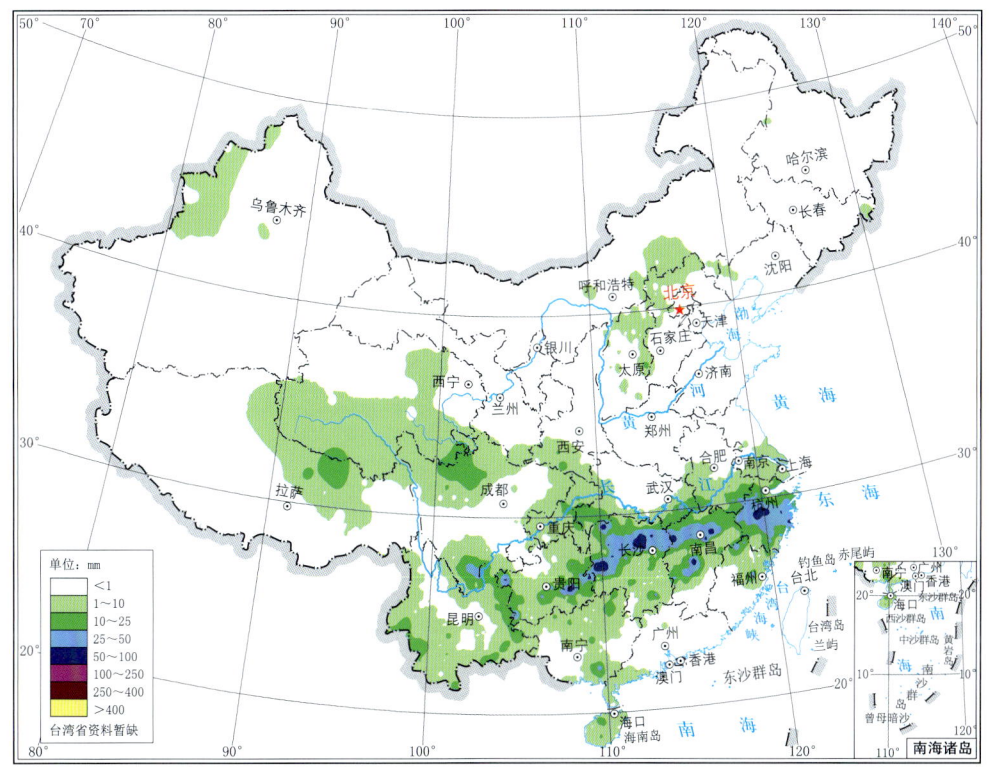

图 3.3.13　2017 年 6 月 11 日全国降水量分布图（单位：mm）

雨区整体略有北抬,江南北部出现东西向暴雨带,浙江局部出现大暴雨(图3.3.14);13日,500 hPa长江中下游地区有短波槽活动,中低层长江中下游地区切变线稳定维持,受其影响,雨区东移,暴雨主要出现在江南东北部地区,浙江中东部部分地区出现大暴雨(图3.3.15)。图3.3.16为此次暴雨过程总降水量分布。

第9次主要暴雨过程(No.9):6月12—22日

6月12日,500 hPa云贵高原上空有短波槽生成,中低层该区域有切变线发展,受其影响,贵州省及其周边出现降水,暴雨主要出现在贵州中部,局地出现大暴雨(图3.3.14);13—14日,500 hPa云贵高原上空的短波槽东移至华南西部,中低层切变也东移南压至华南西部,受其影响,雨区东移南压,广西连续2 d出现分散性暴雨、局部大暴雨(图3.3.15,图3.3.17);15日,500 hPa华南地区短波槽东移,同时在青藏高原东侧及云贵高原上空又有短波槽发展,中低层四川盆地和云贵高原上空各有低涡形成,云贵高原至江南南部有暖切变线发展,受其影响,西南地区东部、江南大部、华南北部出现大范围降水,贵州西部和福建南部出现暴雨区,局部有大暴雨,其他地区局部出现暴雨(图3.3.18);16日,500 hPa西风短波槽快速东移发展,700 hPa皖鄂赣三省交界的地区有江淮气旋新生发展,江南及华南西部出现切变线,江南南部、华南地区西南低空急流加强,850 hPa贵州上空的低涡向东南方向移动到广西西部,低涡东北方向的切变线伸展至福建北部,受其影响,江南南部及华南出现大范围强降水,雨区中大部出现暴雨,广西局部、广东部分地区出现大暴雨,其中广东陆丰出现362.7 mm的特大暴雨(图3.3.19);17日,500 hPa西风短波槽东移南压,700 hPa江淮气旋缓慢东移南压至江西北部,850 hPa广西西部低涡向东北方向移动至福建中部,受

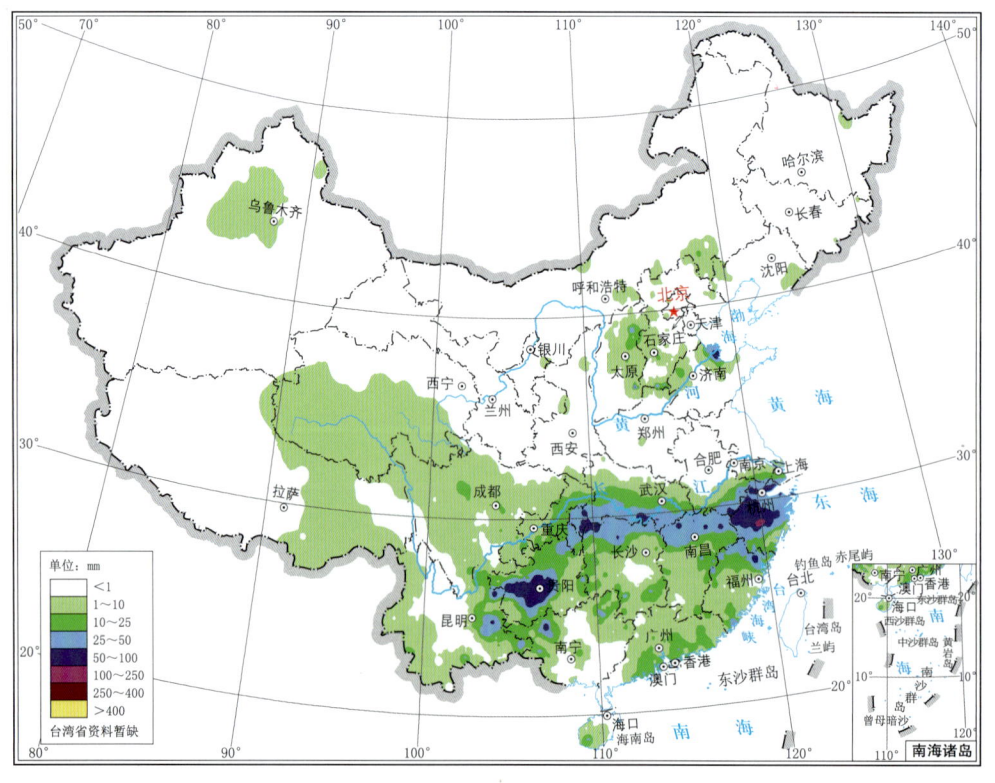

图3.3.14　2017年6月12日全国降水量分布图(单位:mm)

第3章 主要暴雨过程

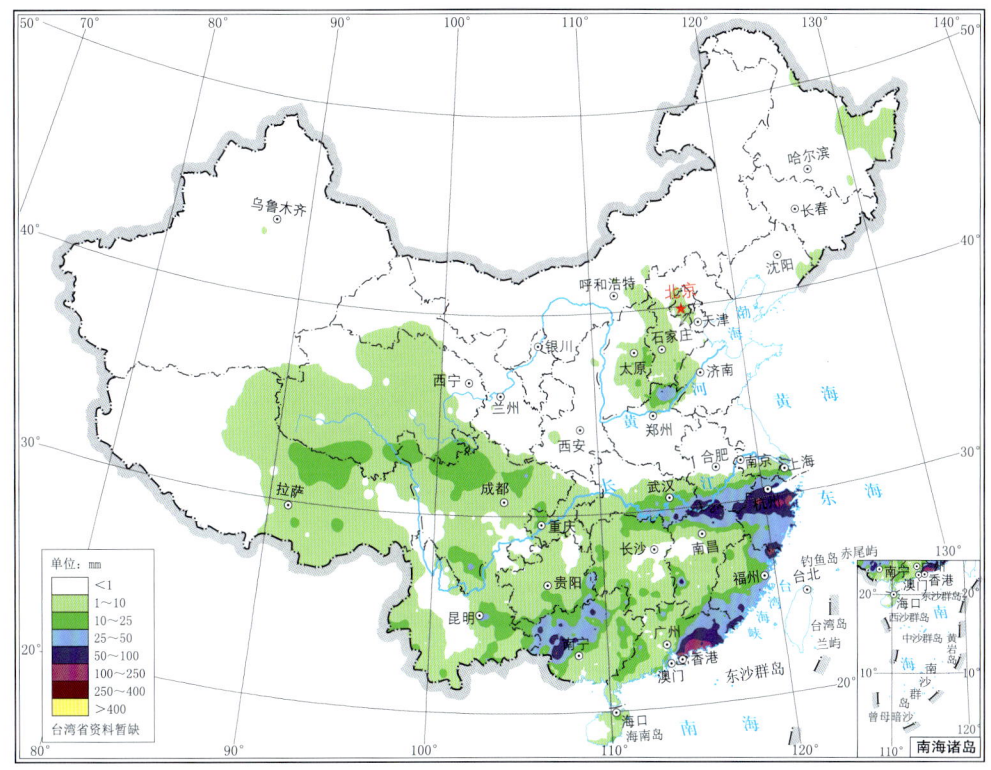

图 3.3.15　2017年6月13日全国降水量分布图(单位:mm)

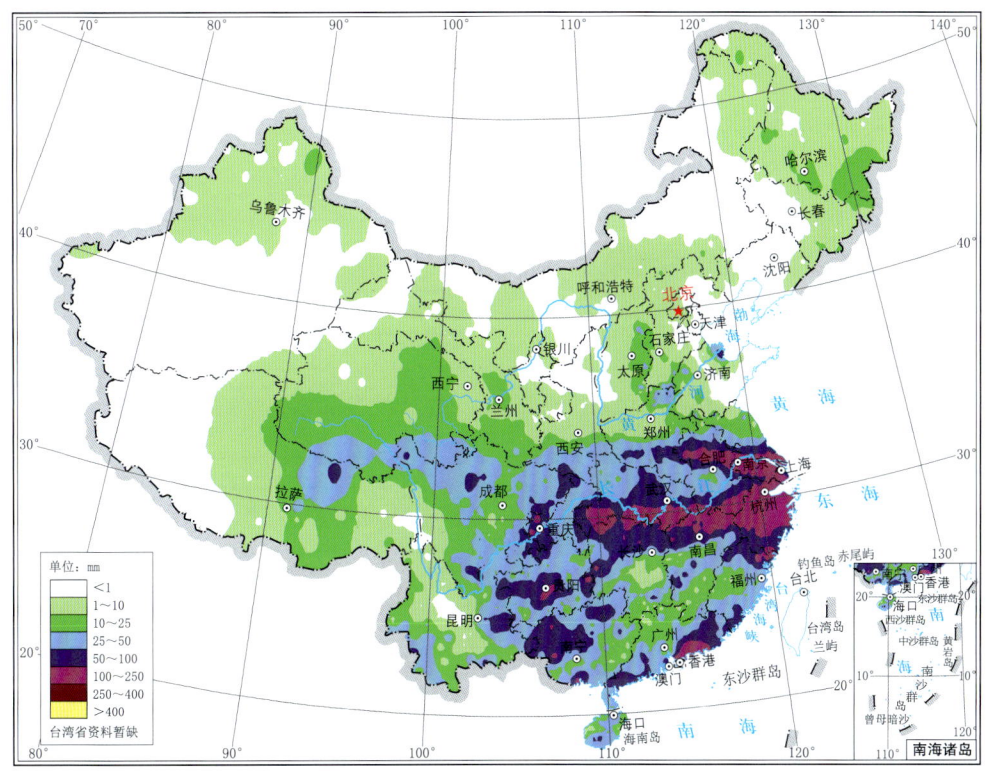

图 3.3.16　2017年6月9—13日全国总降水量分布图(单位:mm)

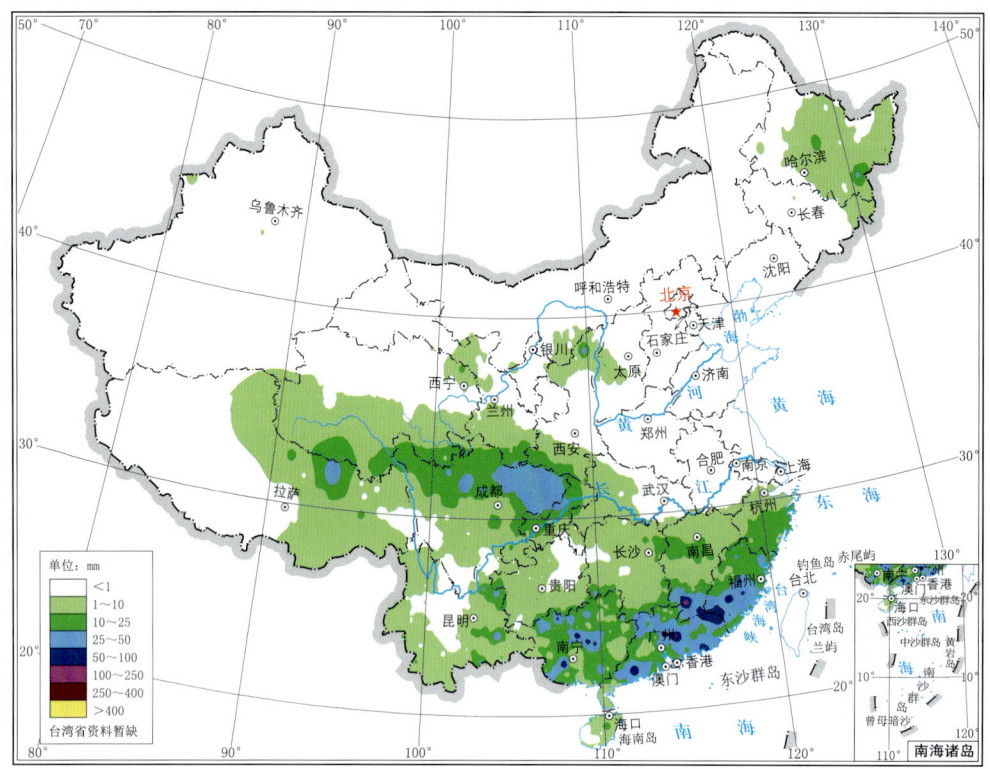

图 3.3.17 2017年6月14日全国降水量分布图(单位:mm)

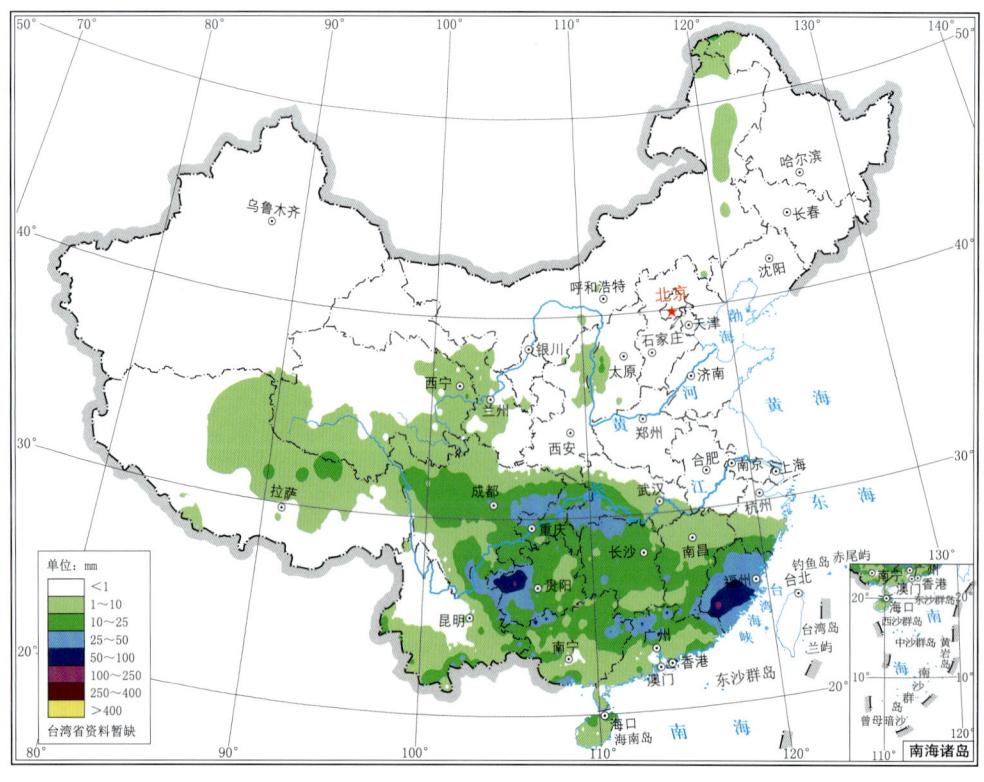

图 3.3.18 2017年6月15日全国降水量分布图(单位:mm)

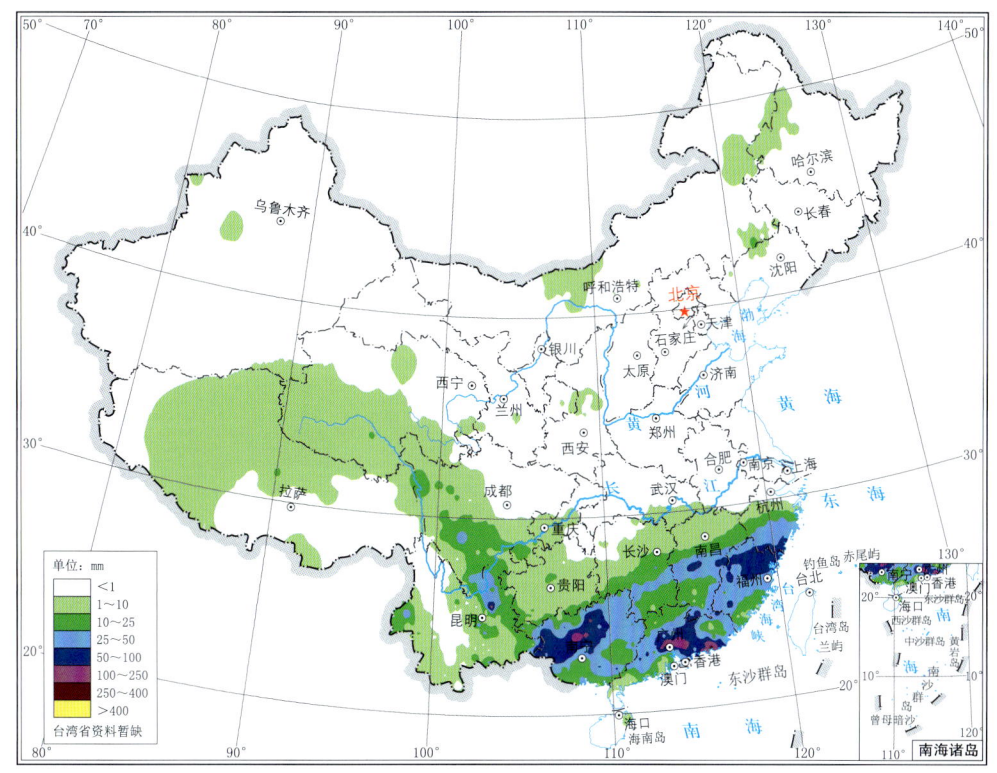

图 3.3.19 2017年6月16日全国降水量分布图(单位:mm)

其影响,雨区东移南压至广东、福建,暴雨主要出现在广东沿海和福建南部,局部有大暴雨(图 3.3.20);18日,500 hPa 华南上空又有西风短波槽生成,中低层华南上空有切变维持,受其影响,广东、福建降水维持,暴雨主要出现在广东、福建交界的沿海地区,局部有大暴雨(图 3.3.21);19日,500 hPa 华南上空又有西风短波槽东移,中低层华南上空有弱切变维持,受其影响,广东、福建降水维持,暴雨分布较为零散,沿海局地出现大暴雨(图 3.3.22);20日,500 hPa 云贵高原上空有西风短波槽东移至华南西部,中低层江南南部、华南西部有弱切变形成,受其影响,江南东部、华南地区出现降水,暴雨分布零散,华南南部局地出现大暴雨(图 3.3.23);21日,500 hPa 长江中游地区和华南西部又有西风短波槽发展,中低层江南北部有切变线形成,受其影响,江南中东部、华南大部出现降水,雨区中暴雨分布较广但较为零散(图 3.3.24);22日,500 hPa 副高加强西伸北抬,西风短波槽东移北收,中低层切变线略有北抬,受其影响,江南中东部、华南中部降水维持,部分地区出现暴雨到大暴雨(图 3.3.25)。图 3.3.26 为此次暴雨过程总降水量分布。

第 10 次主要暴雨过程(No.10):6月13—14日

6月13日,1702号强热带风暴"苗柏"(Merbok)登陆广东深圳后向偏北方向移动,强度由登陆之前的强热带风暴减弱为热带风暴,并转向东北方向移动,08时减弱为热带低压,中午之后进入江西,继续向东北方向移动,夜间进入福建,受其影响,福建、广东大部分地区出现降水,暴雨主要出现在广东东南部,沿海部分地区出现大暴雨(图 3.3.15);14日凌晨,"苗柏"(Merbok)在福建西北部进一步减弱消散,受其影响,降水区范围向北扩展,广东、福建、江西出现分散性暴雨,局部出现大暴雨(图 3.3.17)。图 3.3.27 为此次暴雨过程总降水量分布。

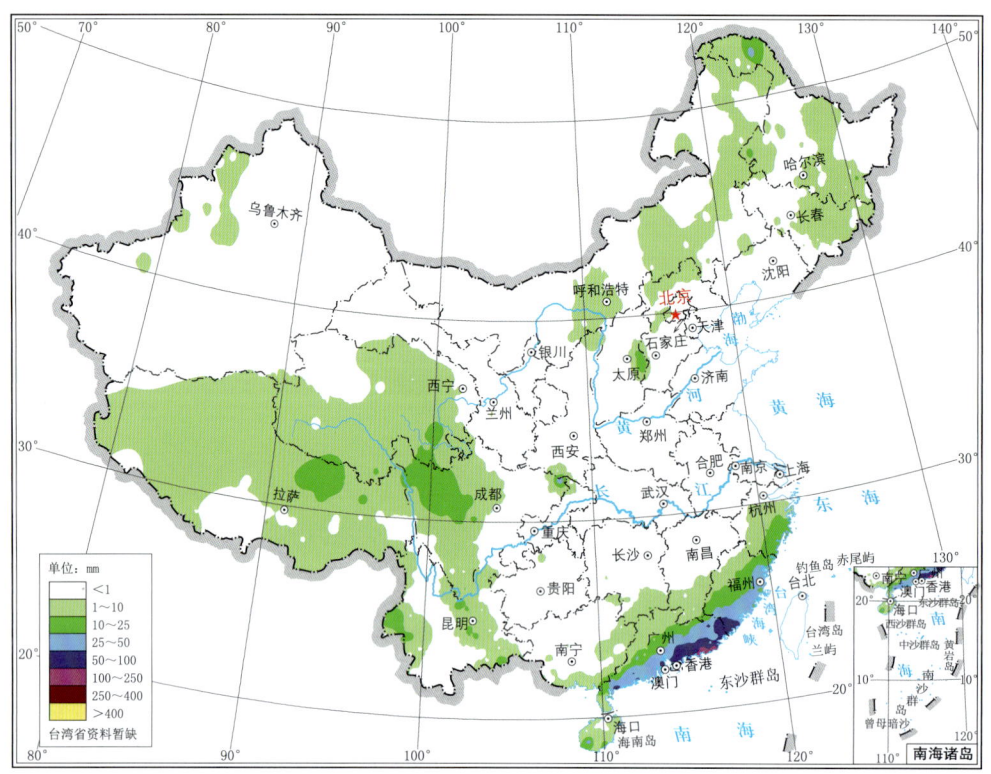

图 3.3.20 2017年6月17日全国降水量分布图(单位:mm)

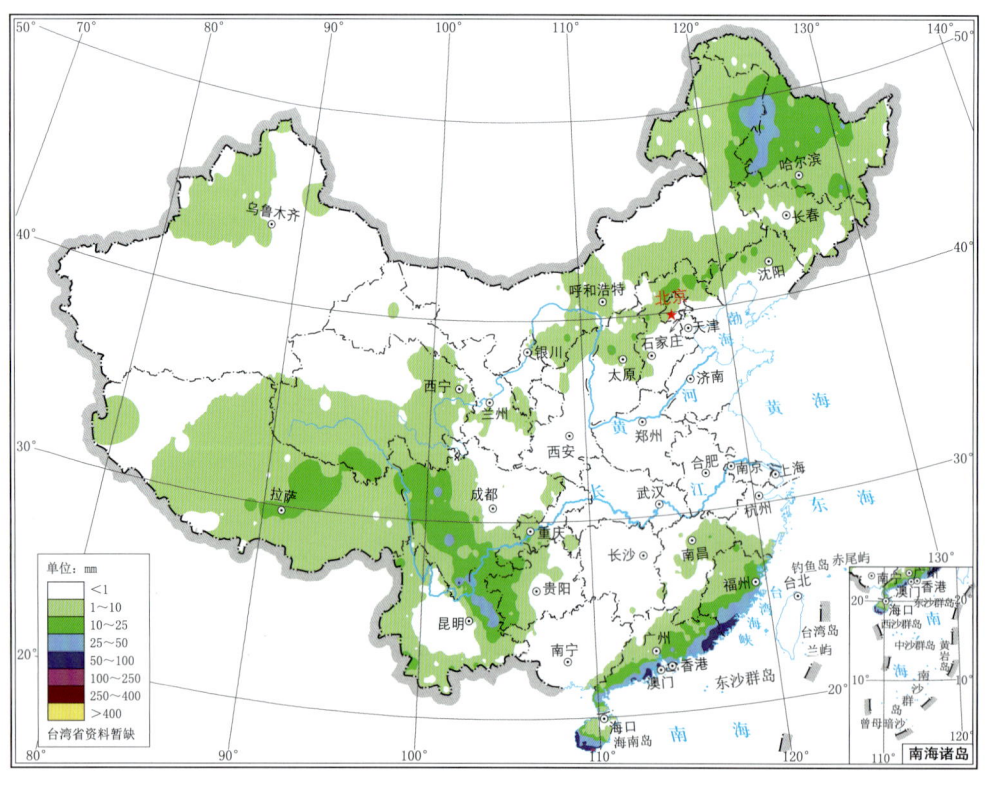

图 3.3.21 2017年6月18日全国降水量分布图(单位:mm)

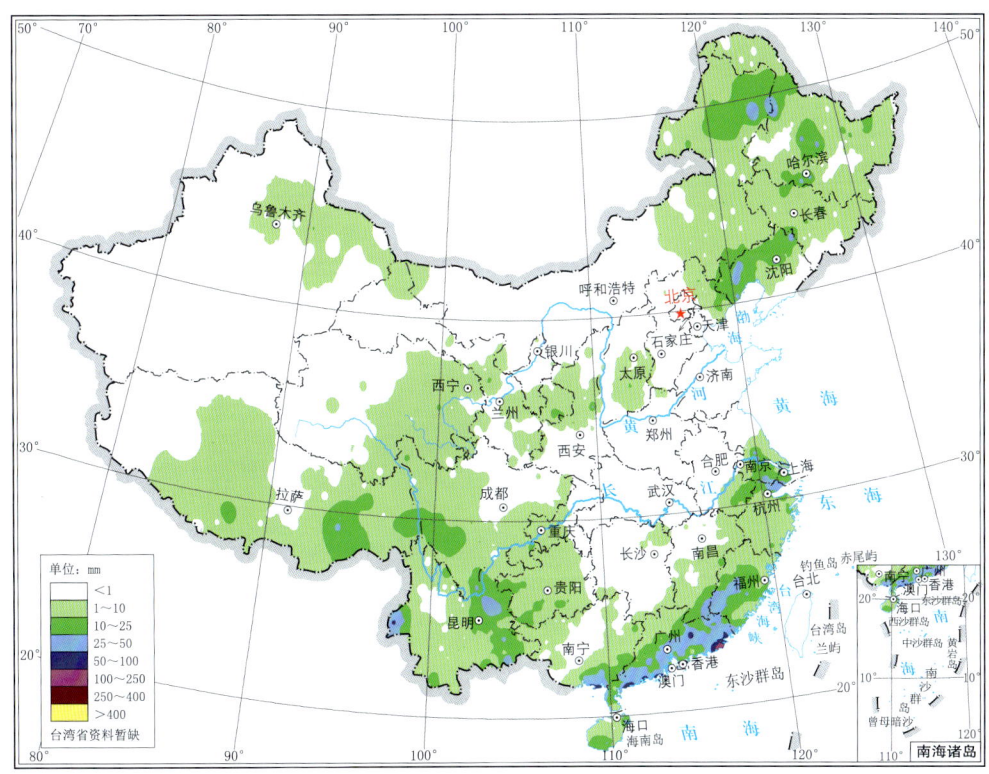

图 3.3.22　2017 年 6 月 19 日全国降水量分布图（单位：mm）

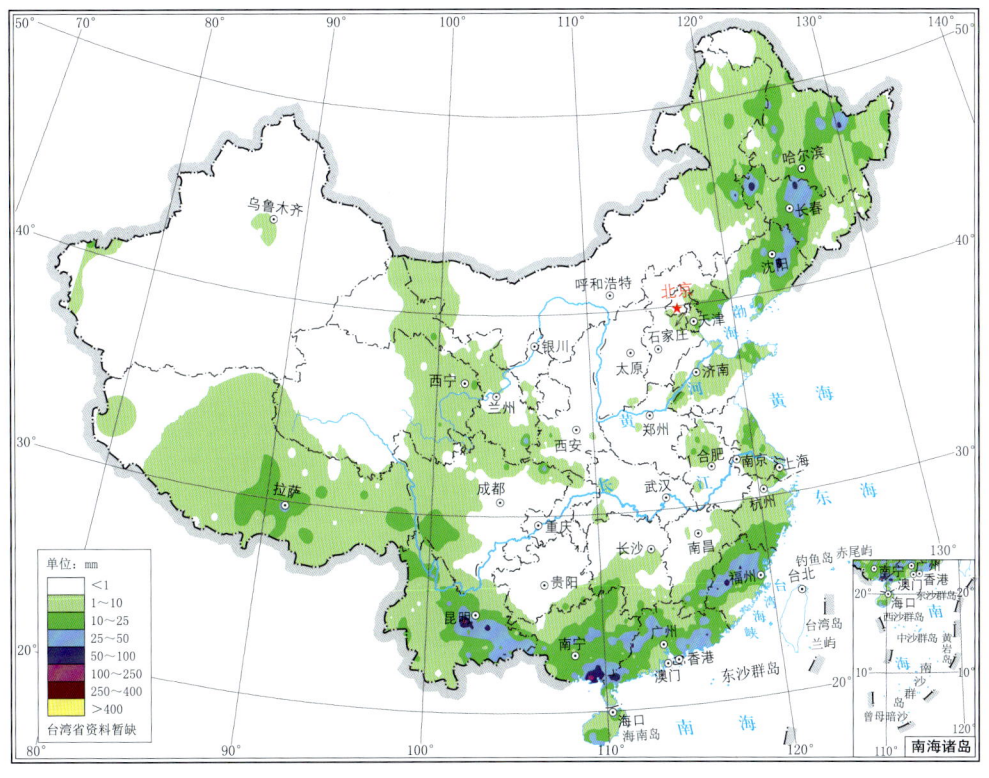

图 3.3.23　2017 年 6 月 20 日全国降水量分布图（单位：mm）

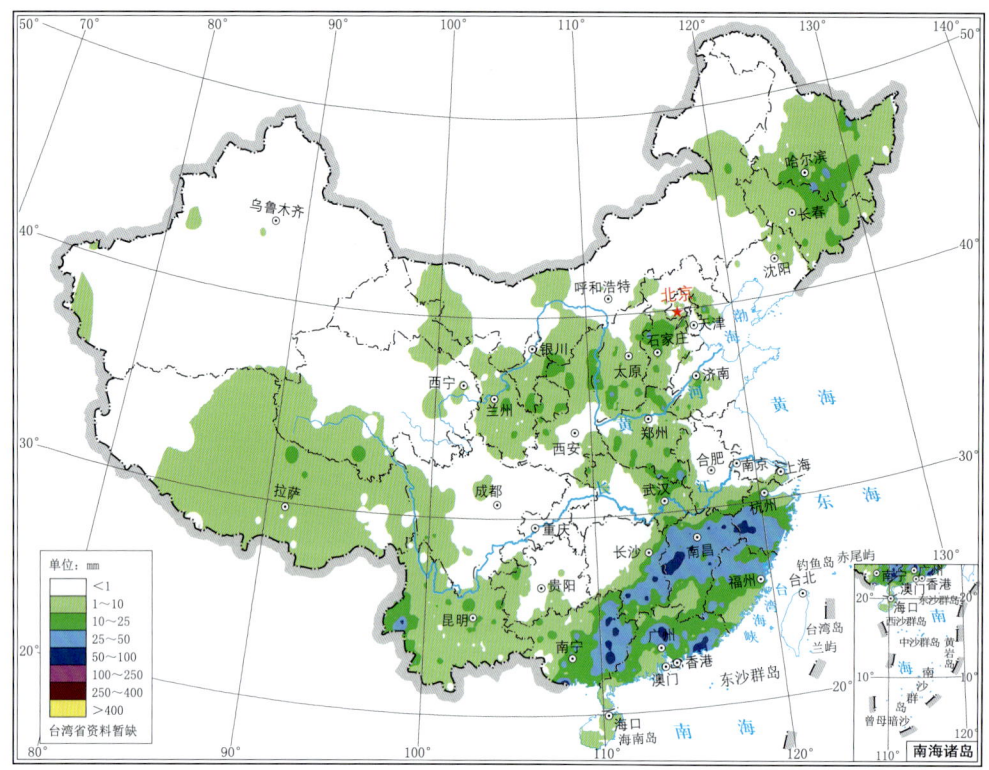

图 3.3.24　2017 年 6 月 21 日全国降水量分布图(单位:mm)

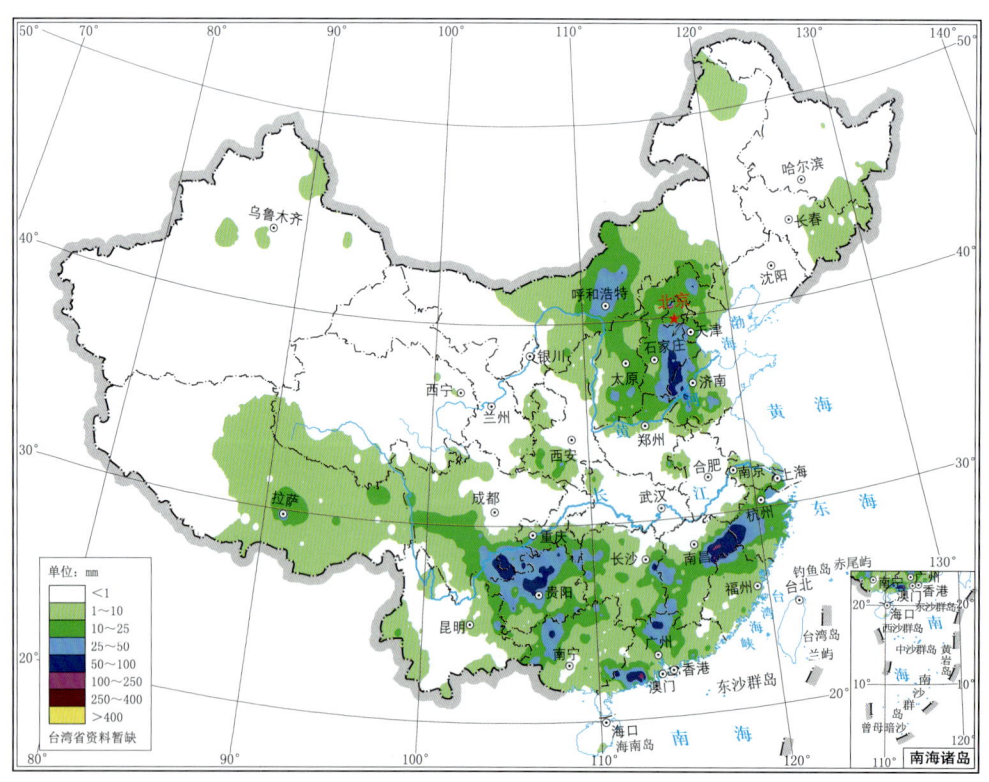

图 3.3.25　2017 年 6 月 22 日全国降水量分布图(单位:mm)

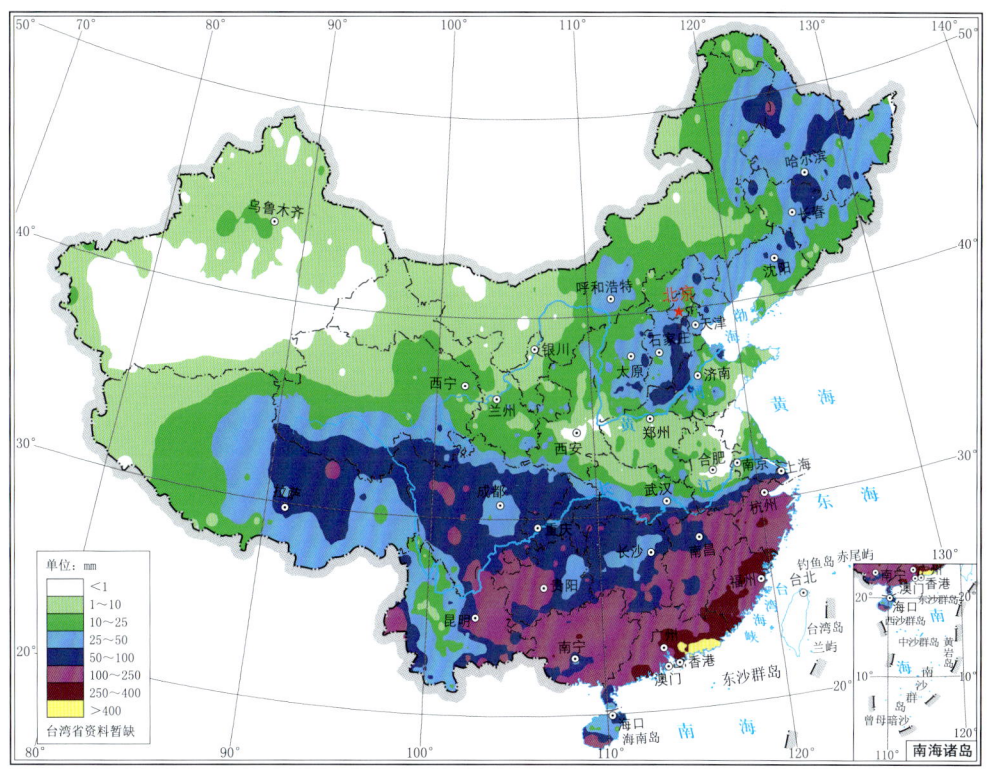

图 3.3.26　2017 年 6 月 12—22 日全国总降水量分布图(单位：mm)

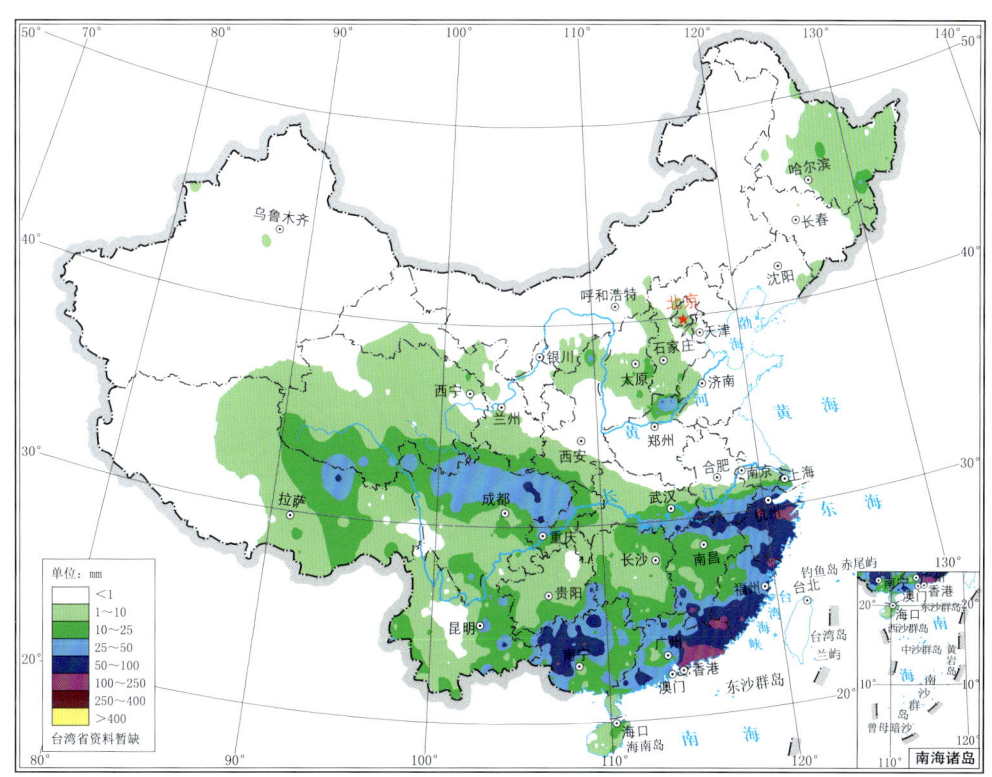

图 3.3.27　2017 年 6 月 13—14 日全国总降水量分布图(单位：mm)

第 11 次主要暴雨过程(No. 11):6 月 22—24 日

6月22日,500 hPa 蒙古南部到内蒙古中部地区有冷涡东移发展,中低层冷涡位于陕西、山西、内蒙古交界的区域,受其影响,华北地区、黄淮北部、内蒙古中部部分地区出现降水,暴雨主要出现在华北南部(图 3.3.25);23 日,500 hPa 蒙古冷涡向东南方向移动至山西、内蒙古交界的区域,中低层冷涡东移至华北北部,受其影响,降水区向东北方向移动,暴雨主要出现在京津冀地区,局部出现大暴雨(图 3.3.28);24 日,500 hPa 和中低层冷涡东移进入渤海湾,受其影响,降水区东移至沿渤海湾地区,局部出现暴雨、大暴雨(图 3.3.29)。图 3.3.30 为此次暴雨过程总降水量分布。

第 12 次主要暴雨过程(No. 12):6 月 22 日—7 月 4 日

6月22日,500 hPa 四川盆地有短波槽形成东移,700 hPa 盆地南部至贵州北部有切变生成,850 hPa 贵州西部有低涡发展,受其影响,盆地南部和贵州大部,暴雨分布较为零散,局部有大暴雨(图 3.3.25);23 日,500 hPa 短波槽东移发展,700 hPa 长江中下游及江南北部有切变线发展,850 hPa 贵州西部的低涡东移至贵州北部,长江中下游及江南北部有切变线发展,切变线南侧西南低空急流明显发展,受其影响,从贵州中部到江南北部出现近东北—西南向的强降水带,江南北部形成明显的暴雨带并有多站出现大暴雨,其中湖南临湘出现 278.2 mm 的特大暴雨(图 3.3.28);24 日,500 hPa 长江中下游地区不断有短波槽东移发展,中低层长江中下游及江南北部切变线稳定维持并不断发展加强,切变线南侧西南低空急流加强,中心风速达到 26 m/s,受其影响,强降水带稳定维持并不断加强,从四川盆地南

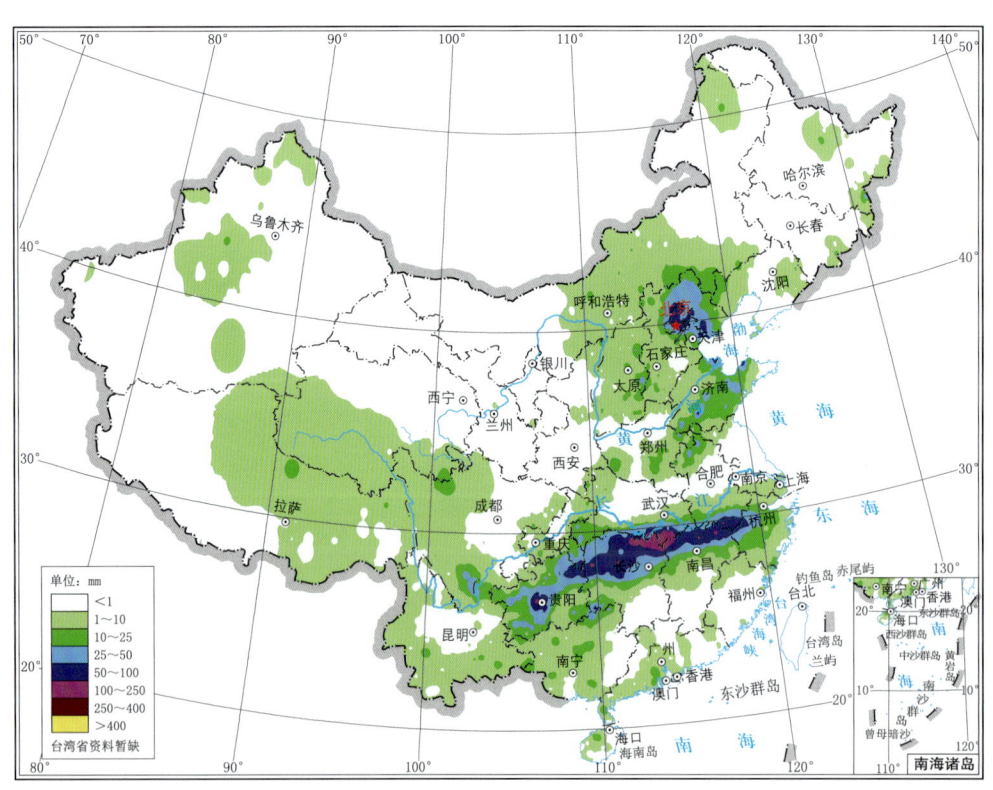

图 3.3.28 2017 年 6 月 23 日全国降水量分布图(单位:mm)

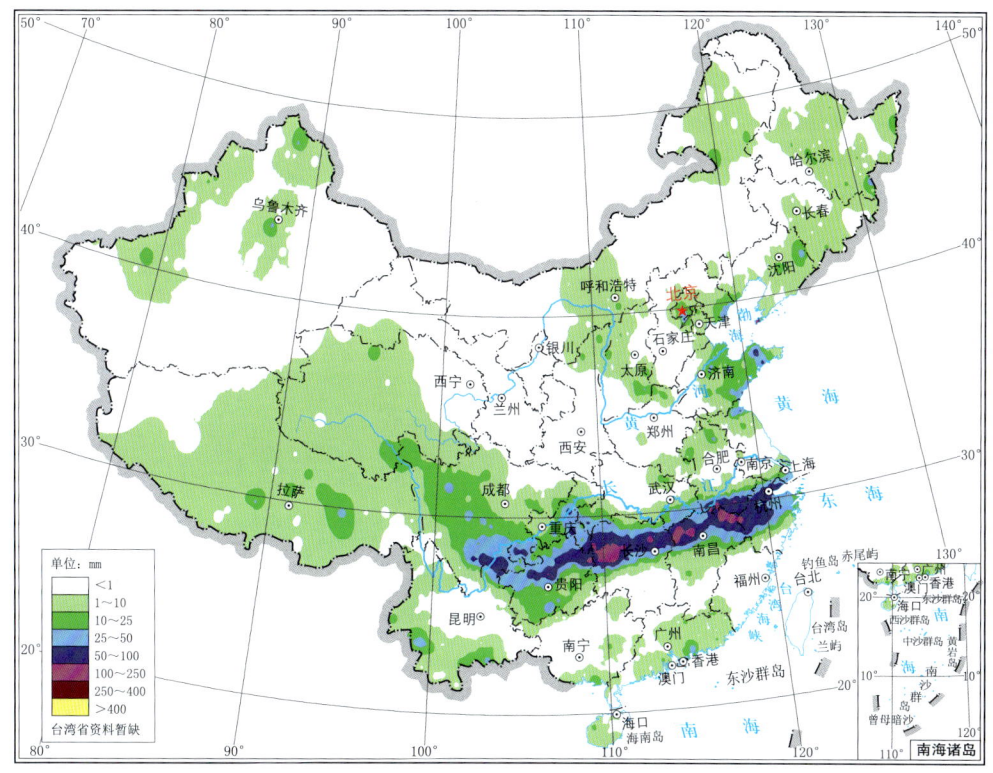

图 3.3.29　2017 年 6 月 24 日全国降水量分布图（单位：mm）

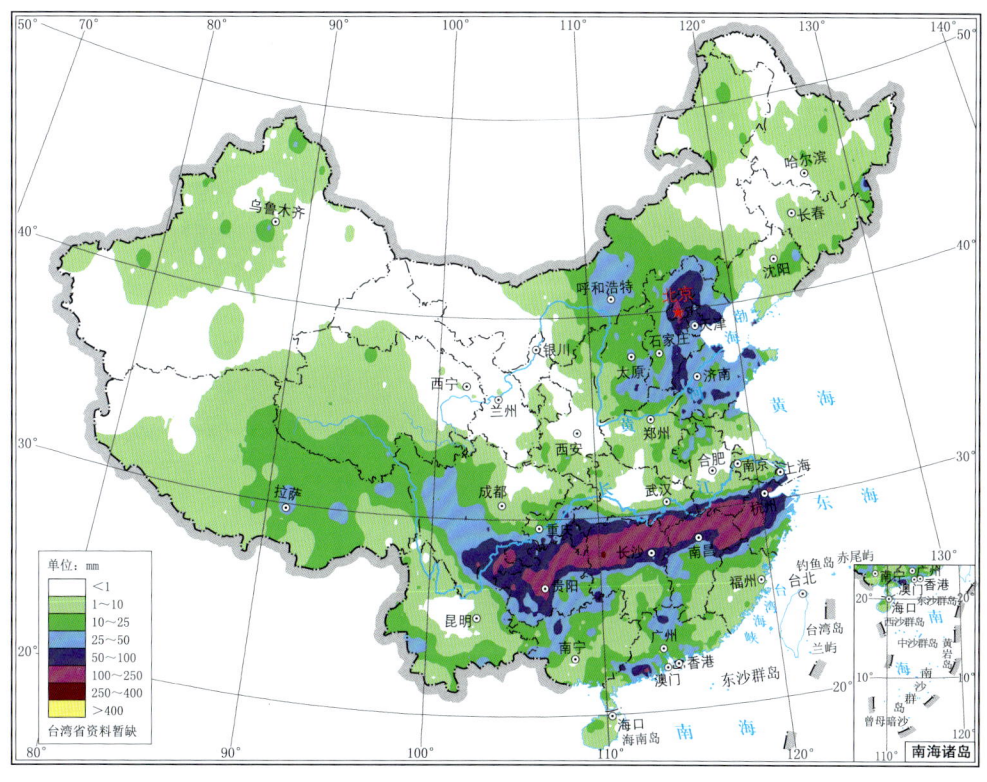

图 3.3.30　2017 年 6 月 22—24 日全国总降水量分布图（单位：mm）

部到江南北部形成近东西向的强暴雨带,其中江南北部出现较为集中的大暴雨带(图3.3.29);25日,500 hPa江南北部有短波槽东移发展,中低层从云贵高原到江南北部出现切变线并缓慢南压,西南低空急流稳定维持,受其影响,强降水带缓慢南压,从广西西部到浙江中部出现狭长的暴雨带,赣东北部分地区出现大暴雨,其中弋阳出现267.5 mm的特大暴雨(图3.3.31);26—28日,500 hPa长江中下游及江南北部不断有短波槽东移发展,中低层从云贵高原到江南北部切变线稳定维持,其间切变线上有时有低涡发展,江南南部、华南低空急流稳定维持,受其影响,连续3 d降水区都稳定维持在江南南部到华南北部,暴雨带呈东北—西南走向,局部出现大暴雨(图3.3.32—图3.3.34);29日,500 hPa甘肃南部有低涡生成,四川盆地有短波槽东移发展,中低层从盆地南部经贵州北部到江南北部有切变线活动,受其影响,雨带北抬,暴雨主要出现在贵州中部到湖南中部,局部出现大暴雨(图3.3.35);30日,500 hPa甘肃南部低涡向东南方向移动至陕西南部,云贵高原上空有短波槽发展,中低层切变线北抬至贵州北部、湘西北及江淮流域,而江汉平原上空有低涡发展,切变线南侧低空急流明显加强,受其影响,雨带北抬加强,从贵州中部到安徽南部出现东北—西南向强暴雨带,其中湘北至鄂东南出现大暴雨带,两省共有25站达到大暴雨

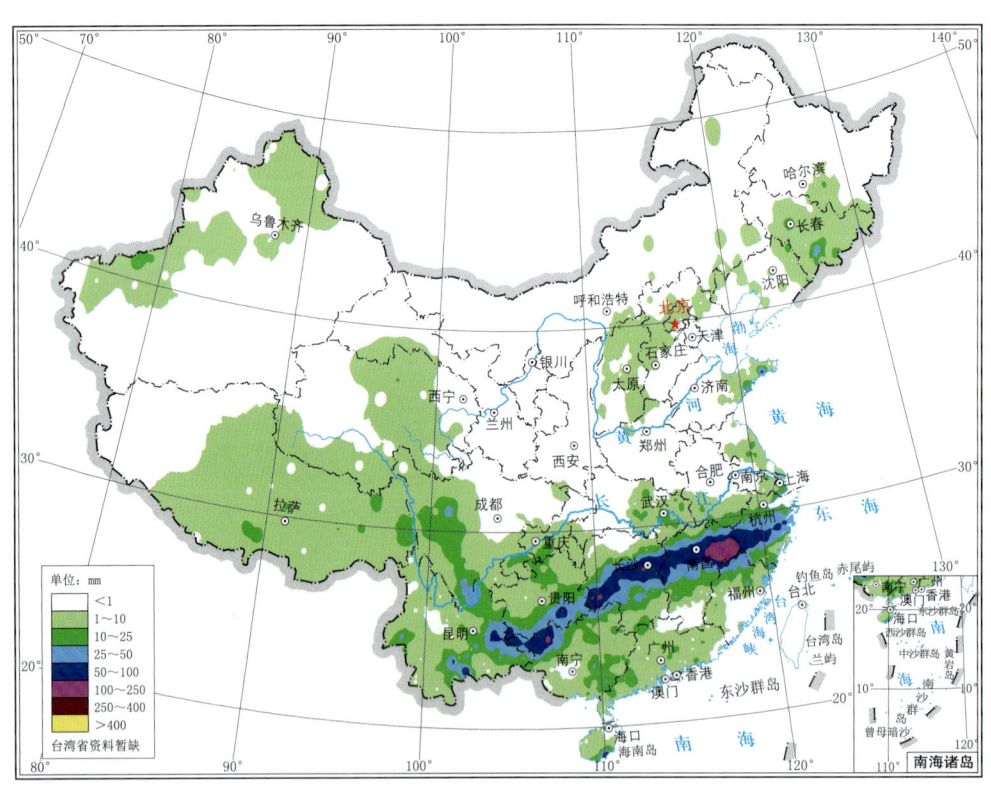

图3.3.31　2017年6月25日全国降水量分布图(单位:mm)

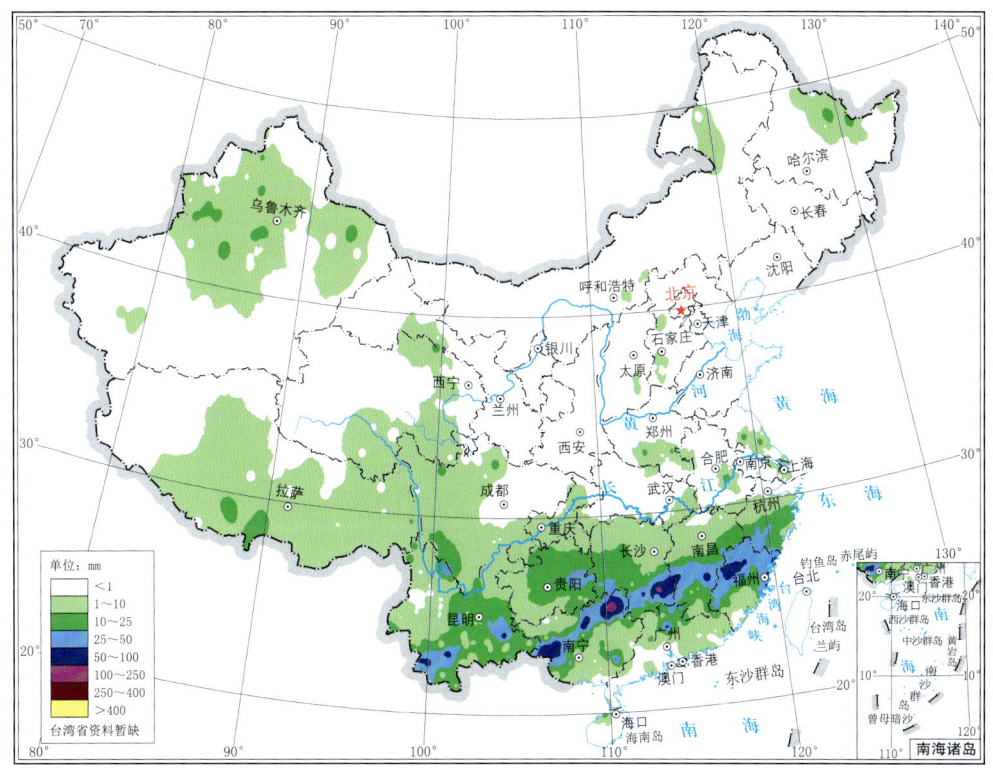

图 3.3.32　2017 年 6 月 26 日全国降水量分布图(单位:mm)

(图 3.3.36);7 月 1 日,500 hPa 陕西南部低涡继续向东南方向移动至湖北、河南交界地区,低涡南部西风槽发展加深并伸展至华南西部,中低层从江汉平原到贵州南部有明显的低涡切变发展,低空急流进一步发展加强,受其影响,雨带整体东移南压,从广西北部到江苏南部出现东北—西南向强暴雨带,其中有三个相对集中的大暴雨区,共有 40 站达到大暴雨(图 3.3.37);2 日,500 hPa 低涡向东北方向移动,西风槽缓慢东移,中低层低涡切变缓慢东移南压,850 hPa 广西上空有低涡发展,受其影响,雨带整体东移南压,雨带中出现两个暴雨区,一个位于长江下游地区,其中安徽沿江局部出现大暴雨,另一个暴雨区出现在广西中东部、广东北部及湖南南部,桂东北多站出现大暴雨,其中昭平、雁山、永福分别出现 278 mm、278 mm、295.6 mm 的特大暴雨(图 3.3.38);3—4 日,500 hPa 西风槽继续缓慢东移南压,中低层广西上空低涡缓慢东移南压,受其影响,雨带整体东移南压至江南中东部和华南,广东部分地区、广西局部出现暴雨,4 日广东阳江出现了 275.5 mm 的特大暴雨(图 3.3.39、图 3.3.40)。图 3.3.41 为此次暴雨过程总降水量分布。

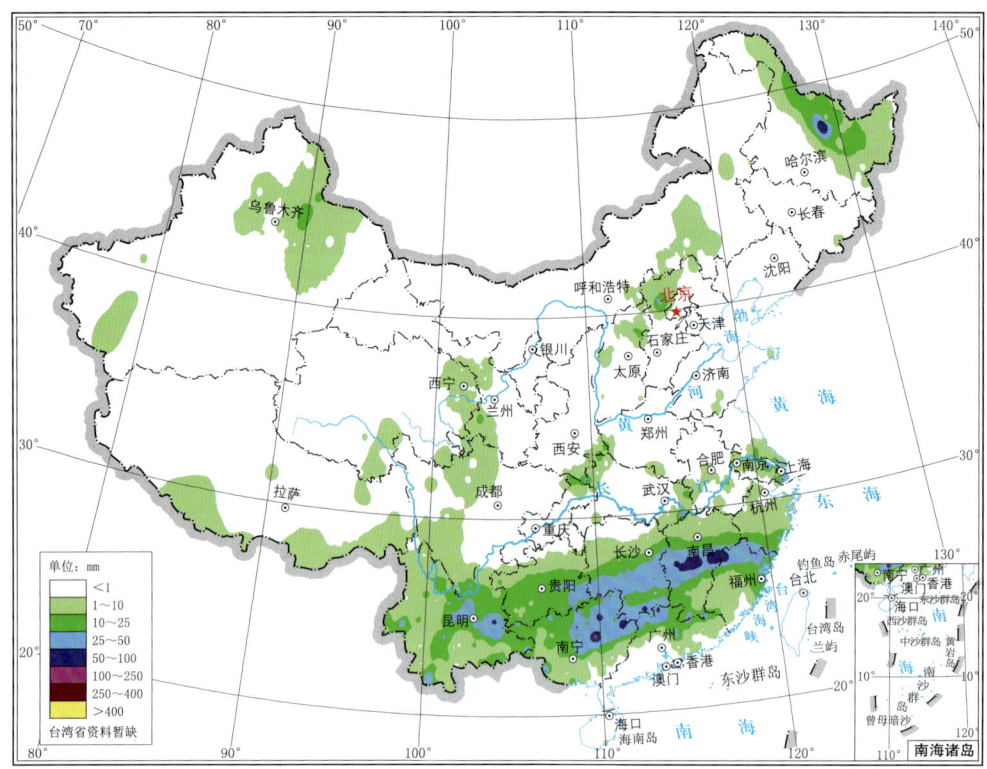

图 3.3.33　2017 年 6 月 27 日全国降水量分布图（单位：mm）

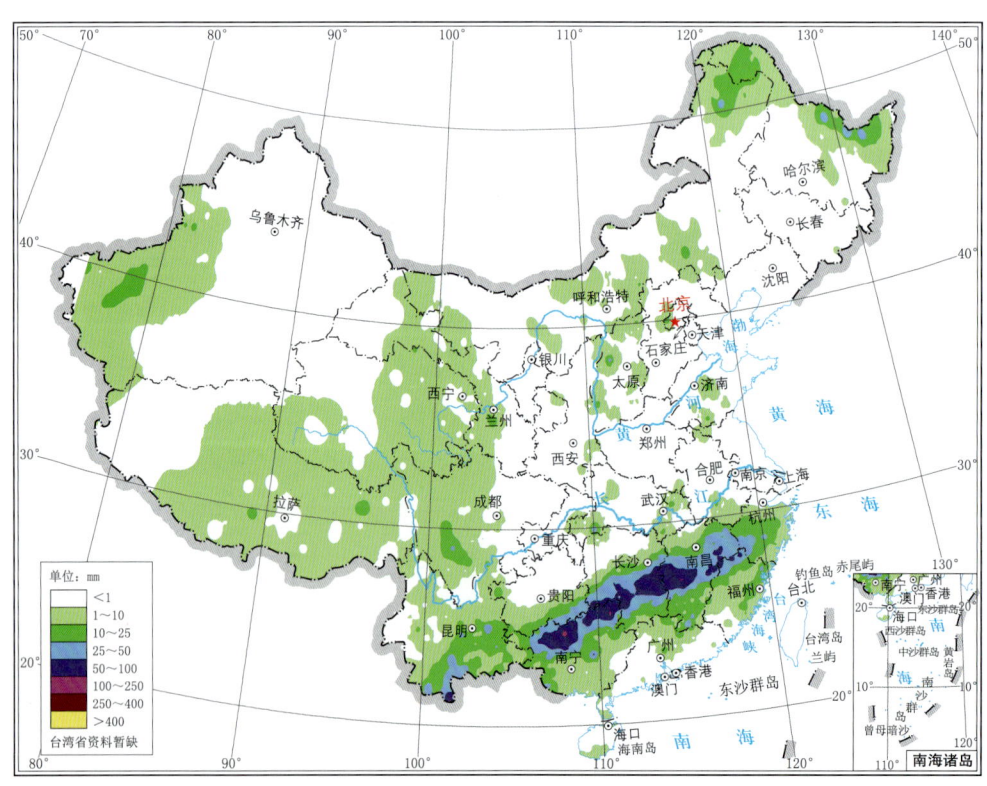

图 3.3.34　2017 年 6 月 28 日全国降水量分布图（单位：mm）

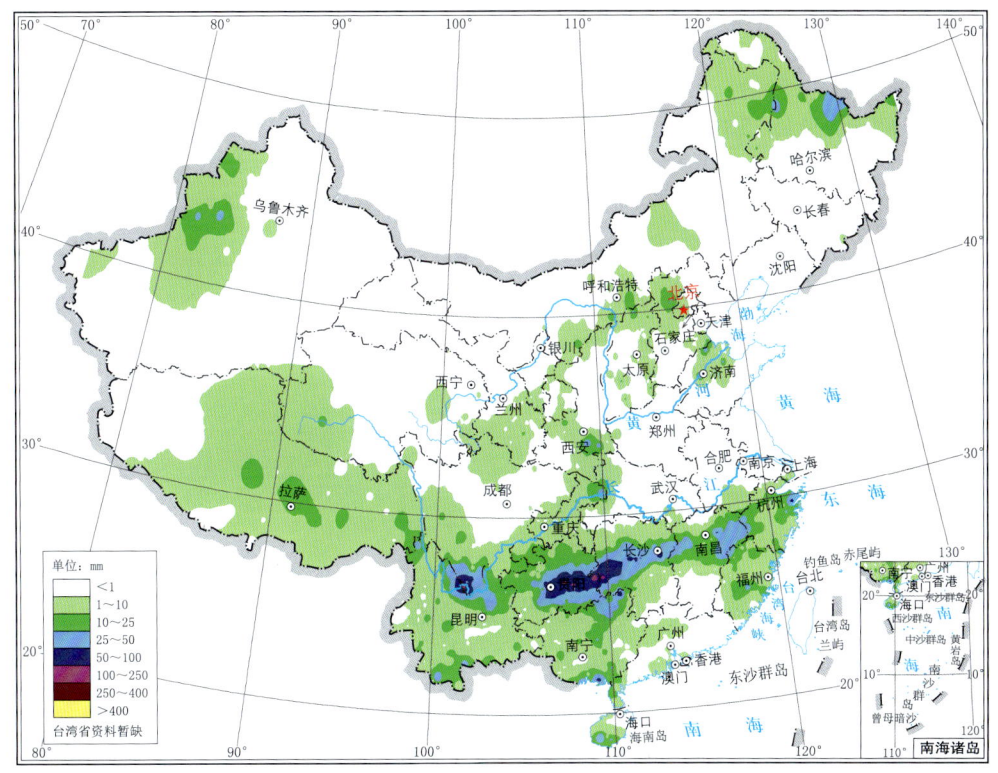

图 3.3.35 2017 年 6 月 29 日全国降水量分布图(单位:mm)

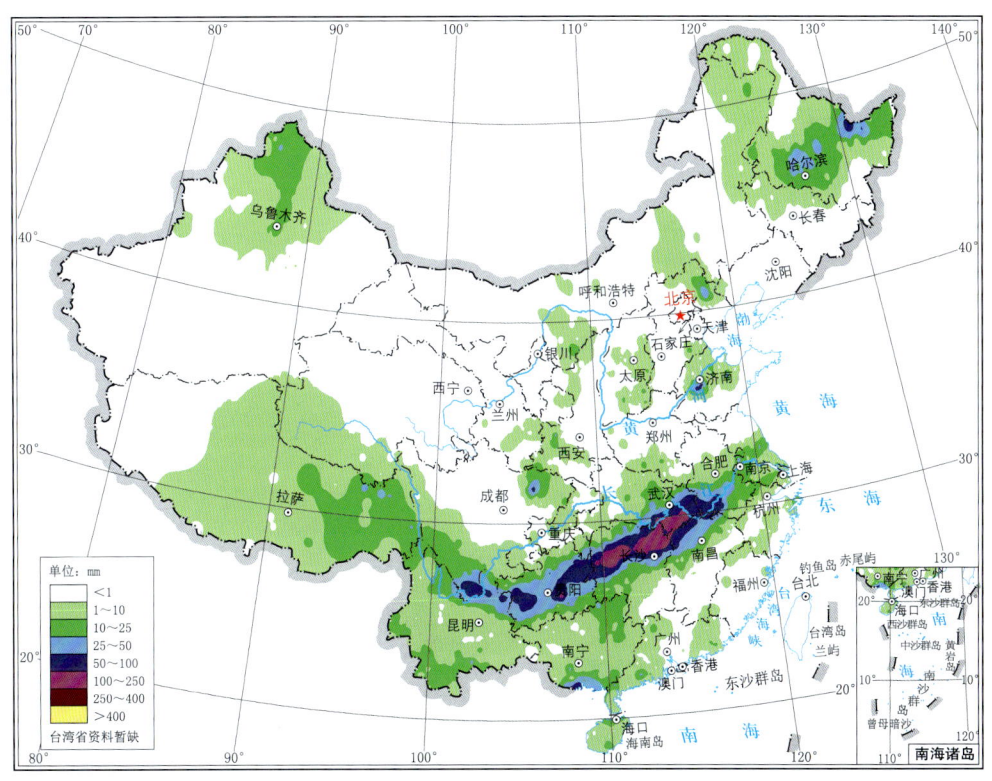

图 3.3.36 2017 年 6 月 30 日全国降水量分布图(单位:mm)

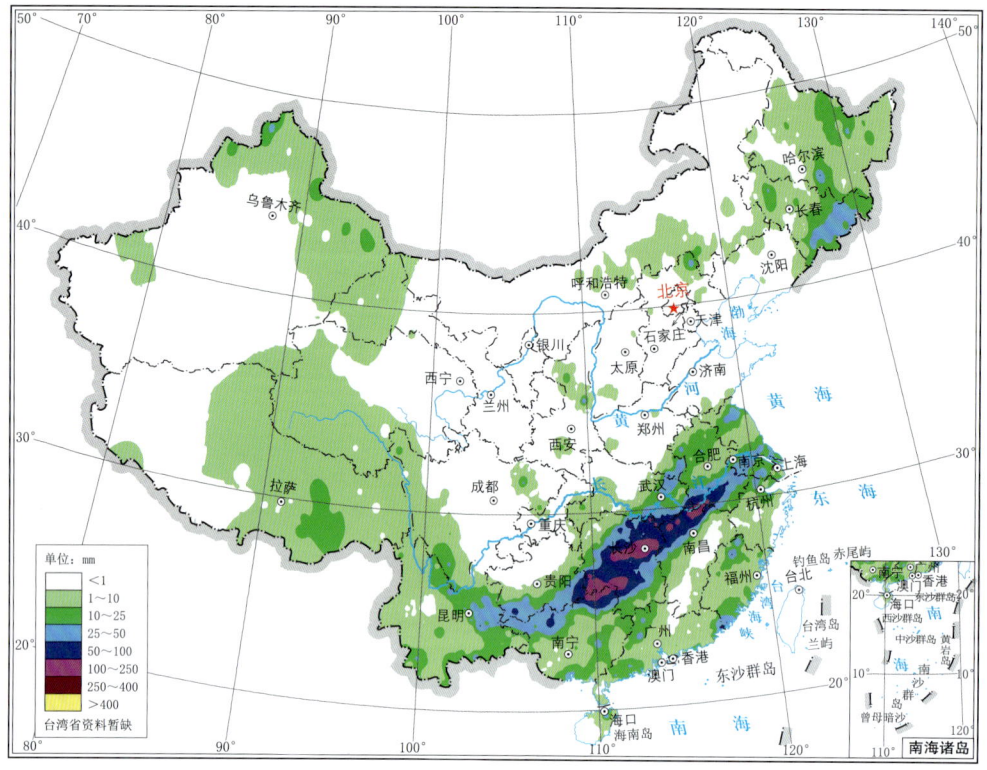

图 3.3.37　2017 年 7 月 1 日全国降水量分布图(单位:mm)

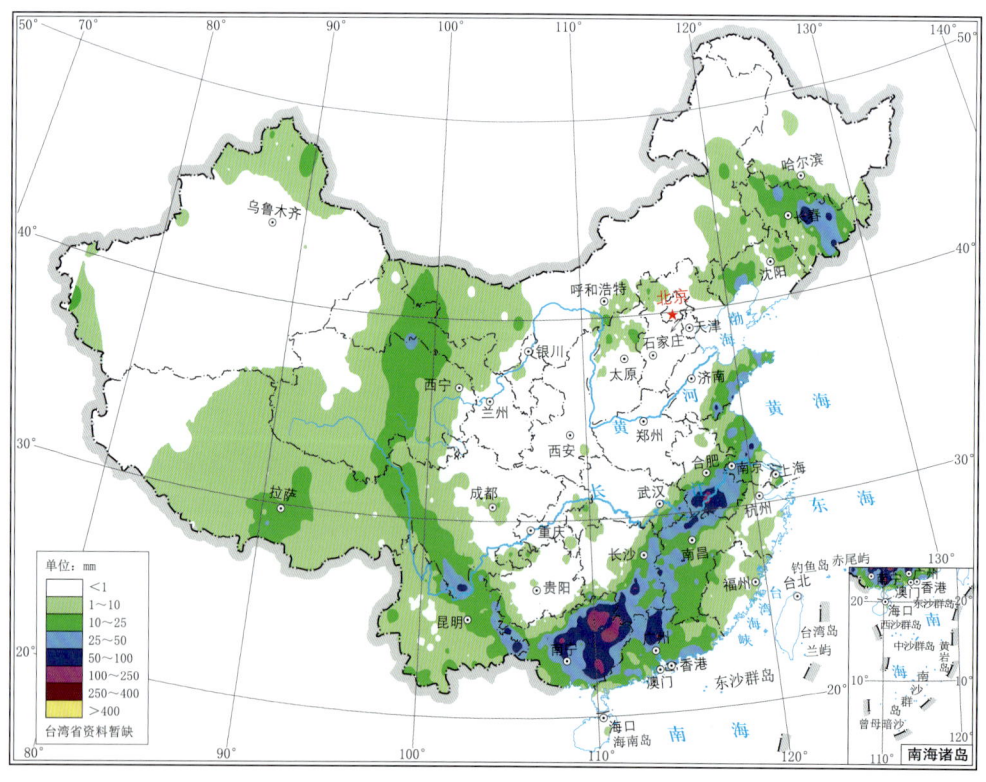

图 3.3.38　2017 年 7 月 2 日全国降水量分布图(单位:mm)

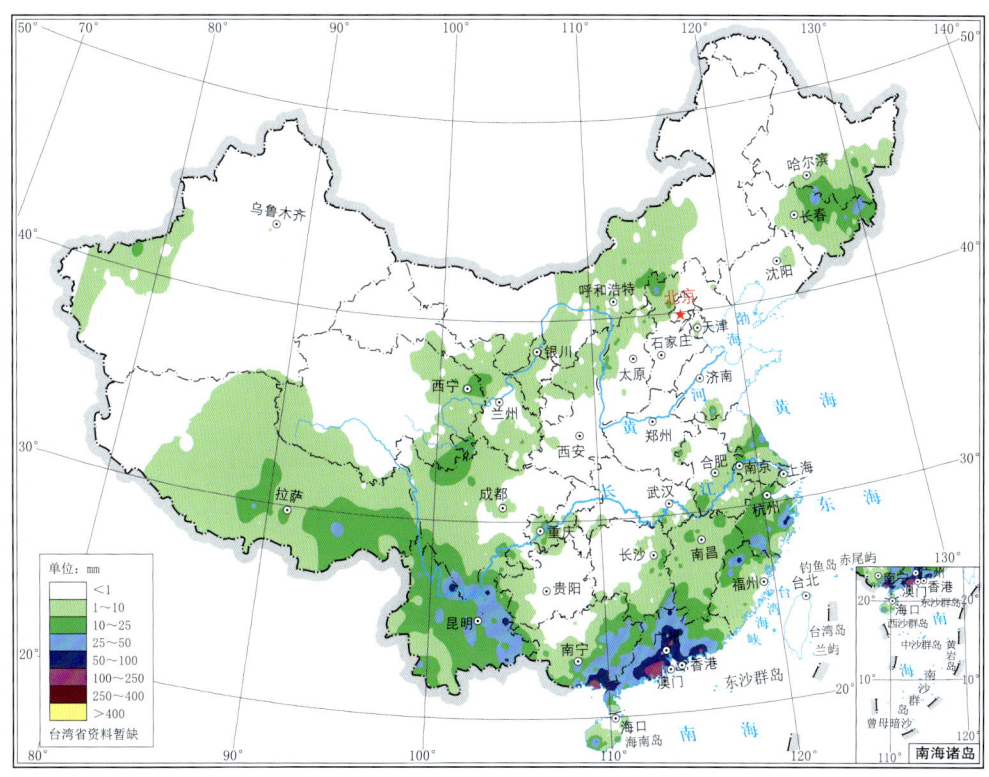

图 3.3.39　2017 年 7 月 3 日全国降水量分布图（单位：mm）

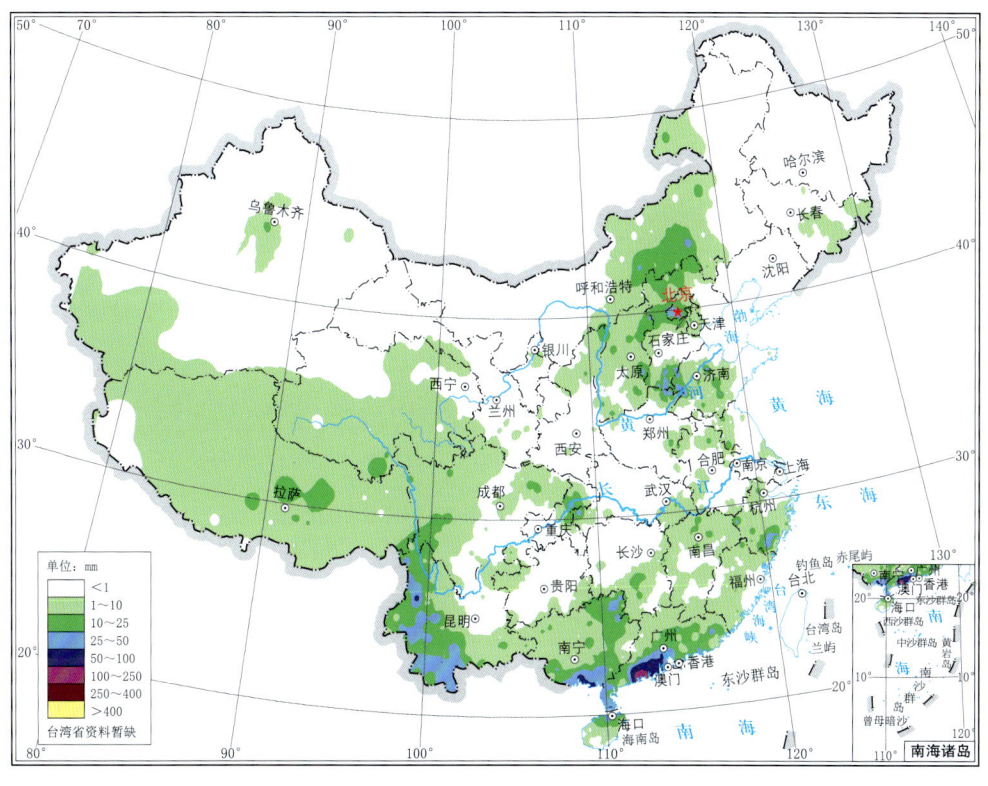

图 3.3.40　2017 年 7 月 4 日全国降水量分布图（单位：mm）

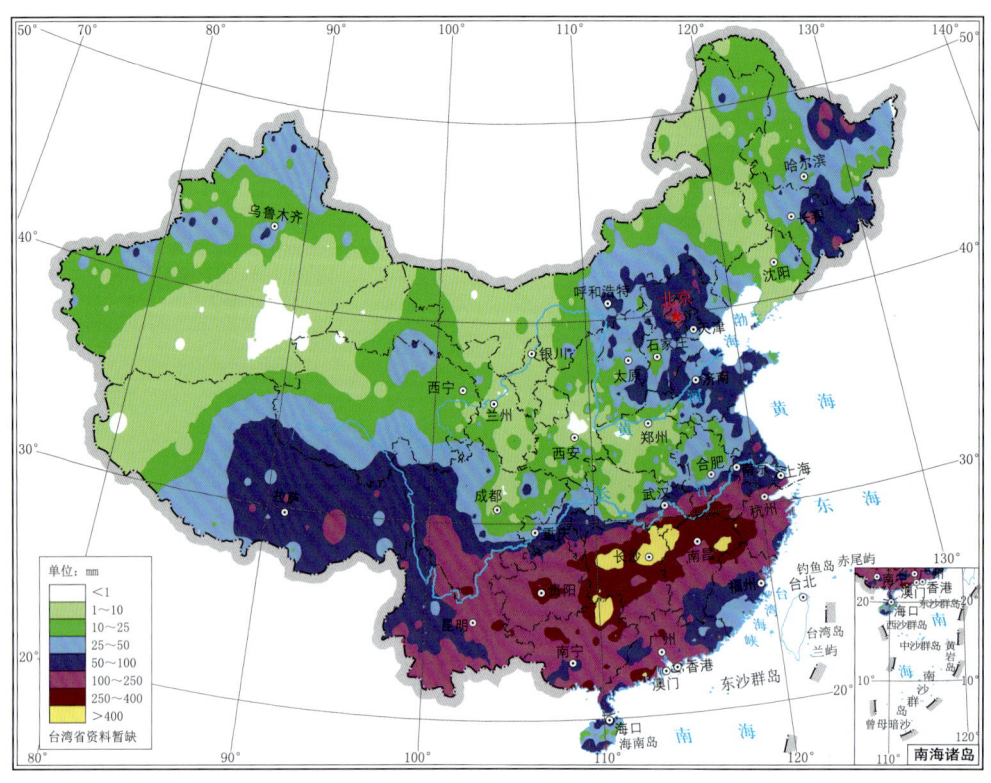

图 3.3.41 2017年6月22日—7月4日全国总降水量分布图(单位:mm)

3.4 7月主要暴雨过程(No.13—No.20)

第13次主要暴雨过程(No.13):7月5—8日

7月5日,500 hPa青藏高原东部有短波槽新生发展,700 hPa甘肃南部有切变生成,850 hPa四川盆地有西南低涡形成,受其影响,西北地区东部、四川盆地出现降水,暴雨主要出现在四川盆地西北部,局部出现大暴雨,其中绵阳出现266.7 mm的特大暴雨(图3.4.1);6日,500 hPa河套地区和四川盆地分别有短波槽发展东移,700 hPa从河套地区到四川盆地有切变线生成,850 hPa西南低涡发展加强,同时在河套东北部也有低涡形成,受其影响,华北地区、黄淮流域、西北地区东南部和四川盆地出现大范围降水,京津冀地区出现暴雨到大暴雨,鲁东南至四川盆地出现东北—西南向的暴雨带,其中鲁东南、河南中部、四川盆地中部有3个大暴雨中心,四川蓬溪出现250 mm的特大暴雨(图3.4.2);7日,500 hPa河套地区短波槽发展东移,内蒙古中部有低涡形成,而四川盆地短波槽缓慢东移,中低层低涡切变东移南压,受其影响,雨带整体东移南压,从内蒙古中部、东北南部、华北北部、黄淮地区、江汉西部、西南地区东部到西南地区南部出现绵长的降水带,其中有多个相对独立的暴雨区,每个暴雨区中局部都出现大暴雨(图3.4.3);8日,500 hPa从内蒙古中部到江汉西部有西风槽形成,中低层切变减弱,受其影响,雨带大部减弱消失,只有鄂西南部分地区出现暴雨和大暴雨(图3.4.4)。图3.4.5为此次暴雨过程总降水量分布。

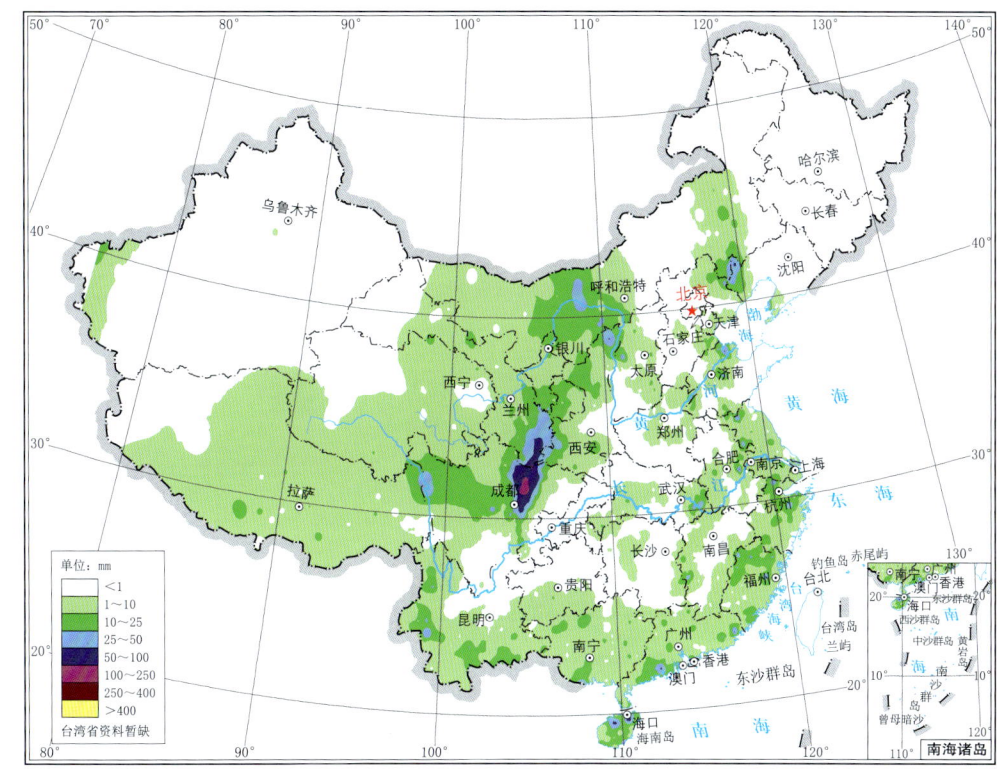

图 3.4.1 2017 年 7 月 5 日全国降水量分布图(单位:mm)

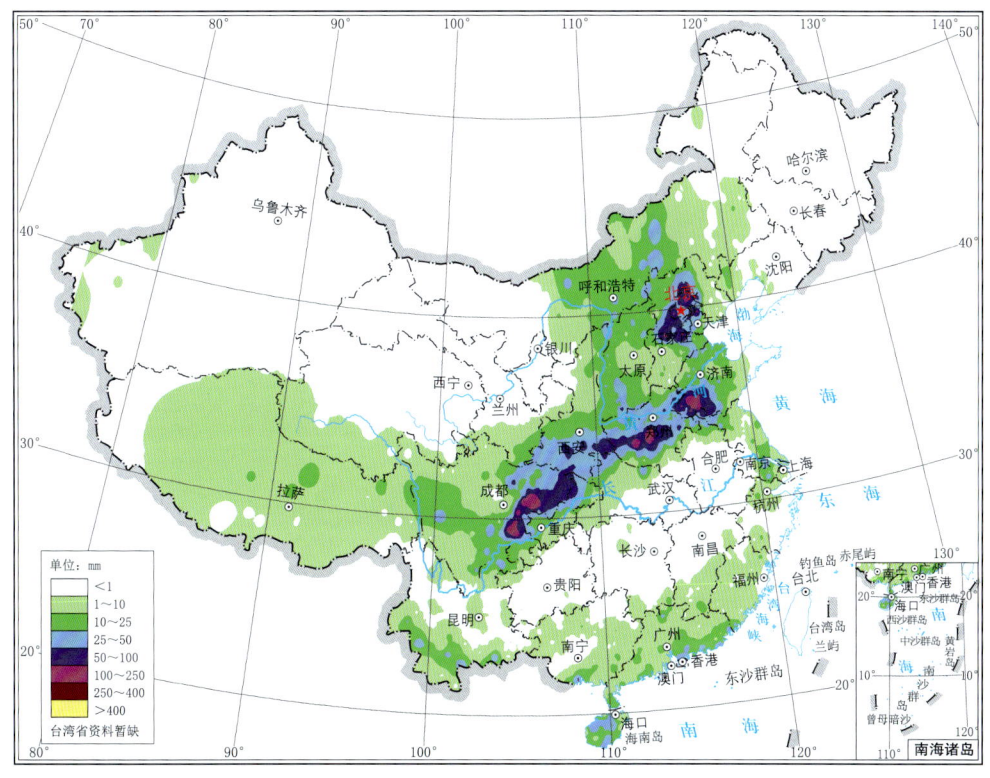

图 3.4.2 2017 年 7 月 6 日全国降水量分布图(单位:mm)

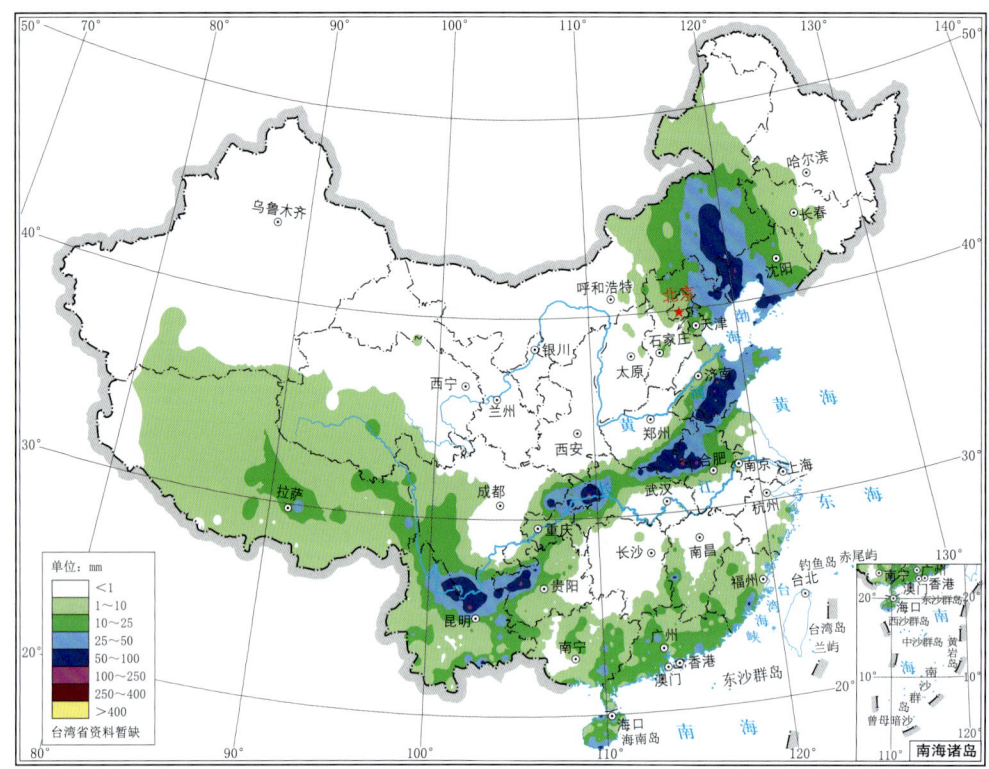

图 3.4.3　2017 年 7 月 7 日全国降水量分布图(单位:mm)

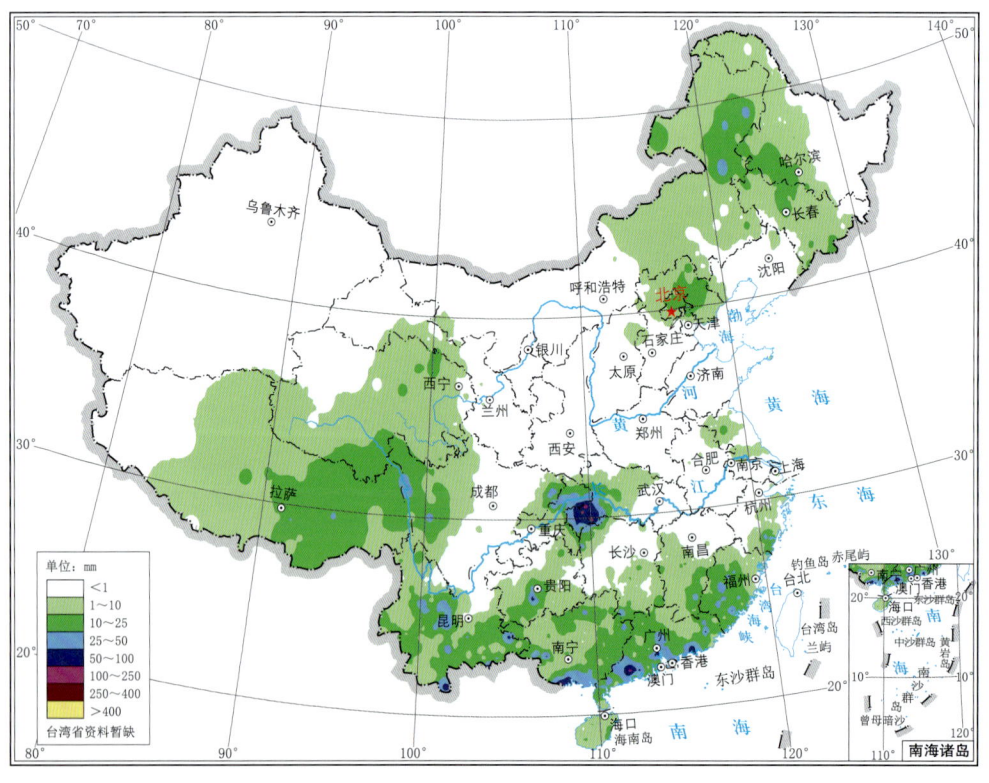

图 3.4.4　2017 年 7 月 8 日全国降水量分布图(单位:mm)

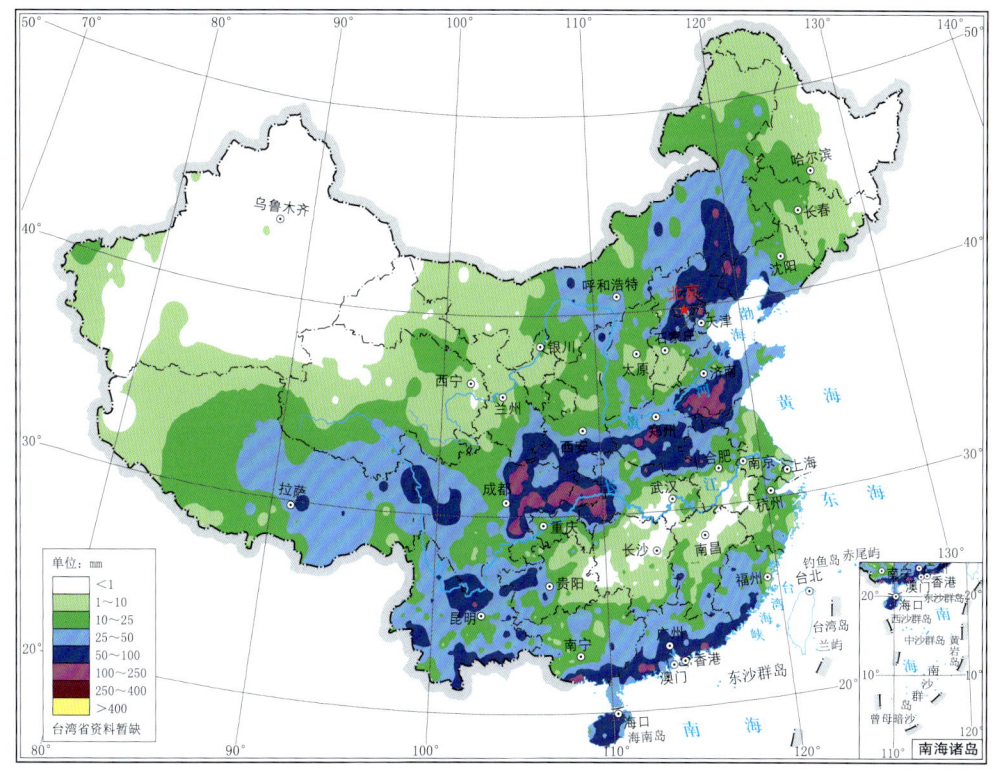

图 3.4.5　2017 年 7 月 5—8 日全国总降水量分布图(单位：mm)

第 14 次主要暴雨过程(No. 14)：7 月 9—12 日

7 月 9 日，500 hPa 华中地区及华南西部分别有短波槽形成，中低层从华中地区到云贵高原有切变形成发展，其东南侧西南低空急流明显加强，受其影响，淮河流域、江汉地区出现强降水，苏北至鄂西南出现东北—西南向的暴雨带，河南南部及周边湖北、安徽的局部地区出现大暴雨区，另外云贵高原部分地区出现暴雨到大暴雨(图 3.4.6)；10 日，500 hPa 华中及华南的短波槽东移南压，中低层切变线也随之东移南压，低空急流轴向东北方向推进，受其影响，降水区整体东移南压，暴雨主要出现在长江下游及华南西部，局部出现大暴雨(图 3.4.7)；11—12 日，500 hPa 华中地区短波槽东移北收，而华南西部短波槽则维持少动，中低层广西、贵州、云南三省交界的区域维持切变活动，受其影响，连续 2 d 广西、贵州、云南三省交界的区域出现暴雨到大暴雨(图 3.4.8、图 3.4.9)。图 3.4.10 为此次暴雨过程总降水量分布。

第 15 次主要暴雨过程(No. 15)：7 月 13—14 日

7 月 13 日，500 hPa 东北地区西部有短波槽发展，中低层该地区有切变形成，切变南侧有西南低空急流发展，受其影响，吉林中部部分地区出现暴雨到大暴雨(图 3.4.11)；14 日，500 hPa 短波槽缓慢东移发展，中低层该地区切变线东移缓慢，受其影响，吉林、辽宁出现强降水，暴雨主要出现在吉林中部至辽宁北部，辽宁北部局地出现大暴雨(图 3.4.12)。图 3.4.13 为此次暴雨过程总降水量分布。

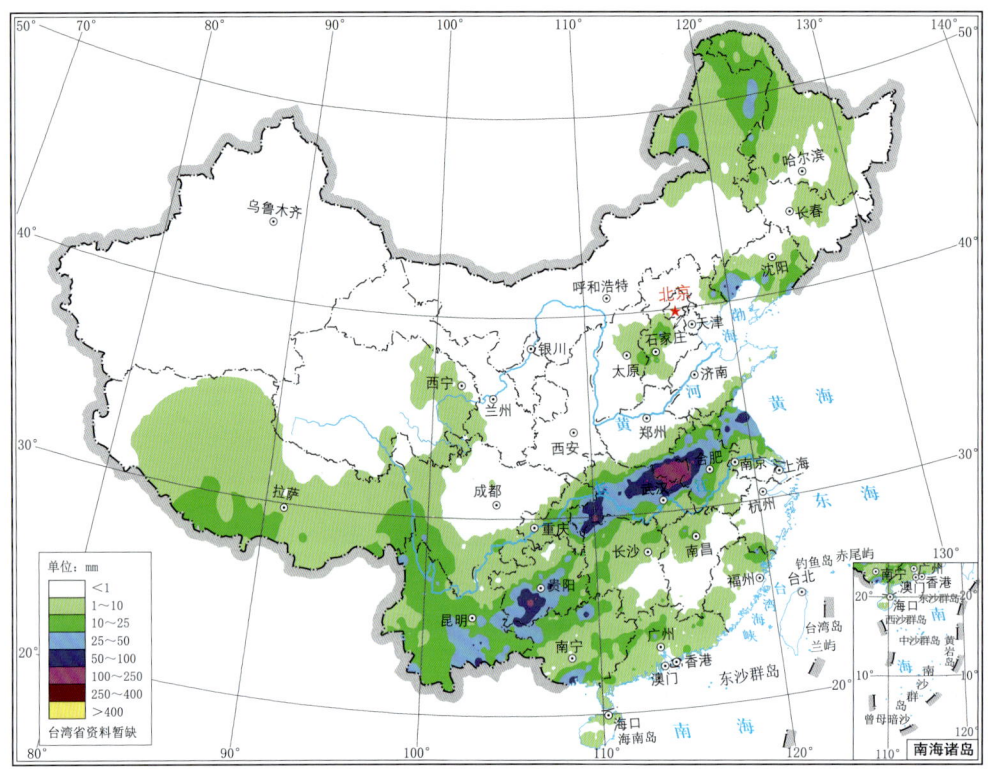

图 3.4.6　2017 年 7 月 9 日全国降水量分布图(单位:mm)

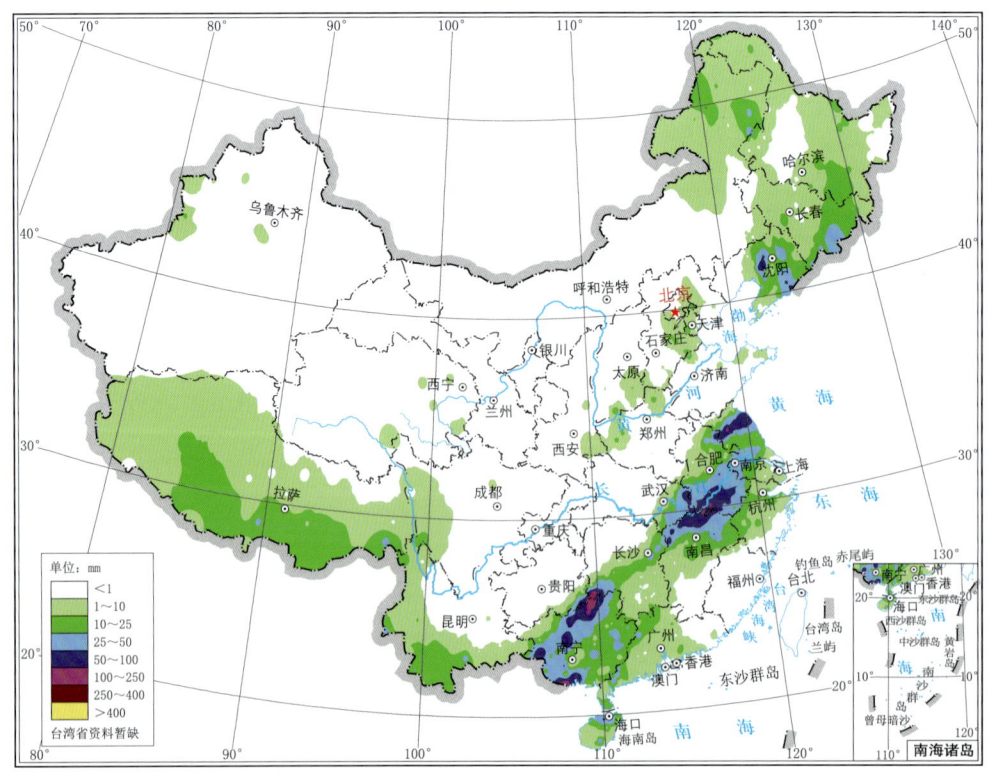

图 3.4.7　2017 年 7 月 10 日全国降水量分布图(单位:mm)

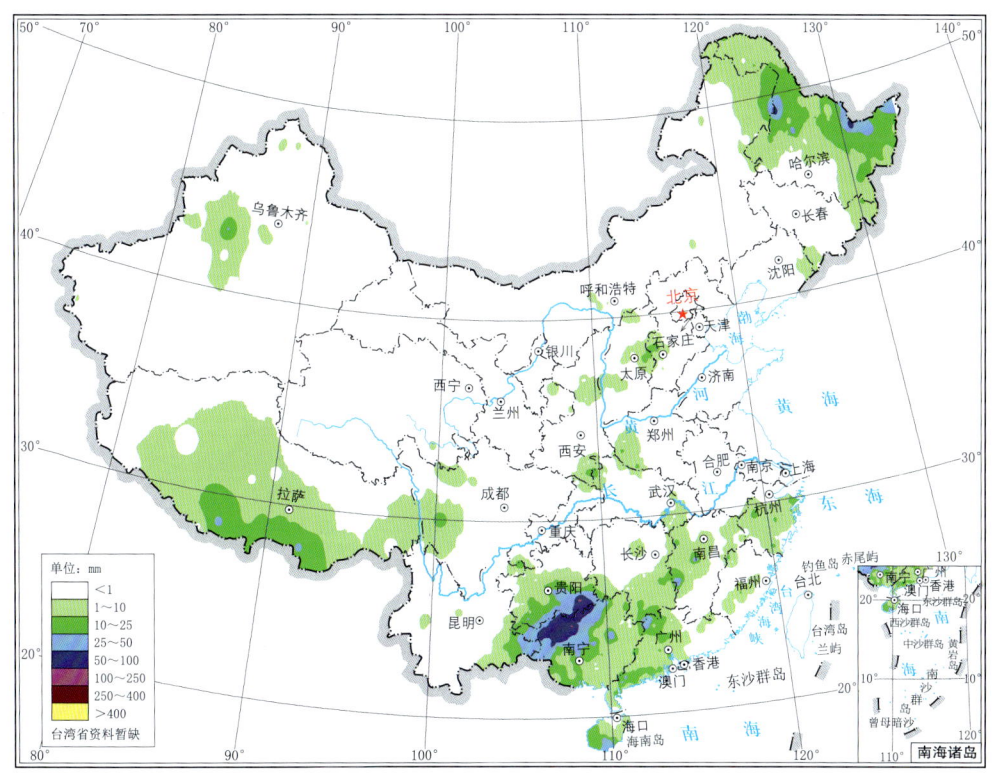

图 3.4.8　2017 年 7 月 11 日全国降水量分布图(单位:mm)

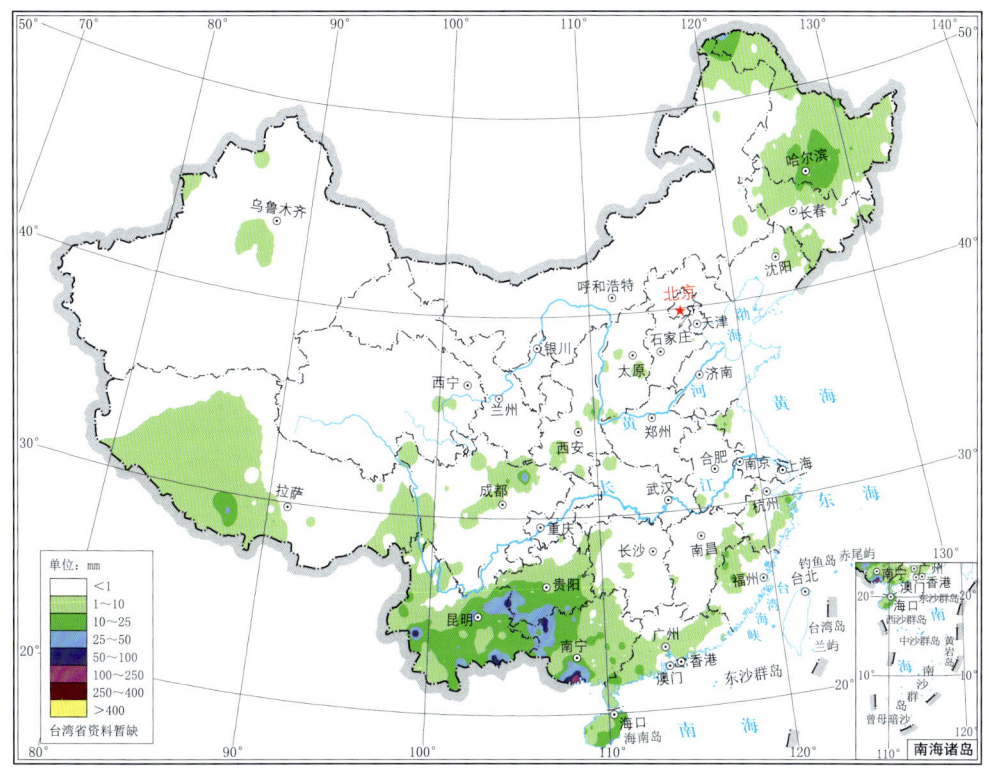

图 3.4.9　2017 年 7 月 12 日全国降水量分布图(单位:mm)

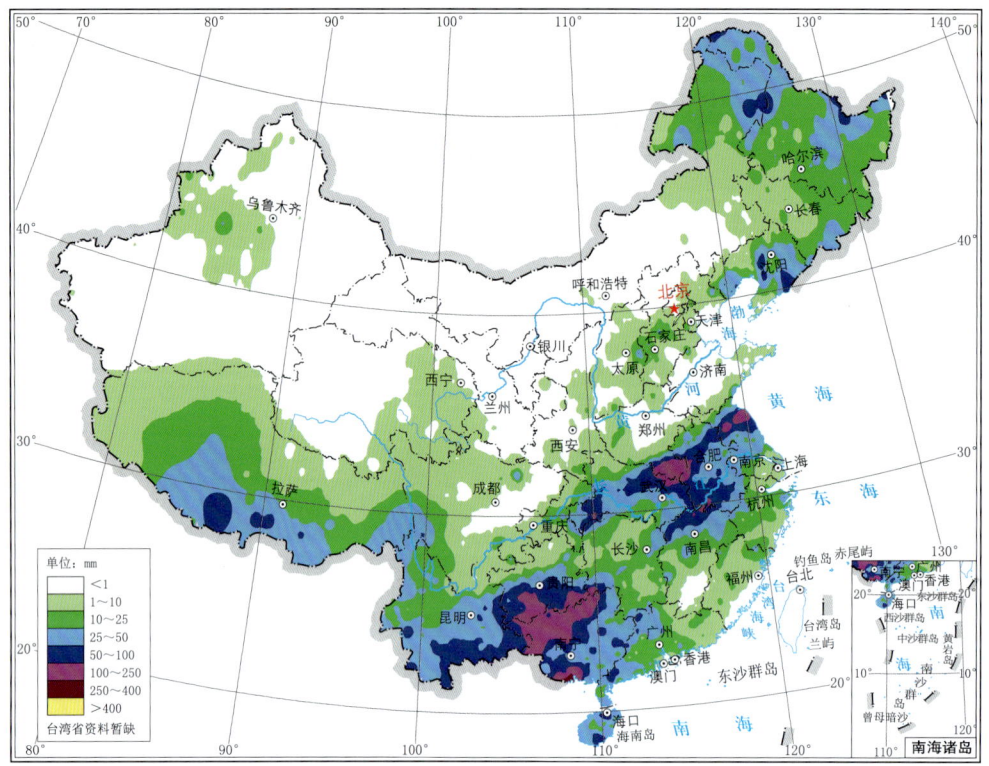

图 3.4.10　2017 年 7 月 9—12 日全国总降水量分布图(单位:mm)

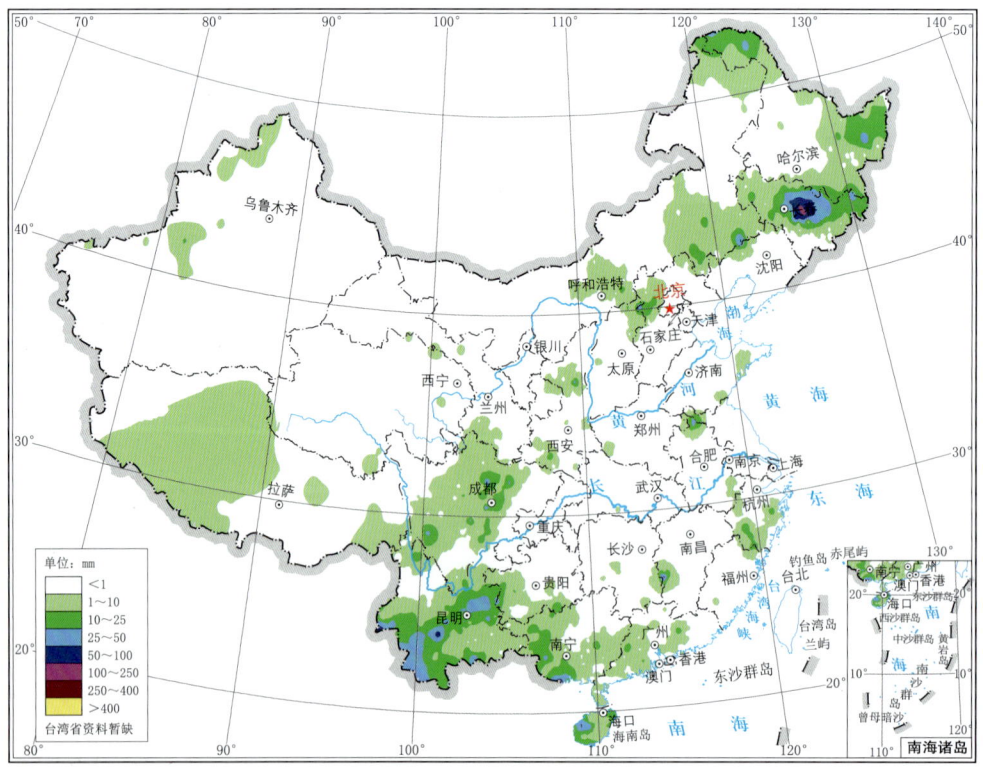

图 3.4.11　2017 年 7 月 13 日全国降水量分布图(单位:mm)

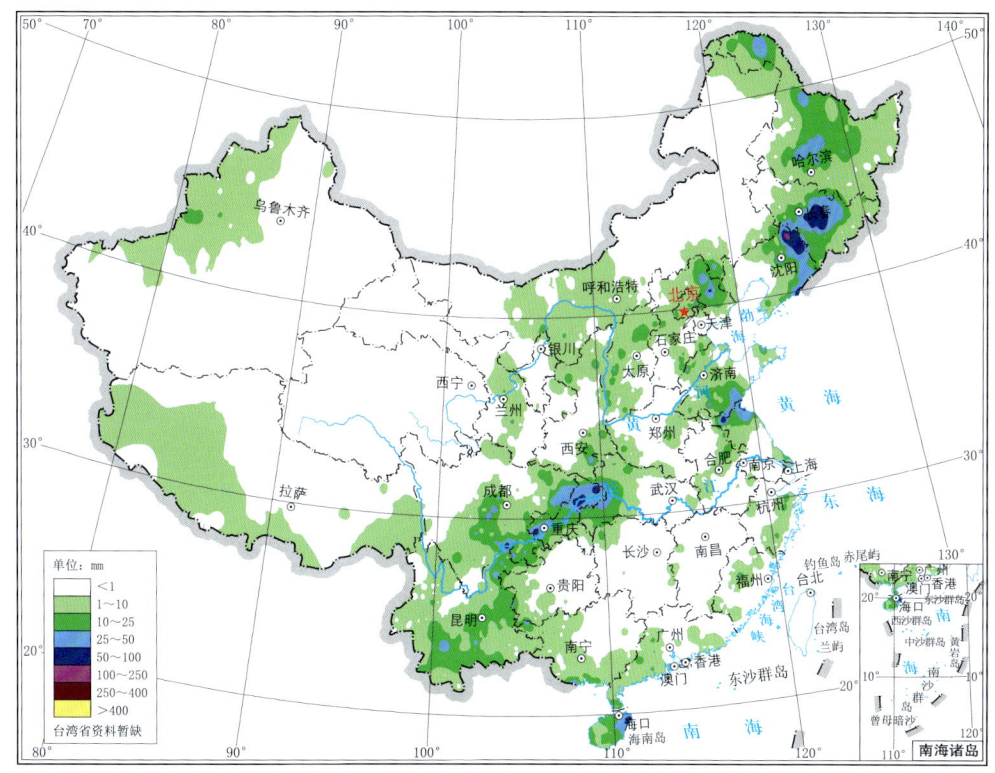

图 3.4.12　2017 年 7 月 14 日全国降水量分布图(单位:mm)

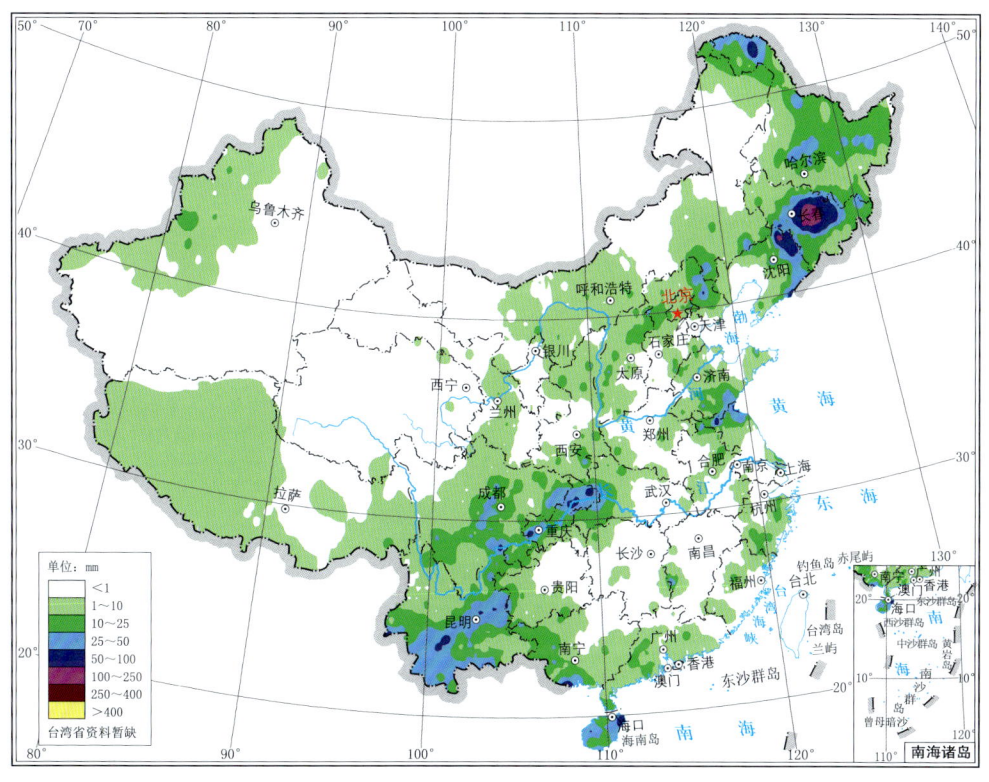

图 3.4.13　2017 年 7 月 13—14 日全国总降水量分布图(单位:mm)

第16次主要暴雨过程(No.16):7月14—16日

7月14日,500 hPa四川盆地东部有短波槽发展,同时在黄河下游地区有弱低涡形成,中低层四川盆地及黄淮北部有切变形成,受其影响,四川盆地和黄淮东部出现降水,局部地区出现暴雨(图3.4.12);15日,500 hPa华北南部有短波槽发展,中低层黄淮北部有低涡切变发展,受其影响,华北东部、黄淮地区出现强降水,暴雨主要集中在河南中东部、山东南部和江苏北部,部分地区出现大暴雨(图3.4.14);16日,500 hPa华北南部有短波槽维持,中低层黄淮北部低涡切变维持少动,受其影响,山东部分地区出现暴雨(图3.4.15)。图3.4.16为此次暴雨过程总降水量分布。

第17次主要暴雨过程(No.17):7月16—21日

7月16日,1704号强热带风暴"塔拉斯"(Talas)在南海海域形成后向西北方向移动至海南岛南部海域,当天下午增强为强热带风暴,受其影响,华南大部出现降水,广东西南沿海部分地区出现暴雨,海南南部及西沙、珊瑚两岛出现暴雨到大暴雨(图3.4.15);17日,"塔拉斯"(Talas)在越南河景沿海登陆,登陆后继续向西北行并进入老挝,下午在老挝境内减弱为热带低压,受其影响,华南降水维持,暴雨主要出现在广东东南部及福建南部沿海,广东东南部沿海局部出现大暴雨(图3.4.17);18日,"塔拉斯"(Talas)凌晨在泰国北部境内消散,500 hPa华南南部沿海地区有弱的低涡形成,中低层华南为弱气旋性偏南气流,受其影响,华南降水维持,暴雨主要出现在广东南部,沿海局部出现大暴雨(图3.4.18);19日,500 hPa华南南部的弱低涡向西北移动至广西境内,同时四川盆地有短波槽形成发展,中低层华南偏南气流维持,而四川盆地则有弱的西南低涡形成,受其影响,西南地区东部、西南

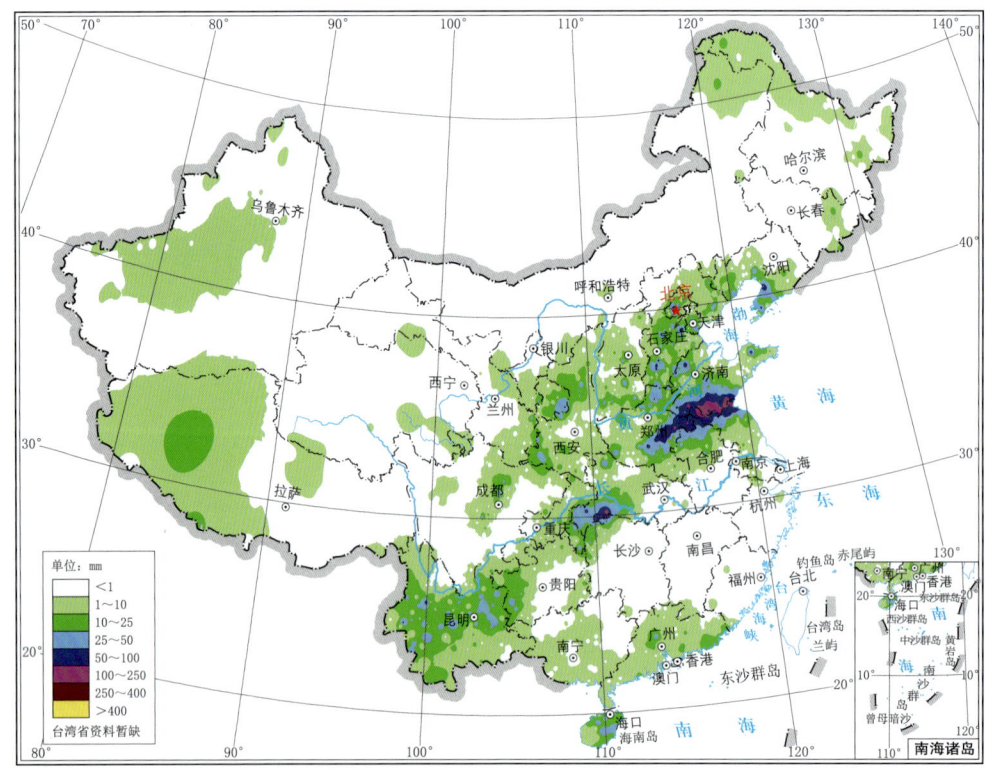

图3.4.14　2017年7月15日全国降水量分布图(单位:mm)

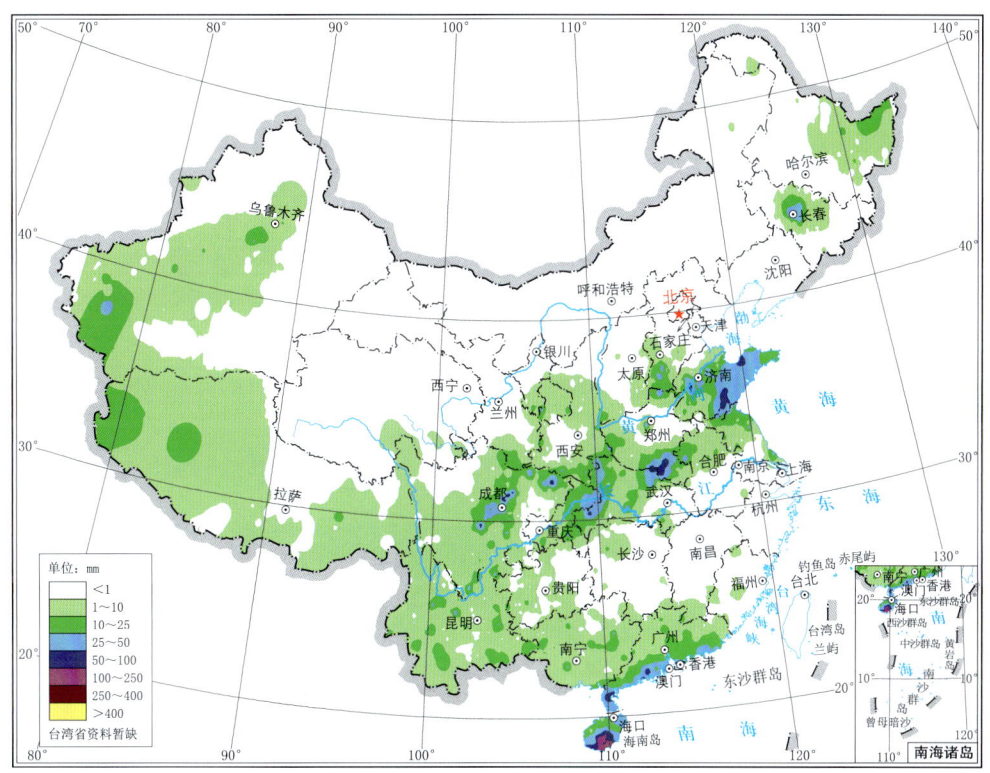

图 3.4.15　2017 年 7 月 16 日全国降水量分布图（单位：mm）

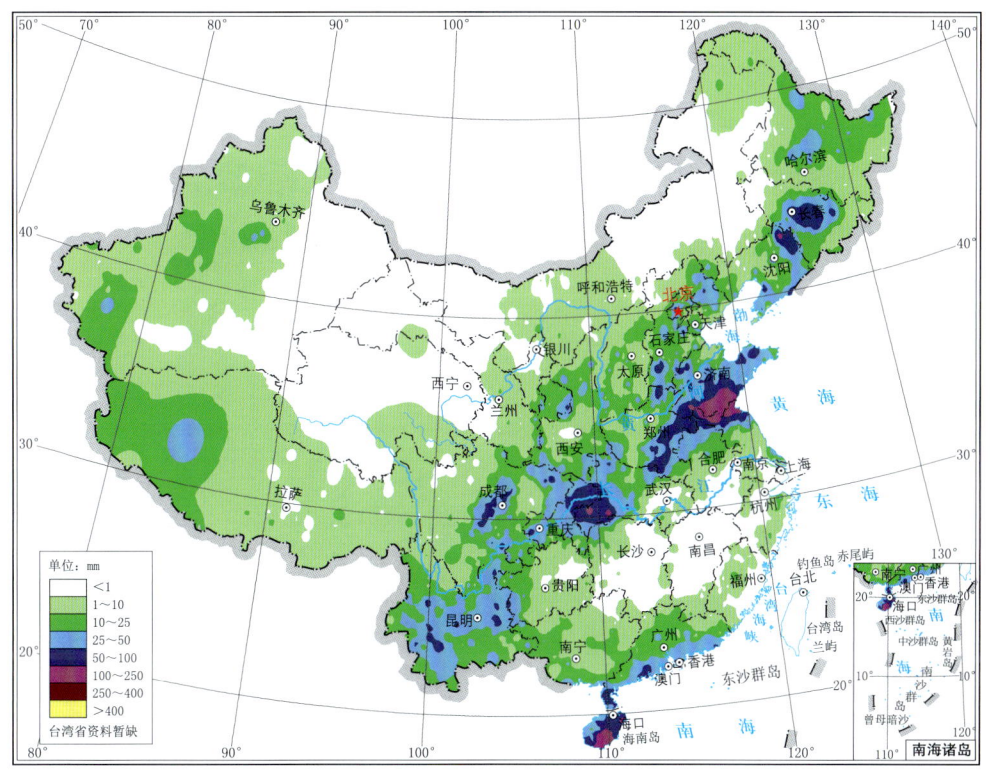

图 3.4.16　2017 年 7 月 14—16 日全国总降水量分布图（单位：mm）

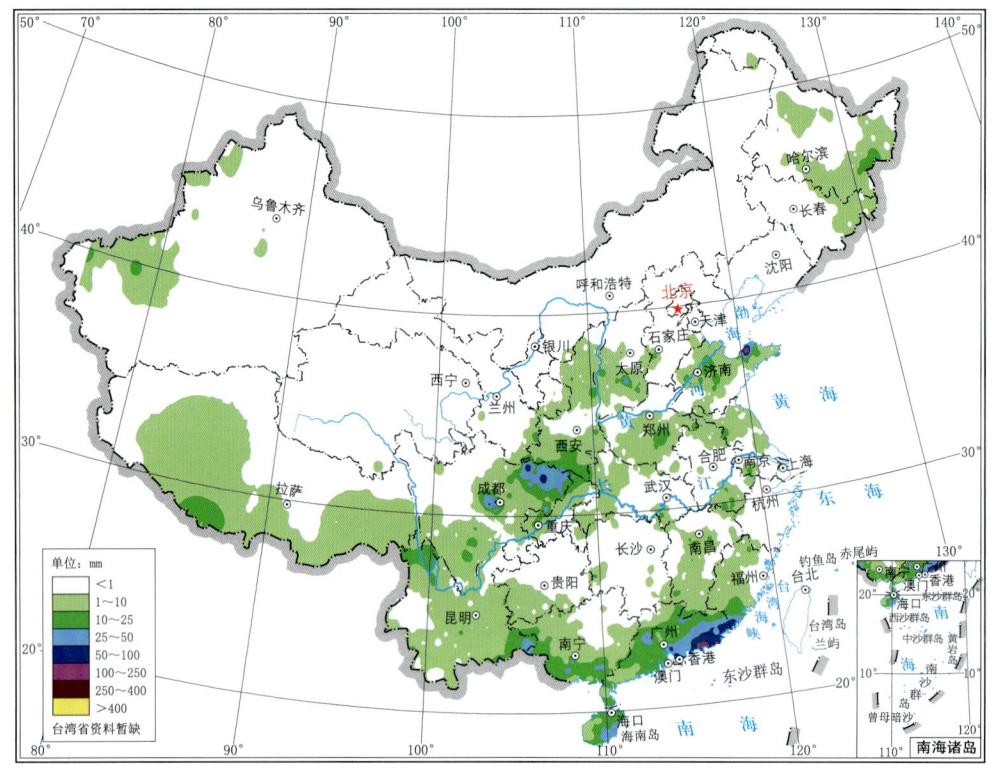

图 3.4.17　2017 年 7 月 17 日全国降水量分布图(单位:mm)

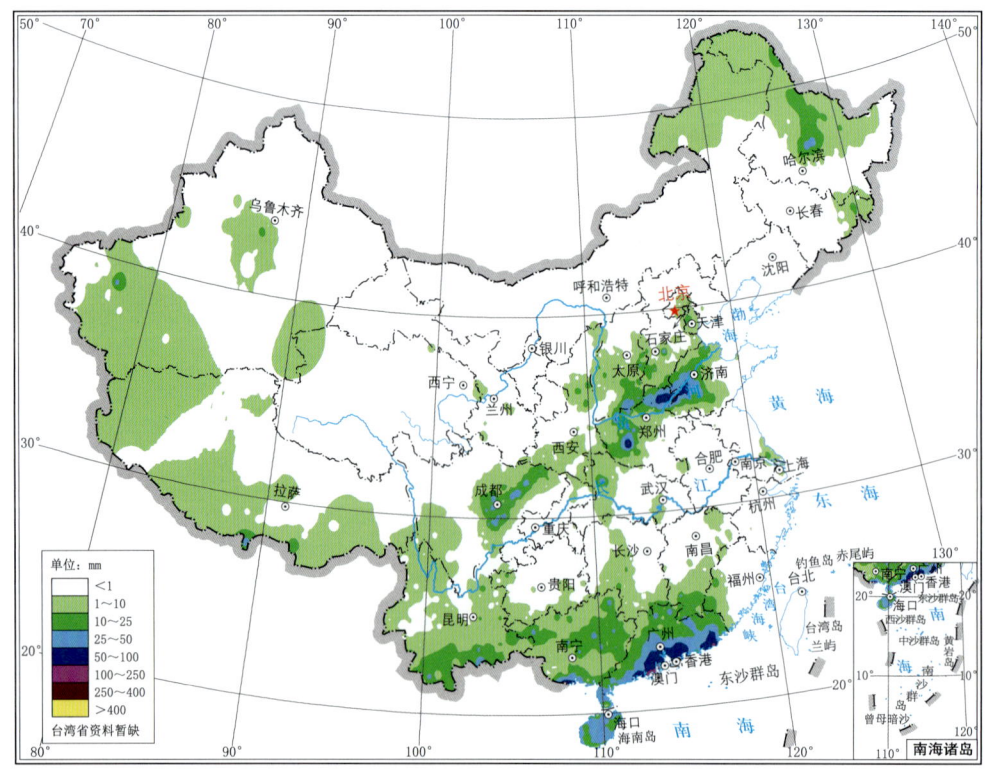

图 3.4.18　2017 年 7 月 18 日全国降水量分布图(单位:mm)

地区南部及华南出现降水,暴雨分布较为零散,华南局部出现大暴雨(图 3.4.19);20—21日,500 hPa 云贵川交界处有低涡形成,中低层该地区也有低涡出现,受其影响,云贵高原及华南西部出现降水,部分地区出现暴雨,局部出现大暴雨(图 3.4.20、图 3.4.21)。图 3.4.22 为此次暴雨过程总降水量分布。

第 18 次主要暴雨过程(No. 18):7 月 18—21 日

7 月 18 日,500 hPa 河套地区有低涡发展加强,中低层河套至华北中部地区有暖式切变线形成,受其影响,华北南部、黄淮北部出现降水,部分地区出现暴雨、局部大暴雨(图 3.4.18);19 日,500 hPa 河套低涡向东北方向移动至华北东部,中低层华北东部有切变线形成,受其影响,黄淮东部至东北东部出现降水,局部地区出现暴雨到大暴雨(图 3.4.19);20 日,500 hPa 东北南部至渤海湾有短波槽形成,中低层内蒙古中部至东北中部有切变线形成,受其影响,内蒙古东部、东北中部、东北南部出现降水,暴雨主要出现在吉林中部,局部出现大暴雨(图 3.4.20);21 日,500 hPa 内蒙古东部有西风槽发展东移至东北东部,中低层切变线发展东移至东北东部,受其影响,东北地区中部、南部至华北东部出现降水,暴雨分布较为零散,河北秦皇岛局部出现大暴雨(图 3.4.21)。图 3.4.23 为此次暴雨过程总降水量分布。

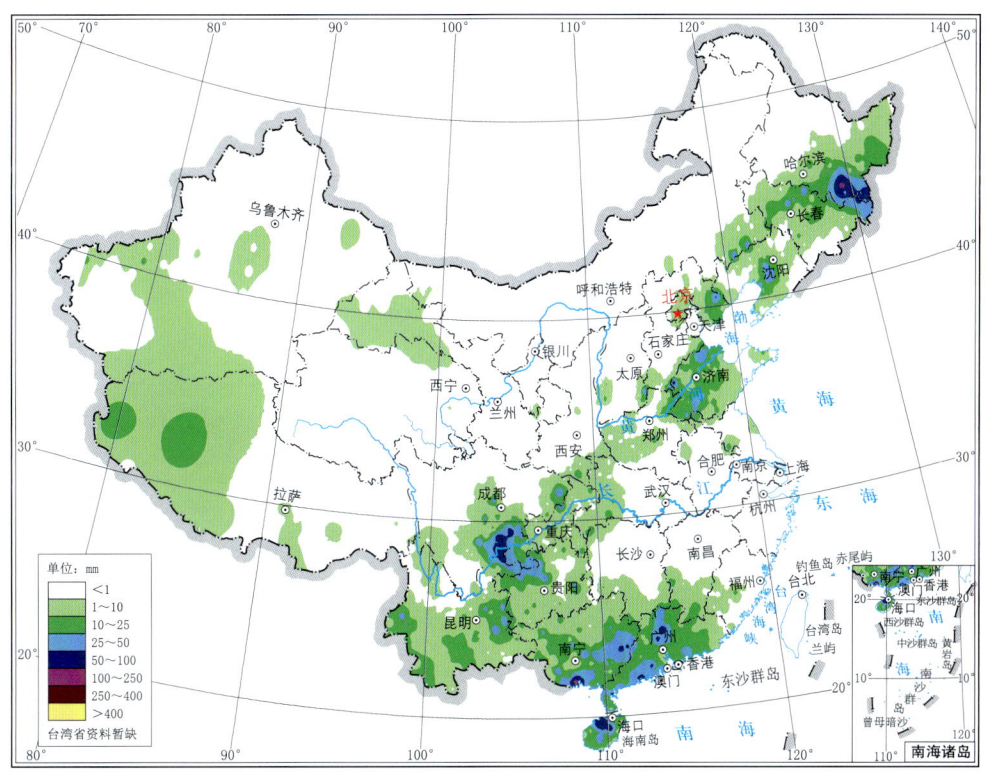

图 3.4.19 2017 年 7 月 19 日全国降水量分布图(单位:mm)

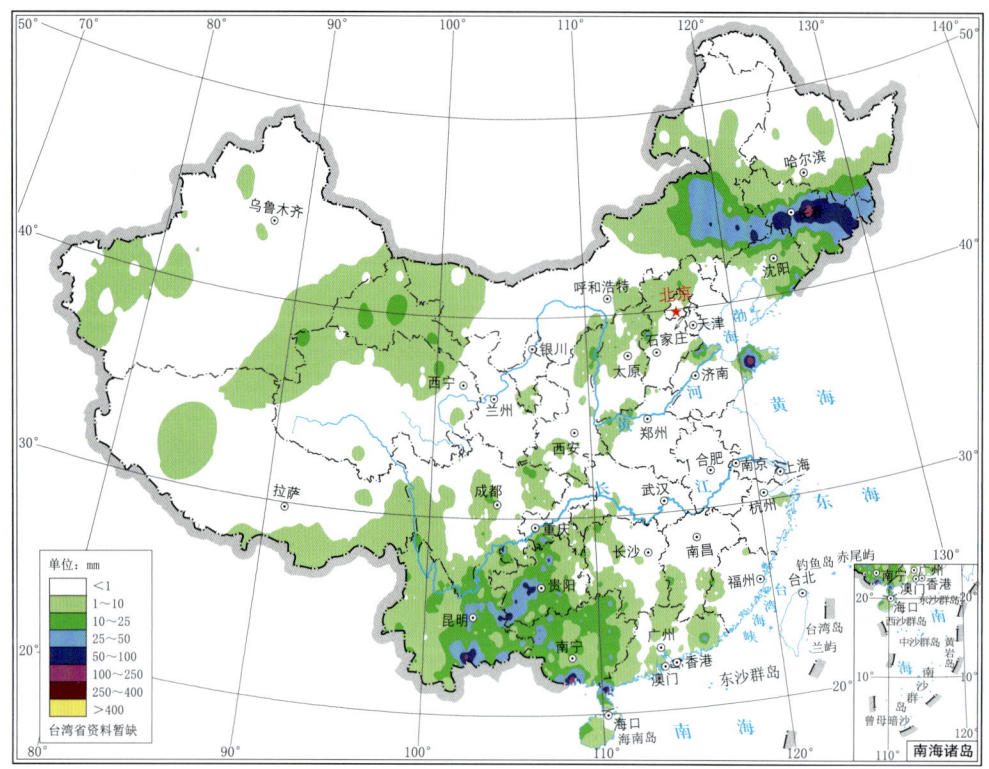

图 3.4.20　2017 年 7 月 20 日全国降水量分布图(单位:mm)

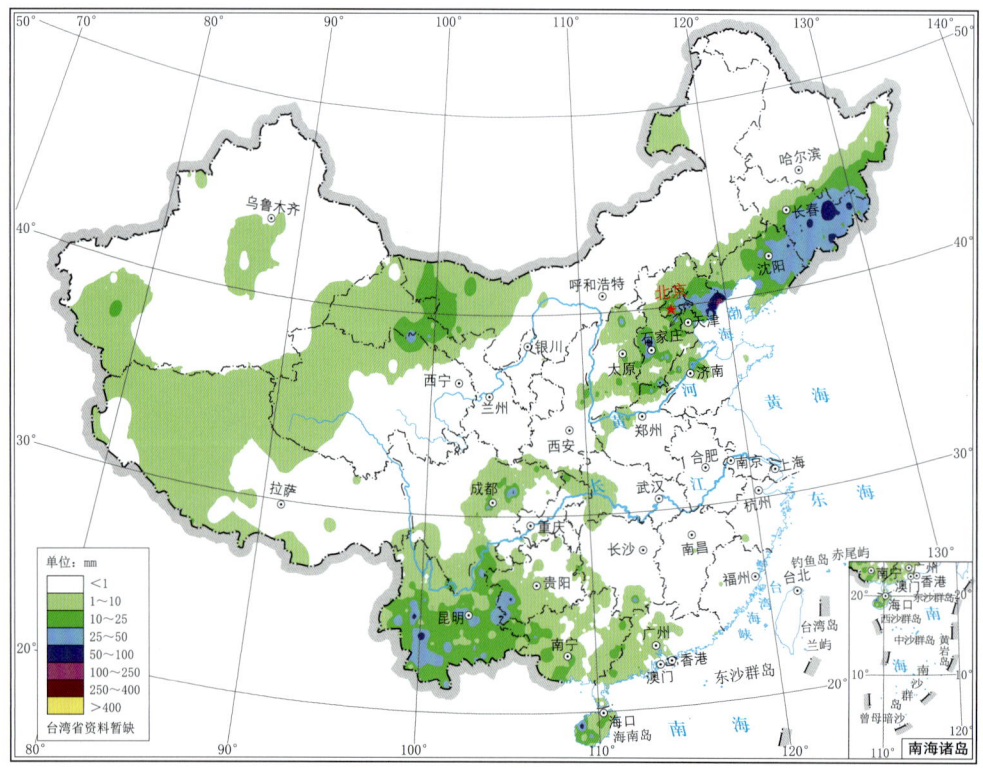

图 3.4.21　2017 年 7 月 21 日全国降水量分布图(单位:mm)

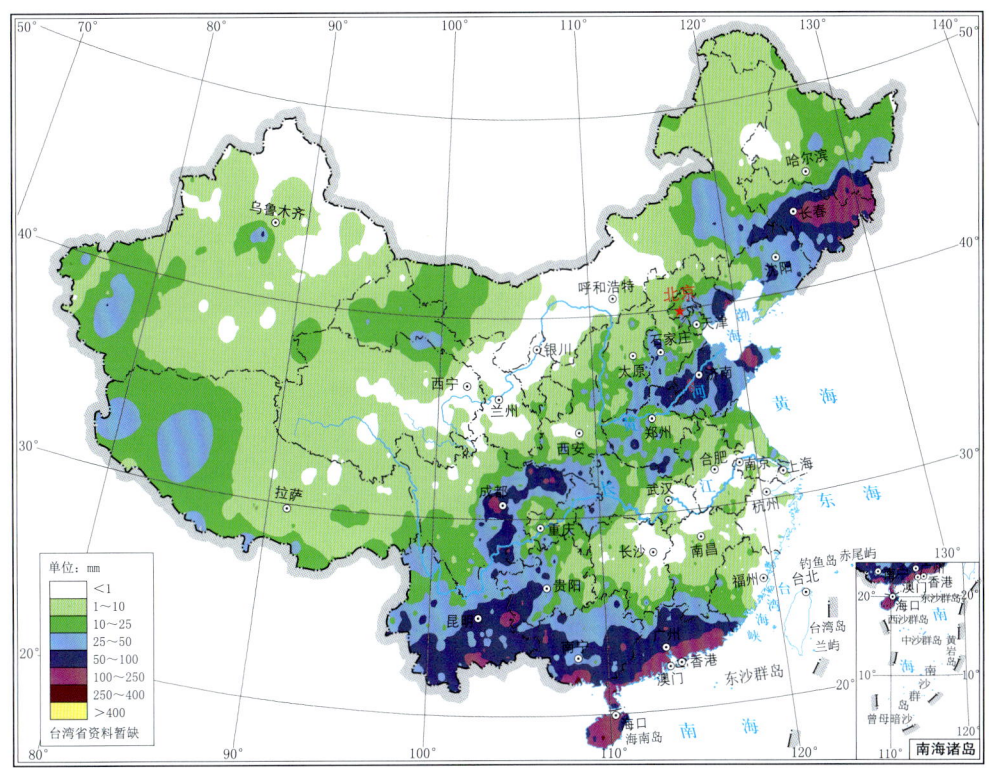

图 3.4.22　2017 年 7 月 16—21 日全国总降水量分布图(单位:mm)

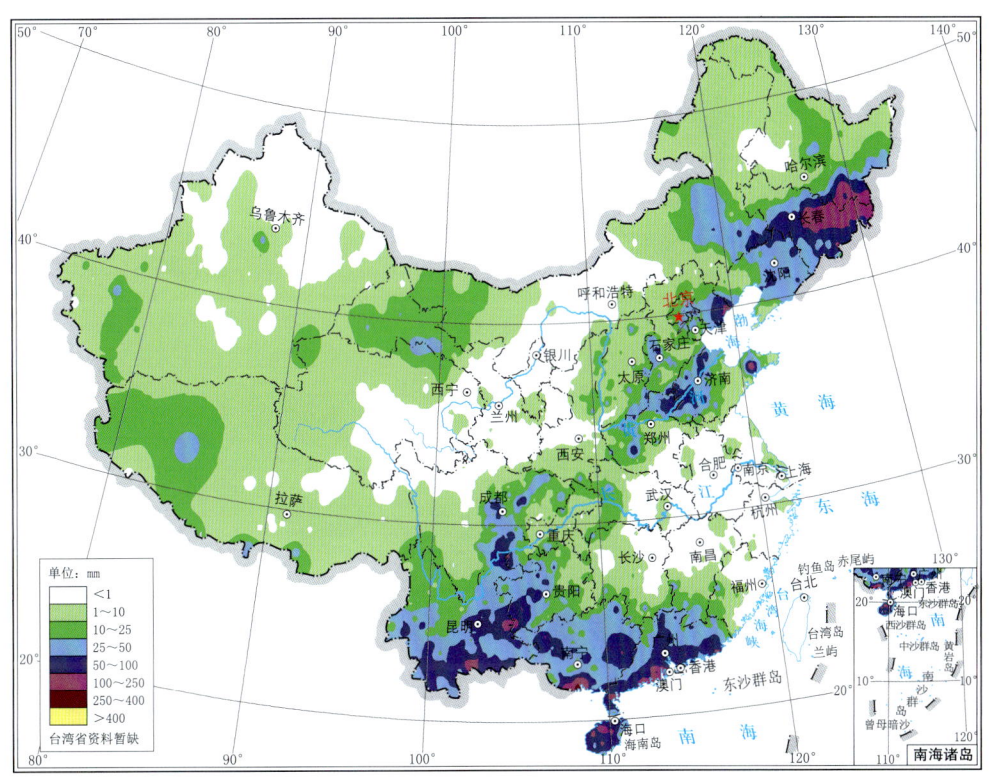

图 3.4.23　2017 年 7 月 18—21 日全国总降水量分布图(单位:mm)

第19次主要暴雨过程(No.19):7月26—28日

7月26日,500 hPa华北西北部有短波槽形成,中低层内蒙古中部至河套地区有切变线形成,受其影响,华北中部及西北地区东北部出现降水,雨区中有两个暴雨中心,一个位于河北、山东交界处的东北端,另一个位于陕西、山西交界处的中段,部分地区出现大暴雨(图3.4.24);27日,500 hPa河套以西有新的短波槽发展东移,中低层内蒙古中部至河套地区的切变线东移南压,同时河套地区又有新的切变线生成,受其影响,西北地区东部、华北南部、黄淮北部出现东西向带状降水,暴雨分布较为零散,陕西、山西局部出现大暴雨(图3.4.25);28日,500 hPa河套以西又有新的短波槽发展东移,中低层河套地区至华北中部有切变线形成,受其影响,雨带维持,陕西、山西部分地区出现暴雨(图3.4.26)。图3.4.27为此次暴雨过程总降水量分布。

第20次主要暴雨过程(No.20):7月30日—8月7日

7月30日,1709号台风"纳沙"(Nasat)在向西北方向移动的过程中穿过台湾海峡并在福建福清登陆,当天下午减弱为热带低压并转向西南方向移动,受其影响,福建、浙江出现降水,暴雨主要出现在福建中北部沿海和浙江中南部沿海地区,局部出现大暴雨(图3.4.28);31日,"纳沙"(Nasat)在福建永定减弱消散,与此同时,1710号热带风暴"海棠"(Haitang)在向西北方向移动的过程中穿过台湾海峡再次在福建福清登陆,登陆后继续向西北方向移动,受其影响,华南东部、江南中东部、江淮西部、黄淮东部出现较大范围降水,暴雨分布范围较广但主要集中在福建东部、南部及江西南部部分地区,福建沿海多站出现大暴雨(图3.4.29);8月1日,"海棠"(Haitang)在江西北部减弱为热带低压,并折向北移

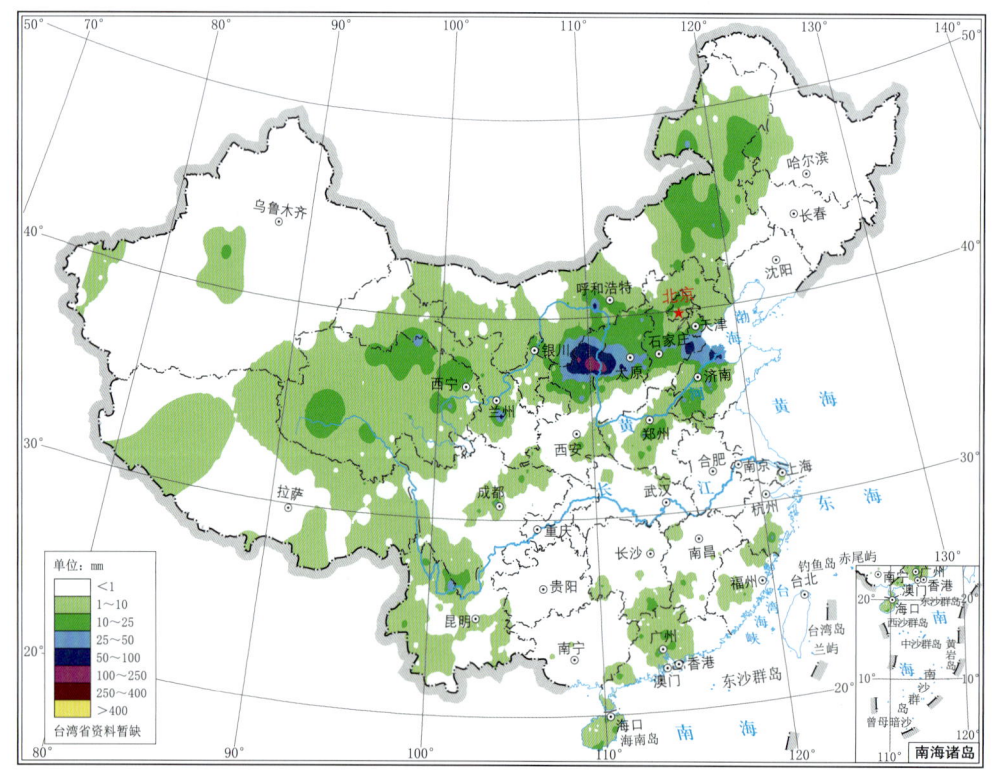

图3.4.24　2017年7月26日全国降水量分布图(单位:mm)

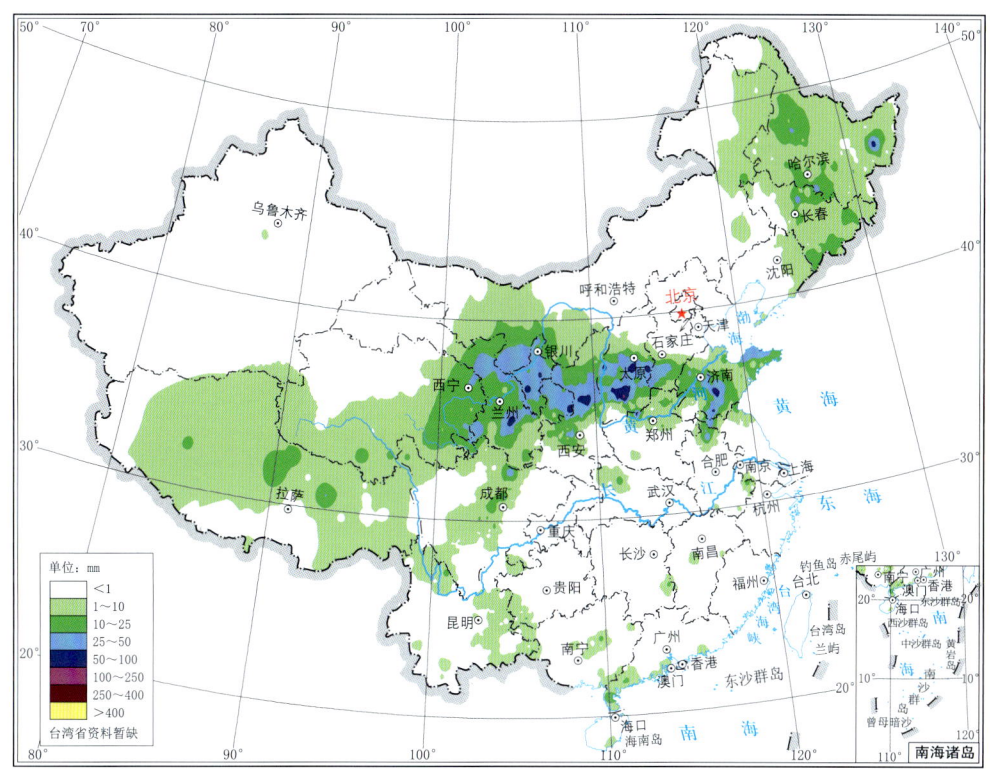

图 3.4.25　2017 年 7 月 27 日全国降水量分布图（单位：mm）

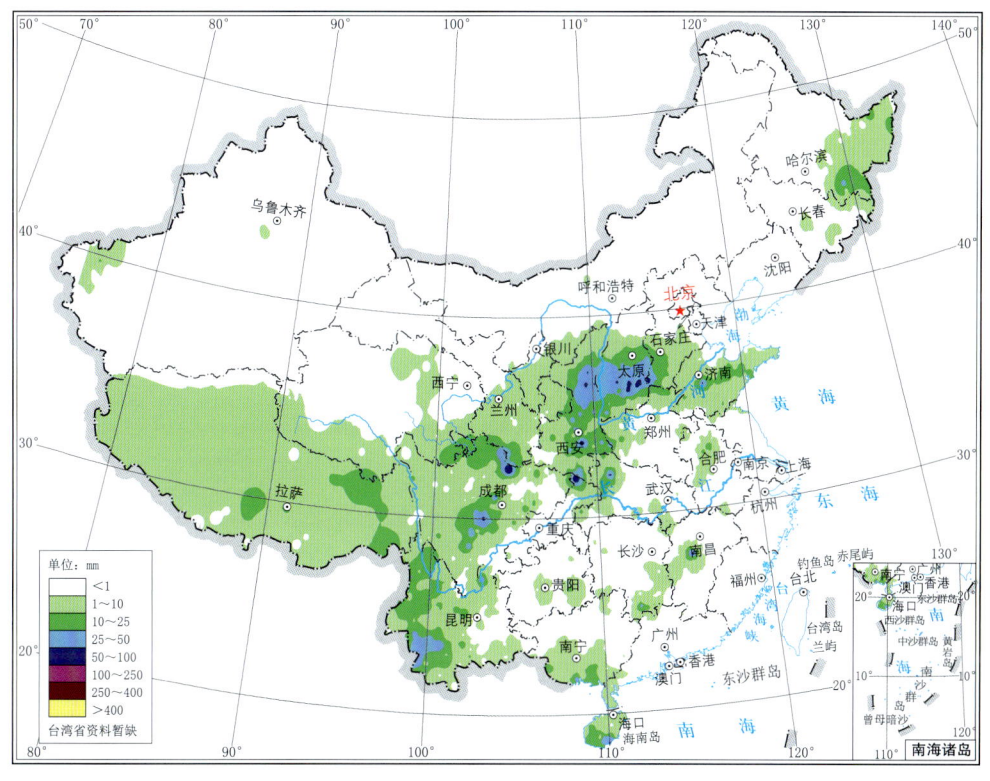

图 3.4.26　2017 年 7 月 28 日全国降水量分布图（单位：mm）

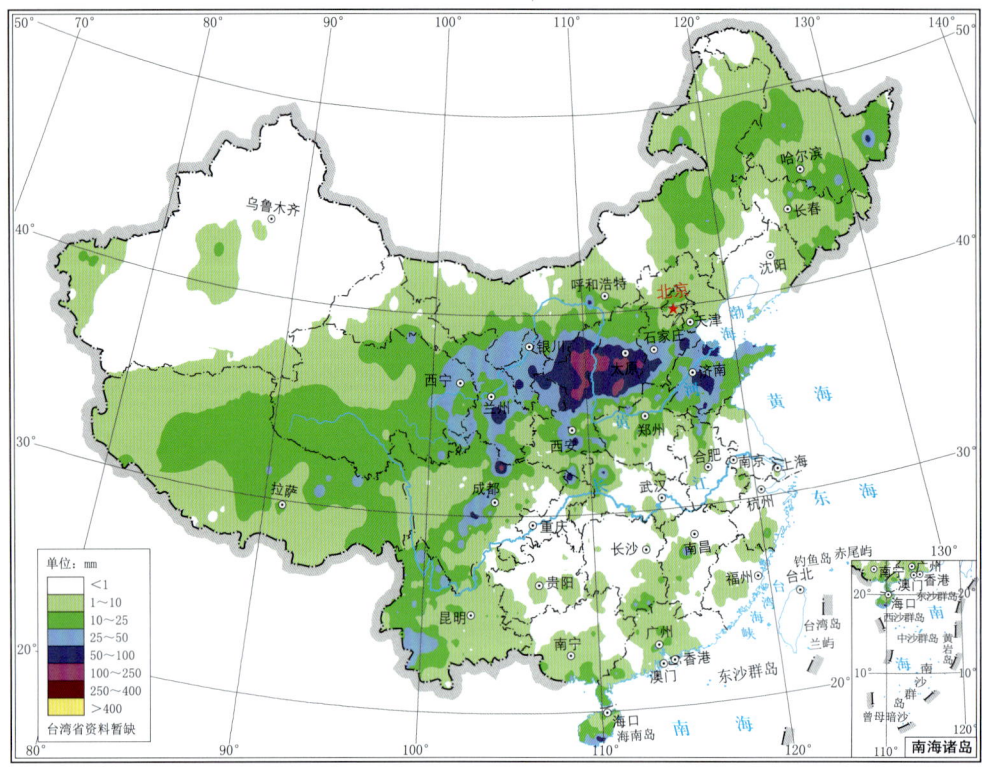

图 3.4.27　2017 年 7 月 26—28 日全国总降水量分布图(单位:mm)

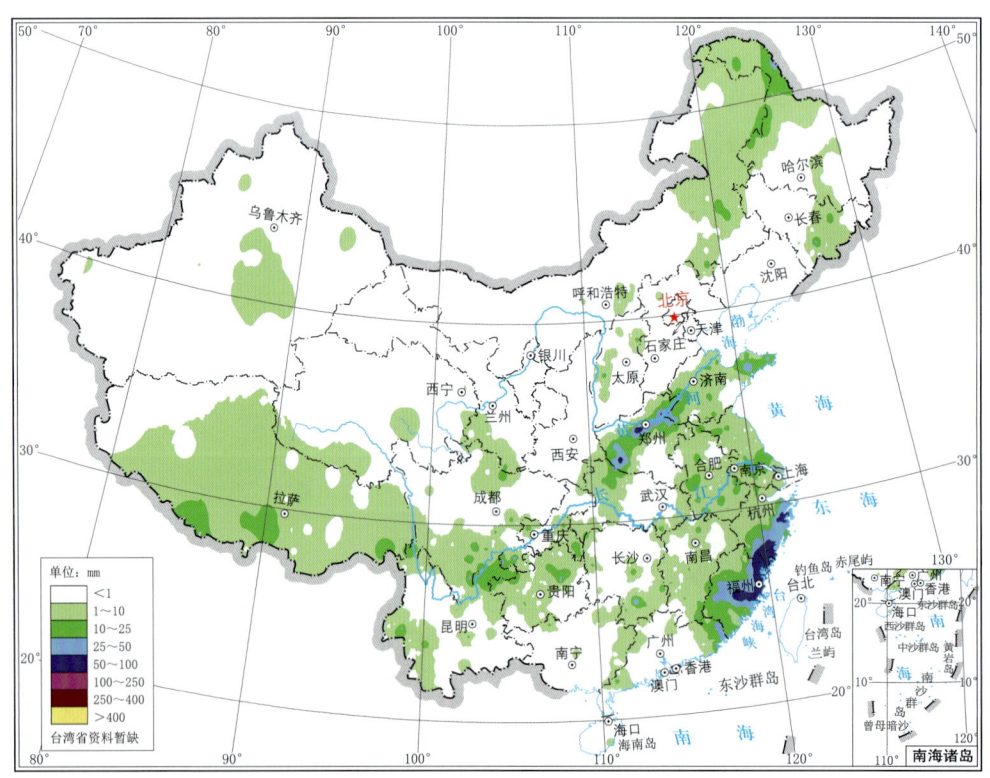

图 3.4.28　2017 年 7 月 30 日全国降水量分布图(单位:mm)

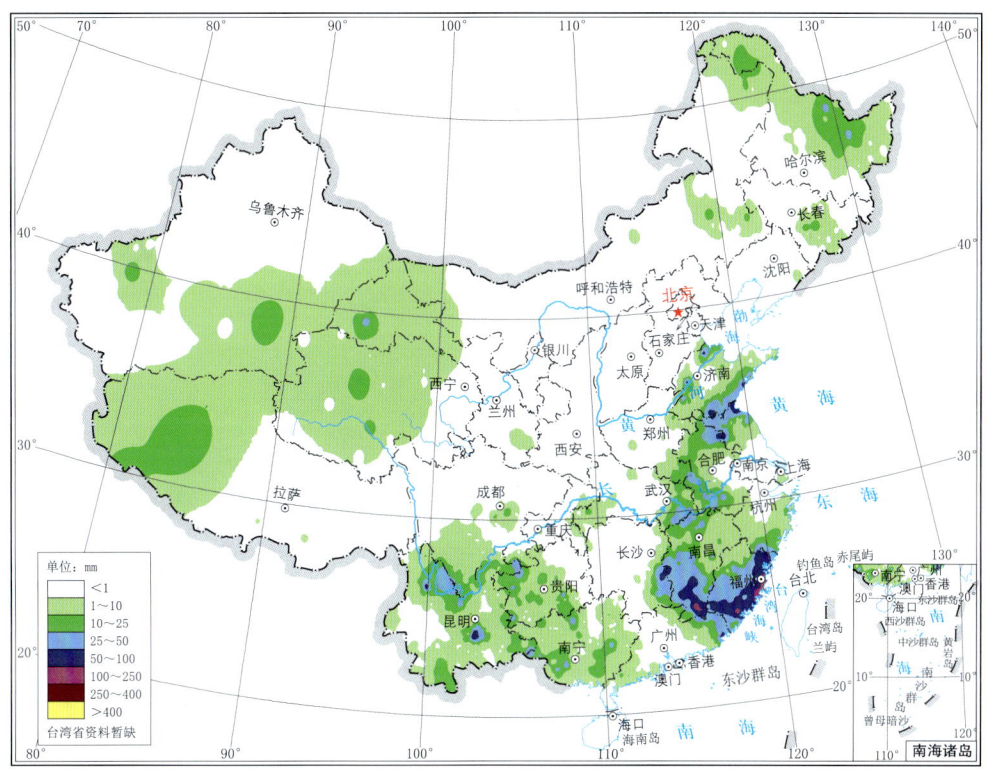

图 3.4.29 2017 年 7 月 31 日全国降水量分布图(单位:mm)

动,途经湖北、安徽进入河南,受其影响,雨区范围整体维持,暴雨主要出现在福建东部、江西北部、湖北东部,部分地区出现大暴雨(图 3.4.30);2 日,"海棠"(Haitang)继续向北移动进入安徽境内,受其影响,雨区整体向北移动,江南中东部、江淮西部、黄淮地区、华北东部出现大范围降水,暴雨分布范围较广,安徽、河北局部出现大暴雨(图 3.4.31);3 日,"海棠"(Haitang)继续向北移动进入山东境内并逐步减弱消散,受其影响,雨区整体向北移动,江淮地区、黄淮东部、华北东部、内蒙古东部、东北地区出现大范围降水,山东北部至吉林出现南北向暴雨带,河北东北部至吉林西部出现大暴雨带,其中内蒙古青龙山出现 349.7 mm 的特大暴雨(图 3.4.32);4 日,500 hPa 东北北部有冷涡生成,东北南部有短波槽活动,中低层东北北部有冷涡生成,东北南部至黄淮东部有切变线形成,受其影响,雨区整体东移北抬,东北地区至山东半岛出现降水,雨区中有三个相对独立的暴雨中心,分别位于黑龙江松嫩平原、辽宁东部和山东半岛,且局部都有大暴雨,其中辽宁岫岩出现 317.6 mm 的特大暴雨(图 3.4.33);5 日,500 hPa 华北地区有短波槽东移,中低层黄淮东部有切变线东移,受其影响,华北地区、东北南部、黄淮东部出现降水,山东半岛、辽宁局部出现暴雨,局部大暴雨(图 3.4.34);6—7 日,500 hPa 内蒙古中东部及东北地区有冷涡缓慢东移,中低层该区域也有冷涡缓慢东移,受其影响,连续 2 d 东北地区部分出现暴雨、局部大暴雨(图 3.4.35、图 3.4.36)。图 3.4.37 为此次暴雨过程总降水量分布。

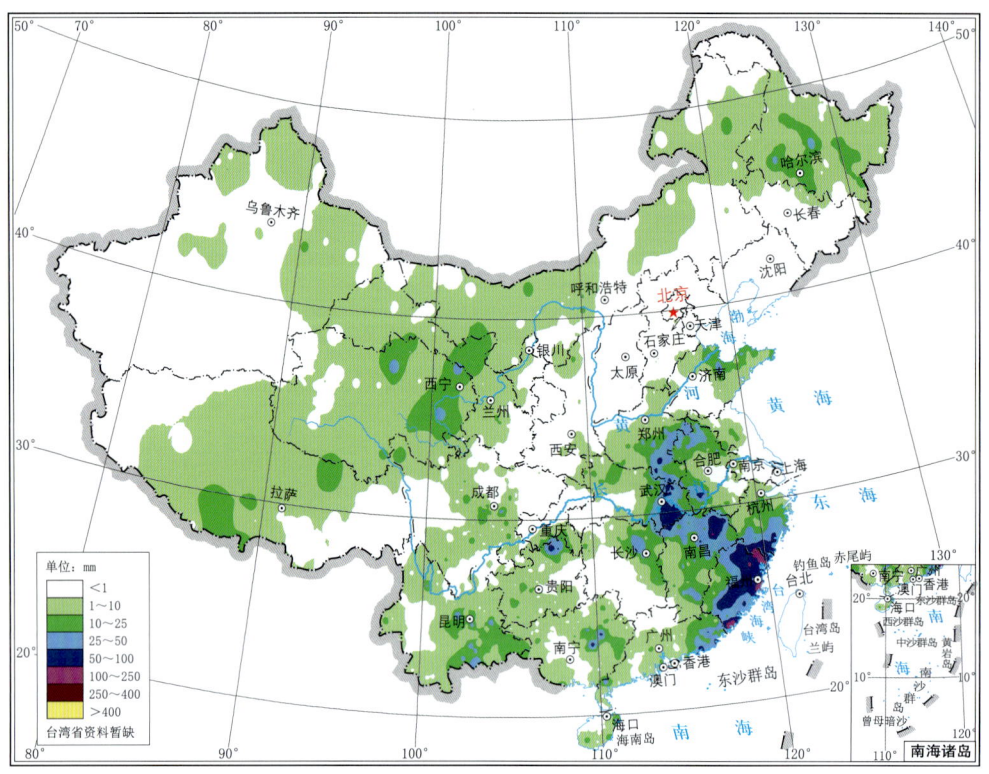

图 3.4.30　2017 年 8 月 1 日全国降水量分布图(单位:mm)

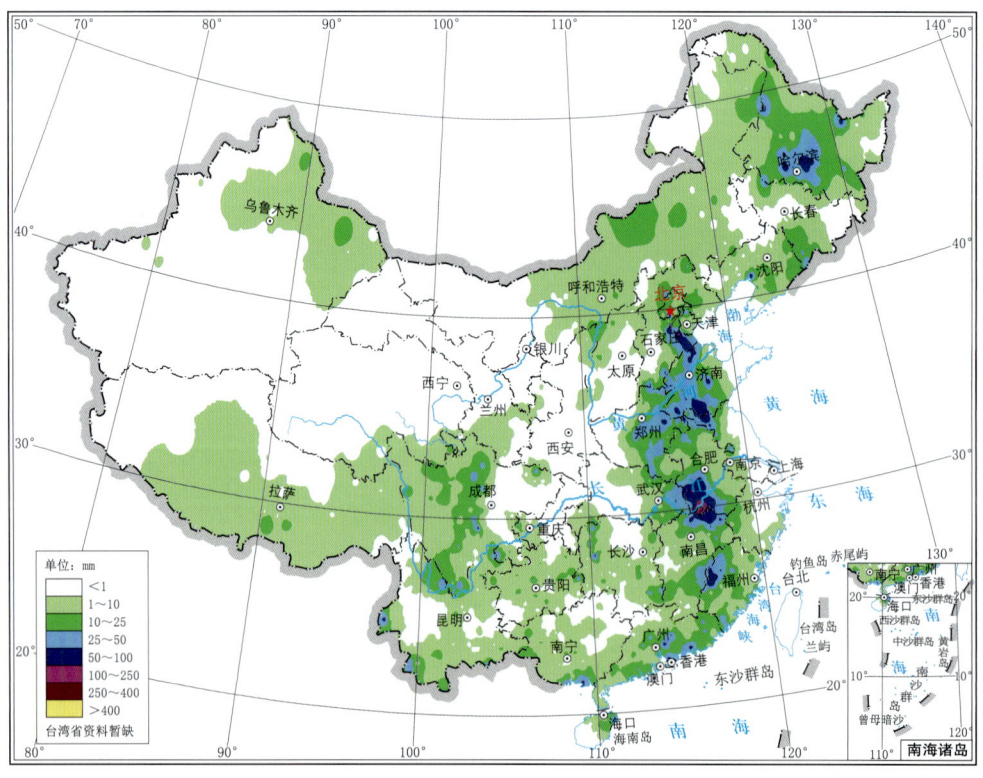

图 3.4.31　2017 年 8 月 2 日全国降水量分布图(单位:mm)

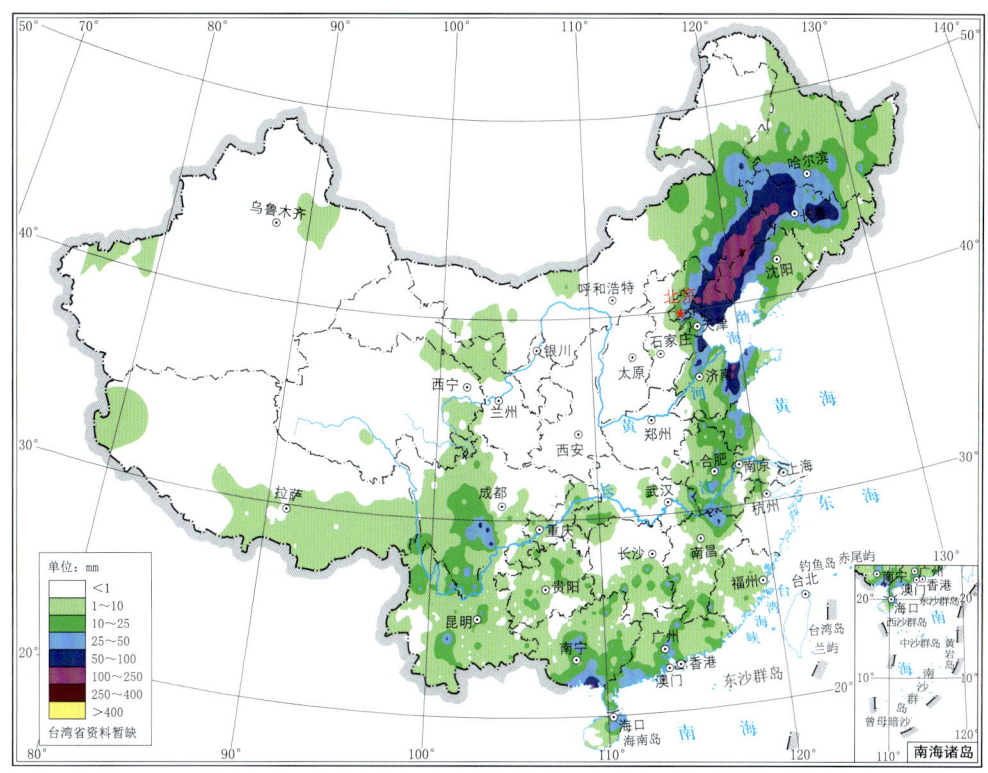

图 3.4.32　2017 年 8 月 3 日全国降水量分布图（单位：mm）

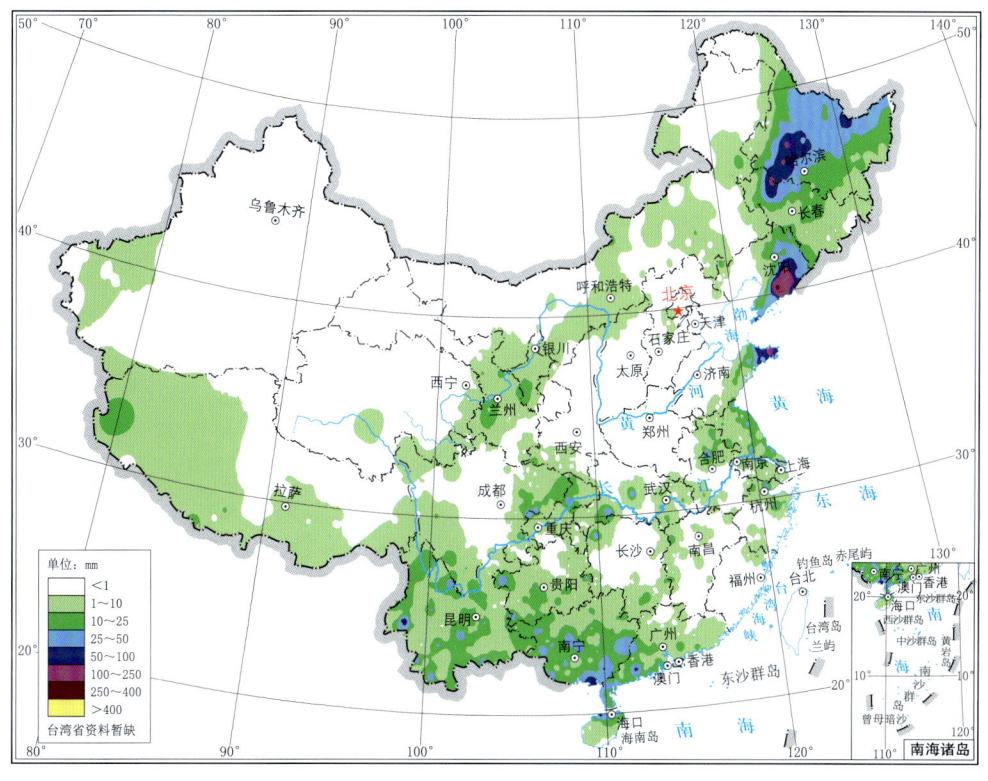

图 3.4.33　2017 年 8 月 4 日全国降水量分布图（单位：mm）

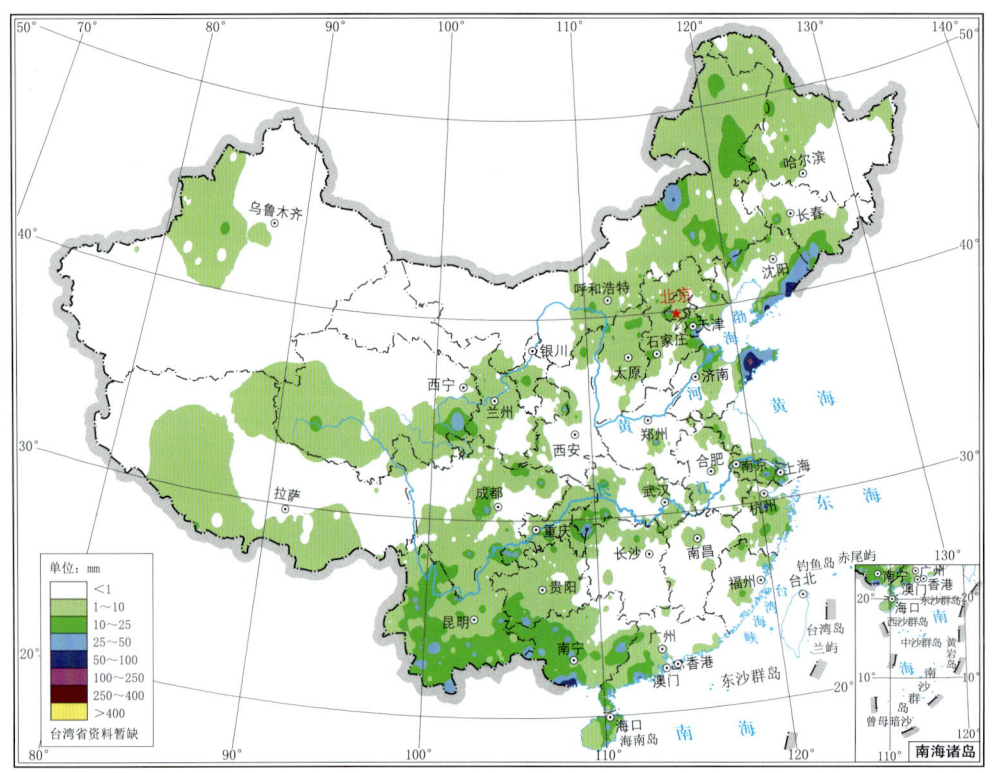

图 3.4.34 2017 年 8 月 5 日全国降水量分布图(单位:mm)

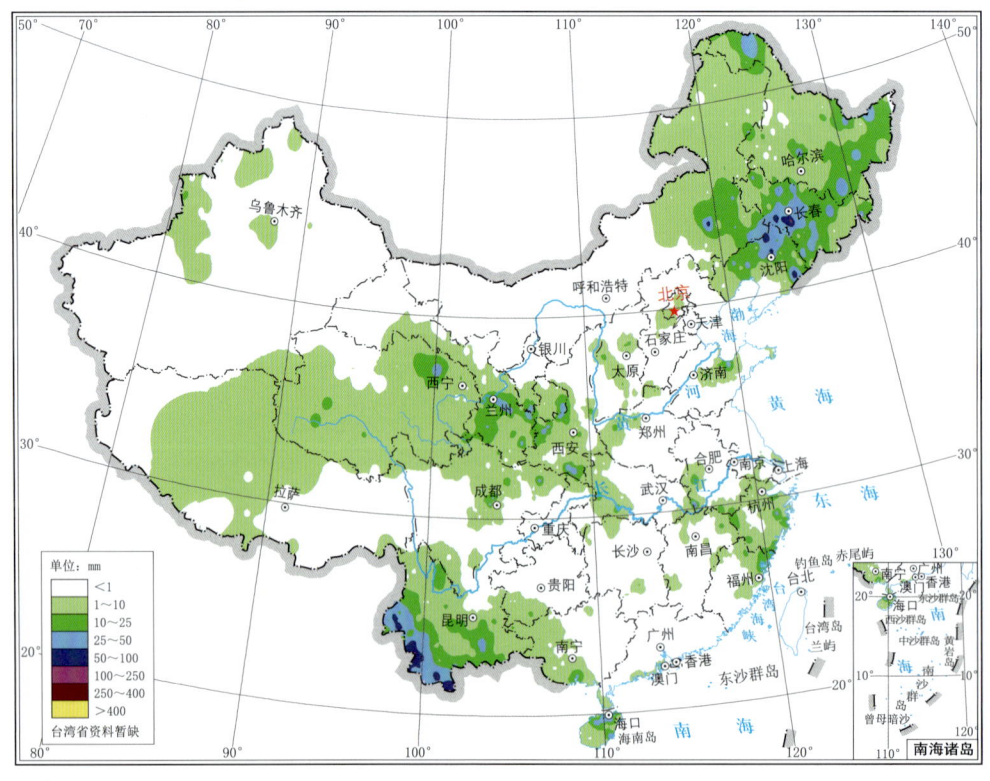

图 3.4.35 2017 年 8 月 6 日全国降水量分布图(单位:mm)

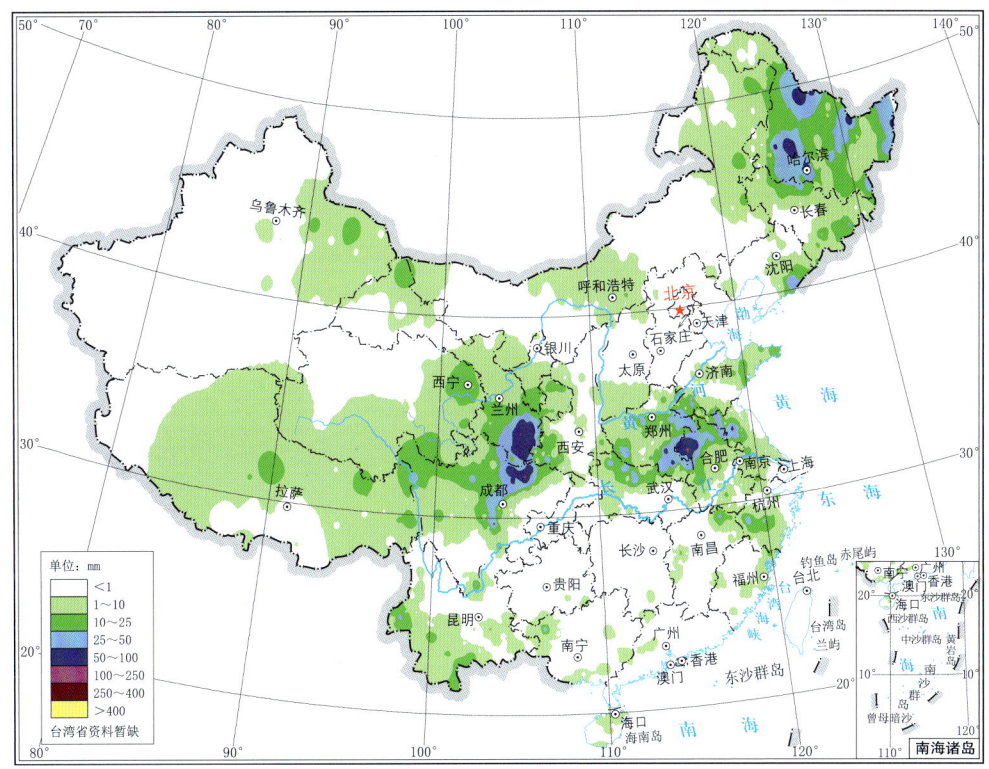

图 3.4.36　2017 年 8 月 7 日全国降水量分布图（单位：mm）

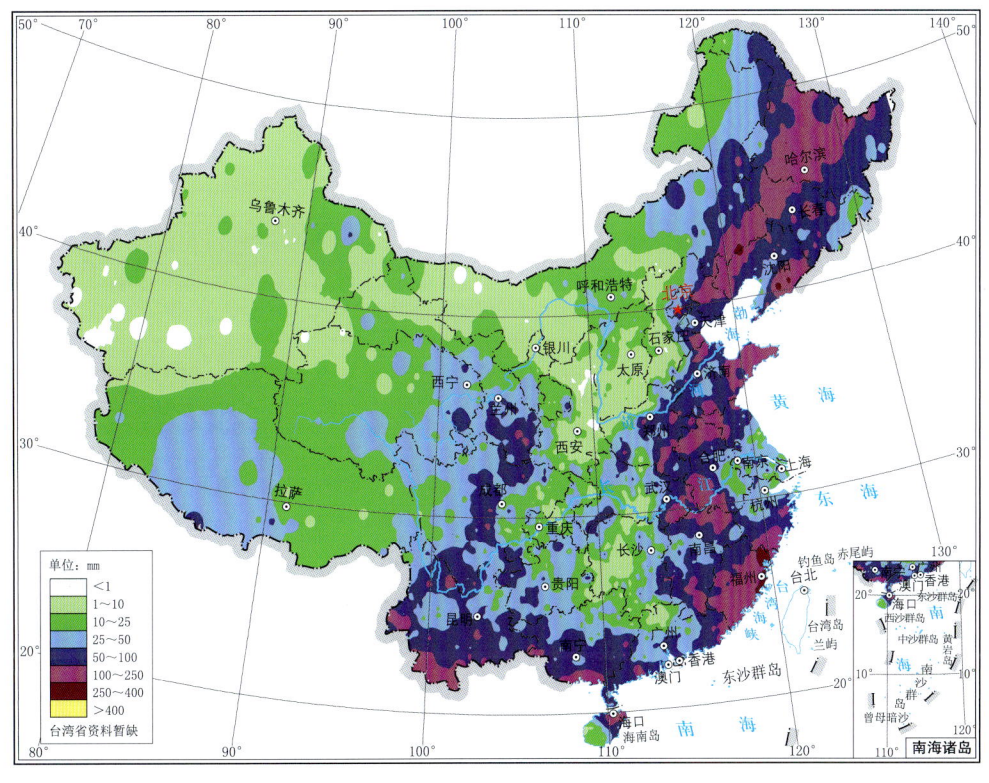

图 3.4.37　2017 年 7 月 30 日—8 月 7 日全国总降水量分布图（单位：mm）

3.5　8月主要暴雨过程(No. 21—No. 26)

第21次主要暴雨过程(No. 21)：8月7—10日

8月7日,500 hPa青藏高原东侧有短波槽发展东移,700 hPa陕甘交界处有低涡发展,同时在华北南部至黄淮北部有切变形成,850 hPa四川盆地有西南低涡发展,受其影响,西北地区东部、四川盆地西部及黄淮地区出现降水,暴雨分布较为零散,局部有大暴雨(图3.4.36);8日,500 hPa从四川盆地至长江中下游地区多短波槽活动,中低层低涡切变东移南压,长江中下游地区西南低空急流发展加强,受其影响,西北地区东部、江汉地区、江淮地区出现大范围强降水,暴雨带从四川盆地经湖北北部至长江下游地区呈近东西向带状分布,四川、安徽局部出现大暴雨(图3.5.1);9日,500 hPa华中地区至云贵高原有西风槽东移发展加强,中低层低涡切变也随之东移南压,江南低空急流加强,受其影响,雨带整体东移南压,暴雨带呈东北—西南向分布,局部出现大暴雨(图3.5.2);10日,500 hPa西风槽东移北收,中低层切变线南压减弱,受其影响,雨带继续东移南压至江南南部和华南地区,强度减弱,局部出现暴雨(图3.5.3)。图3.5.4为此次暴雨过程总降水量分布。

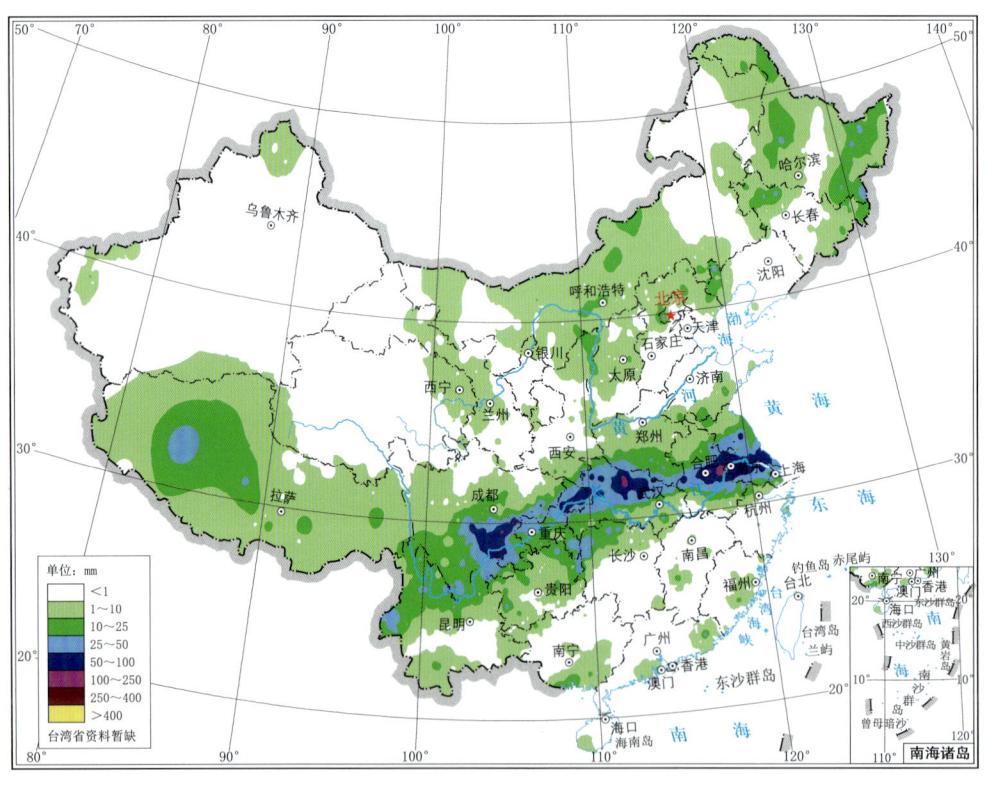

图3.5.1　2017年8月8日全国降水量分布图(单位:mm)

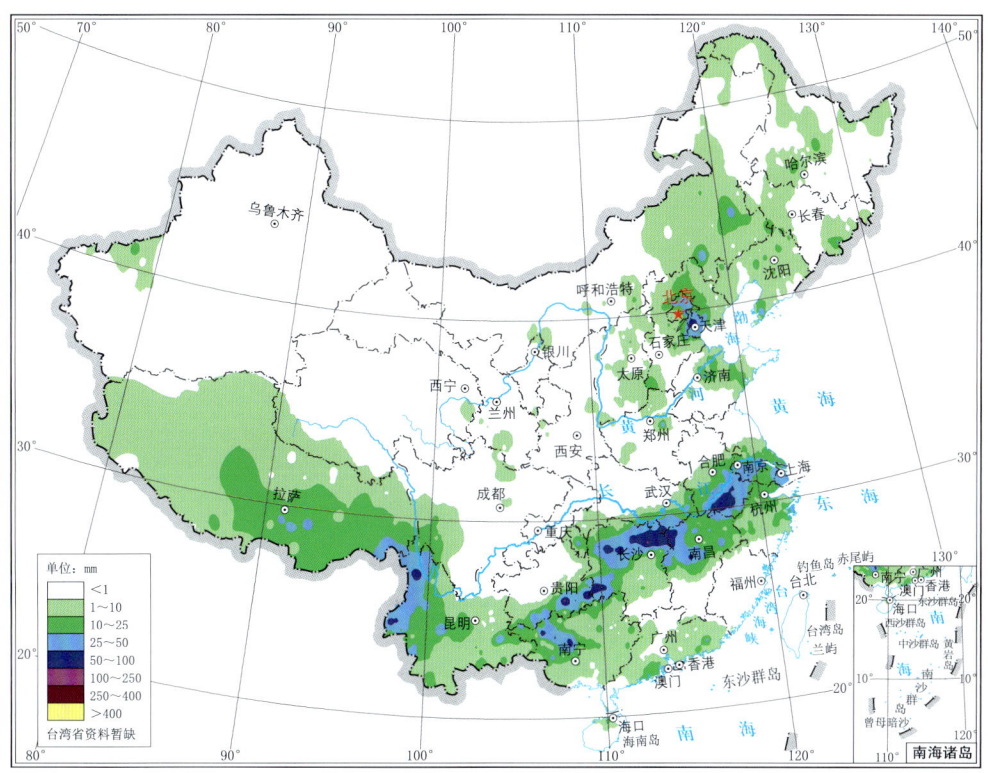

图 3.5.2　2017 年 8 月 9 日全国降水量分布图（单位：mm）

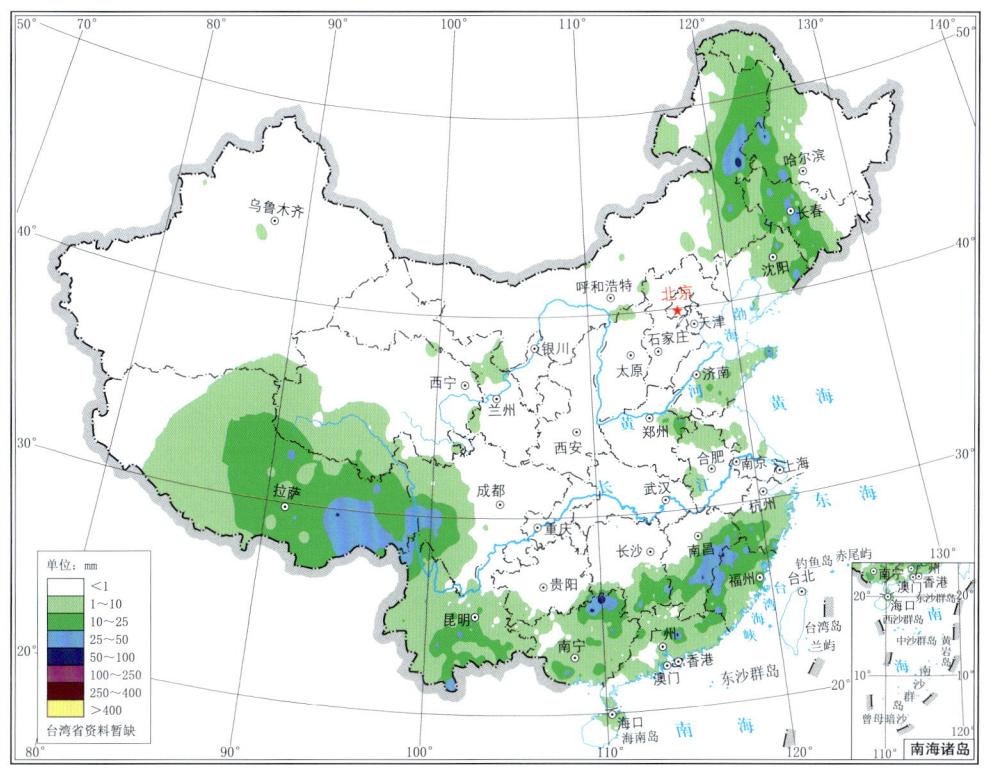

图 3.5.3　2017 年 8 月 10 日全国降水量分布图（单位：mm）

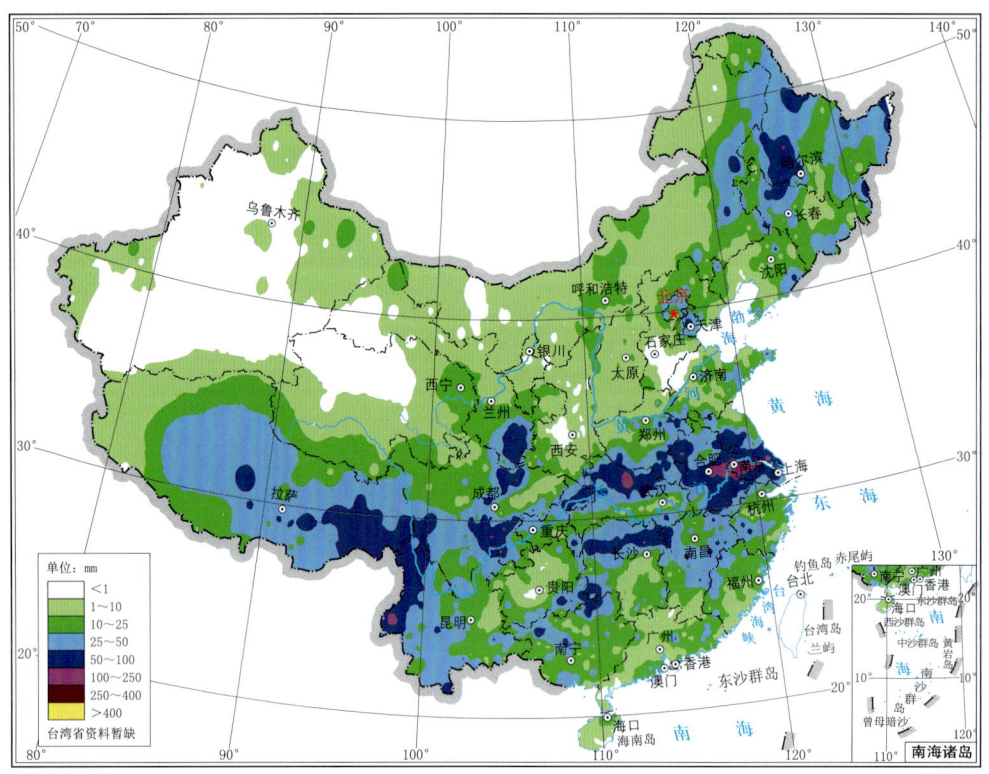

图 3.5.4　2017 年 8 月 7—10 日全国总降水量分布图(单位:mm)

第 22 次主要暴雨过程(No. 22):8 月 12—16 日

8月12日,500 hPa青藏高原东侧有短波槽形成东移,700 hPa从四川盆地至江淮流域有暖切变发展,850 hPa从贵州到江淮流域有暖切变发展,华南、江南西南暖湿气流发展加强,受其影响,贵州至长江中下游地区出现大范围降水,暴雨带从贵州中部到江苏南部呈东北—西南向分布,其中湘西北部分地区、鄂东南局部地区出现大暴雨(图3.5.5);13日,500 hPa高原东侧短波槽东移南压,中低层黄淮地区有低涡发展,切变线缓慢南压,华南、江南低空急流稳定维持,受其影响,雨区略有南压,暴雨带从贵州东南部到江南北部呈东北—西南向分布,部分地区出现大暴雨(图3.5.6);14日,500 hPa从华北经华中到云贵高原有西风槽发展,中低层黄淮气旋东移入海,切变线继续东移南压,华南、江南低空急流稳定维持,受其影响,雨区继续缓慢南压,暴雨带从广西北部到江南北部呈东北—西南向分布,广西北部局部地区出现大暴雨,其中融安出现262.1 mm的特大暴雨(图3.5.7);15—16日,500 hPa西风槽缓慢东移北收,中低层切变线维持在江南北部,受其影响,华南西部、江南部分地区出现降水,暴雨分布零散,局部出现大暴雨(图3.5.8、图3.5.9)。图3.5.10为此次暴雨过程总降水量分布。

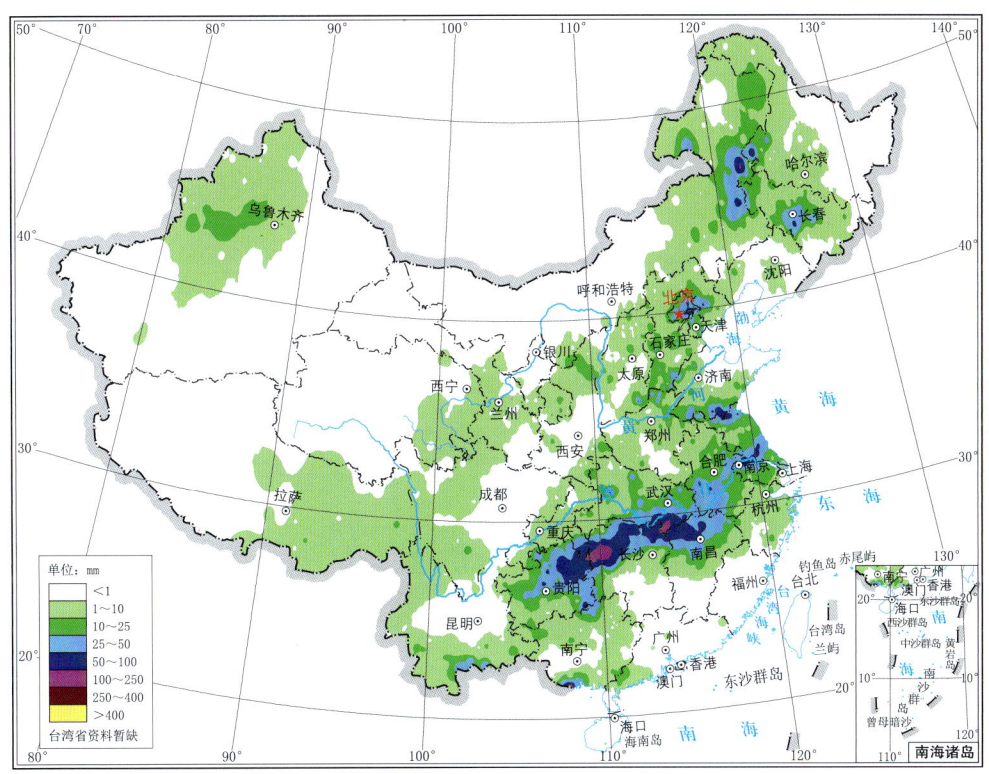

图 3.5.5　2017 年 8 月 12 日全国降水量分布图(单位:mm)

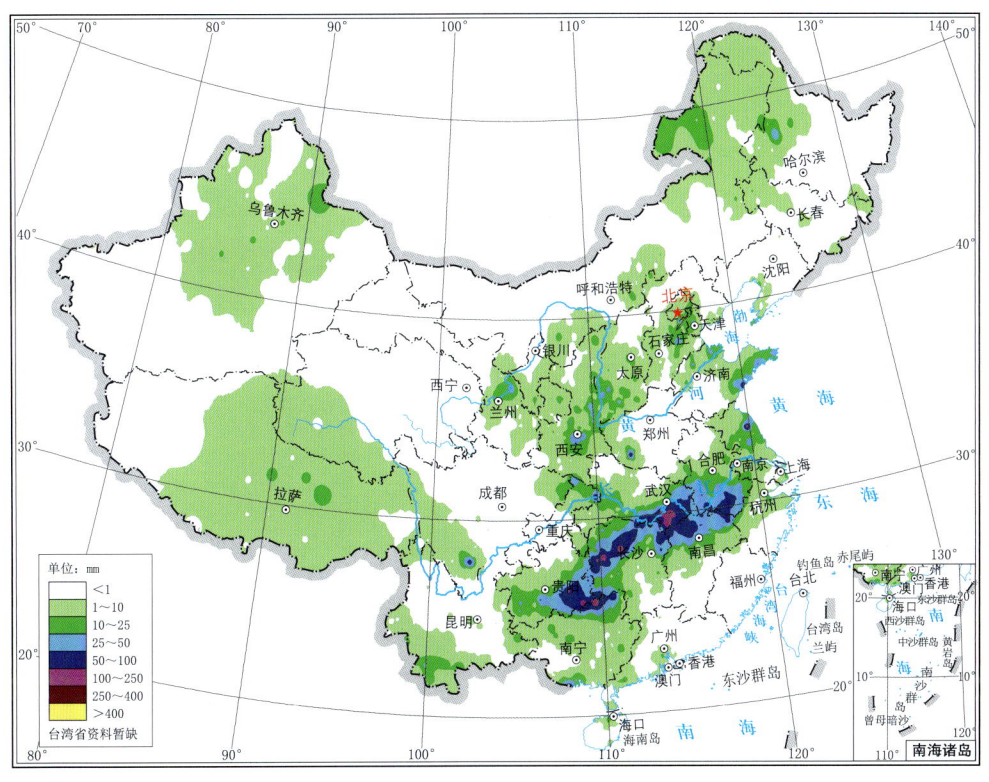

图 3.5.6　2017 年 8 月 13 日全国降水量分布图(单位:mm)

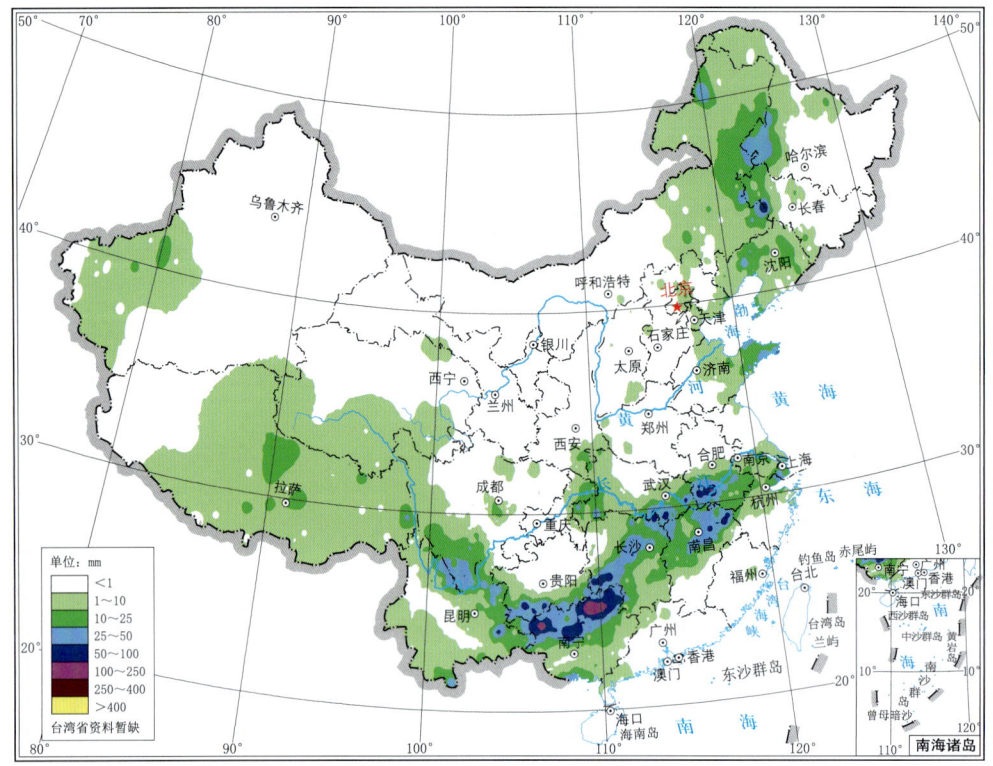

图 3.5.7　2017 年 8 月 14 日全国降水量分布图(单位:mm)

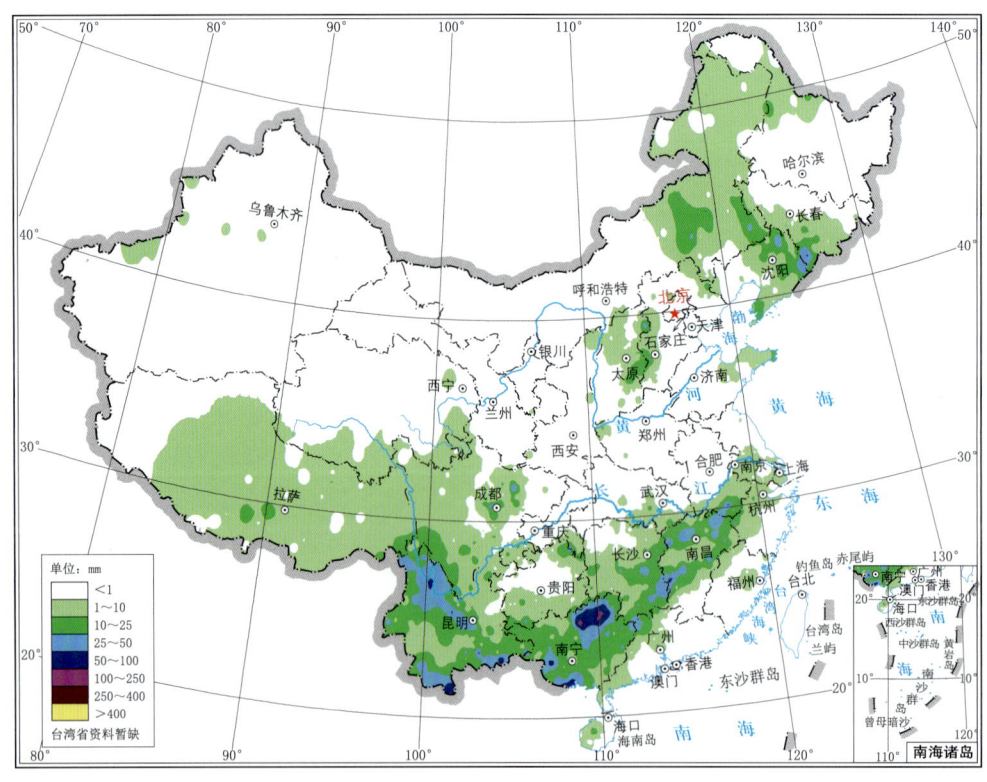

图 3.5.8　2017 年 8 月 15 日全国降水量分布图(单位:mm)

第3章 主要暴雨过程

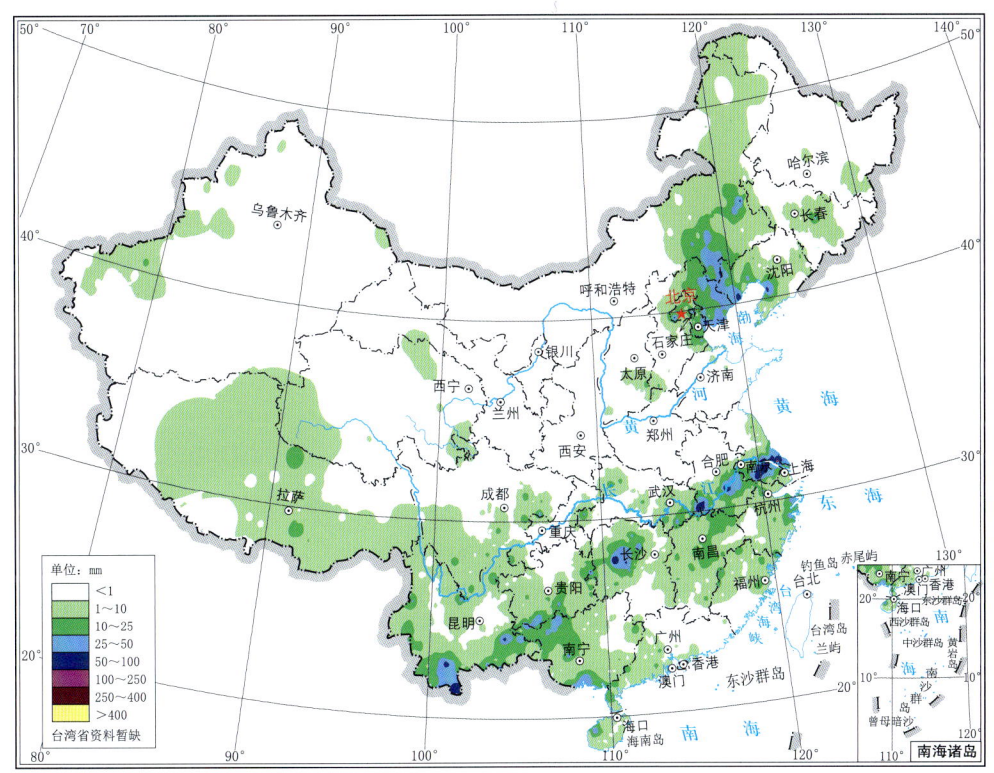

图 3.5.9　2017 年 8 月 16 日全国降水量分布图(单位:mm)

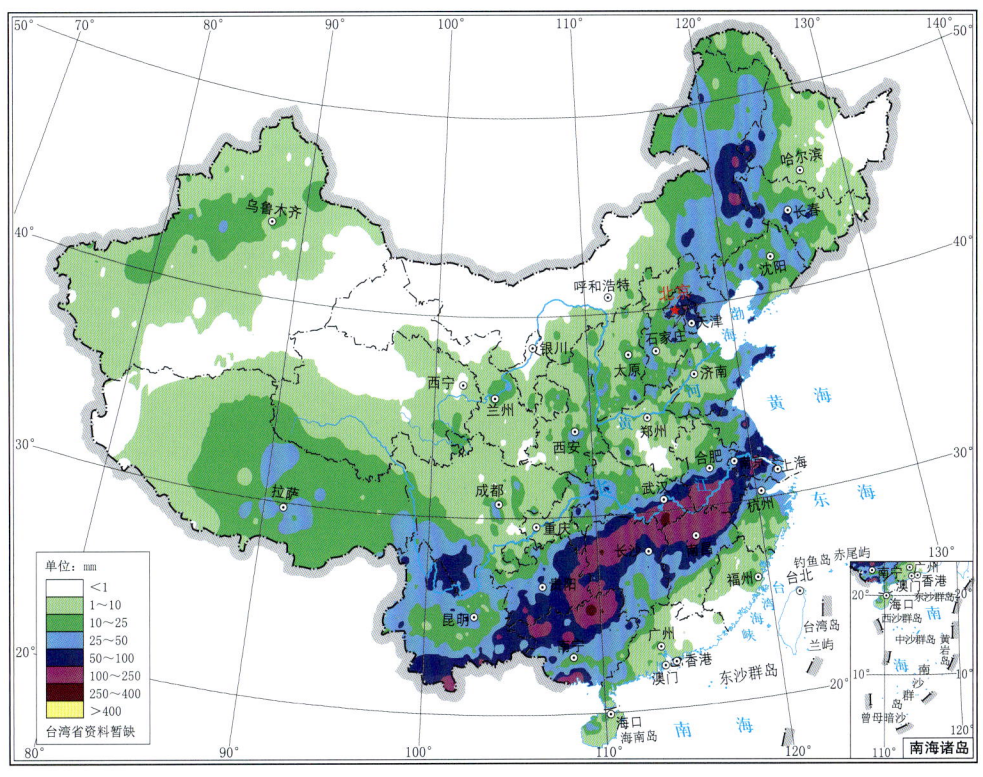

图 3.5.10　2017 年 8 月 12—16 日全国总降水量分布图(单位:mm)

第 23 次主要暴雨过程(No. 23):8 月 18—20 日

8月18日,500 hPa河套地区有短波槽形成,中低层该区域有弱切变形成,受其影响,河套地区出现小范围降水,局部出现暴雨(图3.5.11);19日,500 hPa河套短波槽快速东移发展至黄淮地区,700 hPa切变线东移南压,河南西部有低涡形成,850 hPa黄淮地区有切变线形成发展,受其影响,黄淮、江淮地区出现较大范围降水,暴雨分布范围较广,河南、江苏局部出现大暴雨(图3.5.12);20日,500 hPa短波槽继续东移南压至江淮及江南北部,中低层低涡快速东移入海,切变线东移南压至江淮地区,受其影响,雨区南压至江淮、江南北部,暴雨主要分布在长江下游地区,安徽局部出现大暴雨(图3.5.13)。图3.5.14为此次暴雨过程总降水量分布。

第 24 次主要暴雨过程(No. 24):8 月 22—23 日

8月22日,500 hPa青藏高原东北部有短波槽快速东移至河套地区,中低层河套地区有暖切变形成,受其影响,西北地区东部、华北中北部出现降水,暴雨主要出现在陕西北部至山西北部,局部出现大暴雨(图3.5.15);23日,500 hPa河套地区短波槽快速东移,中低层华北地区有冷切变形成,受其影响,雨区向东北方向移动至华北中北部、东北中南部,部分地区出现暴雨(图3.5.16)。图3.5.17为此次暴雨过程总降水量分布。

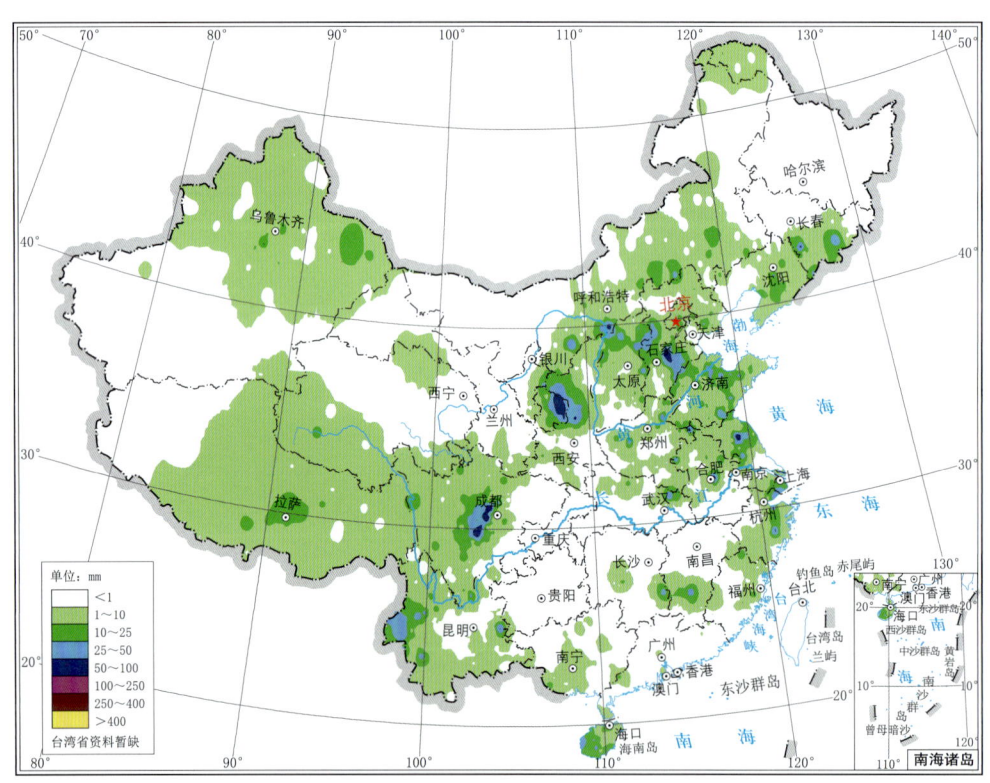

图 3.5.11　2017 年 8 月 18 日全国降水量分布图(单位:mm)

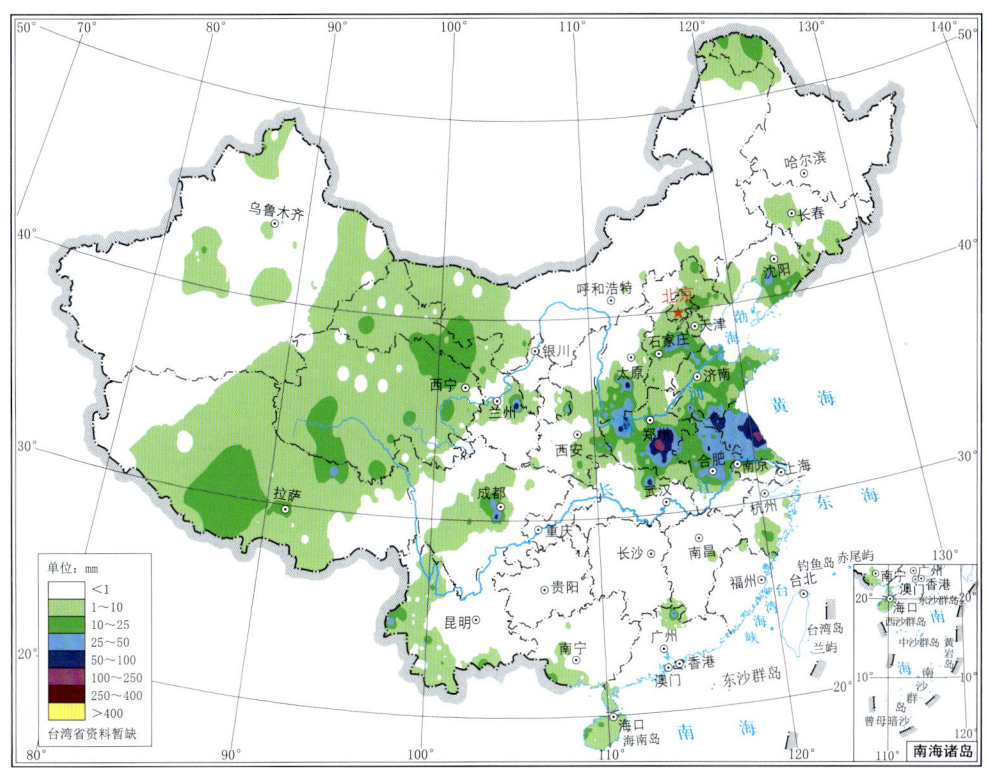

图 3.5.12　2017 年 8 月 19 日全国降水量分布图(单位:mm)

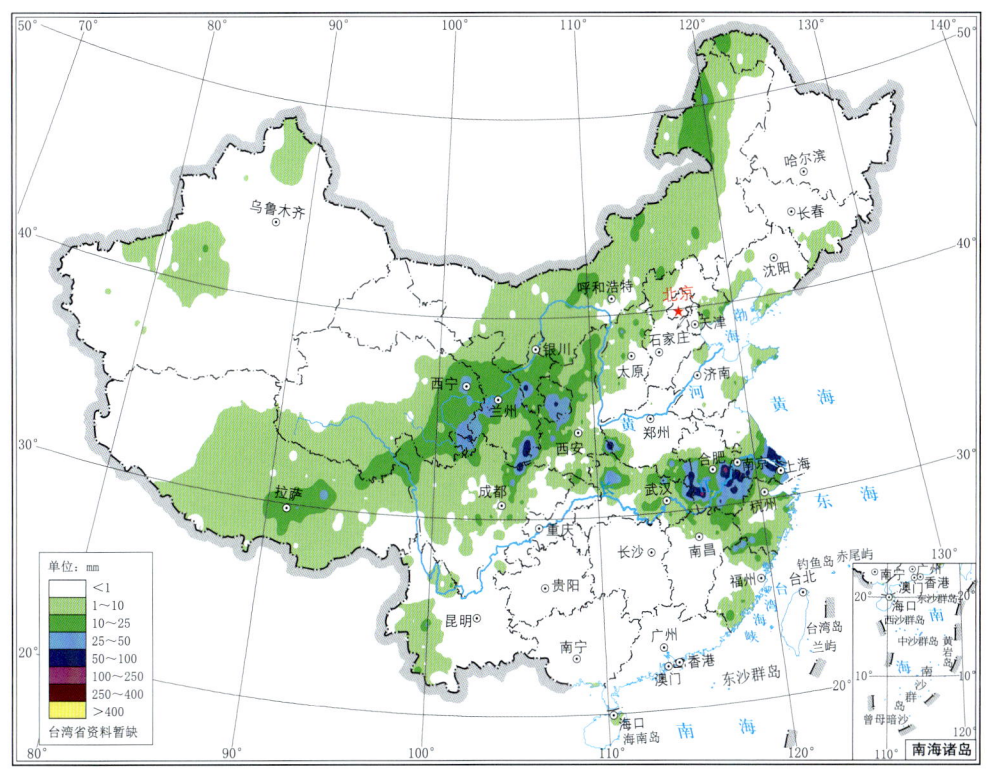

图 3.5.13　2017 年 8 月 20 日全国降水量分布图(单位:mm)

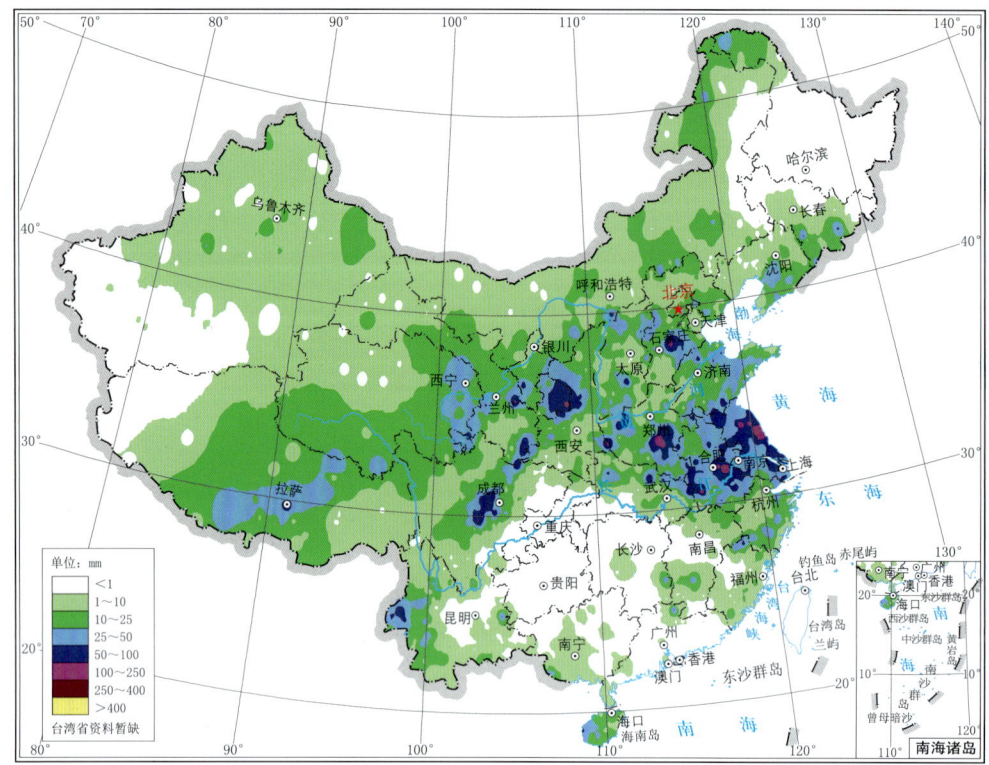

图 3.5.14 2017 年 8 月 18—20 日全国总降水量分布图(单位:mm)

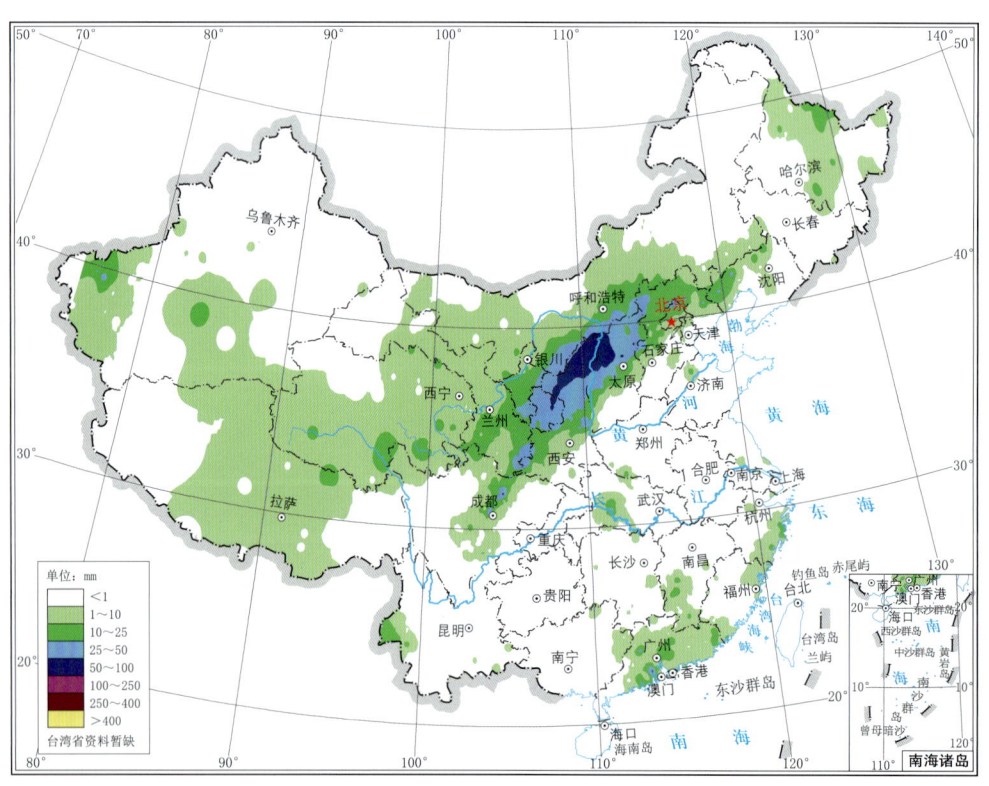

图 3.5.15 2017 年 8 月 22 日全国降水量分布图(单位:mm)

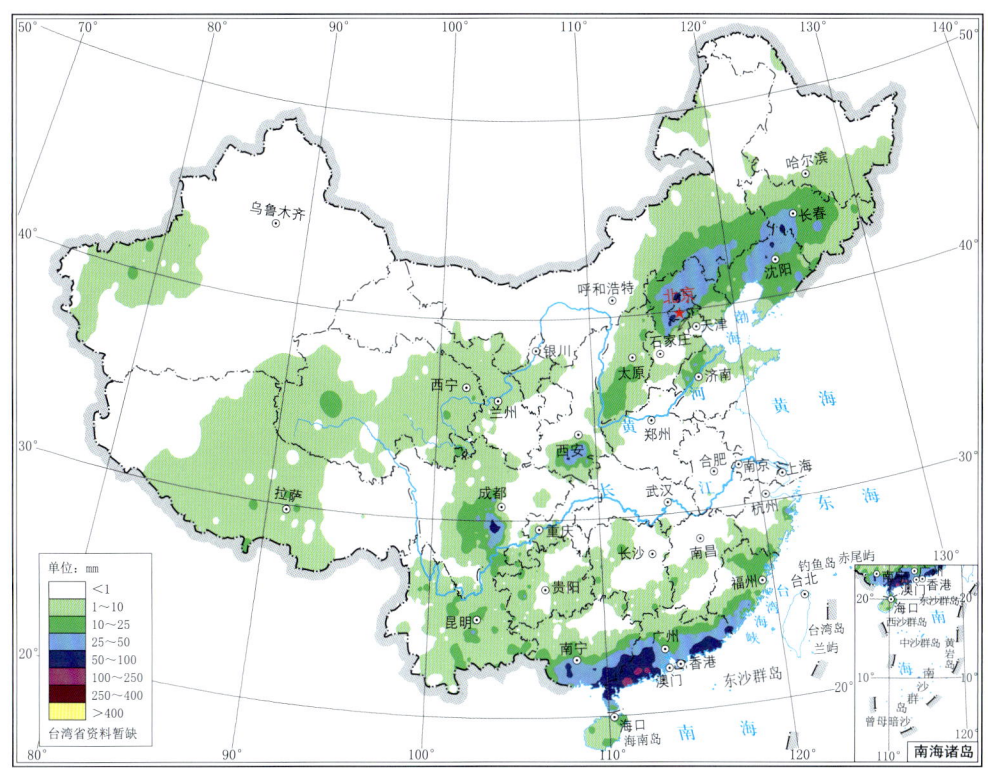

图 3.5.16　2017 年 8 月 23 日全国降水量分布图(单位:mm)

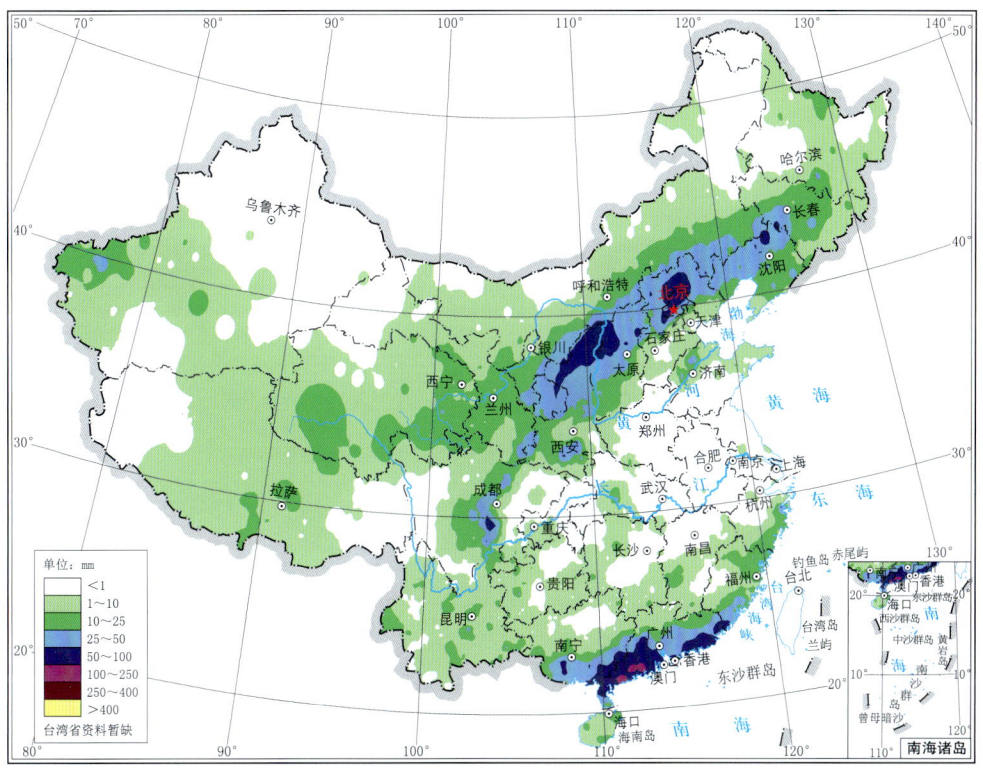

图 3.5.17　2017 年 8 月 22—23 日全国总降水量分布图(单位:mm)

第 25 次主要暴雨过程(No.25):8 月 23—25 日

8月23日,1713号超强台风"天鸽"(Hato)在广东珠海登陆,登陆后向西北偏西方向移动并进入广西境内,强度由超强台风迅速减弱为强热带风暴,受其影响,华南南部出现强降水,暴雨主要出现在广东南部、广西南部部分地区,广东南部局部出现大暴雨(图3.5.16);24日,"天鸽"(Hato)在广西境内逐步减弱为热带风暴、热带低压,并继续向西北偏西方向移动进入云南境内,受其影响,降水区向西北方向移动,范围扩大,华南大部、西南地区东部、西南地区南部出现强降水,暴雨主要出现在广东西南部、广西大部及云贵川交界处,广西东南部分地区出现大暴雨(图3.5.18);25日,"天鸽"(Hato)在云南西部境内减弱消散,受其影响,降水区整体向西移动,西南地区东部、西南地区南部出现降水,四川盆地中南部、云南南部部分地区出现暴雨,四川局地出现大暴雨(图3.5.19)。图3.5.20为此次暴雨过程总降水量分布。

第 26 次主要暴雨过程(No.26):8 月 26—29 日

8月26日,1714号强热带风暴"帕卡"(Pakhar)在横扫菲律宾吕宋岛之后进入南海海域,并继续向西北方向移动,强度由热带风暴增至强热带风暴,受其影响,江南部分地区出现降水,暴雨主要出现在江西南部部分地区(图3.5.21);27日,"帕卡"(Pakhar)在广东珠海登陆,之后强度由强热带风暴减弱为热带风暴,并继续向西北方向移动进入广西境内,受其影响,江南南部、华南地区出现降水,暴雨主要出现在广东中部和东南沿海,局部大暴雨(图3.5.22);28日,"帕卡"(Pakhar)在广西西部境内减弱消散,受其影响,雨区向西扩展,暴雨主要出现在广东中南部,局部大暴雨(图3.5.23);29日,受"帕卡"(Pakhar)减弱消散后高空残留气旋环流的影响,广西、贵州、云南仍维持降水,广西沿海局部出现大暴雨(图3.5.24)。图3.5.25为此次暴雨过程总降水量分布。

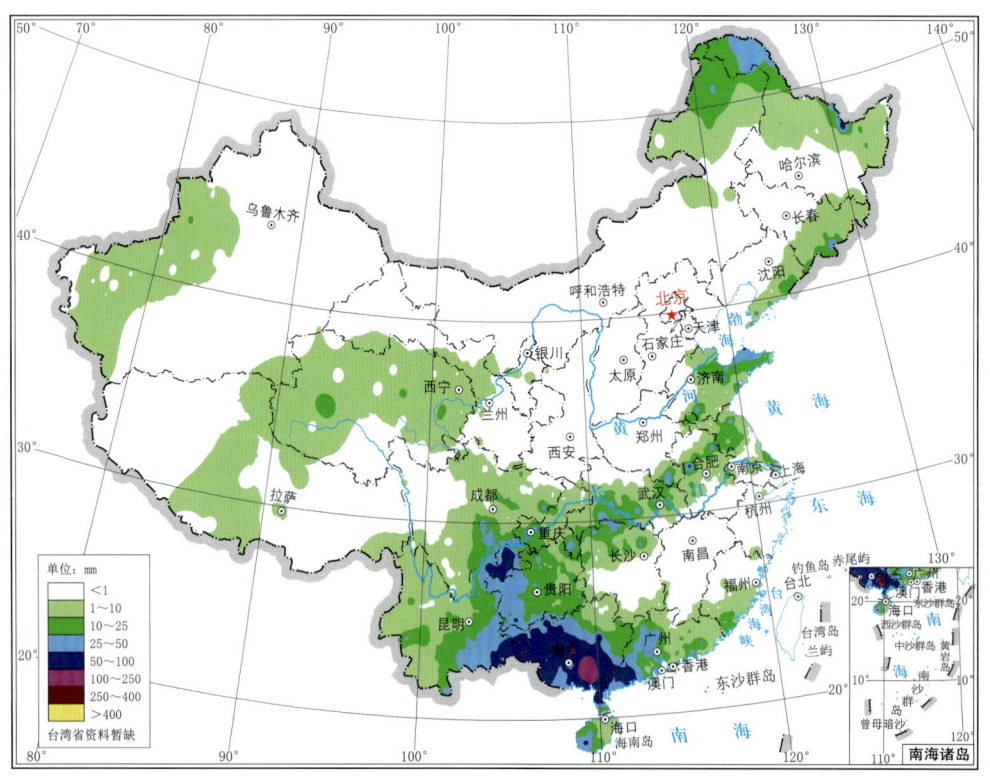

图 3.5.18　2017 年 8 月 24 日全国降水量分布图(单位:mm)

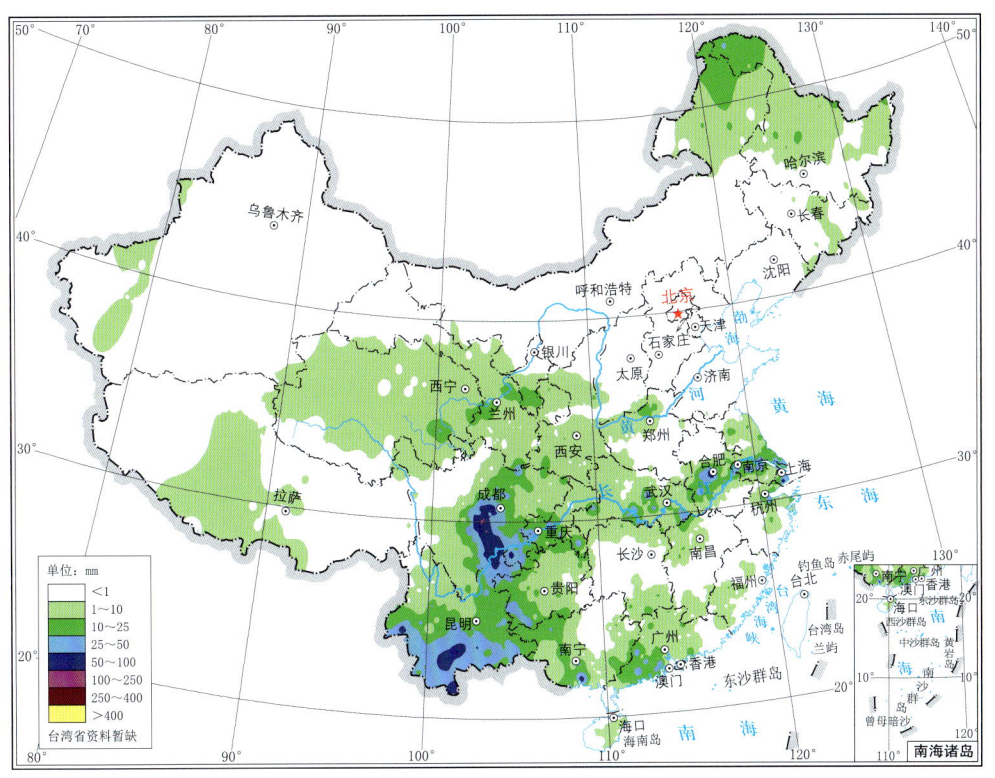

图 3.5.19　2017 年 8 月 25 日全国降水量分布图(单位:mm)

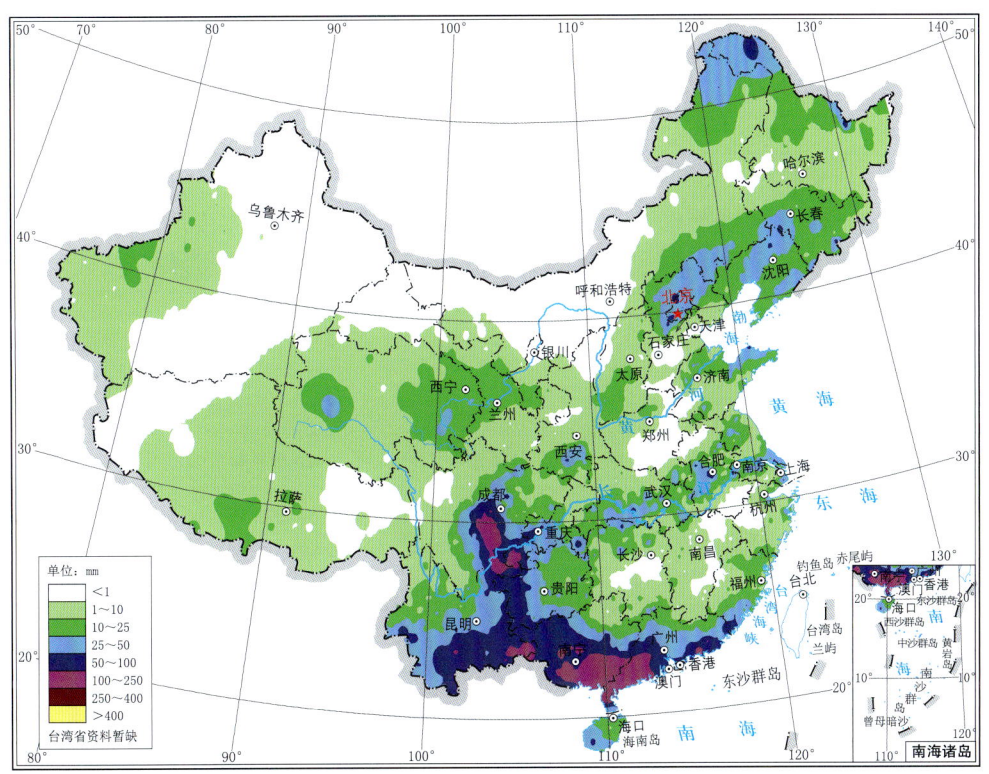

图 3.5.20　2017 年 8 月 23—25 日全国总降水量分布图(单位:mm)

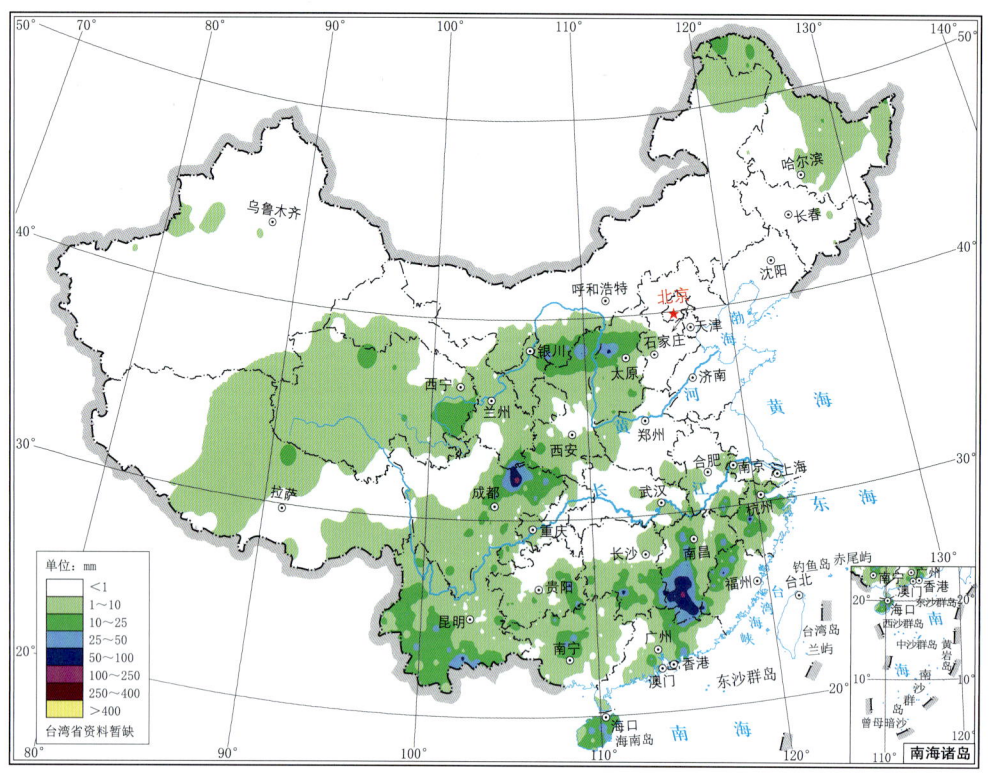

图 3.5.21 2017 年 8 月 26 日全国降水量分布图(单位:mm)

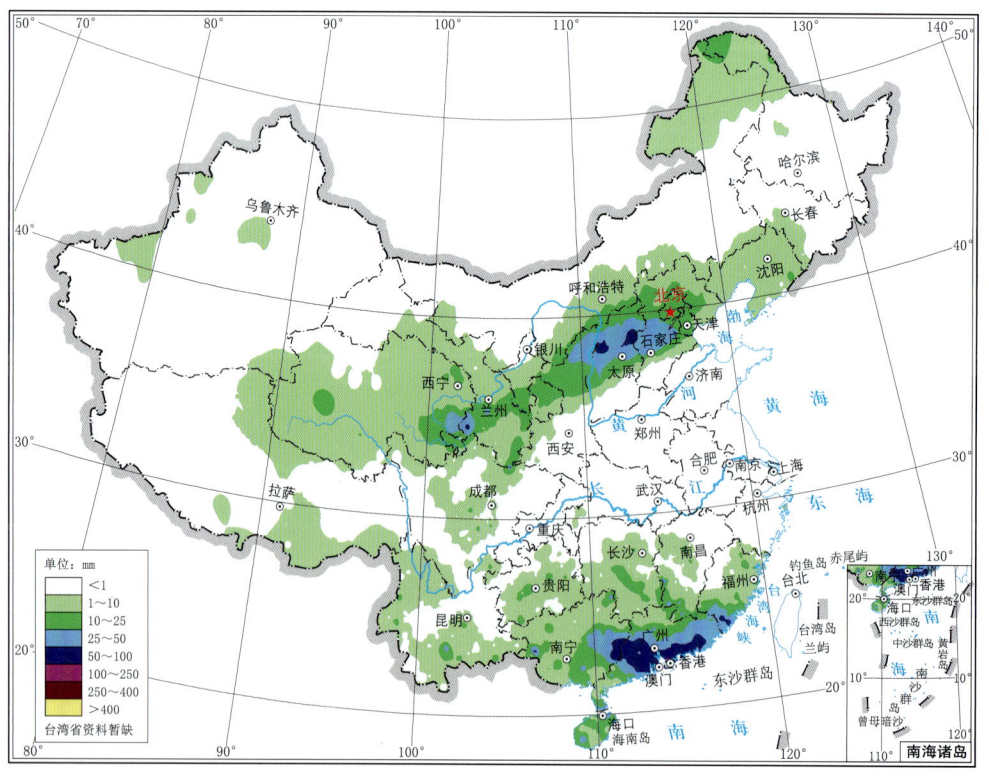

图 3.5.22 2017 年 8 月 27 日全国降水量分布图(单位:mm)

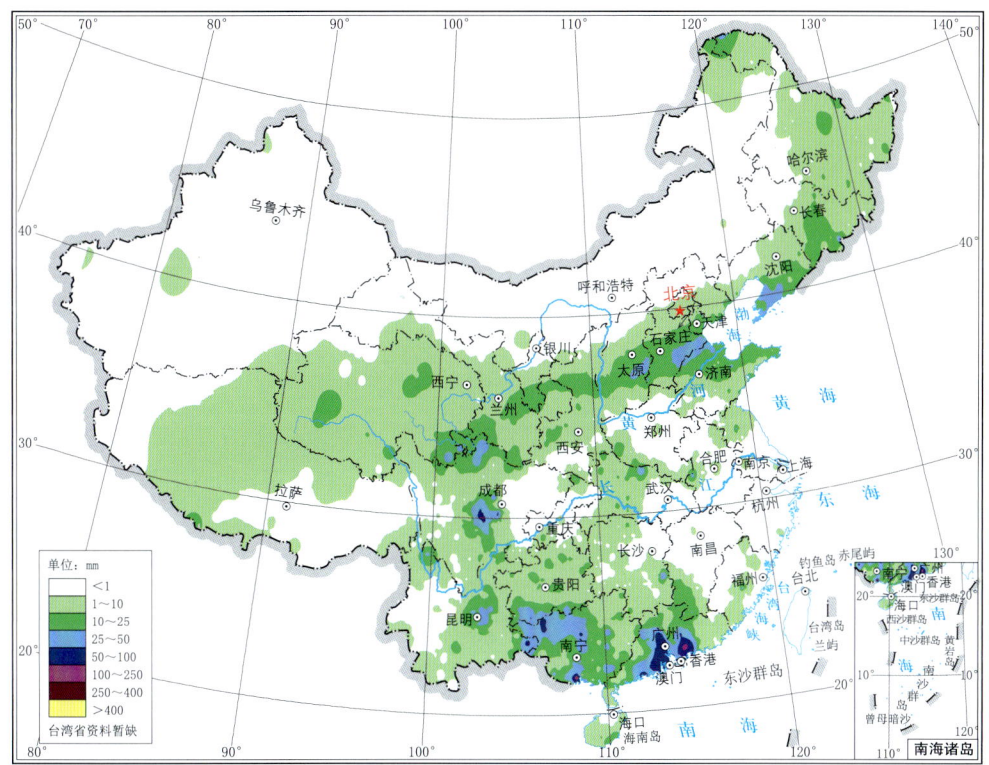

图 3.5.23　2017 年 8 月 28 日全国降水量分布图（单位：mm）

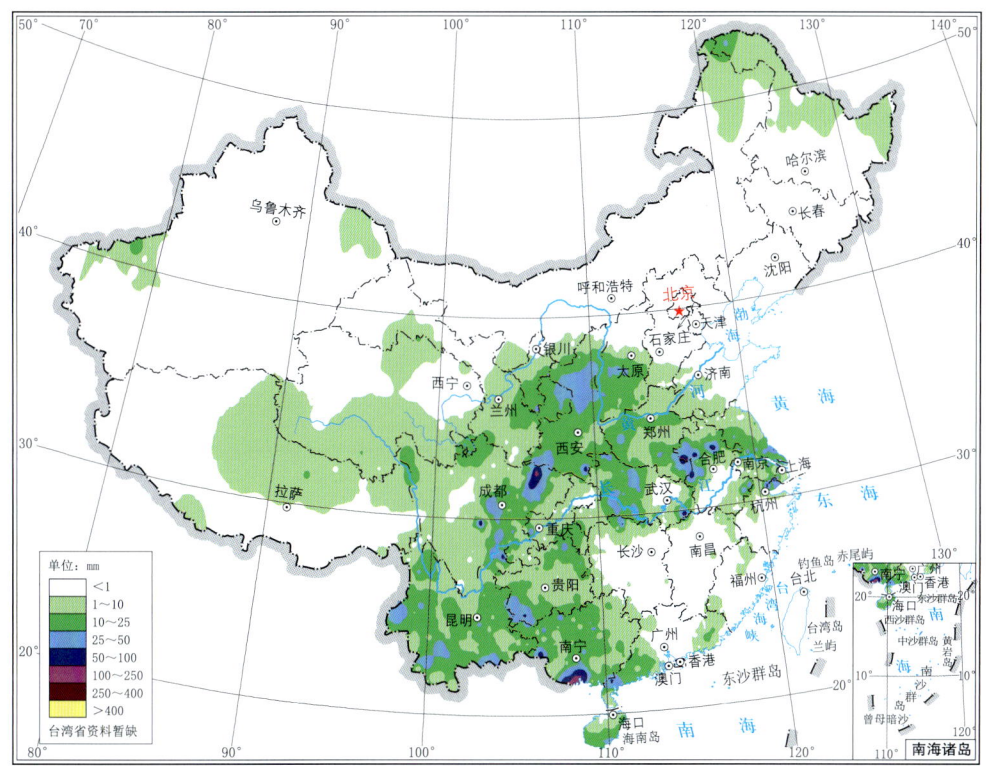

图 3.5.24　2017 年 8 月 29 日全国降水量分布图（单位：mm）

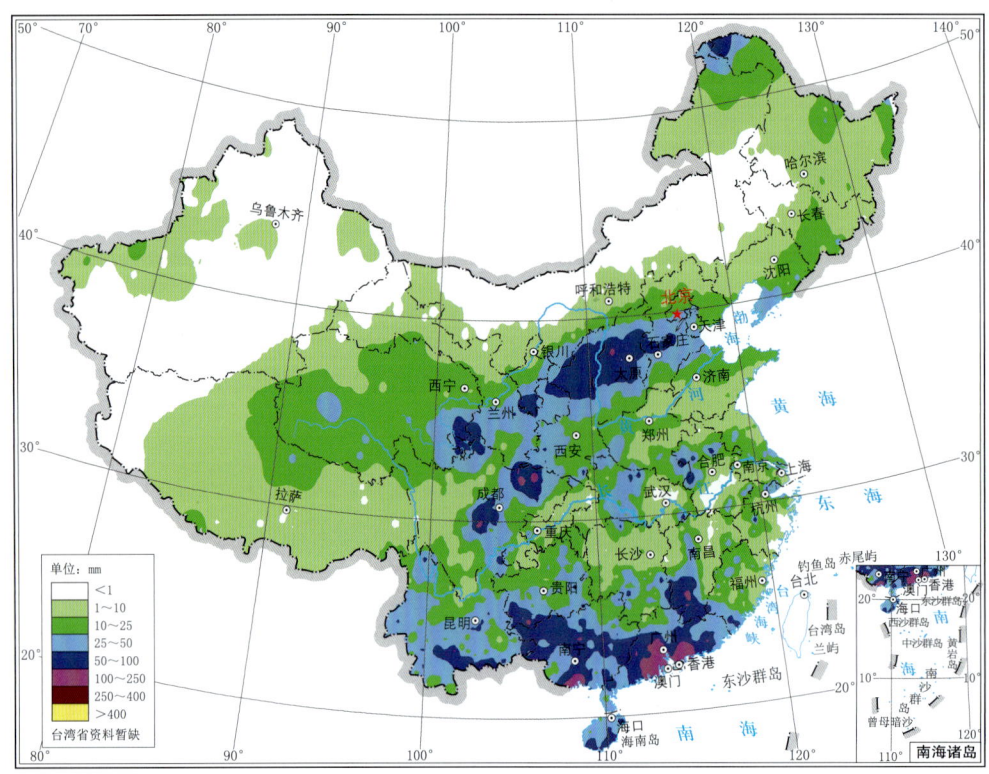

图 3.5.25　2017 年 8 月 26—29 日全国总降水量分布图(单位:mm)

3.6　9 月主要暴雨过程(No. 27—No. 31)

第 27 次主要暴雨过程(No. 27):9 月 1—4 日

9 月 1 日,500 hPa 青藏高原东北部有短波槽东移南压,中低层四川盆地有西南低涡形成,受其影响,四川盆地出现降水,局部暴雨(图 3.6.1);2 日,500 hPa 短波槽从四川盆地东移至长江中游地区,中低层西南低涡缓慢东移,江汉地区有暖切变发展,受其影响,降水区东移发展,从河南到贵州出现东北—西南向雨带,暴雨区位于湖北西部、重庆至贵州西部一线,贵州局部出现大暴雨(图 3.6.2);3 日,500 hPa 高原东侧又有短波槽东移,中低层四川盆地有西南低涡活动,江淮至贵州一线有切变活动,受其影响,降水区缓慢东移,从安徽到贵州出现东北—西南向雨带,安徽中部、贵州南部出现暴雨(图 3.6.3);4 日,500 hPa 短波槽东移减弱,中低层江淮切变东移,受其影响,淮河流域出现降水,暴雨主要出现在江苏中部(图 3.6.4)。图 3.6.5 为此次暴雨过程总降水量分布。

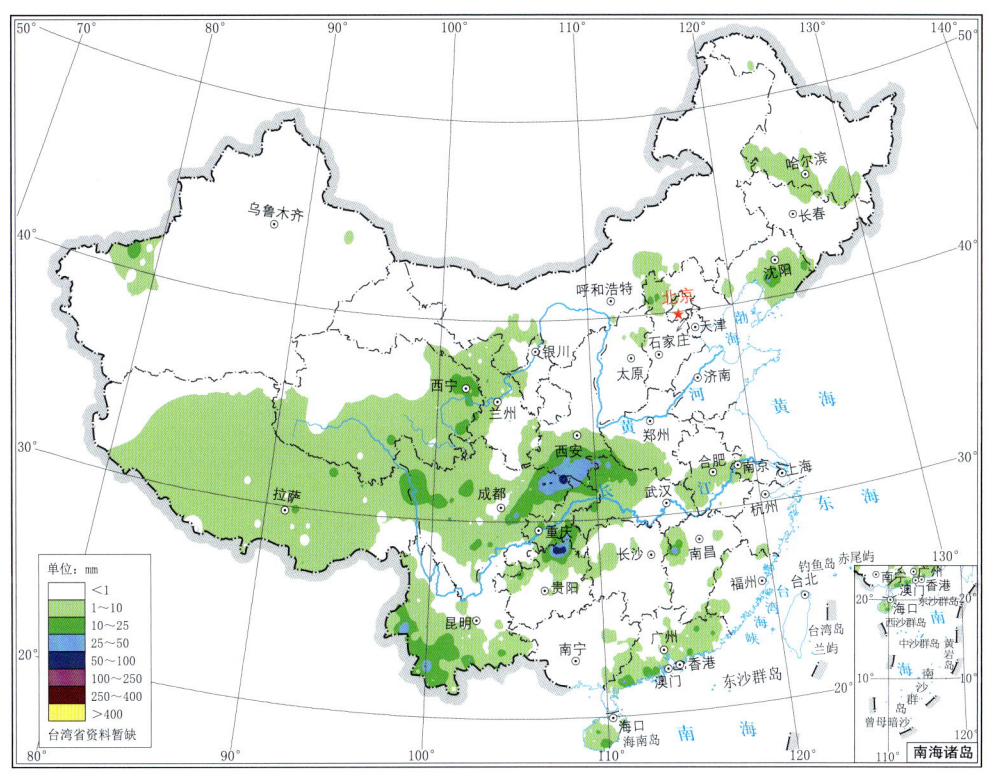

图 3.6.1 2017 年 9 月 1 日全国降水量分布图(单位:mm)

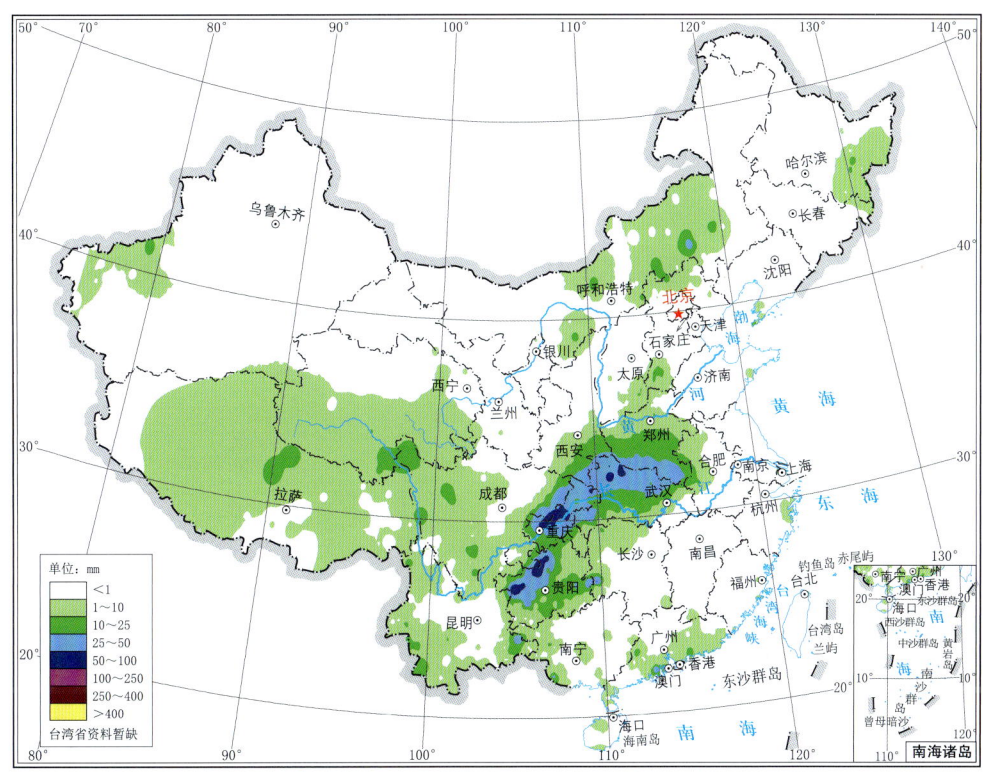

图 3.6.2 2017 年 9 月 2 日全国降水量分布图(单位:mm)

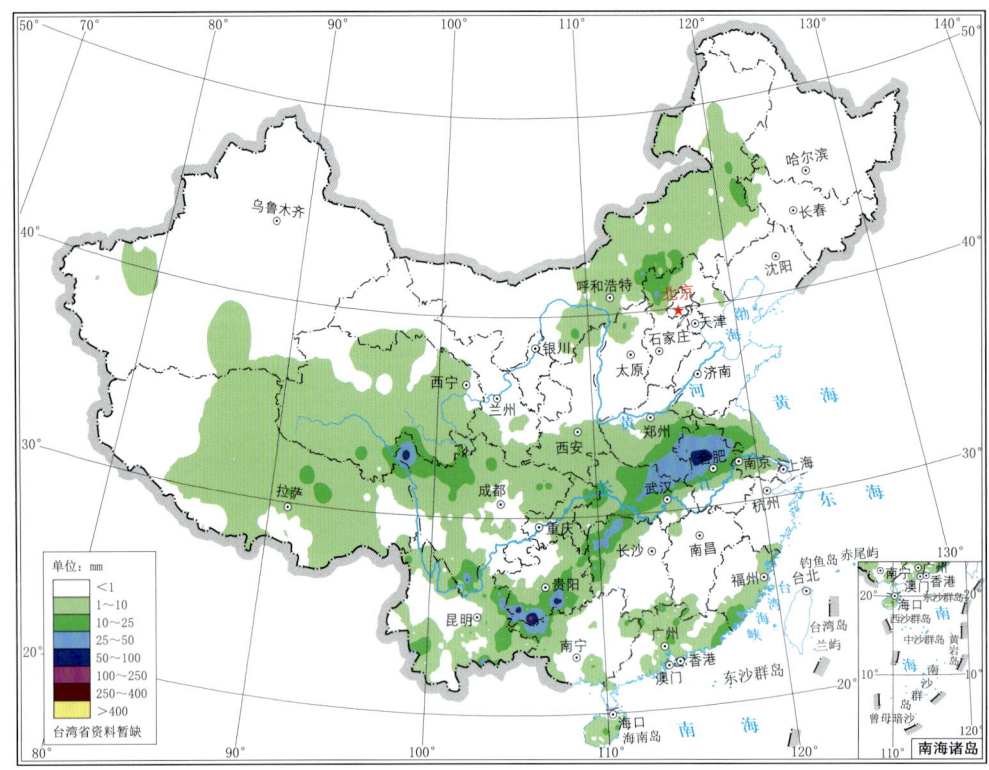

图 3.6.3　2017 年 9 月 3 日全国降水量分布图(单位:mm)

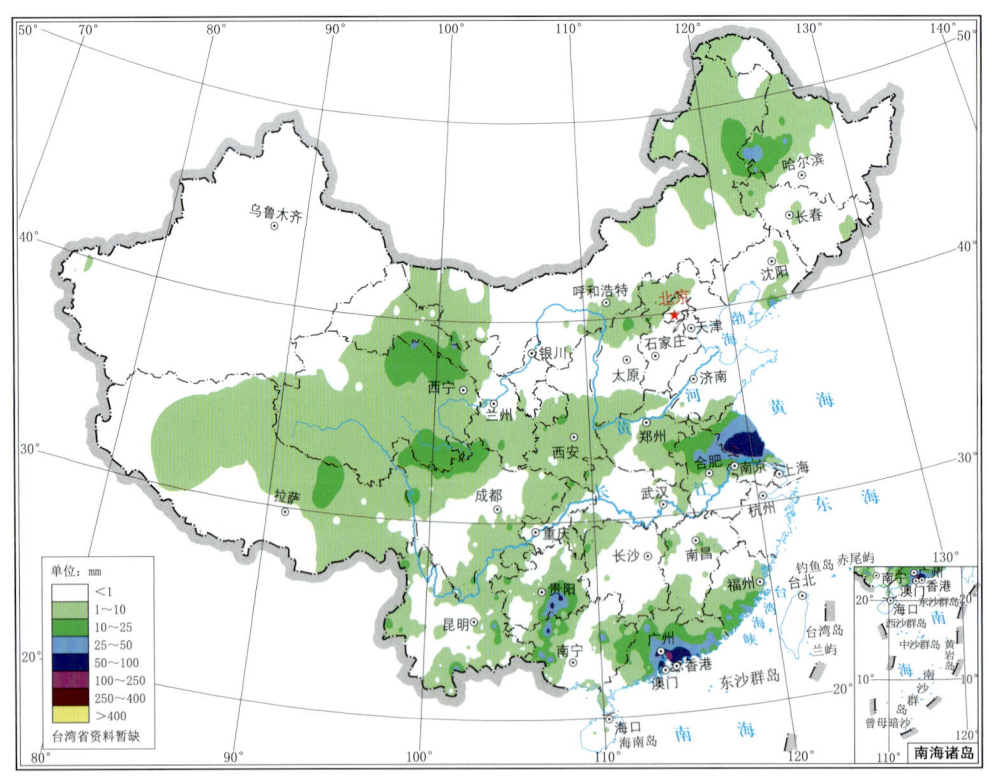

图 3.6.4　2017 年 9 月 4 日全国降水量分布图(单位:mm)

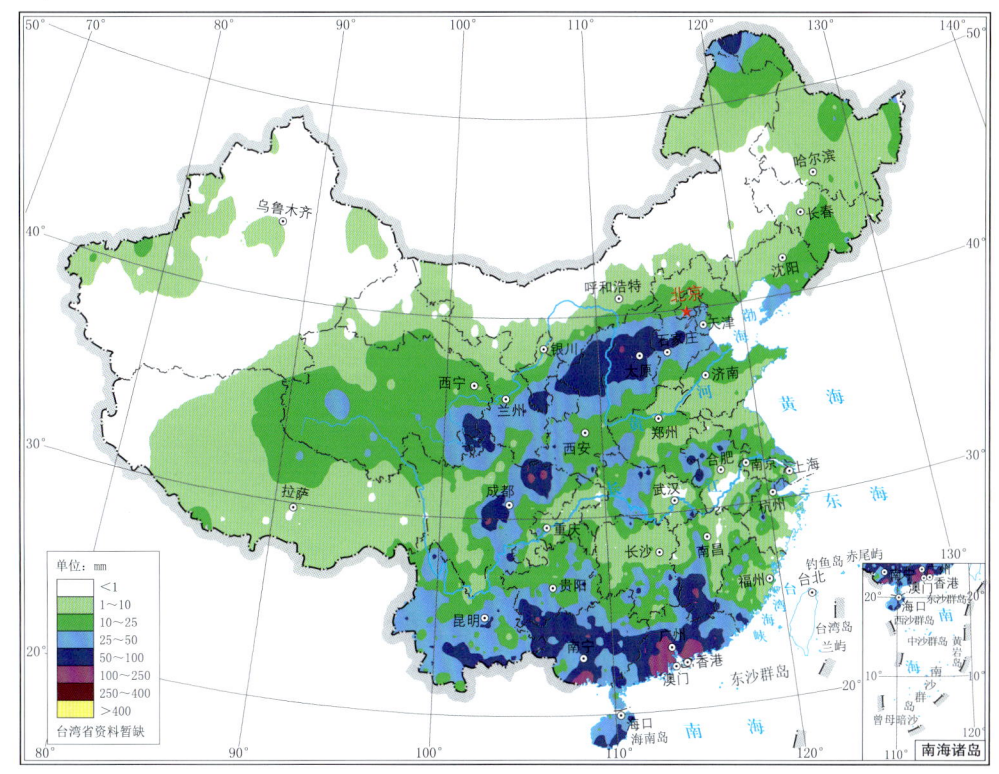

图 3.6.5　2017 年 9 月 1—4 日全国总降水量分布图(单位:mm)

第 28 次主要暴雨过程(No. 28):9 月 5—7 日

9 月 5 日,500 hPa 青藏高原东侧有短波槽东移,中低层四川盆地有西南低涡及切变形成,受其影响,四川盆地出现降水,局部暴雨(图 3.6.6);6 日,500 hPa 短波槽快速东移南压,中低层低涡切变东移南压,受其影响,云贵高原及广西北部出现降水,部分地区出现暴雨,局部大暴雨(图 3.6.7);7 日,500 hPa 短波槽继续东移南压,中低层切变东移南压,受其影响,华南地区出现降水,暴雨分布较为零散,局地出现大暴雨(图 3.6.8)。图 3.6.9 为此次暴雨过程总降水量分布。

第 29 次主要暴雨过程(No. 29):9 月 9—11 日

9 月 9 日,500 hPa 青藏高原东侧有短波槽东移,中低层四川盆地有西南低涡及切变形成,受其影响,从河南西部到四川盆地东北部出现降水,暴雨主要出现在盆地东北部,局部出现大暴雨(图 3.6.10);10 日,500 hPa 从华北到四川盆地西风槽东移发展,中低层西南低涡东移发展、切变加强,受其影响,降水区东移发展加强,从淮河流域到云贵高原出现东北—西南向的大范围降水带,从苏北至重庆出现暴雨带,湖北局部出现大暴雨(图 3.6.11);11 日,500 hPa 西风槽东移南压,中低层低涡切变也随之东移南压,受其影响,雨带整体东移南压,范围减小、强度减弱,江南部分地区出现暴雨(图 3.6.12)。图 3.6.13 为此次暴雨过程总降水量分布。

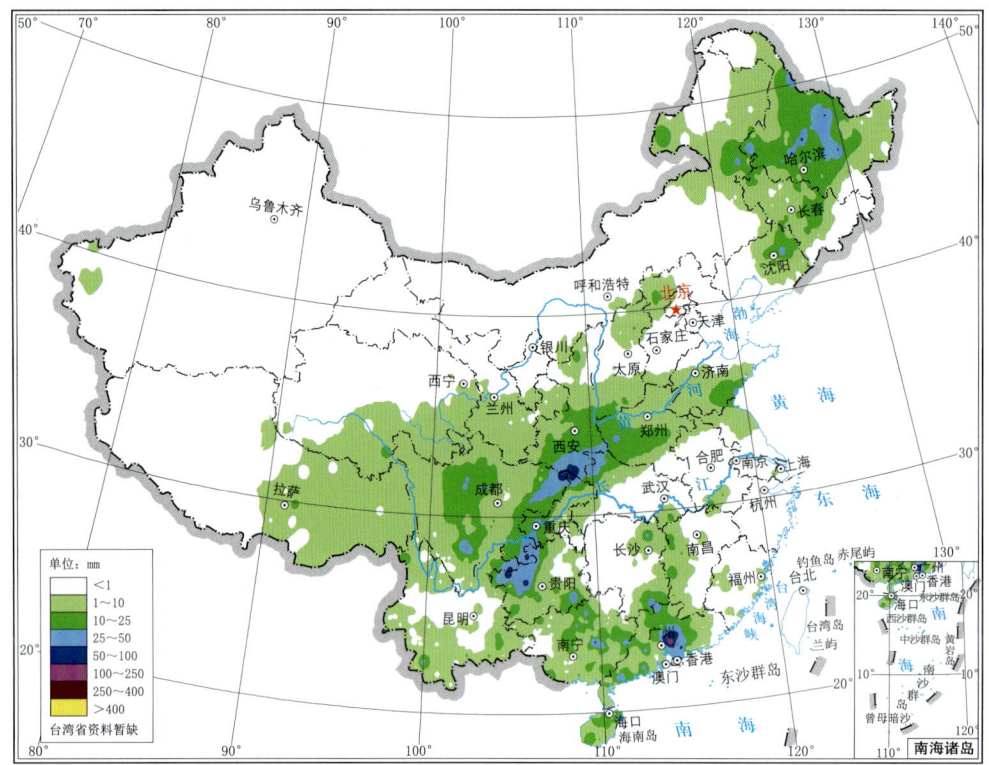

图 3.6.6　2017 年 9 月 5 日全国降水量分布图（单位：mm）

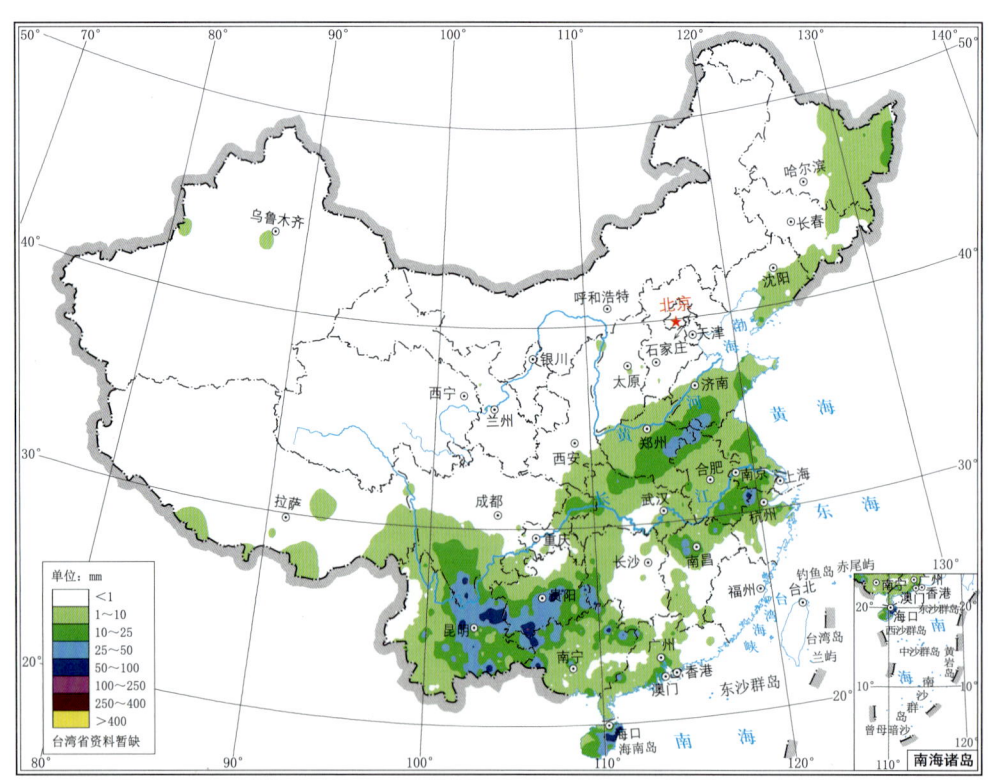

图 3.6.7　2017 年 9 月 6 日全国降水量分布图（单位：mm）

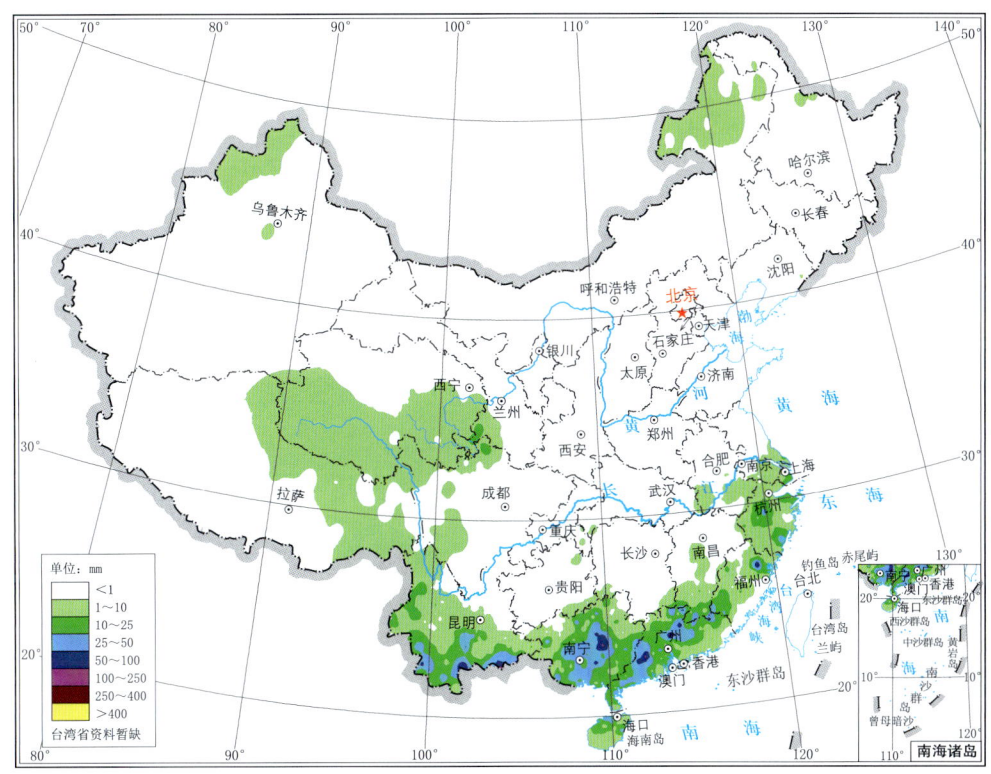

图 3.6.8　2017 年 9 月 7 日全国降水量分布图(单位:mm)

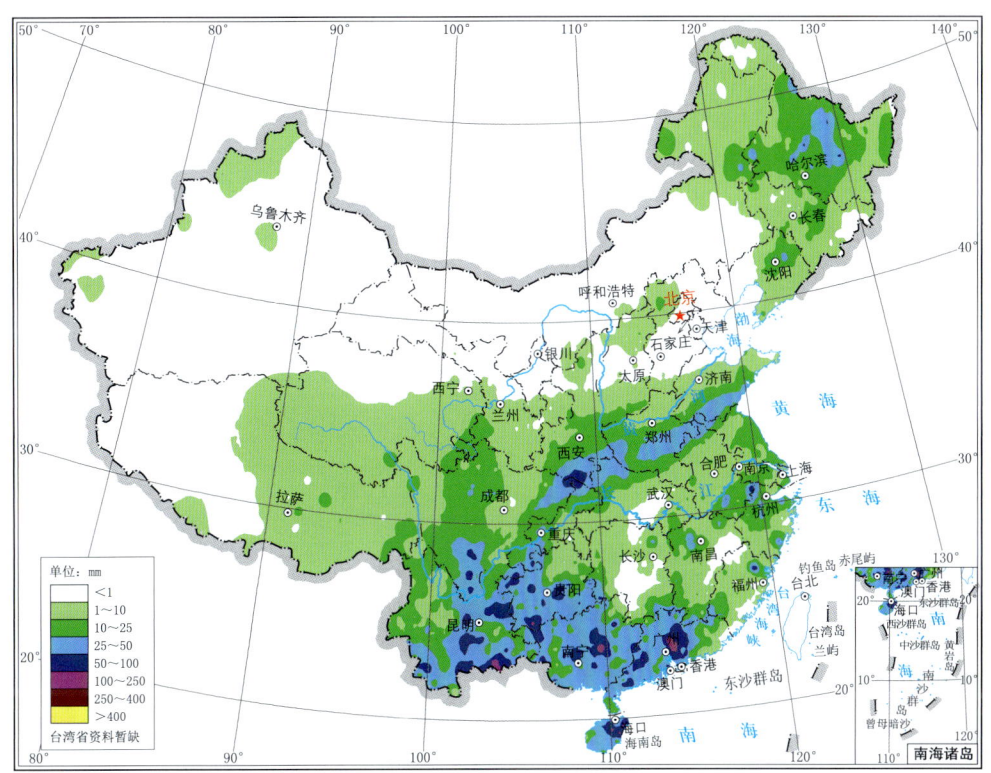

图 3.6.9　2017 年 9 月 5—7 日全国总降水量分布图(单位:mm)

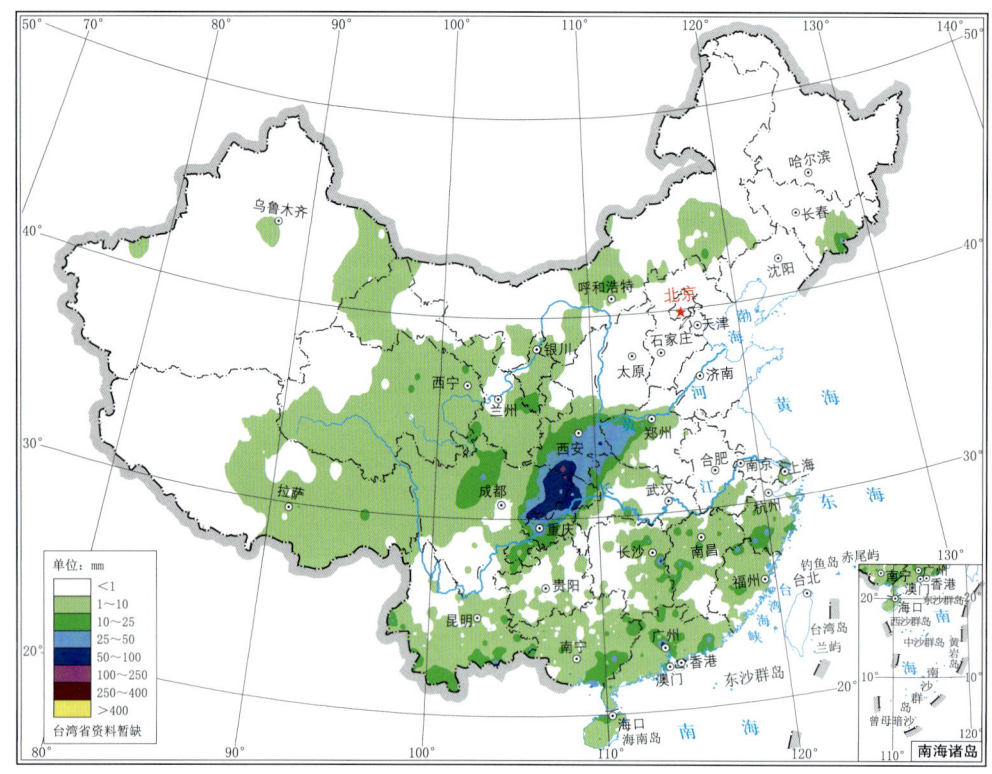

图 3.6.10　2017 年 9 月 9 日全国降水量分布图(单位:mm)

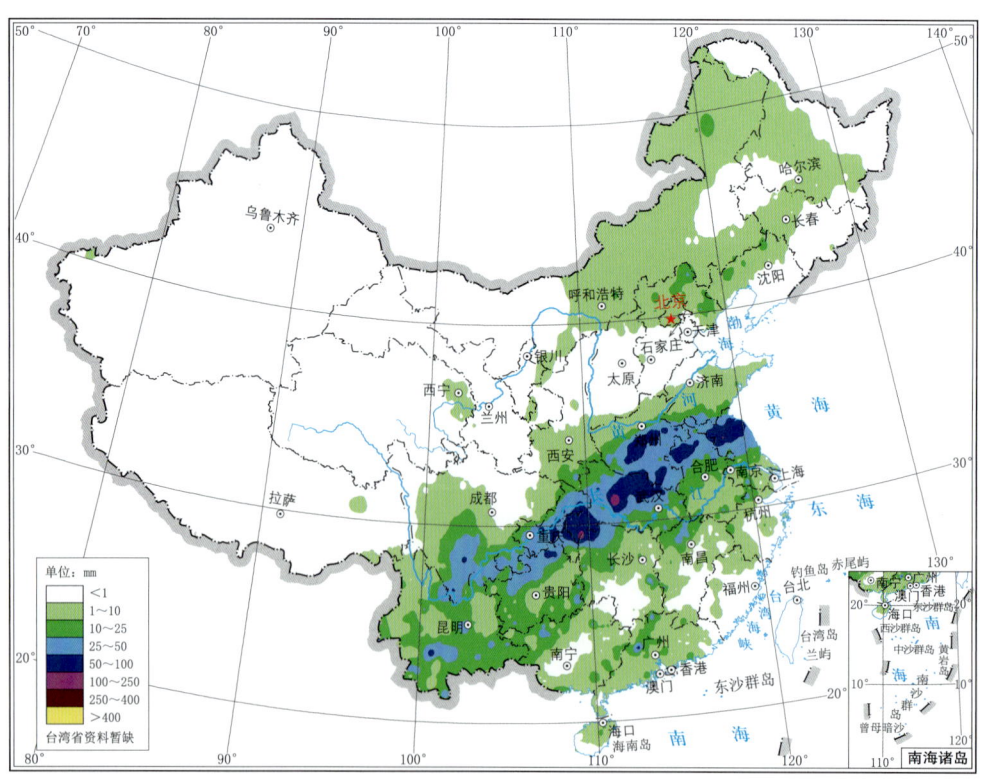

图 3.6.11　2017 年 9 月 10 日全国降水量分布图(单位:mm)

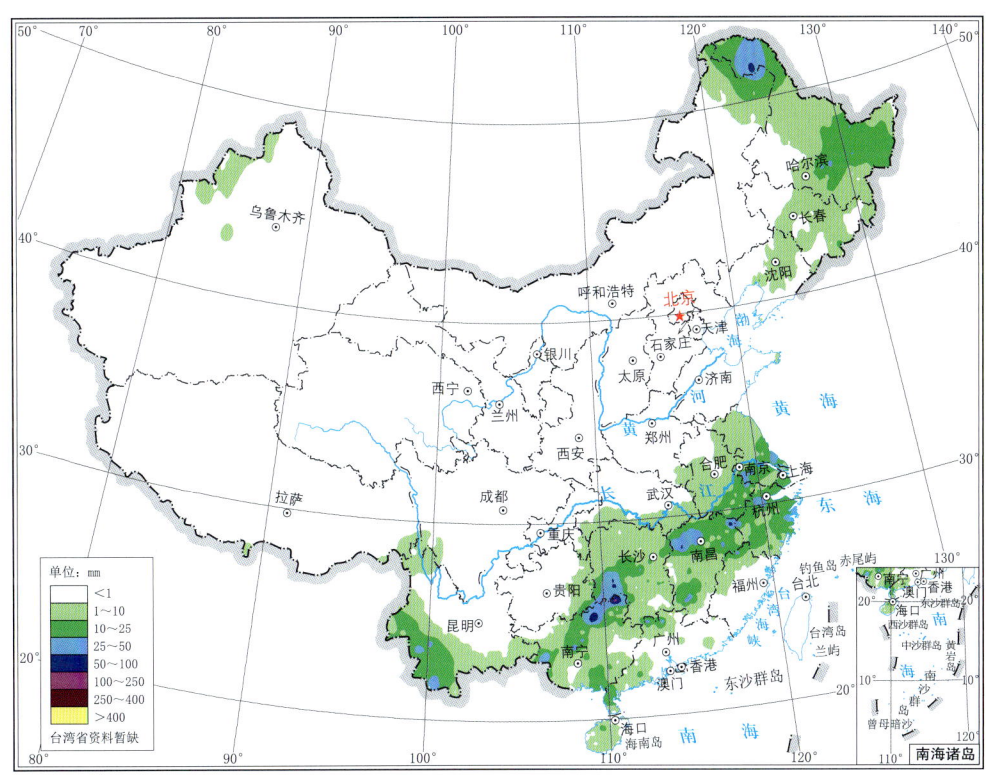

图 3.6.12　2017 年 9 月 11 日全国降水量分布图（单位：mm）

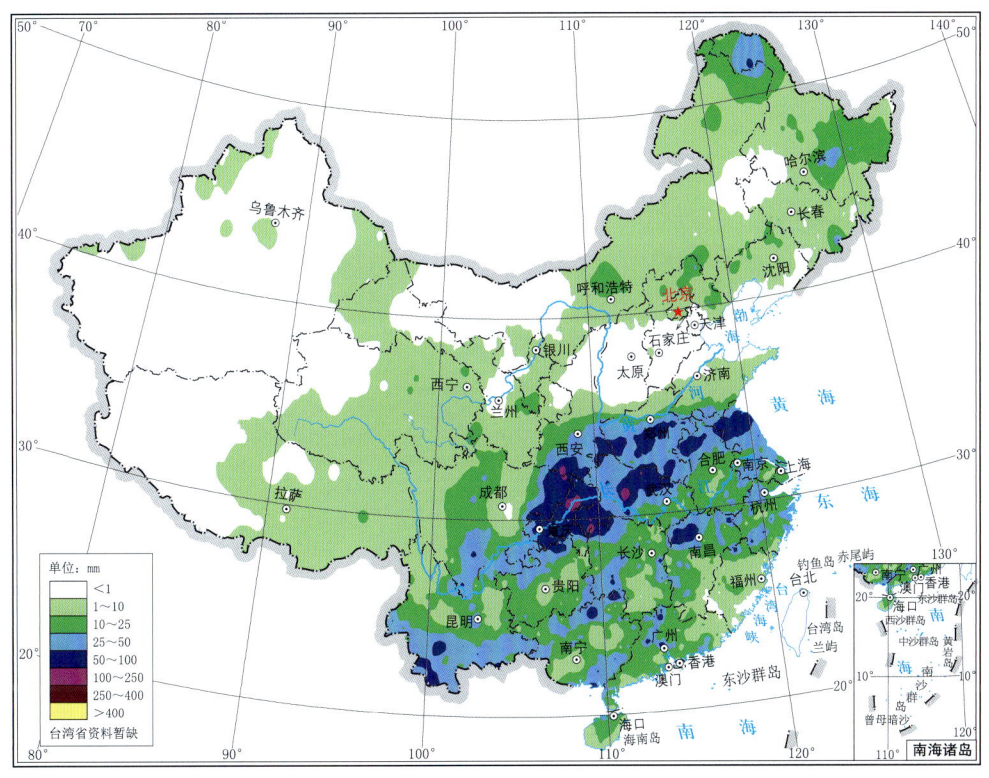

图 3.6.13　2017 年 9 月 9—11 日全国总降水量分布图（单位：mm）

第 30 次主要暴雨过程(No.30):9 月 18—20 日

9 月 18 日,500 hPa 青藏高原东侧有短波槽发展东移,中低层四川盆地有西南低涡形成,受其影响,盆地东部及鄂西山地出现降水,局部出现暴雨(图 3.6.14);19 日,500 hPa 短波槽快速东移发展,中低层西南低涡缓慢东移,长江中游地区有暖切变发展,受其影响,降水区东移南压、发展加强,西南地区东部及长江中游地区出现降水,暴雨主要出现在湘西北及江汉平原,局部出现大暴雨(图 3.6.15);20 日,500 hPa 青藏高原东侧又有短波槽补充东移,中低层低涡切变东移南压,受其影响,雨带整体东移南压,贵州南部、广西北部及江南北部出现较大范围降水,暴雨主要出现在湘黔桂交界处及赣北部分地区,贵州局部出现大暴雨(图 3.6.16)。图 3.6.17 为此次暴雨过程总降水量分布。

第 31 次主要暴雨过程(No.31):9 月 24—25 日

9 月 24 日,500 hPa 青藏高原东侧有短波槽发展东移,中低层四川盆地有西南低涡形成,低涡东侧暖切变向东伸展至江淮流域,受其影响,江淮流域出现强降水,从河南南部到江苏南部出现东西向暴雨带,局部出现大暴雨(图 3.6.18);25 日,500 hPa 短波槽缓慢东移,中低层西南低涡缓慢向东北方向移动,江淮切变加强北抬至黄淮流域,受其影响,河南、安徽、江苏出现大范围降水,暴雨主要集中在安徽北部至江苏中南部,其中长江三角洲地区多站出现大暴雨(图 3.6.19)。图 3.6.20 为此次暴雨过程总降水量分布。

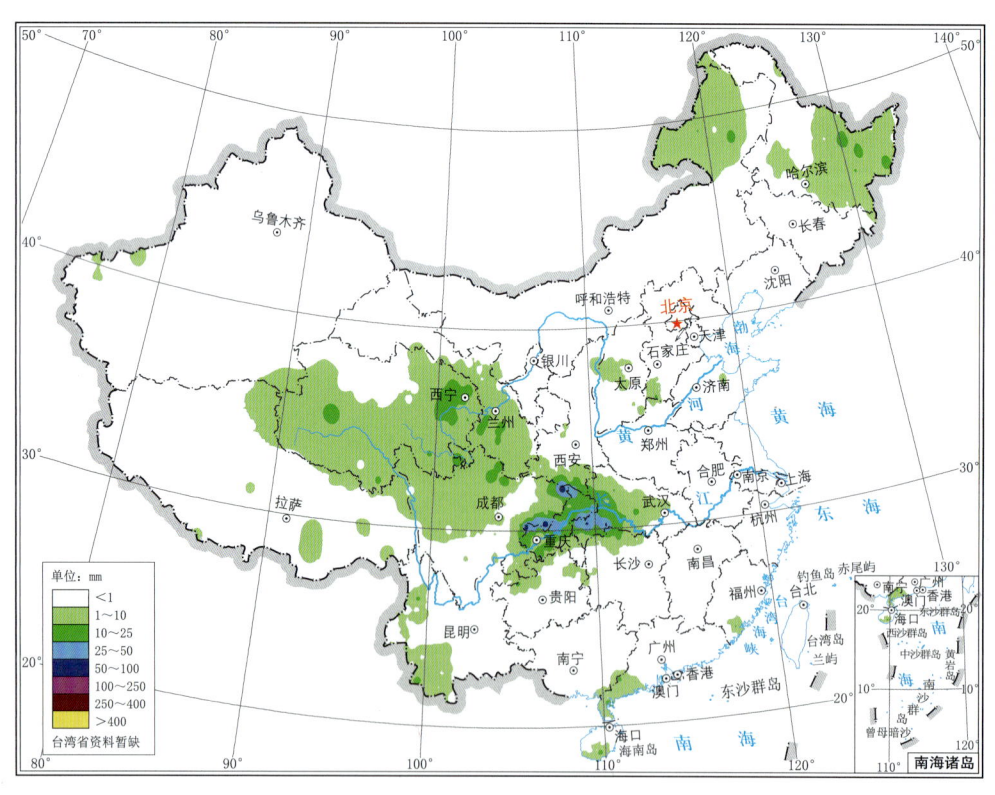

图 3.6.14 2017 年 9 月 18 日全国降水量分布图(单位:mm)

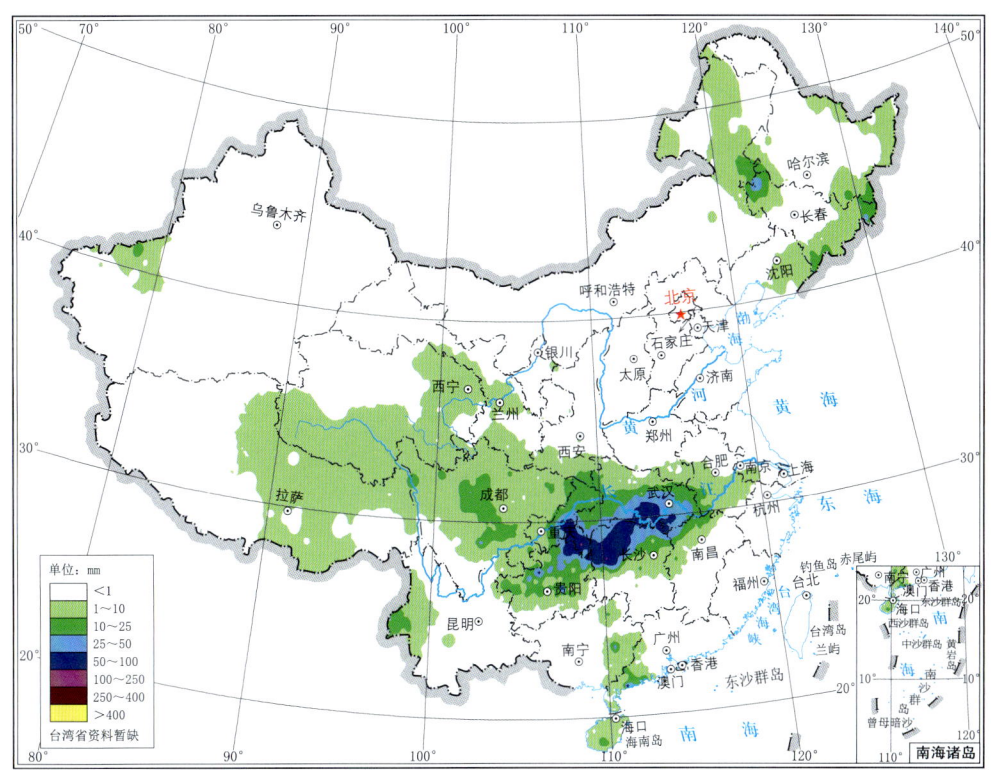

图 3.6.15　2017 年 9 月 19 日全国降水量分布图（单位：mm）

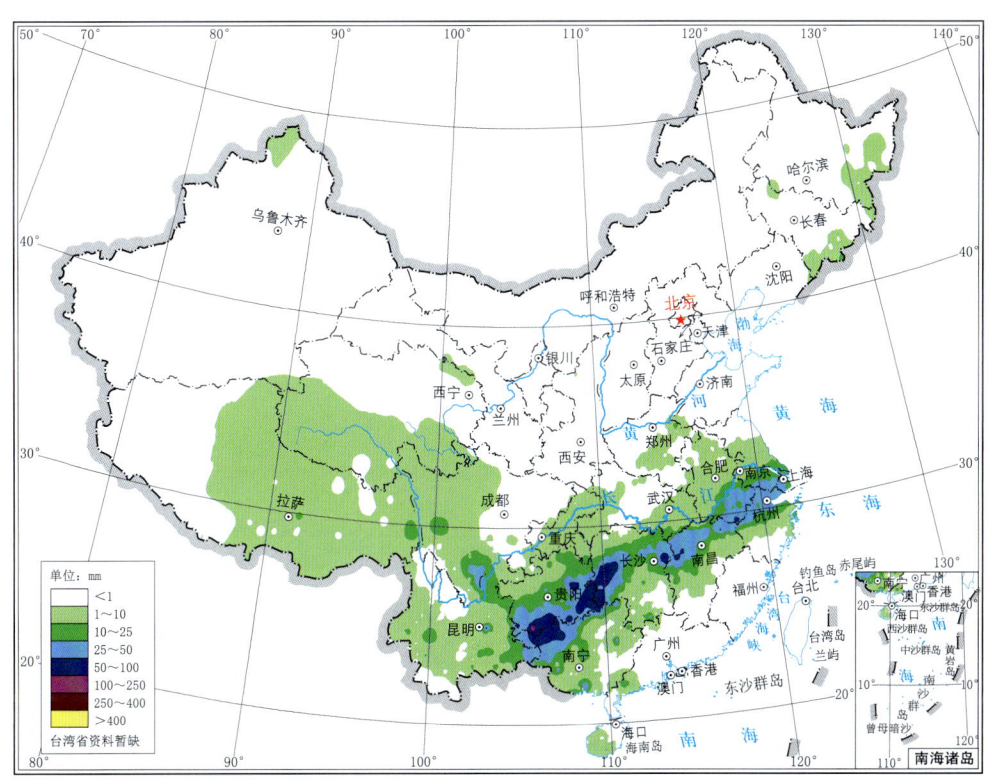

图 3.6.16　2017 年 9 月 20 日全国降水量分布图（单位：mm）

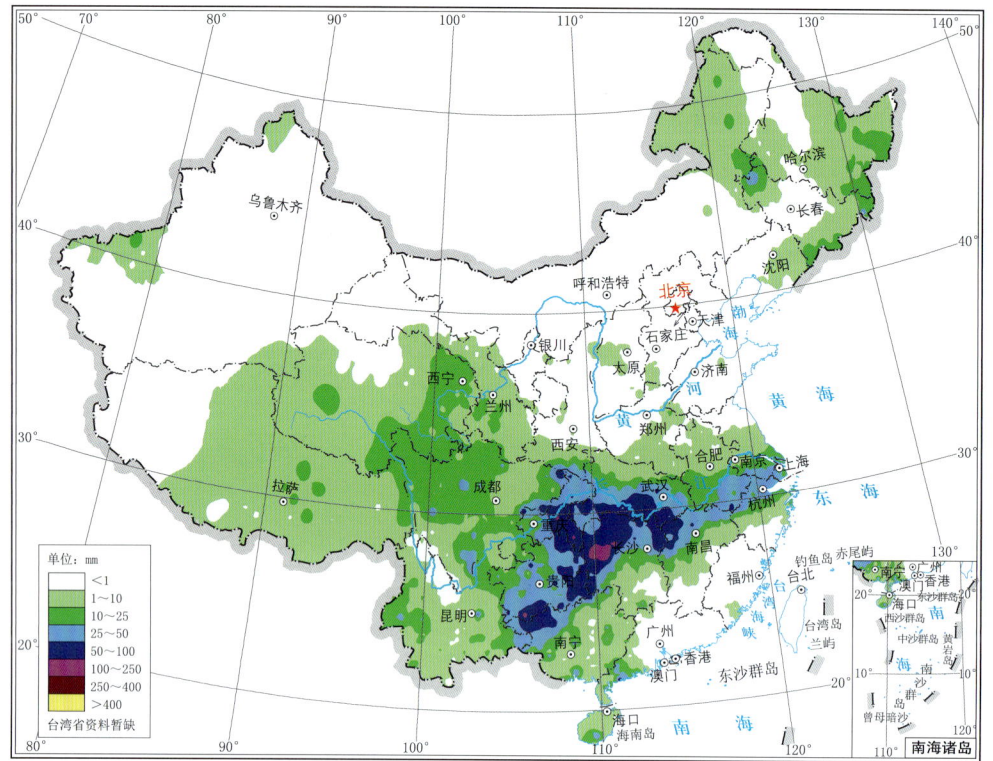

图3.6.17 2017年9月18—20日全国总降水量分布图(单位:mm)

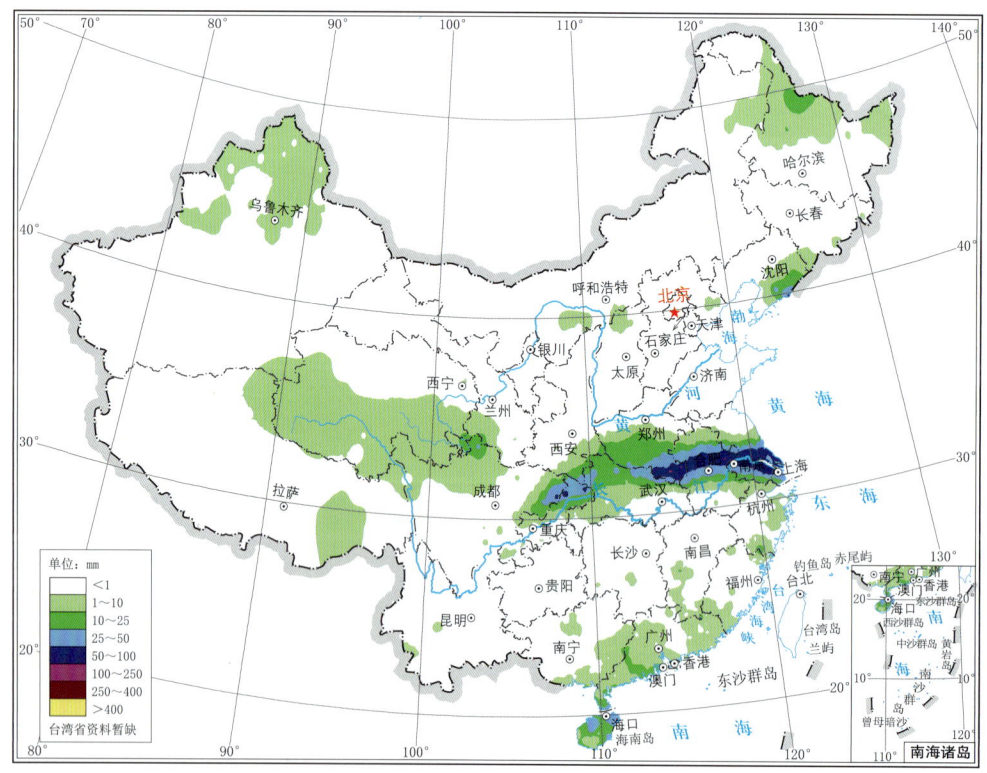

图3.6.18 2017年9月24日全国降水量分布图(单位:mm)

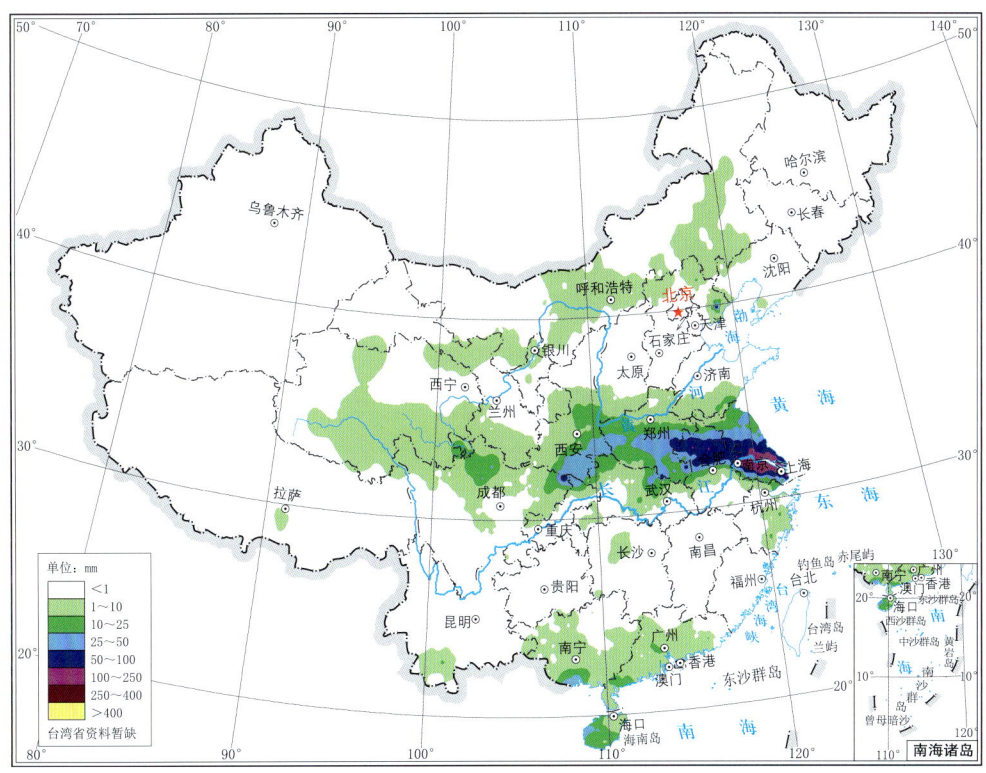

图 3.6.19 2017年9月25日全国降水量分布图(单位:mm)

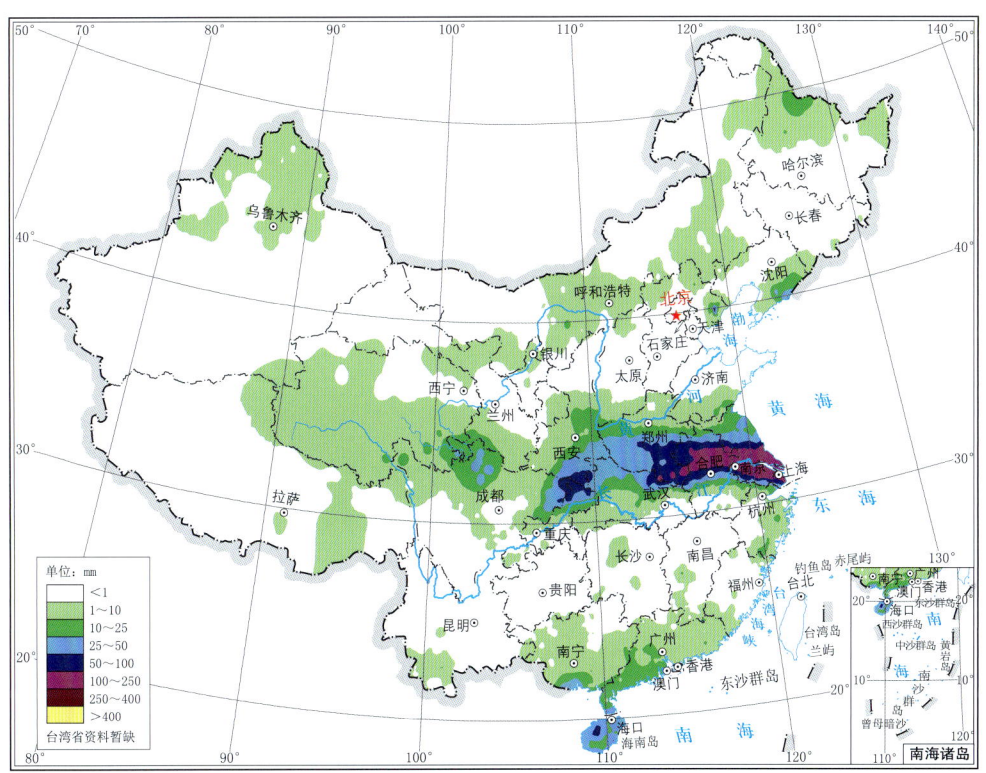

图 3.6.20 2017年9月24—25日全国总降水量分布图(单位:mm)

3.7 10月主要暴雨过程(No.32—No.33)

第32次主要暴雨过程(No.32):10月1—2日

10月1日,500 hPa青藏高原东侧有短波槽快速发展东移,中低层四川盆地和黄淮地区有低涡切变形成,切变南侧长江中下游及江淮地区低空急流明显发展,受其影响,黄淮流域及江淮东部出现强降水,暴雨主要集中在安徽北部至江苏北部,并有多站出现大暴雨(图3.7.1);2日,500 hPa短波槽快速东移,中低层低涡切变东移南压,受其影响,降水区南压至江汉地区和江淮地区,鄂西南和江苏中部出现暴雨,其中鄂西南局部出现大暴雨(图3.7.2)。图3.7.3为此次暴雨过程总降水量分布。

第33次主要暴雨过程(No.33):10月15—16日

10月15日,1720号强台风"卡努"(Khanun)在进入南海后向偏西方向移动至广东南部海域,强度逐步增大,受其影响,华南中东部、江南中东部出现降水,海南东北部、广东东南部出现暴雨,浙江东北部出现暴雨到大暴雨,其中大陈岛和石浦分别出现268 mm、286.7 mm的特大暴雨(图3.7.4);16日,"卡努"(Khanun)在广东徐闻登陆并转向西南方向移动,强度迅速减弱,在进入琼州海峡后转向西北方向移动,强度进一步减弱为热带低压后在广东雷州半岛以西附近海域消散,受其影响,江南、华南出现大范围降水,海南、广东、广西局部出现暴雨,浙江东北部沿海出现暴雨到大暴雨(图3.7.5)。图3.7.6为此次暴雨过程总降水量分布。

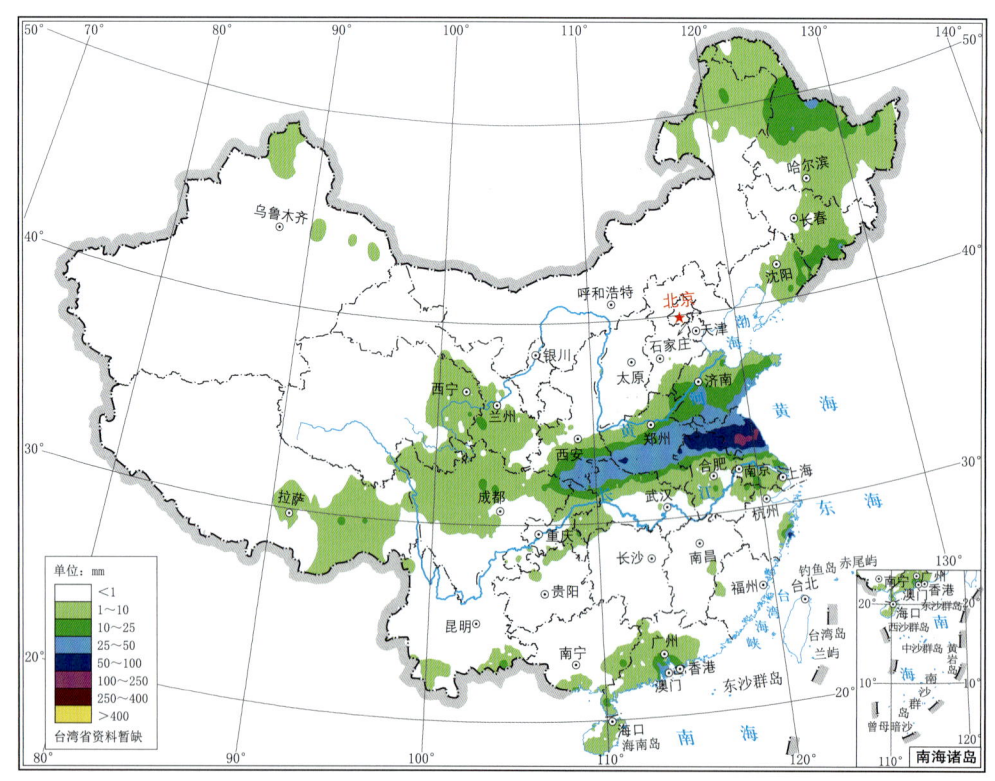

图3.7.1 2017年10月1日全国降水量分布图(单位:mm)

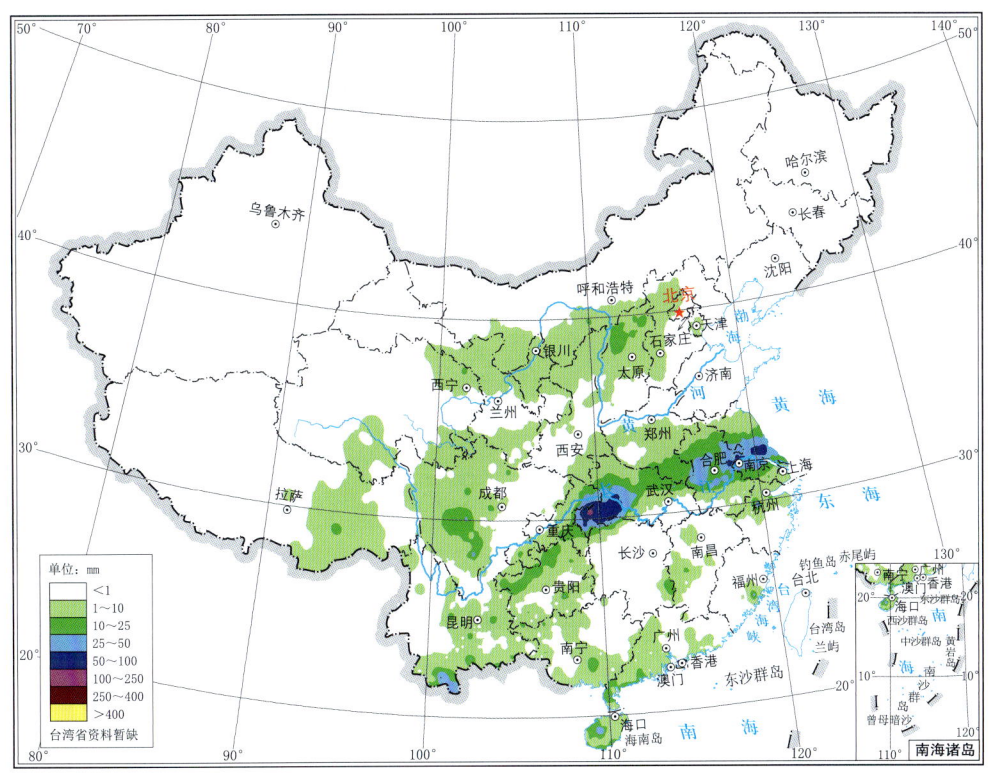

图 3.7.2 2017 年 10 月 2 日全国降水量分布图(单位:mm)

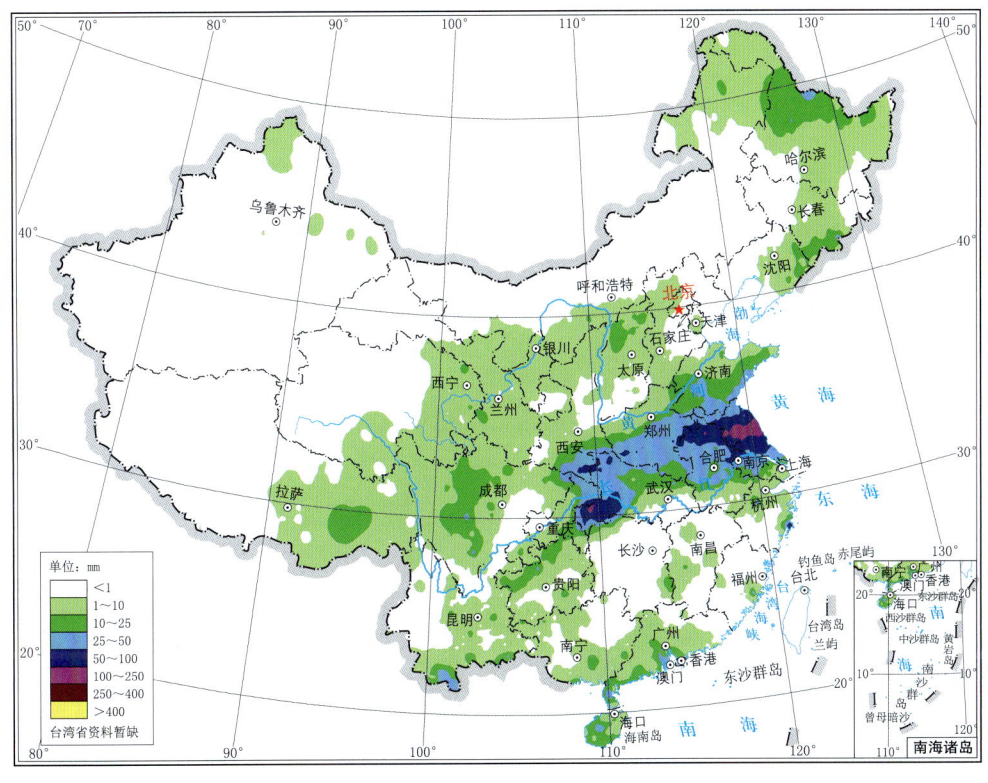

图 3.7.3 2017 年 10 月 1—2 日全国总降水量分布图(单位:mm)

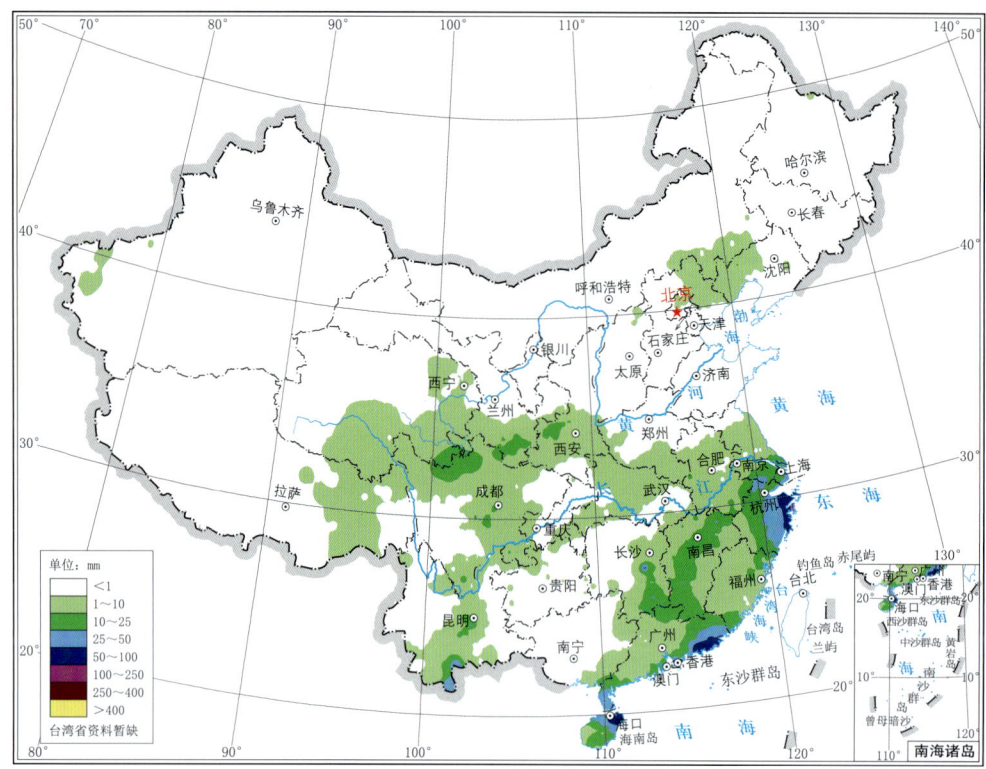

图 3.7.4　2017 年 10 月 15 日全国降水量分布图(单位:mm)

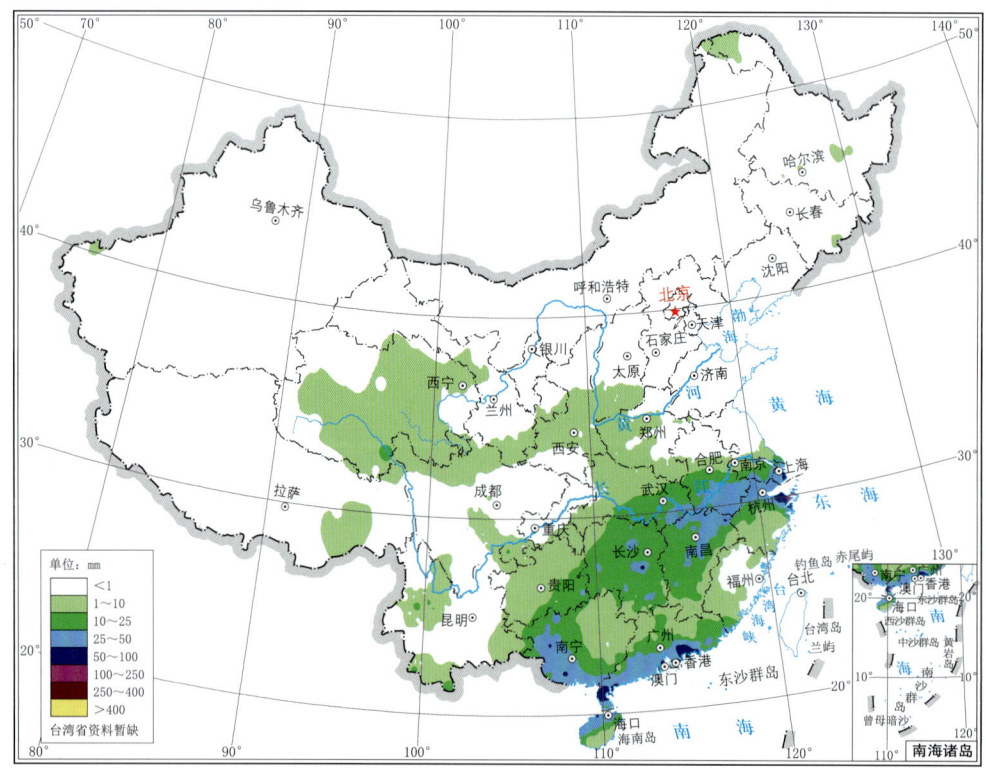

图 3.7.5　2017 年 10 月 16 日全国降水量分布图(单位:mm)

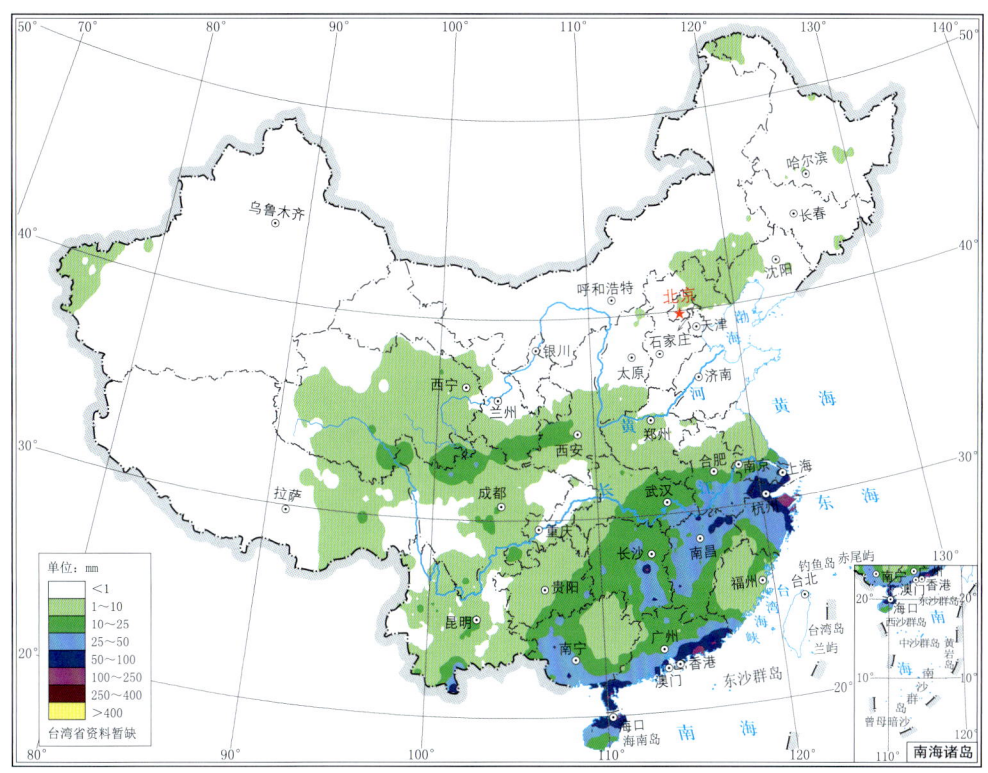

图 3.7.6　2017 年 10 月 15—16 日全国总降水量分布图(单位:mm)

3.8　11 月主要暴雨过程(No. 34)

第 34 次主要暴雨过程(No. 34):11 月 7 日

11 月 7 日,500 hPa 南海及华南地区受副高环流控制,副高北侧有短波槽发展,中低层华南南部有东风波倒槽形成,受其影响,华南大部出现降水,广东中部部分地区出现暴雨,海南中东部出现暴雨到大暴雨,其中万宁出现 278.0 mm 的特大暴雨(图 3.8.1)。

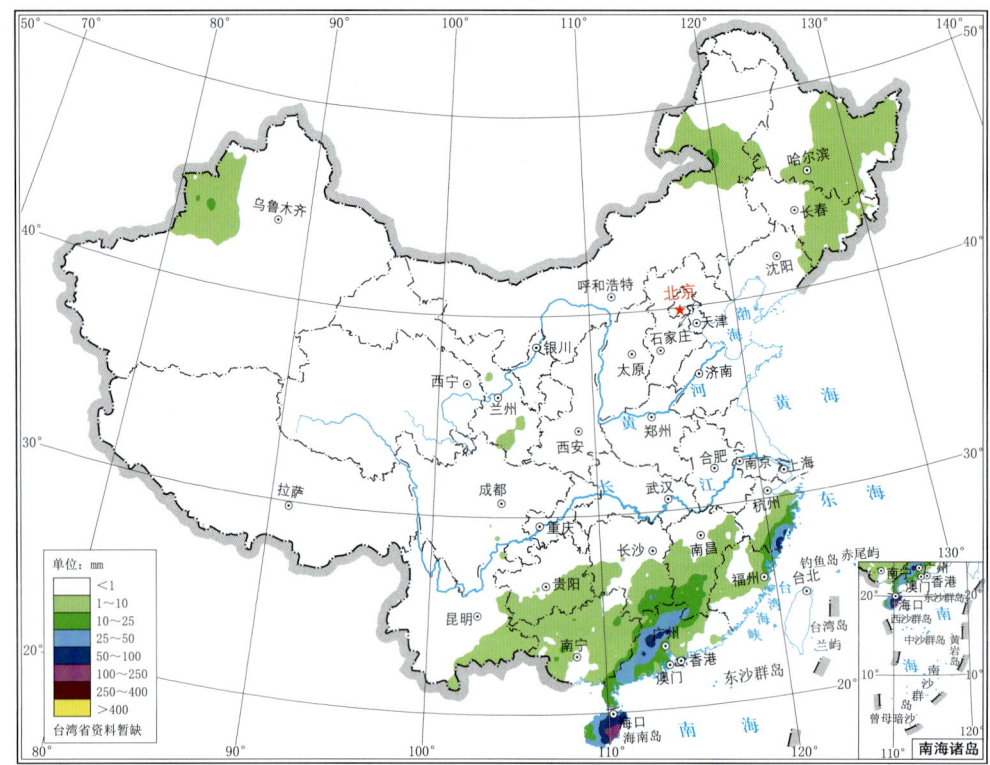

图 3.8.1 2017 年 11 月 7 日全国降水量分布图(单位:mm)

第 4 章 重大暴雨事件

在本年度内遴选出 10 次降水强度大、范围广、影响显著的暴雨天气过程作为年度重大暴雨事件(详见表 4.0.1)。这 10 次重大暴雨事件分别发生在 2017 年 6—10 月,其中 6 月 2 次、7 月 4 次、8 月 3 次、10 月 1 次。下面分别对 10 次重大暴雨事件从雨情、灾情及天气形势等几个方面进行简要分析,并给出过程高空环流形势图及地面天气图。

表 4.0.1 2017 年度全国重大暴雨事件纪要表

序号	时间	过程天数(d)	简称	雨带移动趋势	主要影响省(自治区、直辖市)	主要天气影响系统	直接经济损失(亿元)
1	6月12—22日	11	南方暴雨	东移南压	湖北、湖南、江西、浙江、福建、广东、广西、重庆、四川、贵州、云南	西南低涡 江淮气旋 低层切变线	8.3
2	6月22日—7月4日	13	南方暴雨	东移南压	湖北、湖南、安徽、江西、浙江、福建、广东、广西、四川、重庆、贵州、云南	低涡切变	505.1
3	7月13—14日	2	东北暴雨	静止少动	吉林	低层切变线	203.1
4	7月18—21日	4	北方暴雨	东移北抬	吉林、黑龙江、辽宁、河北、山东、山西、河南	河套低涡 低层切变线	52.8
5	7月26—28日	3	北方暴雨	静止少动	陕西、甘肃、山西、山东、河南	低层切变线	50.7
6	7月30日—8月7日	9	东部暴雨(双台风"纳沙""海棠"暴雨)	北移	广东、福建、江西、河南、河北、山东、北京、辽宁、吉林、黑龙江、内蒙古	1709号台风"纳沙"(Nasat) 1710号热带风暴"海棠"(Haitang)	55.6
7	8月12—16日	5	南方暴雨	静止少动	湖北、湖南、江西、广西、贵州、云南	低层切变线	28.9
8	8月23—25日	3	南方暴雨(超强台风"天鸽"暴雨)	西移	广东、广西、云南	1713号超强台风"天鸽"(Hato)	289.9
9	8月26—29日	4	南方暴雨(强热带风暴"帕卡"暴雨)	西移	广东、广西、贵州、云南	1714号强热带风暴"帕卡"(Pakhar)	7.6
10	10月15—16日	2	南方暴雨(强台风"卡努"暴雨)	静止少动	浙江、广东、广西、海南	1720号强台风"卡努"(Khanun)	22.7

4.1　6月12—22日南方暴雨

4.1.1　雨情灾情分析

这是2017年第9次主要暴雨过程(No.9)。此次由西南低涡、江淮气旋和低层切变线造成的南方暴雨过程共持续11 d。6月12—22日,50 mm以上总降水量位于江南地区、华南地区和西南地区,100 mm以上总降水量主要分布在江南地区、华南地区和西南地区,250 mm以上总降水量主要分布在福建、广东,过程累积最大降水量出现在广东陆丰,达到951 mm(图3.3.26)。

此次南方暴雨过程具有持续时间较长、影响范围较广的特点。6月20日,云南易门日降水量(145.7 mm)突破当地56 a(1961—2016年)的历史纪录。受这次暴雨过程的影响,湖北、湖南、江西、浙江、福建、广东、广西、重庆、四川、贵州和云南11省(自治区、直辖市)共96万人受灾,4人死亡,1.6万人紧急转移安置,400间房屋倒塌,3300间不同程度损坏,农作物受灾面积$63.7\times10^3 hm^2$,直接经济损失8.3亿元。

4.1.2　天气形势及降水分析

6月12日,500 hPa云贵高原上空有短波槽生成,中低层该区域有切变线发展,受其影响,贵州省及其周边出现降水,暴雨主要出现在贵州中部,局地出现大暴雨(图3.3.14);13—14日,500 hPa云贵高原上空的短波槽东移至华南西部,中低层切变也东移南压至华南西部,受其影响,雨区东移南压,广西连续2 d出现分散性暴雨、局部大暴雨(图3.3.15,图3.3.17);15日,500 hPa华南地区短波槽东移,同时在青藏高原东侧及云贵高原上空又有短波槽发展,中低层四川盆地和云贵高原上空各有低涡形成,云贵高原至江南南部有暖切变线发展,受其影响,西南地区东部、江南大部、华南北部出现大范围降水,贵州西部和福建南部出现暴雨区,局部有大暴雨,其他地区局部出现暴雨(图3.3.18);16日(图4.1.1),500 hPa西风短波槽快速东移发展,700 hPa皖鄂赣三省交界的地区有江淮气旋新生发展,江南及华南西部出现切变线,江南南部、华南地区西南低空急流加强,850 hPa贵州上空的低涡向东南方向移动到广西西部,低涡东北方向的切变线伸展至福建北部,受其影响,江南南部及华南出现大范围强降水,雨区中大部出现暴雨,广西局部、广东部分地区出现大暴雨,其中广东陆丰出现362.7 mm的特大暴雨(图3.3.19);17日,500 hPa西风短波槽东移南压,700 hPa江淮气旋缓慢东移南压至江西北部,850 hPa广西西部低涡向东北方向移动至福建中部,受其影响,雨区东移南压至广东、福建,暴雨主要出现在广东沿海和福建南部,局部有大暴雨(图3.3.20);18日,500 hPa华南上空又有西风短波槽生成,中低层华南上空有切变维持,受其影响,广东、福建降水维持,暴雨主要出现在广东、福建交界的沿海地区,局部有大暴雨(图3.3.21);19日,500 hPa华南上空又有西风短波槽东移,中低层华南上空有弱切变维持,受其影响,广东、福建降水维持,暴雨分布较为零散,沿海局地出现大暴雨(图3.3.22);20日,500 hPa云贵高原上空有西风短波槽东移至华南西部,中低层江南南部、华南西部有弱切变形成,受其影响,江南东部、华南地区出现降水,暴雨分布零散,华南南部局地出现大暴雨(图3.3.23);21日,500 hPa长江中游地区和华南西部又有西风短波槽发展,中低层江南北部有切变线形成,受其影响,江南中东部、华南大部出现降水,雨区中暴雨分布较广但较为零散(图3.3.24);22日,500 hPa副高加强西伸北抬,西风短波槽东移北收,中低层切变线略有北抬,受其影响,江南中东部、华南中部降水维持,部分地区出现暴雨到大暴雨(图3.3.25)。这次过程总降水量见图3.3.26。

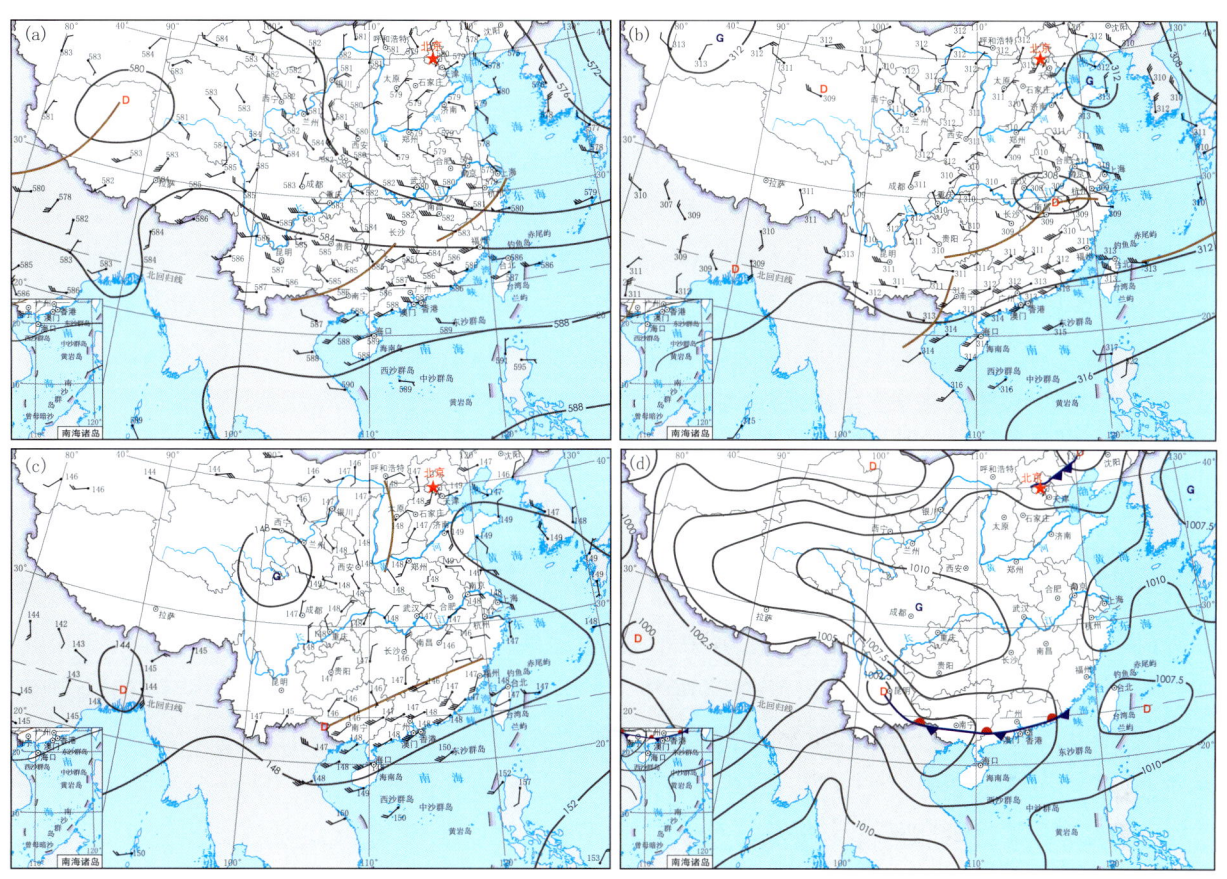

图 4.1.1　2017年6月16日08时高空环流形势图及地面天气图
(a) 500 hPa, (b) 700 hPa, (c) 850 hPa, (d) 地面

4.2　6月22日—7月4日南方暴雨

4.2.1　雨情灾情分析

这是2017年第12次主要暴雨过程(No.12)。此次由低涡切变造成的南方暴雨过程共持续13 d。6月22日—7月4日,50 mm以上总降水量主要位于江淮地区、江南地区、华南地区和西南地区,100 mm以上总降水量主要分布在江南地区、华南地区和西南地区,250 mm以上总降水量主要分布在江南地区、华南北部及贵州中部,过程累积最大降水量出现在湖南辰溪,达到592 mm(图3.3.41)。

此次南方暴雨过程具有持续时间较长、影响范围较广、灾情损失严重等特点。6月23日,湖南岳阳日降水量(239.0 mm)突破当地56 a(1961—2015年)的历史纪录;6月30日,湖南平江日降水量(236.0 mm)突破当地 56 a(1961—2015 年)的历史纪录。受这次暴雨过程的影响,湖北、湖南、安徽、江西、浙江、福建、广东、广西、四川、重庆、贵州和云南 12 省(自治区、直辖市)共 2196 万人受灾,94 人死亡,36 人失踪,95.1 万人紧急转移安置,5.1 万间房屋倒塌,36.4 万间不同程度损坏,农作物受灾面积 $1388.8\times10^3 hm^2$,直接经济损失 505.1 亿元。其中湖南受灾最为严重,直接经济损失 283.5 亿元,其次为江西、广西,直接经济损失依次为 79.2 亿元、68.8 亿元。

4.2.2 天气形势及降水分析

6 月 22 日,500 hPa 四川盆地有短波槽形成东移,700 hPa 盆地南部至贵州北部有切变生成,850 hPa 贵州西部有低涡发展,受其影响,盆地南部和贵州大部,暴雨分布较为零散,局部有大暴雨(图 3.3.25);23 日,500 hPa 短波槽东移发展,700 hPa 长江中下游及江南北部有切变线发展,850 hPa 贵州西部的低涡东移至贵州北部,长江中下游及江南北部有切变线发展,切变线南侧西南低空急流明显发展,受其影响,从贵州中部到江南北部出现近东北—西南向的强降水带,江南北部形成明显的暴雨带并有多站出现大暴雨,其中湖南临湘出现 278.2 mm 的特大暴雨(图 3.3.28);24 日,500 hPa 长江中下游地区不断有短波槽东移发展,中低层长江中下游及江南北部切变线稳定维持并不断发展加强,切变线南侧西南低空急流加强,中心风速达到 26 m/s,受其影响,强降水带稳定维持并不断加强,从四川盆地南部到江南北部形成近东西向的强暴雨带,其中江南北部出现较为集中的大暴雨带(图 3.3.29);25 日,500 hPa 江南北部有短波槽东移发展,中低层从云贵高原到江南北部出现切变线并缓慢南压,西南低空急流稳定维持,受其影响,强降水带缓慢南压,从广西西部到浙江中部出现狭长的暴雨带,赣东北部分地区出现大暴雨,其中弋阳出现 267.5 mm 的特大暴雨(图 3.3.31);26—28 日,500 hPa 长江中下游及江南北部不断有短波槽东移发展,中低层从云贵高原到江南北部切变线稳定维持,其间切变线上有时有低涡发展,江南南部、华南低空急流稳定维持,受其影响,连续 3 d 降水区都稳定维持在江南南部到华南北部,暴雨带呈东北—西南走向,局部出现大暴雨(图 3.3.32—图 3.3.34);29 日,500 hPa 甘肃南部有低涡生成,四川盆地有短波槽东移发展,中低层从盆地南部经贵州北部到江南北部有切变线活动,受其影响,雨带北抬,暴雨主要出现在贵州中部到湖南中部,局部出现大暴雨(图 3.3.35);30 日,500 hPa 甘肃南部低涡向东南方向移动至陕西南部,云贵高原上空有短波槽发展,中低层切变线北抬至贵州北部、湘西北及江淮流域,而江汉平原上空有低涡发展,切变线南侧低空急流明显加强,受其影响,雨带北抬加强,从贵州中部到安徽南部出现东北—西南向强暴雨带,其中湘北至鄂东南出现大暴雨带,两省共有 25 站达到大暴雨(图 3.3.36);7 月 1 日(图 4.2.1),500 hPa 陕西南部低涡继续向东南方向移动至湖北、河南交界地区,低涡南部西风槽发展加深并伸展至华南西部,中低层从江汉平原到贵州南部有明显的低涡切变发展,低空急流进一步发展加强,受其影响,雨带整体东移南压,从广西北部到江苏南部出现东北—西南向强暴雨带,其中有三个相对集中的大暴雨区,共有 40 站达到大暴雨(图 3.3.37);2 日,500 hPa 低涡向东北方向移动,西风槽缓慢东移,中低层低涡切变缓慢东移南压,850 hPa 广西上空有低涡发展,受其影响,雨带整体东移南压,雨带中出现两个暴雨区,一个位于长江下游地区,其中安徽沿江局部出现大暴雨,另一个暴雨区出现在广西中东部、广东北部及湖南南部,桂东北多站出现大暴雨,其中昭平、雁山、永福分别出现278 mm、278 mm、295.6 mm的特大暴雨(图3.3.38);3—4日,500 hPa西风槽继续缓慢东移南压,中低层广西上空低涡缓慢东移南压,受其影响,雨带整体东移南压至江南中东部和华南,广东中部南部、广西局部出现暴雨,4日广东阳江出现了275.5 mm的特大暴雨(图3.3.39、图3.3.40)。这次过程总降水量见图3.3.41。

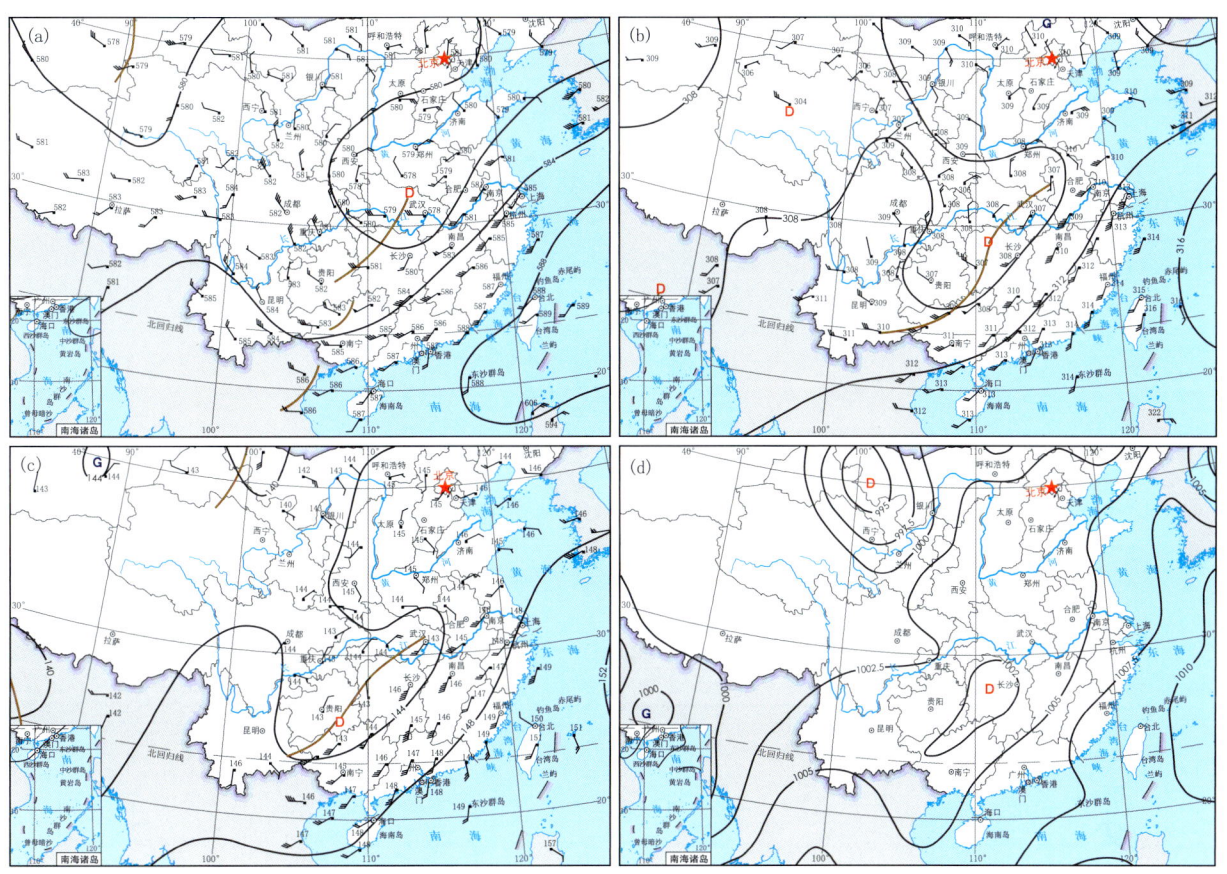

图4.2.1 2017年7月1日08时高空环流形势图及地面天气图
(a) 500 hPa,(b) 700 hPa,(c) 850 hPa,(d) 地面

4.3 7月13—14日东北暴雨

4.3.1 雨情灾情分析

这是2017年第15次主要暴雨过程(No.15)。此次由低层切变线造成的东北暴雨过程共持续2 d。7月13—14日,50 mm以上总降水量主要位于吉林中部和辽宁北部部分地区,部分地区出现100 mm以上总降水量,过程累积最大降水量出现在吉林永吉,达到262 mm (图3.4.13)。

此次东北暴雨过程具有持续时间短、雨带稳定、局地灾情严重的特点。7月14日,辽宁昌图日降水量(164.9 mm)突破当地56 a(1961—2016年)的历史纪录。受这次暴雨过程的影响,吉林省共73万人受灾,19人死亡,18人失踪,13.4万人紧急转移安置,3800间房屋倒塌,2.4万间不同程度损坏,农作物受灾面积 189.5×10³ hm²,因灾直接经济损失 203.1 亿元。

4.3.2 天气形势及降水分析

7月13日(图4.3.1),500 hPa 东北地区西部有短波槽发展,中低层该地区有切变形成,切变南侧有西南低空急流发展,受其影响,吉林中部部分地区出现暴雨到大暴雨(图3.4.11);14日,500 hPa 短波槽缓慢东移发展,中低层该地区切变线东移缓慢,受其影响,吉林、辽宁出现强降水,暴雨主要出现在吉林中部至辽宁北部,辽宁北部局地出现大暴雨(图3.4.12)。这次过程总降水量见图3.4.13。

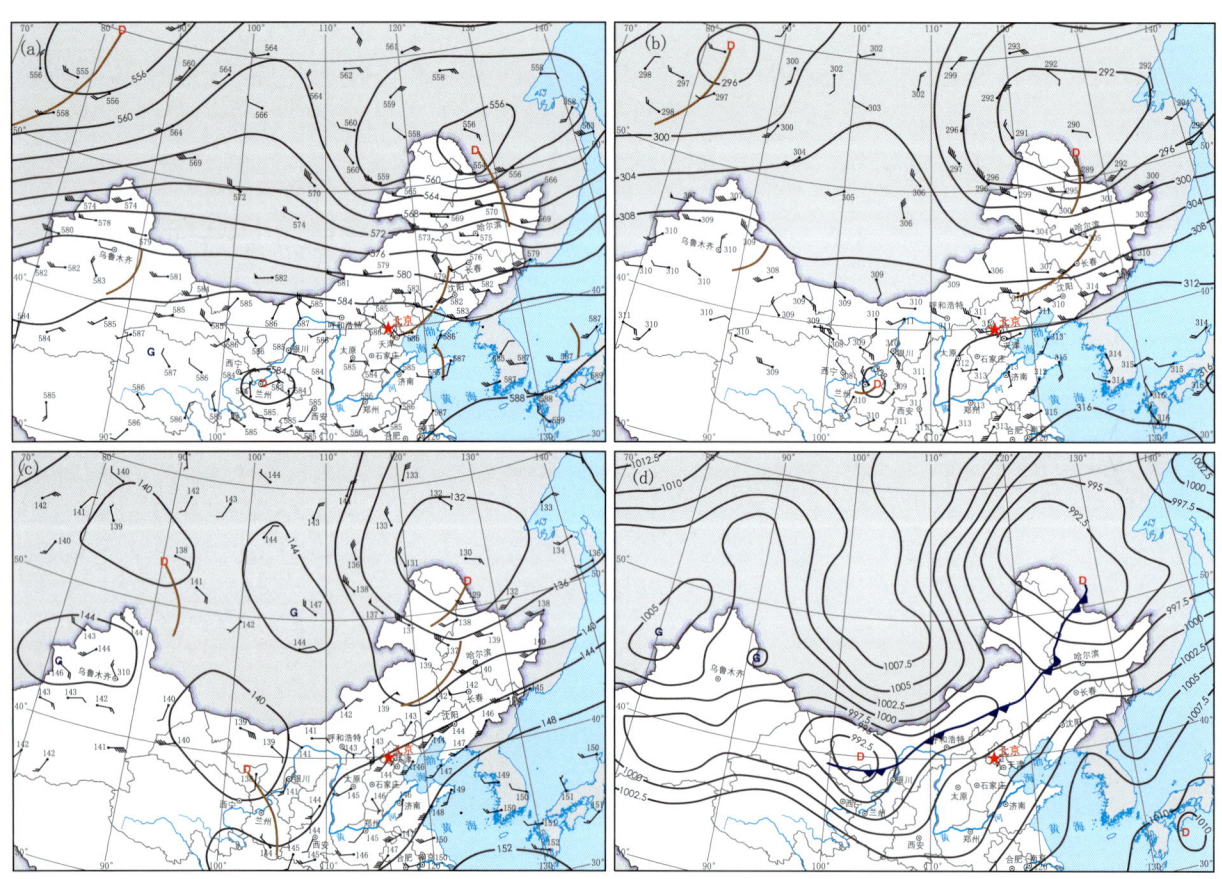

图 4.3.1　2017 年 7 月 13 日 08 时高空环流形势图及地面天气图
(a) 500 hPa,(b) 700 hPa,(c) 850 hPa,(d) 地面

4.4　7月18—21日北方暴雨

4.4.1　雨情灾情分析

这是2017年第18次主要暴雨过程(No.18)。

此次由河套低涡和低层切变线造成的北方暴雨过程共持续4 d。7月18—21日,50 mm 以上总降水量位于东北地区、华北地区和黄淮北部,100 mm 以上总降水量主要分布在吉林中部及东北部,过程累积最大降水量出现在吉林永吉,达到 246 mm(图 3.4.23)。

此次北方暴雨过程具有影响范围较小、局地灾情严重的特点。受这次暴雨过程的影响,吉林、黑龙江、辽宁、河北、河南、山东和山西 7 省共 140.9 万人受灾,11 人死亡,2 人失踪,29.2 万人紧急转移安置,2300 间房屋倒塌,2.2 万余间不同程度损坏,农作物受灾面积 146×10^3 hm^2,因灾直接经济损失 52.8 亿元,其中吉林受灾最为严重,直接经济损失 48.7 亿元,其次为黑龙江 2.8 亿元。

4.4.2 天气形势及降水分析

7 月 18 日,500 hPa 河套地区有低涡发展加强,中低层河套至华北中部地区有暖式切变线形成,受其影响,华北南部、黄淮北部出现降水,部分地区出现暴雨、局部大暴雨(图 3.4.18);19 日,500 hPa 河套低涡向东北方向移动至华北东部,中低层华北东部有切变线形成,受其影响,黄淮东部至东北东部出现降水,局部地区出现暴雨到大暴雨(图 3.4.19);20 日(图 4.4.1),500 hPa 东北南部至渤海湾有短波槽形成,中低层内蒙古中部至东北中部有切变线形成,受其影响,内蒙古东部、东北中部、东北南部出现降水,暴雨主要出现在吉林中部,局部出现大暴雨(图 3.4.20);21 日,500 hPa 内蒙古东部有西风槽发展东移至东北东部,中低层切变线发展东移至东北东部,受其影响,东北地区中部、南部至华北东部出现降水,暴雨分布较为零散,河北秦皇岛局部出现大暴雨(图 3.4.21)。这次过程总降水量见图 3.4.23。

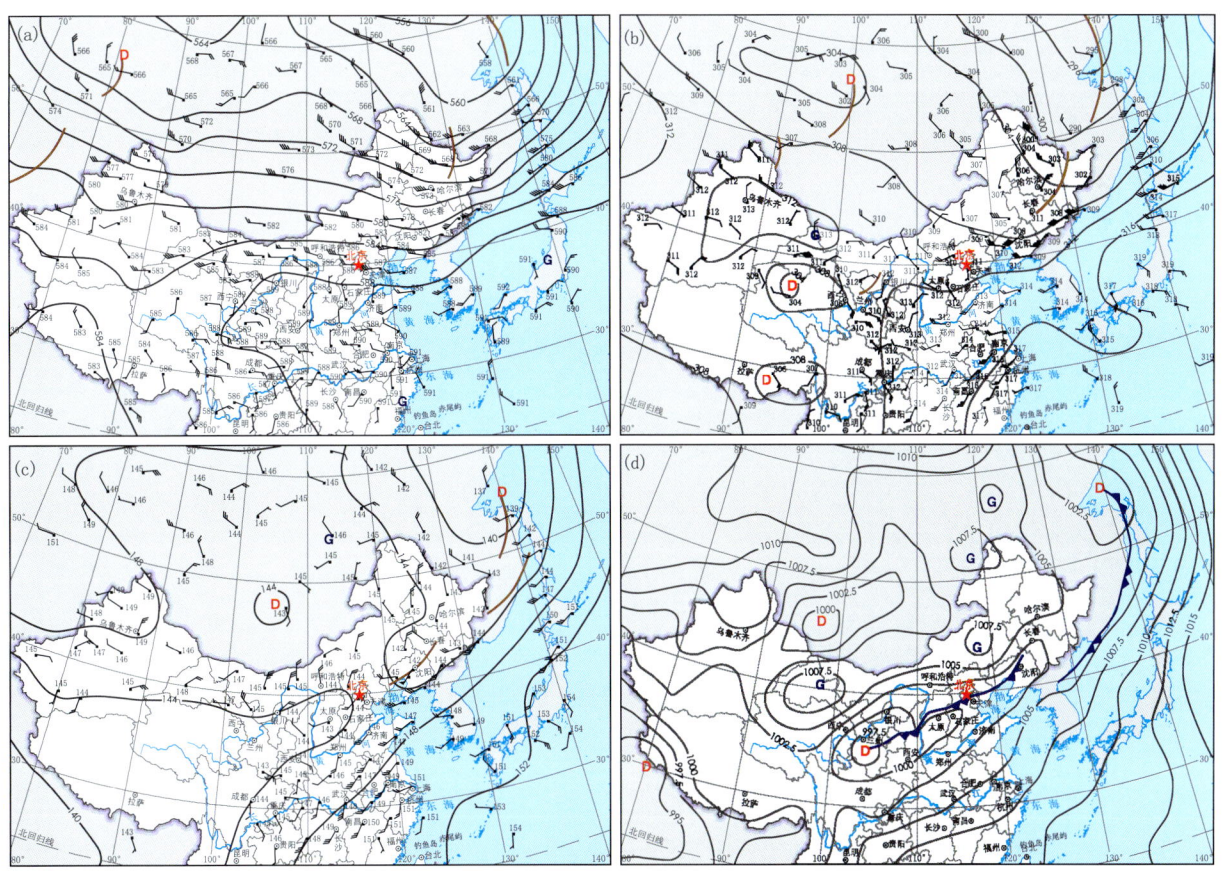

图 4.4.1 2017 年 7 月 20 日 20 时高空环流形势图及地面天气图
(a) 500 hPa,(b) 700 hPa,(c) 850 hPa,(d) 地面

4.5　7月26—28日北方暴雨

4.5.1　雨情灾情分析

这是2017年第19次主要暴雨过程(No.19)。

此次由低层切变线造成的北方南暴雨过程共持续3 d。7月26—28日,50 mm以上总降水量位于西北地区东部、华北地区和黄淮北部,100 mm以上总降水量主要分布在陕西北部和山西中部,过程累积最大降水量出现在陕西吴堡,达到263 mm(图3.4.27)。

此次北方暴雨过程具有影响范围较小、局地灾情严重的特点。7月26日,陕西横山日降水量(110.6 mm)突破当地56 a(1961—2016年)的历史纪录;7月27日,甘肃陇西日降水量(95.8 mm)突破当地56 a(1961—2016年)的历史纪录。受这次暴雨过程的影响,陕西、甘肃、山西、山东和河南5省共76.7万人受灾,14人死亡,2人失踪,8.5万人紧急转移安置,1400间房屋倒塌,2.2万间不同程度损坏,农作物受灾面积80.9×10^3 hm^2,因灾直接经济损失50.7亿元,其中陕西受灾最为严重,直接经济损失47.1亿元,其次为山西2.2亿元。

4.5.2　天气形势及降水分析

7月26日(图4.5.1),500 hPa华北西北部有短波槽形成,中低层内蒙古中部至河套地区有切变线形成,受其影响,华北中部及西北地区东北部出现降水,雨区中有两个暴雨中

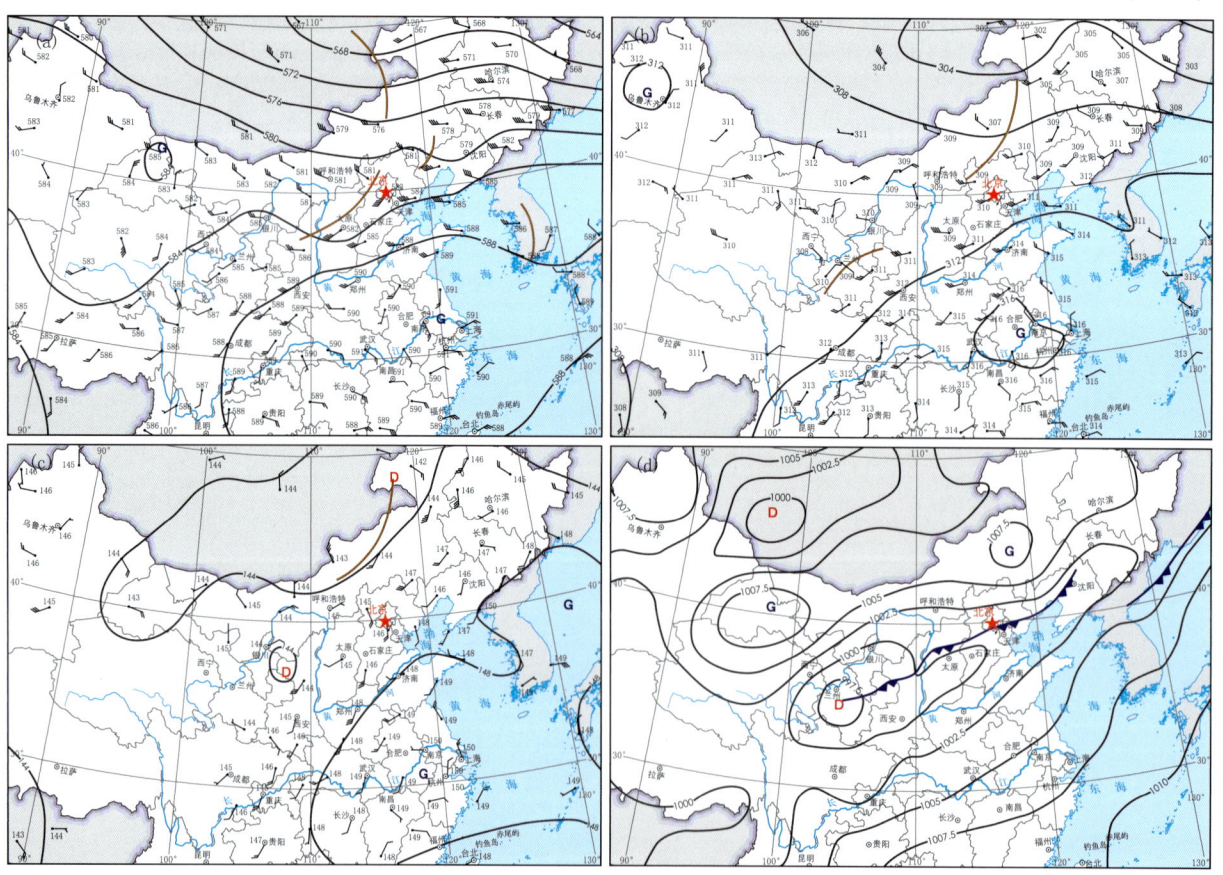

图4.5.1　2017年7月26日08时高空环流形势图及地面天气图
(a) 500 hPa,(b) 700 hPa,(c) 850 hPa,(d) 地面

心,一个位于河北、山东交界处的东北端,另一个位于陕西、山西交界处的中段,部分地区出现大暴雨(图 3.4.24);27 日,500 hPa 河套以西有新的短波槽发展东移,中低层内蒙古中部至河套地区的切变线东移南压,同时河套地区又有新的切变线生成,受其影响,西北地区东部、华北南部、黄淮北部出现东西向带状降水,暴雨分布较为零散,陕西、山西局部出现大暴雨(图 3.4.25);28 日,500 hPa 河套以西又有新的短波槽发展东移,中低层河套地区至华北中部有切变线形成,受其影响,雨带维持,陕西、山西部分地区出现暴雨(图 3.4.26)。这次过程总降水量见图 3.4.27。

4.6　7月30日—8月7日东部暴雨(双台风"纳沙""海棠"暴雨)

4.6.1　雨情灾情分析

这是 2017 年第 20 次主要暴雨过程(No.20)。

此次由 1709 号台风"纳沙"(Nasat)和 1710 号热带风暴"海棠"(Haitang)造成的东部暴雨过程共持续 9 d。7 月 30 日—8 月 7 日,50 mm 以上总降水量从广东向北一直伸展到东北地区,呈近南北向带状分布,而 100 mm 以上总降水量也呈大致相同的分布,250 mm 以上总降水量主要分布在福建东部沿海及东北局部地区,过程累积最大降水量出现在内蒙古青龙山,达到 412 mm(图 3.4.37)。

台风"纳沙"(Nasat)和热带风暴"海棠"(Haitang)24 h 内先后在福建的同一地点登陆,并深入内陆,气旋环流结构维持时间较长。此次东部暴雨过程具有影响范围广、受灾人口多的特点。8 月 3 日,辽宁朝阳(246.6 mm)、内蒙古通辽(179.0 mm)、宝国吐(206.4 mm)日降水量均突破当地 56 a(1961—2016 年)的历史纪录;8 月 4 日,辽宁岫岩(317.6 mm)、黑龙江萝北(102.5 mm)、青岗(94.8 mm)日降水量均突破当地 56 a(1961—2016 年)的历史纪录。受这次暴雨过程的影响,广东、福建、江西、河南、河北、山东、北京、辽宁、吉林、黑龙江和内蒙古 11 省(自治区、直辖市)共 258.2 万人受灾,4 人死亡,23.9 万人紧急转移安置,2600 间房屋倒塌,2.4 万间不同程度损坏,农作物受灾面积 432.2×10³ hm²,因灾直接经济损失 55.6 亿元,其中辽宁受灾最为严重,直接经济损失 21.9 亿元,其次为福建、吉林,直接经济损失依次为 6.6 亿元、6.5 亿元。

4.6.2　天气形势及降水分析

7 月 30 日(图 4.6.1),1709 号台风"纳沙"(Nasat)在向西北方向移动的过程中穿过台湾海峡并在福建福清登陆,当天下午减弱为热带低压并转向西南方向移动,受其影响,福建、浙江出现降水,暴雨主要出现在福建中北部沿海和浙江中南部沿海地区,局部出现大暴雨(图 3.4.28);31 日,"纳沙"(Nasat)在福建永定减弱消散,与此同时,1710 号热带风暴"海棠"(Haitang)在向西北方向移动的过程中穿过台湾海峡再次在福建福清登陆,登陆后继续向西北方向移动,受其影响,华南东部、江南中东部、江淮西部、黄淮东部出现较大范围降水,暴雨分布范围较广但主要集中在福建东部、南部及江西南部部分地区,福建沿海多站出现大暴雨(图 3.4.29);8 月 1 日,"海棠"(Haitang)在江西北部减弱为热带低压,并折向北移动,途经湖北、安徽进入河南,受其影响,雨区范围整体维持,暴雨主要出现在福建东部、江西北部、湖北东部,部分地区出现大暴雨(图 3.4.30);2 日,"海棠"(Haitang)继续向北移动进入安徽境内,受其影响,雨区整体向北移动,江南中东部、江淮西部、黄淮地区、华北东部出现大范围降水,暴雨分布范围较广,安徽、河北局部出现大暴雨(图 3.4.31);3 日,"海棠"(Haitang)继续向北移动进入山东境内并逐步减弱消散,受其影响,雨区整体向北移动,江淮地区、黄淮东部、华北东部、内蒙古东部、东北地区出现大范围降水,山东北部至吉林出现南北向暴雨带,河北东北部至吉林西部出现大暴雨带,其中内蒙古青龙山出现 349.7 mm 的特大暴雨(图 3.4.32);4 日,500 hPa 东北北部有冷涡生成,东北南部有短波槽活动,中低层东北北部有冷涡生成,东北南部至黄淮东部有切变线形成,受其影响,雨区整体东移北抬,东北地区至山东半岛出现降水,雨区中有三个相对独立的暴雨中心,分别位于黑龙江松嫩平原、辽宁东部和山东半岛,且局部都有大暴雨,其中辽宁岫岩出现 317.6 mm 的特大暴雨(图 3.4.33);5 日,500 hPa 华北地区有短波槽东移,中低层黄淮东部有切变线东移,受其影响,华北地区、东北南部、黄淮东部出现降水,山东半岛、辽宁局部出现暴雨,局部大暴雨(图 3.4.34);6—7 日,500 hPa 内蒙古中东部及东北地区有冷涡缓慢东移,中低层该区域也有冷涡缓慢东移,受其影响,连续 2 d 东北地区部分出现暴雨、局部大暴雨(图 3.4.35、图 3.4.36)。这次过程总降水量见图 3.4.37。

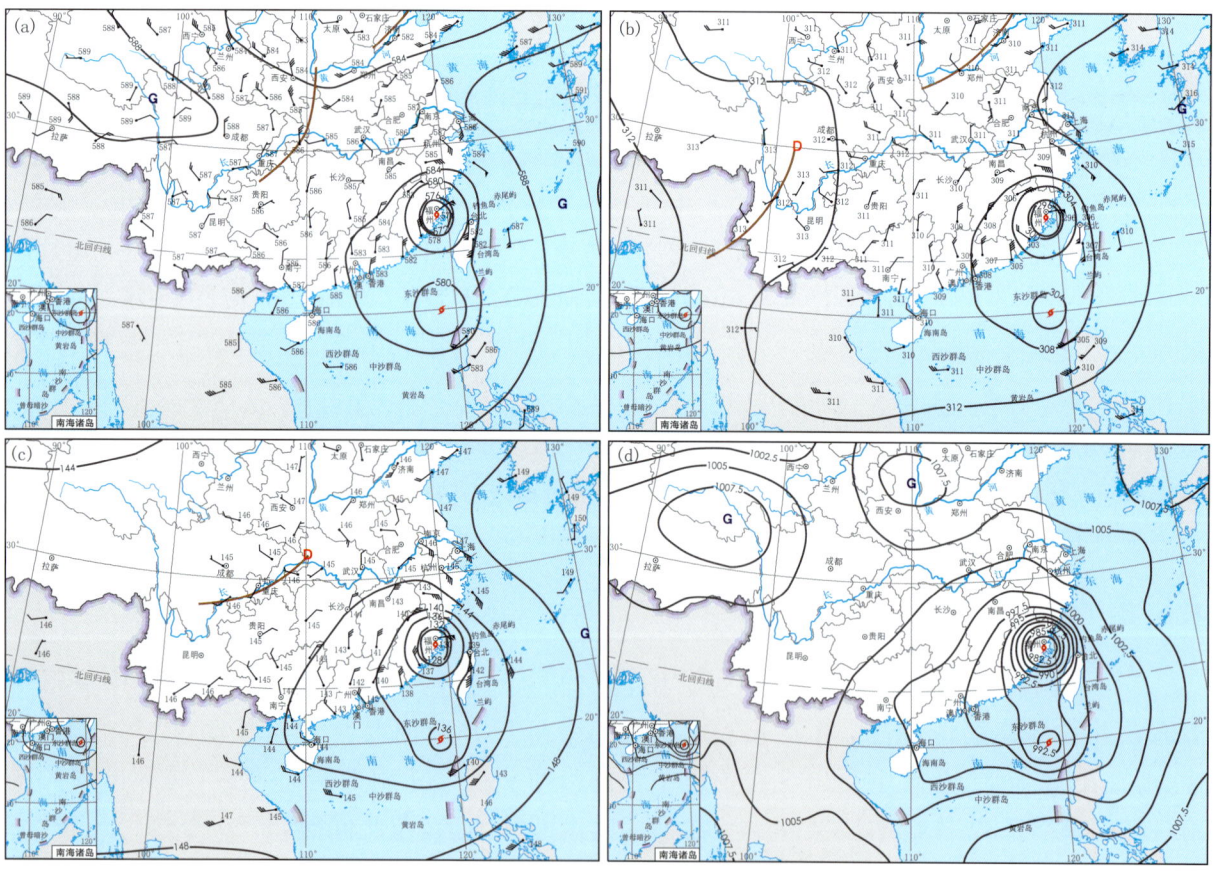

图 4.6.1　2017 年 7 月 30 日 08 时高空环流形势图及地面天气图
(a) 500 hPa,(b) 700 hPa,(c) 850 hPa,(d) 地面

4.7 8月12—16日南方暴雨

4.7.1 雨情灾情分析

这是2017年第22次主要暴雨过程(No.22)。

此次由低层切变线造成的南方暴雨过程共持续5 d。8月12—16日,50 mm以上总降水量从长江下游向西南方向伸展至云南,呈东北—西南向带状分布,100 mm以上总降水量也呈大致相同的分布,250 mm以上总降水量分布较为零散,过程累积最大降水量出现在广西东兴,达到469 mm(图3.5.10)。

此次南方暴雨过程具有持续时间较长、影响范围较广、雨带静止少动的特点。受这次暴雨过程的影响,湖北、湖南、江西、广西、贵州和云南6省(自治区)共128.5万人受灾,16人死亡,2人失踪,10.2万人紧急转移安置,1300间房屋倒塌,1.1万间不同程度损坏,农作物受灾面积$72.8 \times 10^3 \mathrm{hm}^2$,因灾直接经济损失28.9亿元,其中湖南受灾最为严重,直接经济损失18.5亿元,其次为广西4.7亿元。

4.7.2 天气形势及降水分析

8月12日(图4.7.1),500 hPa青藏高原东侧有短波槽形成东移,700 hPa从四川盆地至江淮流域有暖切变发展,850 hPa从贵州到江淮流域有暖切变发展,华南、江南西南暖湿

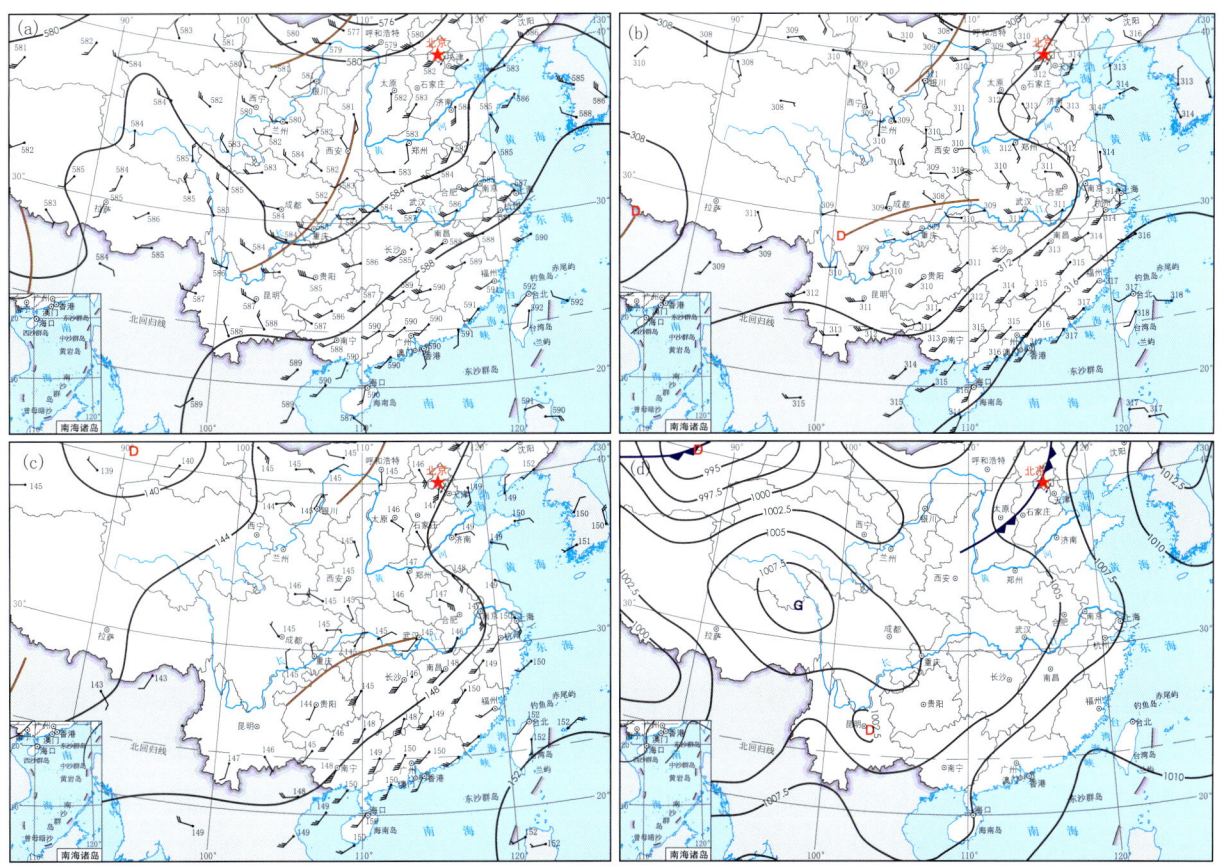

图4.7.1 2017年8月12日08时高空环流形势图及地面天气图
(a) 500 hPa,(b) 700 hPa,(c) 850 hPa,(d) 地面

气流发展加强，受其影响，贵州至长江中下游地区出现大范围降水，暴雨带从贵州中部到江苏南部呈东北—西南向分布，其中湘西北部分地区、鄂东南局部地区出现大暴雨（图3.5.5）；13日，500 hPa高原东侧短波槽东移南压，中低层黄淮地区有低涡发展，切变线缓慢南压，华南、江南低空急流稳定维持，受其影响，雨区略有南压，暴雨带从贵州东南部到江南北部呈东北—西南向分布，部分地区出现大暴雨（图3.5.6）；14日，500 hPa从华北经华中到云贵高原有西风槽发展，中低层黄淮气旋东移入海，切变线继续东移南压，华南、江南低空急流稳定维持，受其影响，雨区继续缓慢南压，暴雨带从广西北部到江南北部呈东北—西南向分布，广西北部局部地区出现大暴雨，其中融安出现262.1 mm的特大暴雨（图3.5.7）；15—16日，500 hPa西风槽缓慢东移北收，中低层切变线维持在江南北部，受其影响，华南西部、江南部分地区出现降水，暴雨分布零散，局部出现大暴雨（图3.5.8、图3.5.9）。这次过程总降水量见图3.5.10。

4.8　8月23—25日南方暴雨（超强台风"天鸽"暴雨）

4.8.1　雨情灾情分析

这是2017年第25次主要暴雨过程（No.25）。

此次由1713号超强台风"天鸽"（Hato）造成的南方暴雨过程共持续3 d。8月23—25日，50 mm以上总降水量主要分布在华南地区、西南东部及西南南部，100 mm以上总降水量主要分布在华南南部和四川盆地南部，过程累积最大降水量出现在广东阳春，达到256 mm（图3.5.20）。

超强台风"天鸽"（Hato）西移路径稳定、近海强度增速快，是该年登陆我国强度最强的一个台风。此次南方暴雨过程具有受灾人口众多、经济损失严重的特点。受这次台风暴雨过程的影响，广东、广西和云南3省（自治区）共247万人受灾，23人死亡，9人失踪，23.5万人紧急转移安置，2000间房屋倒塌，农作物受灾面积122.5×10^3 hm^2，因灾直接经济损失289.9亿元，其中广东受灾最为严重，直接经济损失273.6亿元，其次为云南13.8亿元。

4.8.2　天气形势及降水分析

8月23日（图4.8.1），1713号超强台风"天鸽"（Hato）在广东珠海登陆，登陆后向西北偏西方向移动并进入广西境内，强度由超强台风迅速减弱为强热带风暴，受其影响，华南南部出现强降水，暴雨主要出现在广东南部、广西南部部分地区，广东南部局部出现大暴雨（图3.5.16）；24日，"天鸽"（Hato）在广西境内逐步减弱为热带风暴、热带低压，并继续向西北偏西方向移动进入云南境内，受其影响，降水区向西北方向移动，范围扩大，华南大部、西南地区东部、西南地区南部出现强降水，暴雨主要出现在广东西南部、广西大部及云贵川交界处，广西东南部分地区出现大暴雨（图3.5.18）；25日，"天鸽"（Hato）在云南西部境内减弱消散，受其影响，降水区整体向西移动，西南地区东部、西南地区南部出现降水，四川盆地中南部、云南南部部分地区出现暴雨，四川局地出现大暴雨（图3.5.19）。这次过程总降水量见图3.5.20。

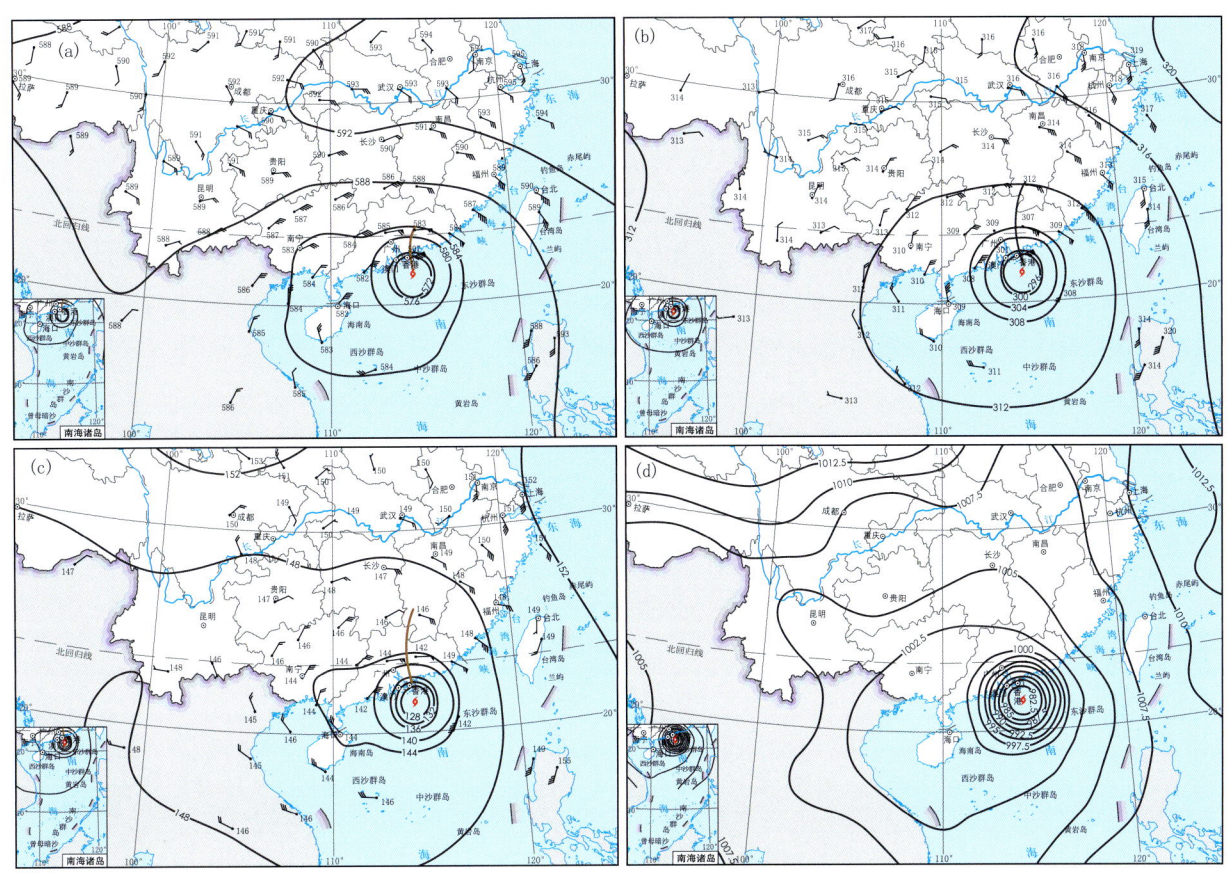

图 4.8.1　2017 年 8 月 23 日 08 时高空环流形势图及地面天气图
(a) 500 hPa, (b) 700 hPa, (c) 850 hPa, (d) 地面

4.9　8月26—29日南方暴雨（强热带风暴"帕卡"暴雨）

4.9.1　雨情灾情分析

这是 2017 年第 26 次主要暴雨过程（No.26）。

此次由 1714 号强热带风暴"帕卡"(Pakhar)造成的南方暴雨过程共持续 4 d。8 月 26—29 日，50 mm 以上总降水量主要分布在江南南部、华南地区及云贵高原，100 mm 以上总降水量主要集中在广东珠江三角洲附近，其他区域分布较为零散，过程累积最大降水量出现在广西防城，达到 319 mm（图 3.5.25）。

强热带风暴"帕卡"(Pakhar)具有移速快、减弱快的特点。受这次台风暴雨过程的影响，广东、广西、贵州和云南 4 省（自治区）共 14.5 万人受灾，12 人死亡，3.8 万人紧急转移安置，农作物受灾面积 15.1×10^3 hm²，因灾直接经济损失 7.6 亿元，其中广东受灾最为严重，直接经济损失 6.8 亿元。

4.9.2　天气形势及降水分析

8 月 26 日，1714 号强热带风暴"帕卡"(Pakhar)在横扫菲律宾吕宋岛之后进入南海海域,并继续向西北方向移动,强度由热带风暴增至强热带风暴,受其影响,江南部分地区出现降水,暴雨主要出现在江西南部部分地区(图 3.5.21);27 日(图 4.9.1),"帕卡"(Pakhar)在广东珠海登陆,之后强度由强热带风暴减弱为热带风暴,并继续向西北方向移动进入广西境内,受其影响,江南南部、华南地区出现降水,暴雨主要出现在广东中部和东南沿海,局部大暴雨(图 3.5.22);28 日,"帕卡"(Pakhar)在广西西部境内减弱消散,受其影响,雨区向西扩展,暴雨主要出现在广东中南部,局部大暴雨(图 3.5.23);29 日,受"帕卡"(Pakhar)减弱消散后高空残留气旋环流的影响,广西、贵州、云南仍维持降水,广西沿海局部出现大暴雨(图 3.5.24)。这次过程总降水量见图 3.5.25。

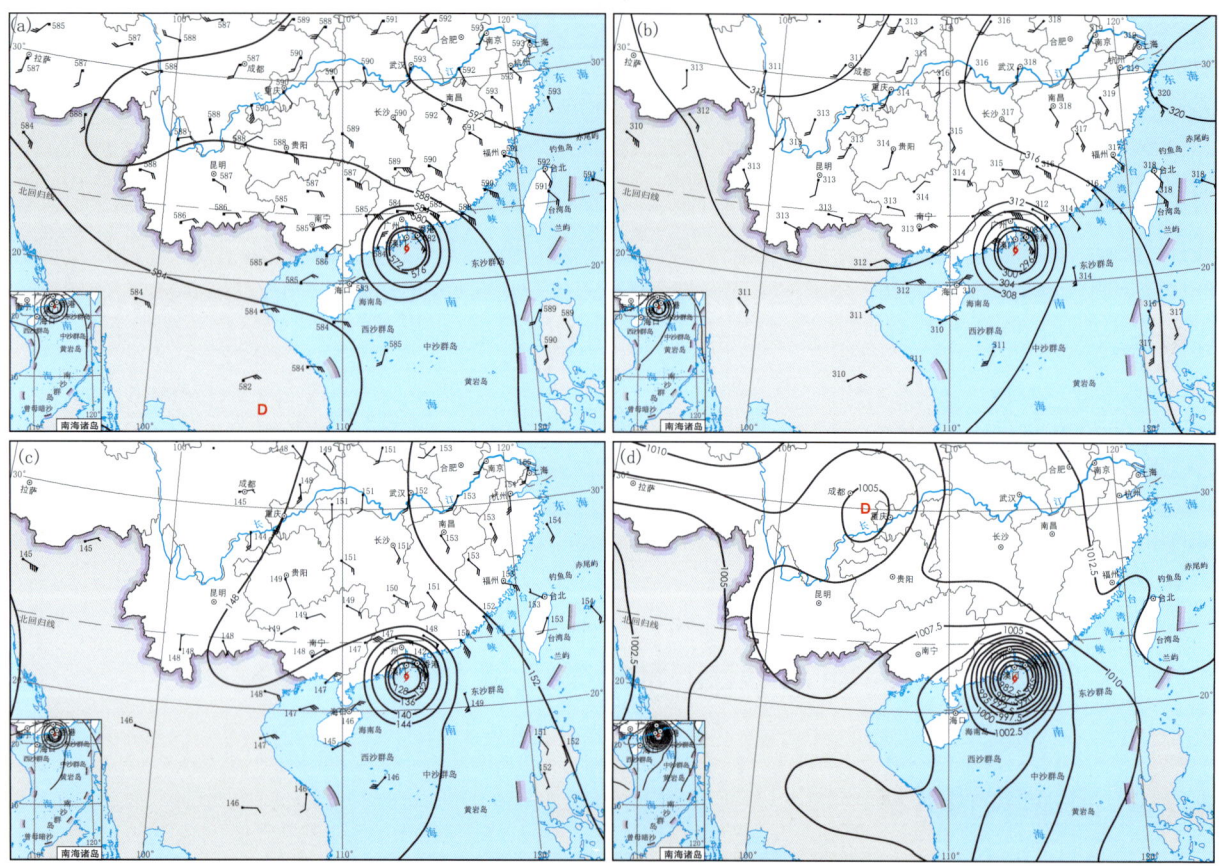

图 4.9.1 2017 年 8 月 27 日 08 时高空环流形势图及地面天气图
(a) 500 hPa,(b) 700 hPa,(c) 850 hPa,(d) 地面

4.10 10月15—16日南方暴雨(强台风"卡努"暴雨)

4.10.1 雨情灾情分析

这是 2017 年第 33 次主要暴雨过程(No.33)。

此次由 1720 号强台风"卡努"(Khanun)造成的南方暴雨过程共持续 2 d。10 月 15—16 日,50 mm 以上总降水量主要分布在浙江北部、广东沿海和海南北部,100 mm 以上总降水量主要出现在浙江东北部沿海,过程累积最大降水量出现在浙江石浦,达到 327 mm(图

3.7.6)。

强台风"卡努"(Khanun)具有前期移速快、后期移速慢、在广东近海增强、风雨范围广等特点。受这次台风暴雨过程的影响,浙江、广东、广西和海南4省(自治区)共133.3万人受灾,46.5万人紧急转移安置,300间房屋倒塌,农作物受灾面积$122.7 \times 10^3 \mathrm{hm}^2$,因灾直接经济损失22.7亿元,其中浙江受灾最为严重,直接经济损失11.5亿元,其次为广东10.5亿元。

4.10.2 天气形势及降水分析

10月15日(图4.10.1),1720号强台风"卡努"(Khanun)在进入南海后向偏西方向移动至广东南部海域,强度逐步增大,受其影响,华南中东部、江南中东部出现降水,海南东北部、广东东南部出现暴雨,浙江东北部出现暴雨到大暴雨,其中大陈岛和石浦分别出现268 mm、286.7 mm的特大暴雨(图3.7.4);16日,"卡努"(Khanun)在广东徐闻登陆并转向西南方向移动,强度迅速减弱,在进入琼州海峡后转向西北方向移动,强度进一步减弱为热带低压后在广东雷州半岛以西附近海域消散,受其影响,江南、华南出现大范围降水,海南、广东、广西局部出现暴雨,浙江东北部沿海出现暴雨到大暴雨(图3.7.5)。这次过程总降水量见图3.7.6。

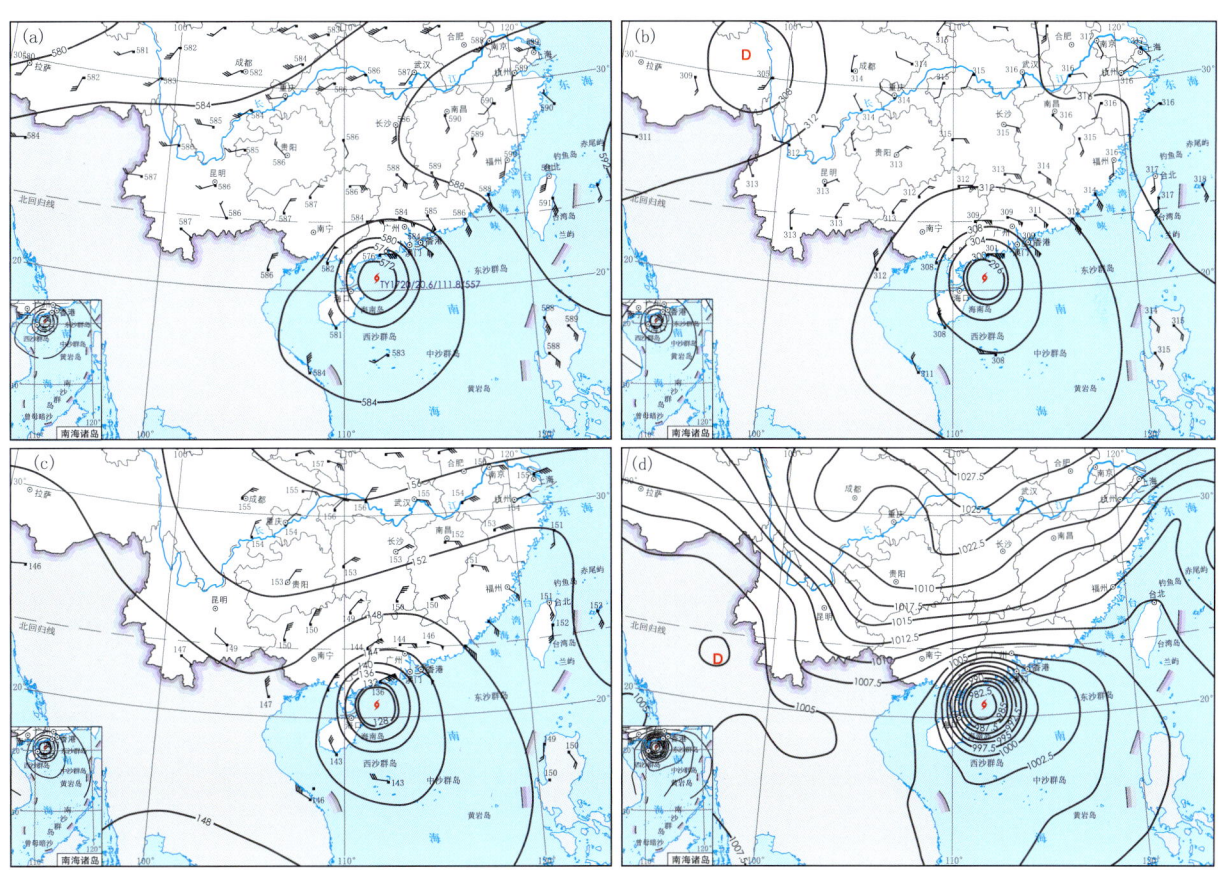

图4.10.1 2017年10月15日20时高空环流形势图及地面天气图
(a) 500 hPa,(b) 700 hPa,(c) 850 hPa,(d) 地面

附录 全国暴雨气候概况

附录1 1981—2010年30 a平均年降水量分布

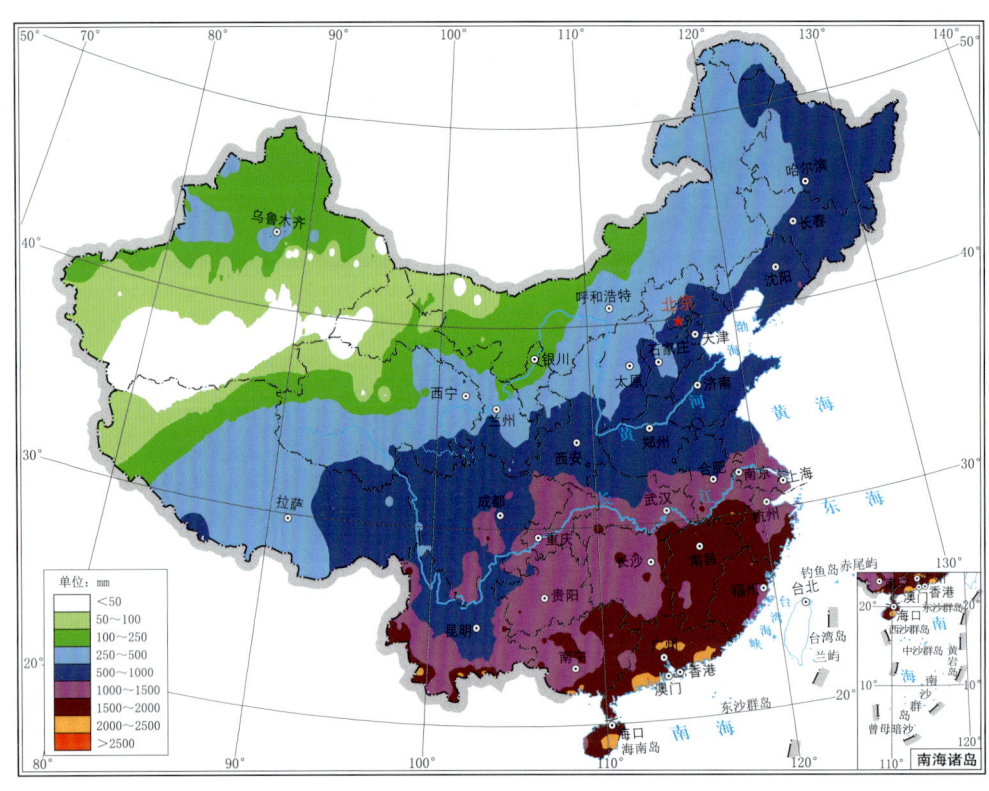

附图1.1 1981—2010年30 a平均全国年降水量分布图(单位:mm)

附录2　1981—2010年30 a平均月降水量分布

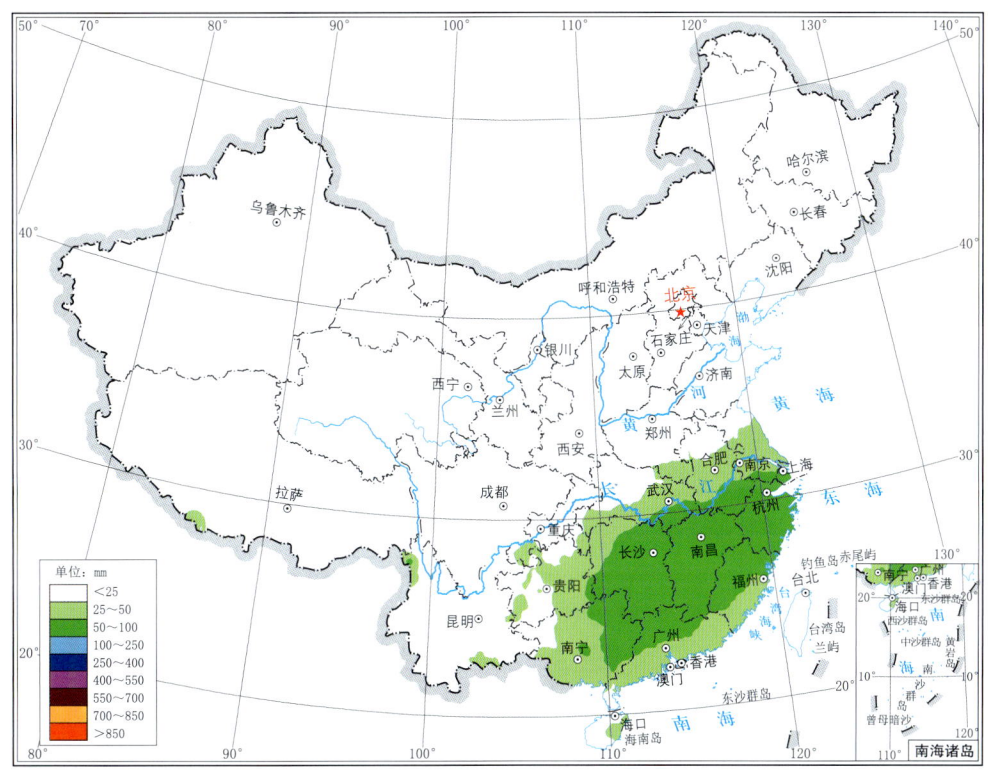

附图 2.1　1981—2010 年 30 a 平均全国 1 月降水量分布图(单位:mm)

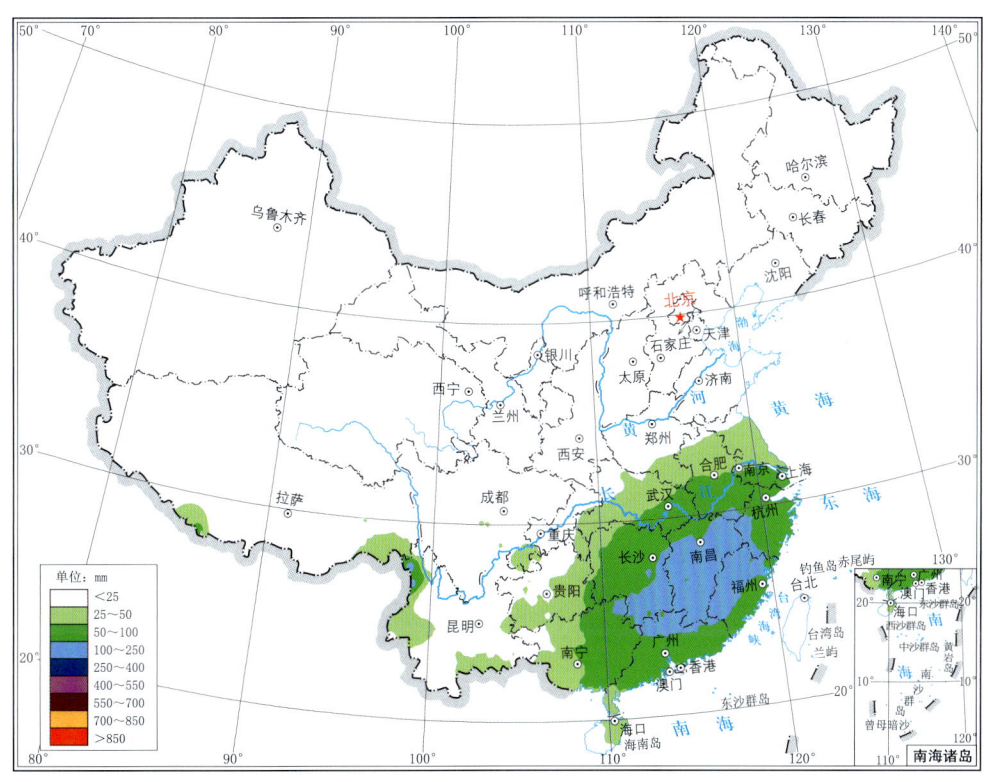

附图 2.2　1981—2010 年 30 a 平均全国 2 月降水量分布图(单位:mm)

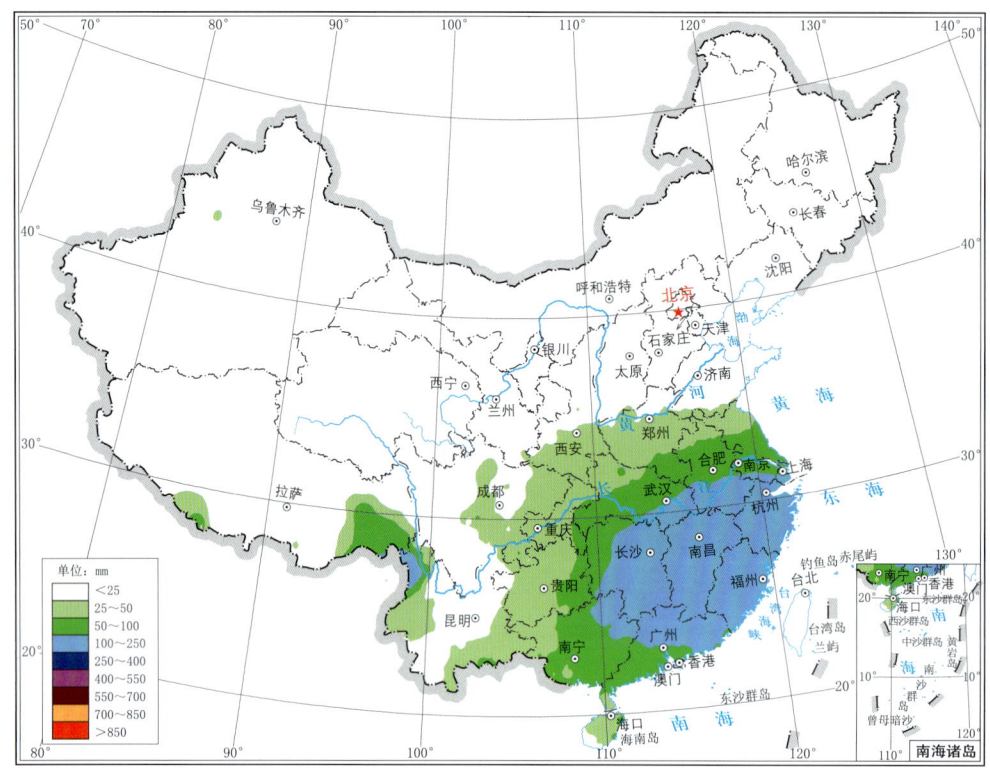

附图2.3　1981—2010年30 a平均全国3月降水量分布图(单位:mm)

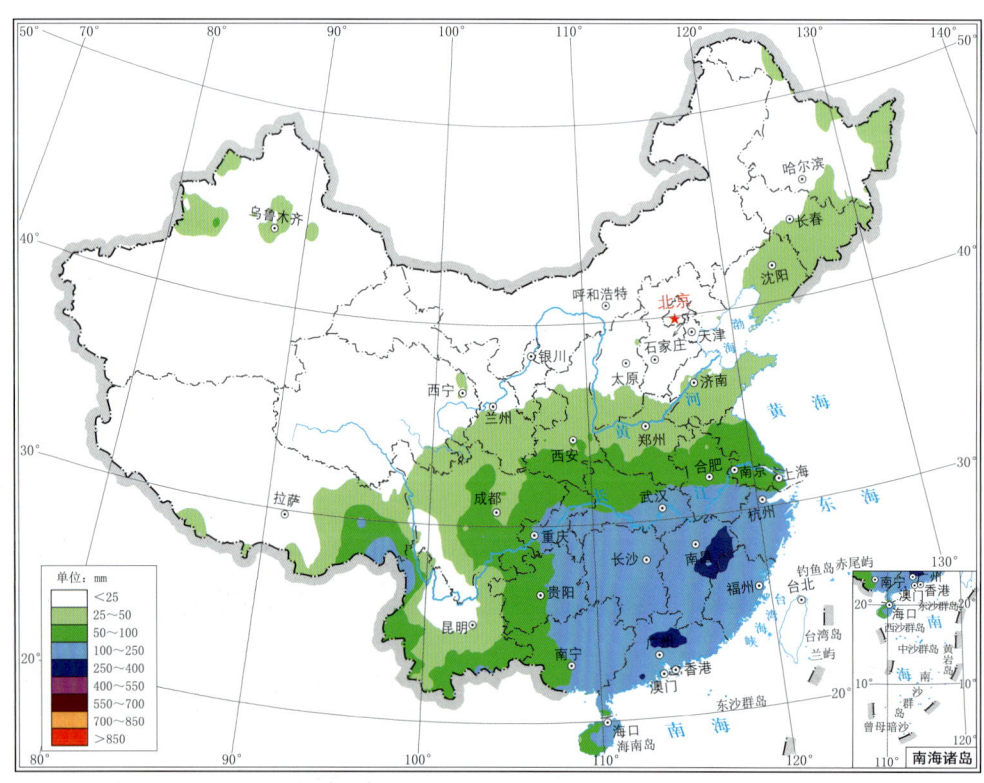

附图2.4　1981—2010年30 a平均全国4月降水量分布图(单位:mm)

附录　全国暴雨气候概况

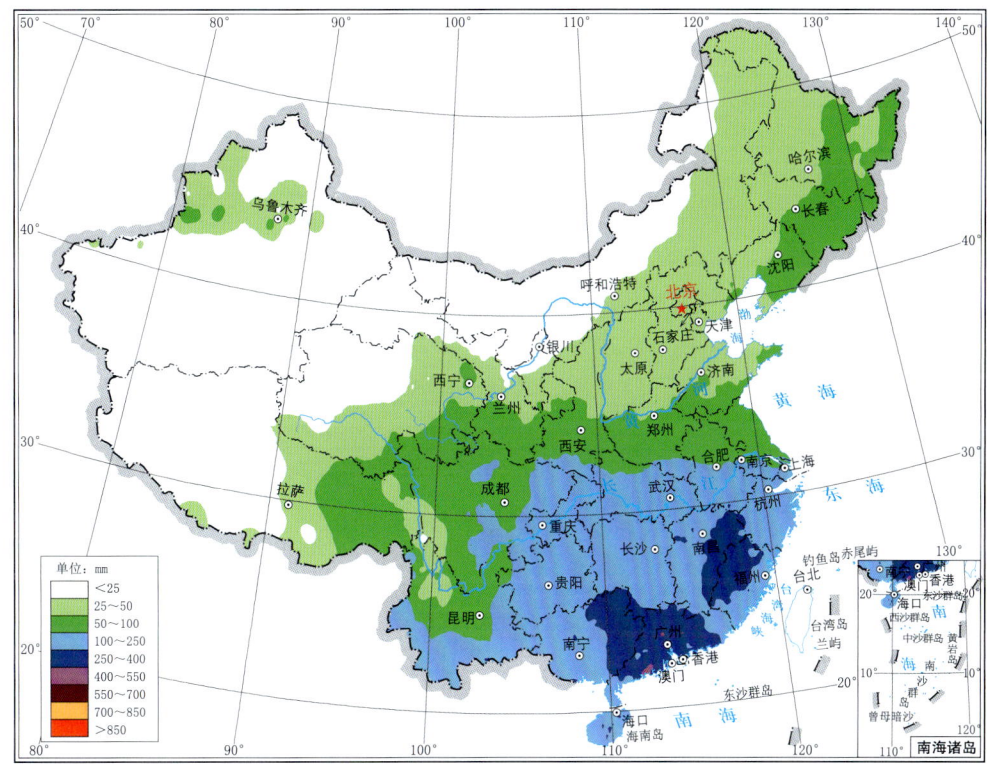

附图 2.5　1981—2010 年 30 a 平均全国 5 月降水量分布图(单位:mm)

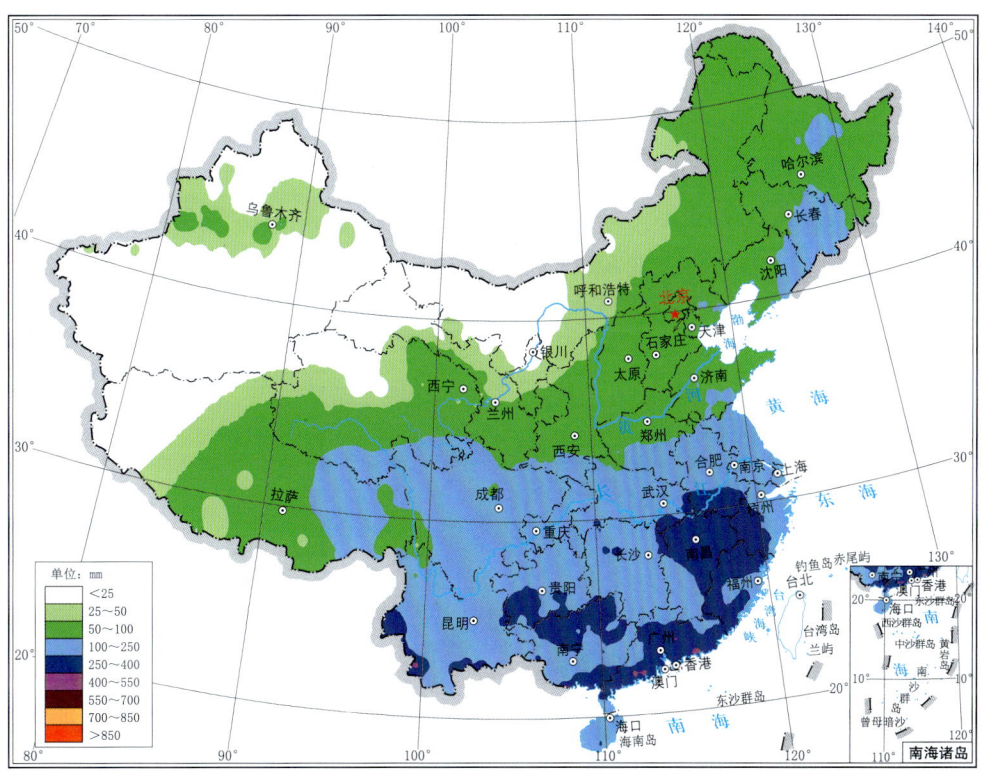

附图 2.6　1981—2010 年 30 a 平均全国 6 月降水量分布图(单位:mm)

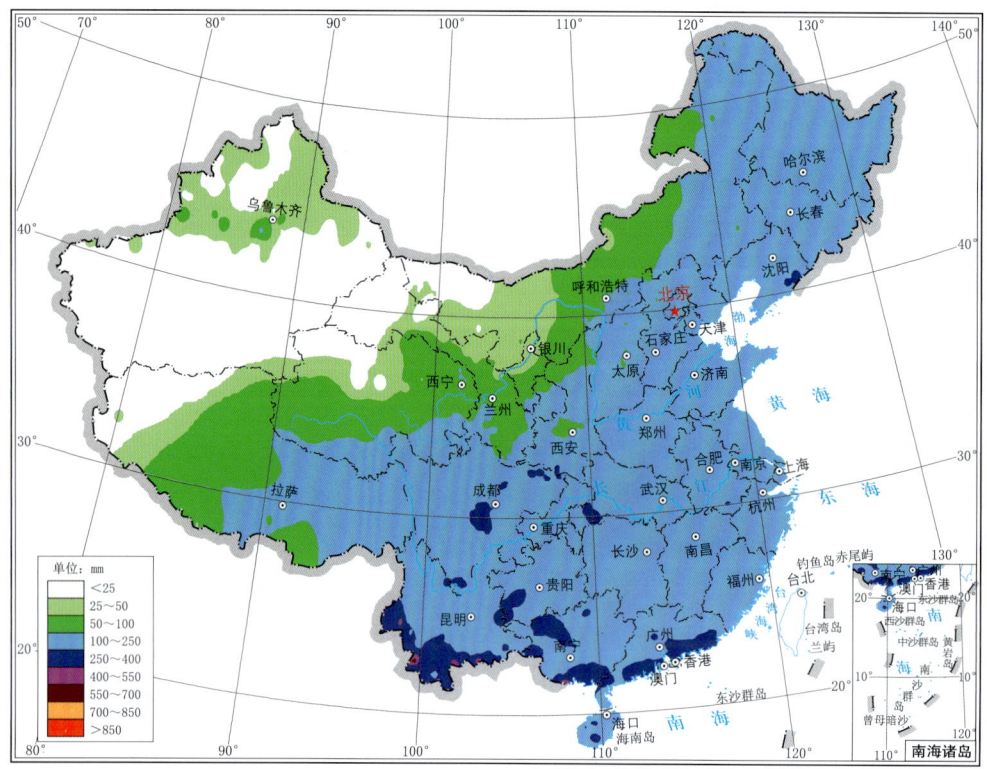

附图 2.7　1981—2010 年 30 a 平均全国 7 月降水量分布图(单位:mm)

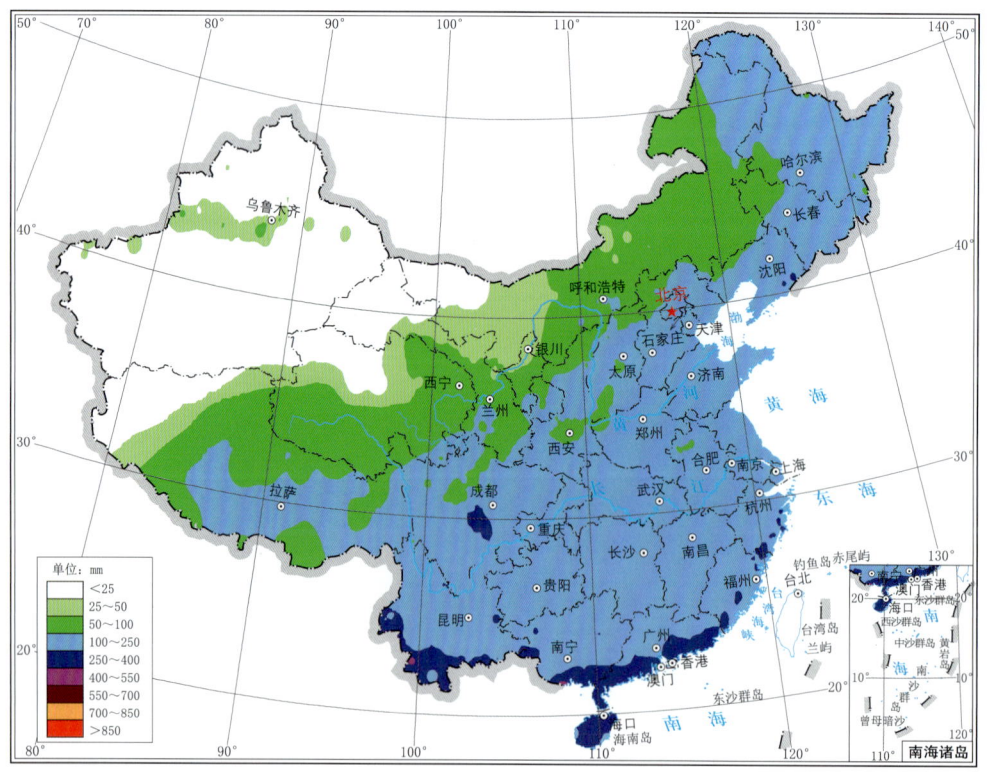

附图 2.8　1981—2010 年 30 a 平均全国 8 月降水量分布图(单位:mm)

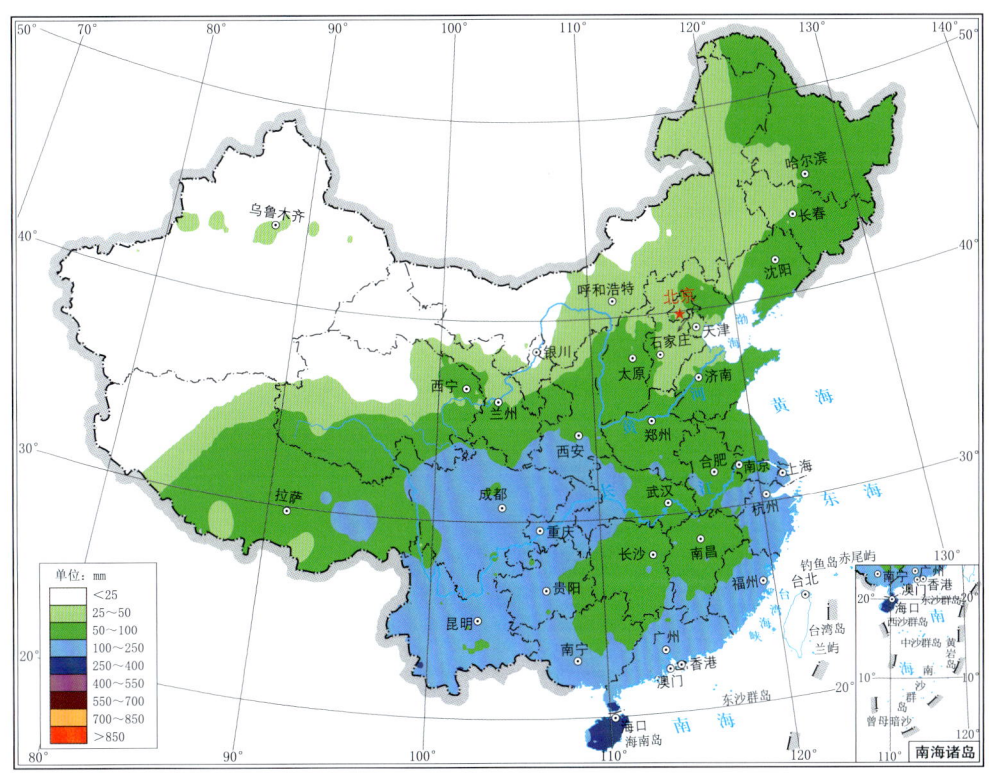

附图 2.9　1981—2010 年 30 a 平均全国 9 月降水量分布图(单位:mm)

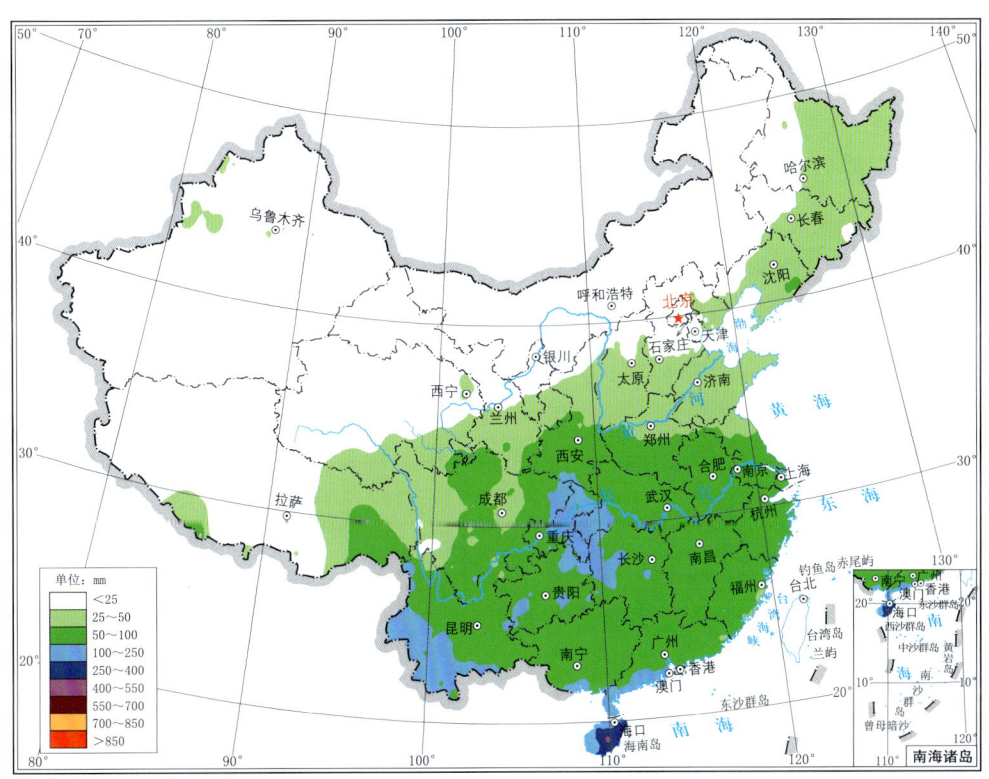

附图 2.10　1981—2010 年 30 a 平均全国 10 月降水量分布图(单位:mm)

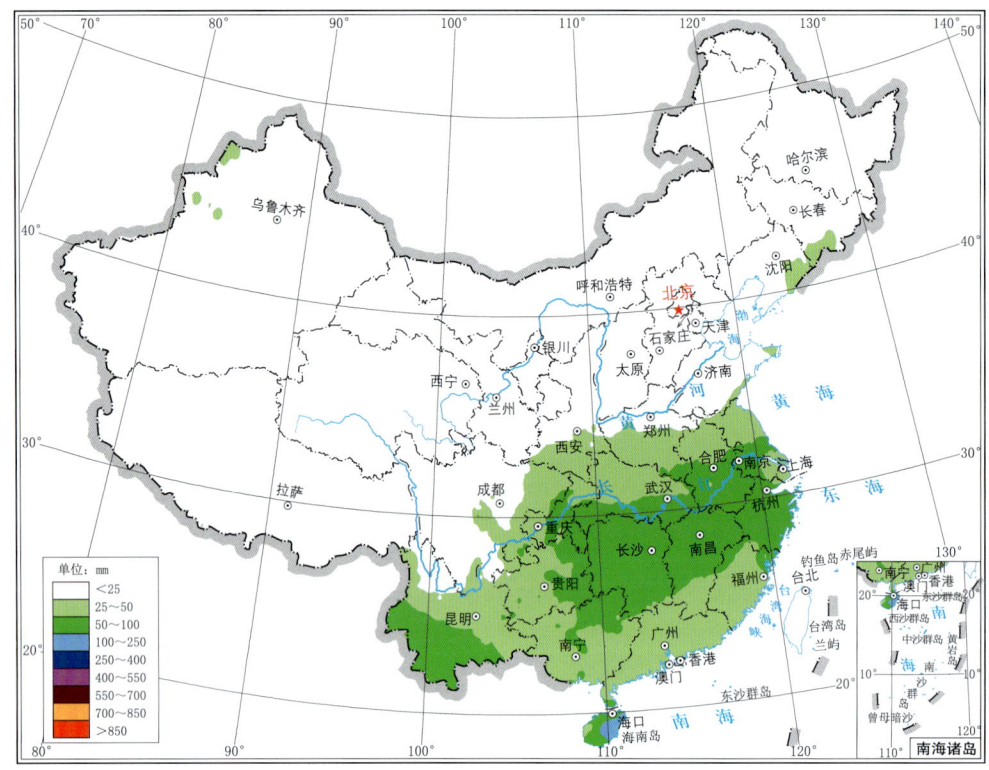

附图 2.11　1981—2010 年 30 a 平均全国 11 月降水量分布图(单位:mm)

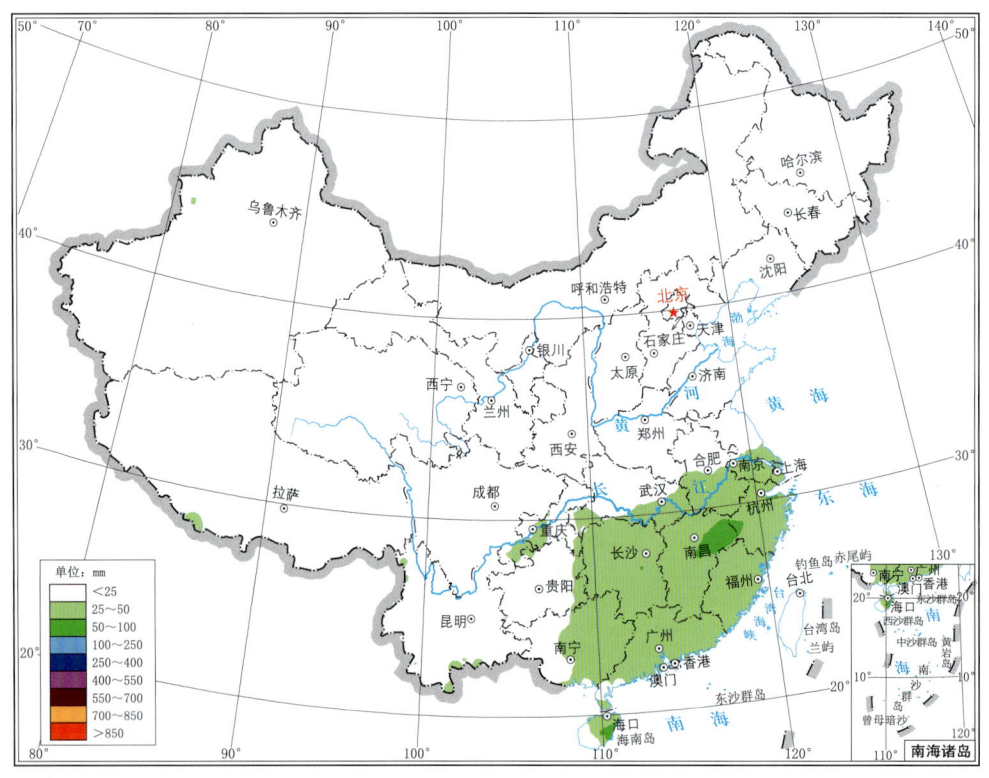

附图 2.12　1981—2010 年 30 a 平均全国 12 月降水量分布图(单位:mm)

附录3 1981—2010年30 a暴雨(≥50.0 mm/d)总日数分布

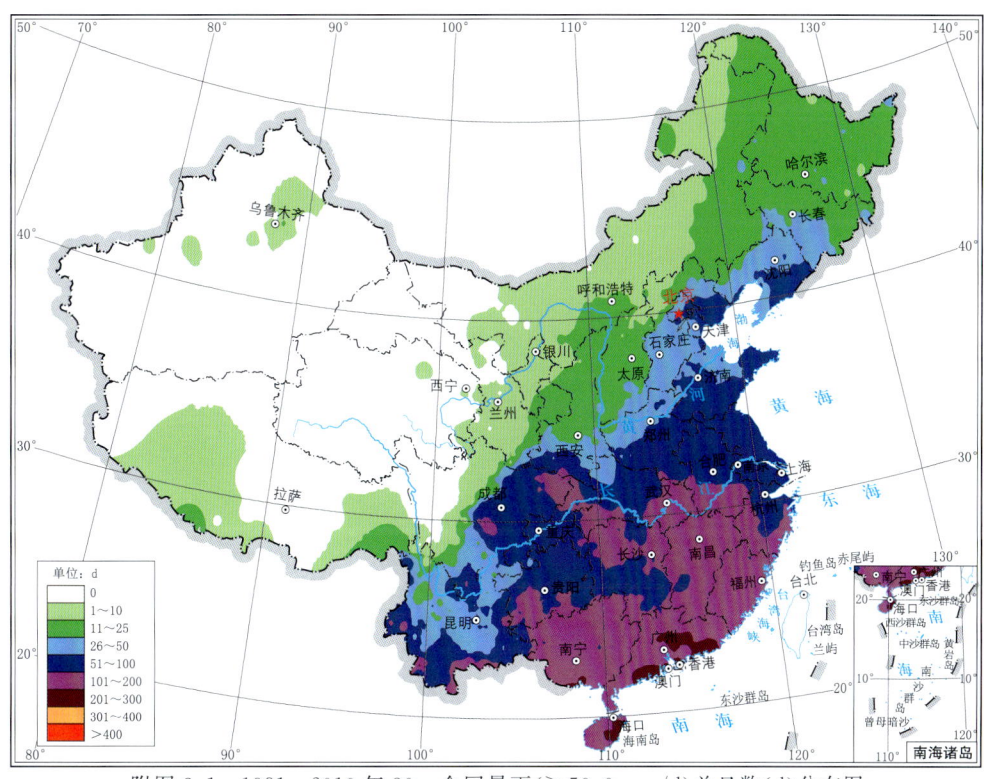

附图3.1 1981—2010年30 a全国暴雨(≥50.0 mm/d)总日数(d)分布图

附录4 1981—2010年30 a大暴雨(100.0～249.9 mm/d)总日数分布

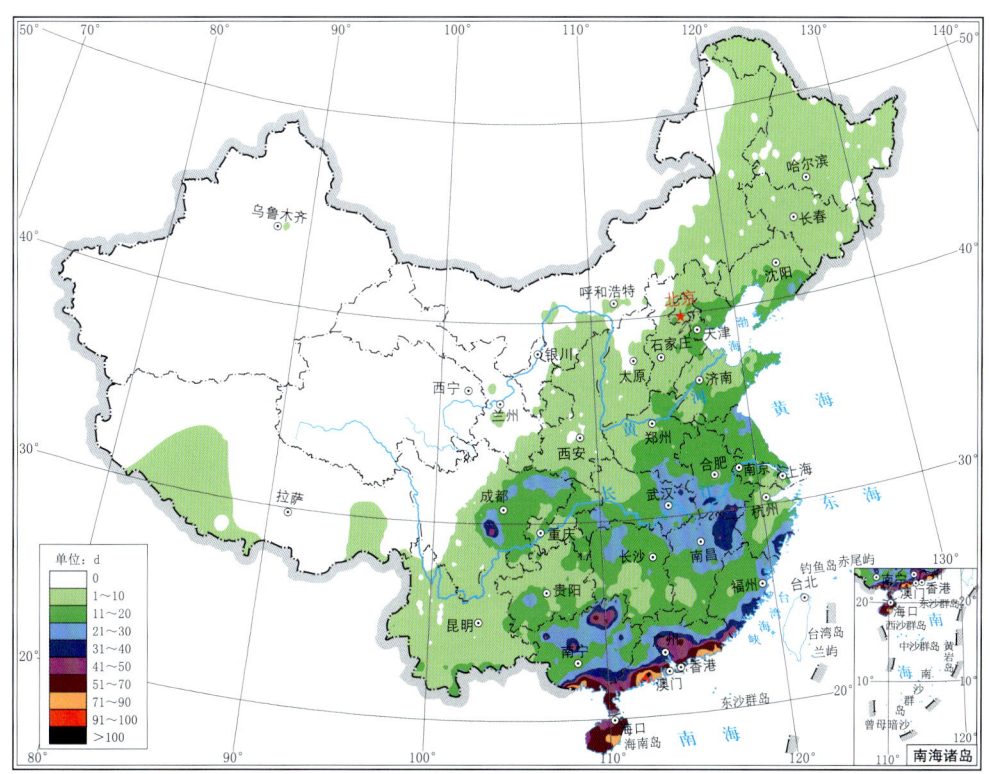

附图4.1 1981—2010年30 a全国大暴雨(100.0～249.9 mm/d)总日数(d)分布图

附录5　1981—2010年30 a 特大暴雨(≥250.0 mm/d)总日数分布

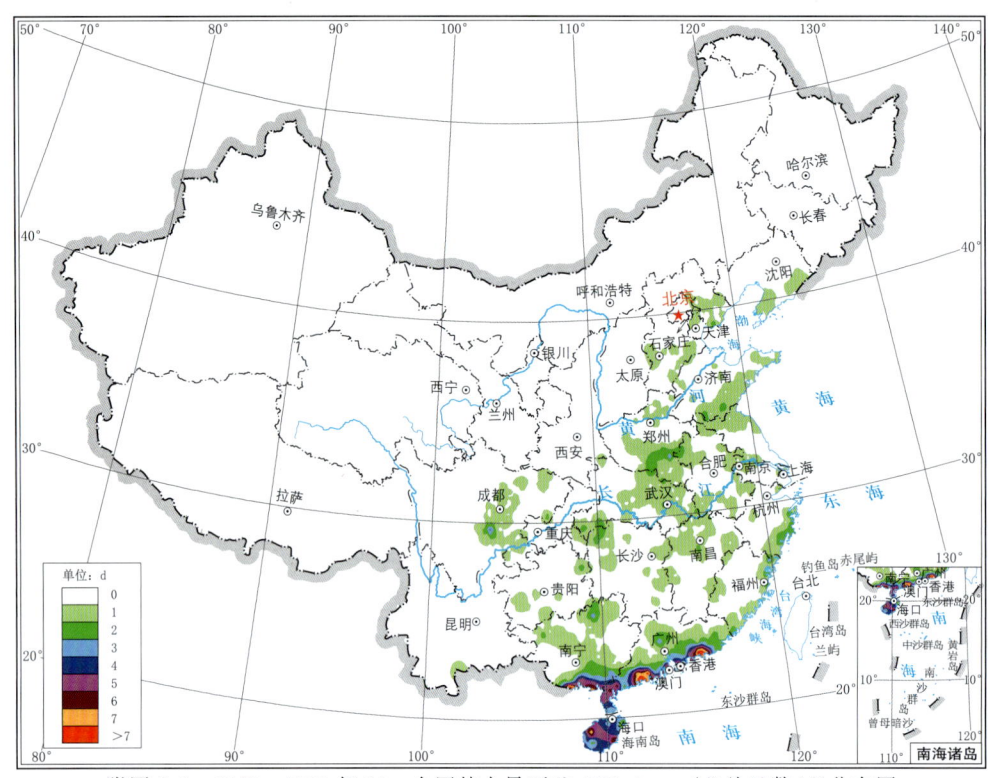

附图5.1　1981—2010年30 a 全国特大暴雨(≥250.0 mm/d)总日数(d)分布图

附录6　1981—2010年30 a 各月暴雨(≥50.0 mm/d)总日数分布

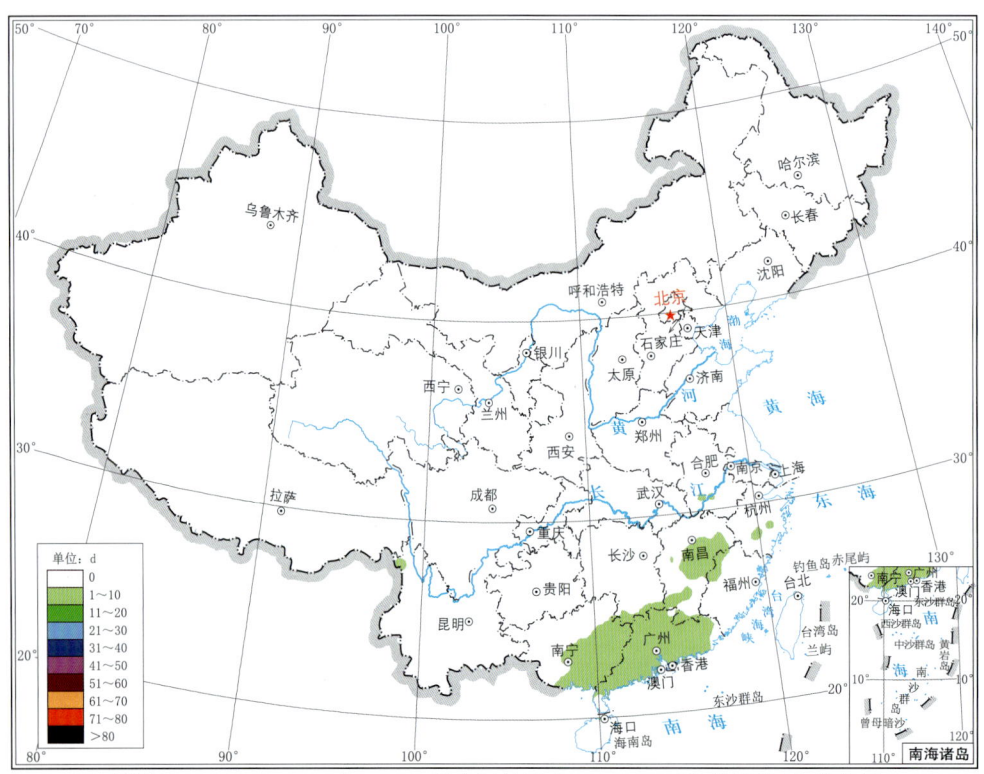

附图6.1　1981—2010年30 a 1月全国暴雨(≥50.0 mm/d)总日数(d)分布图

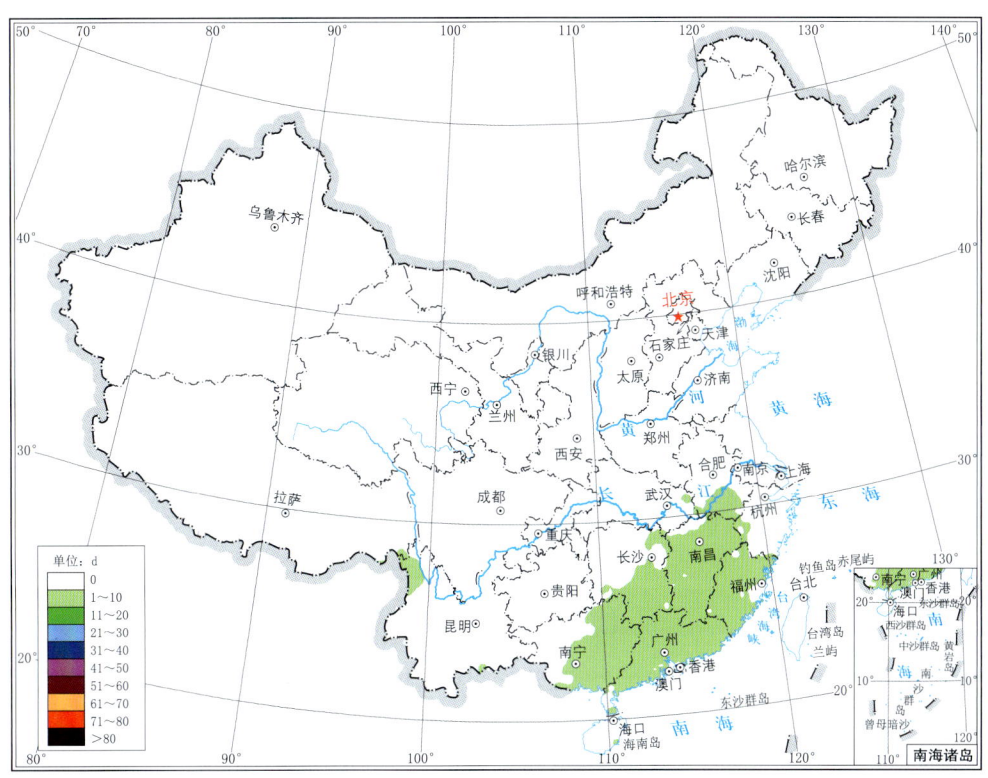

附图 6.2 1981—2010 年 30 a 2 月全国暴雨(≥50.0 mm/d)总日数(d)分布图

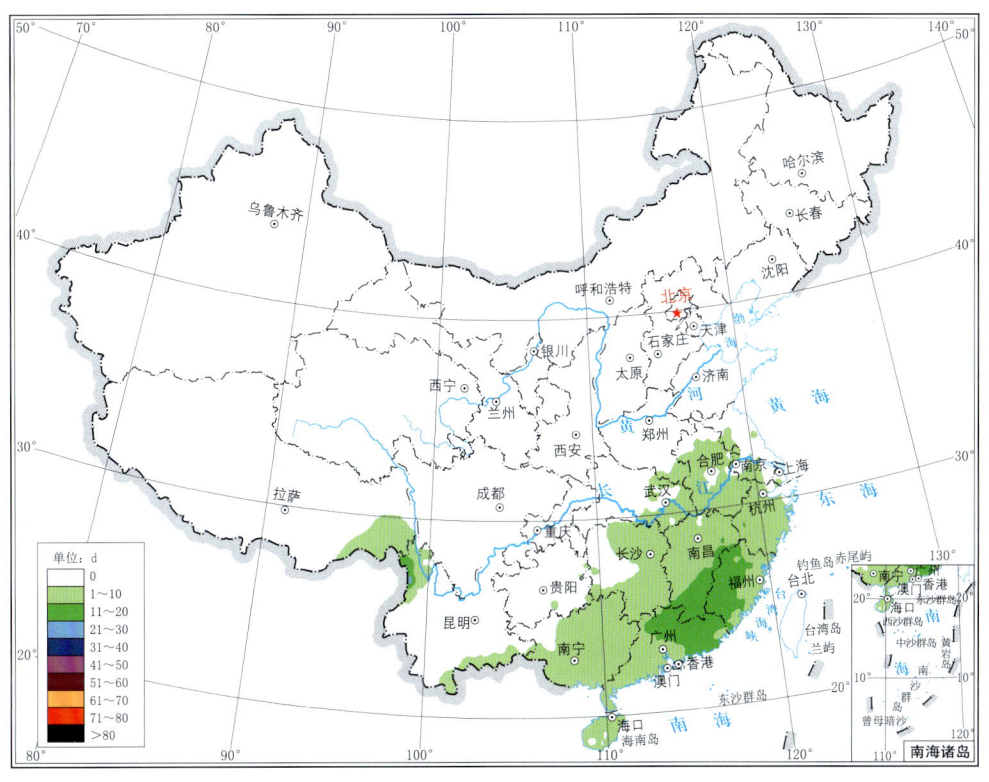

附图 6.3 1981—2010 年 30 a 3 月全国暴雨(≥50.0 mm/d)总日数(d)分布图

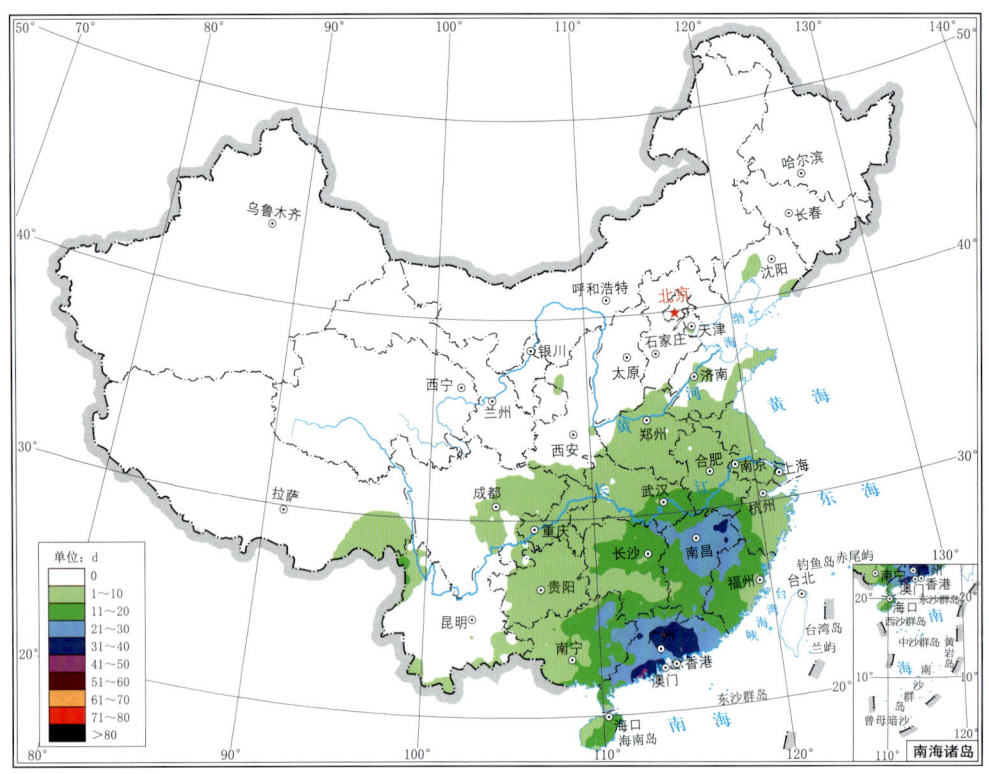

附图6.4 1981—2010年30 a 4月全国暴雨(≥50.0 mm/d)总日数(d)分布图

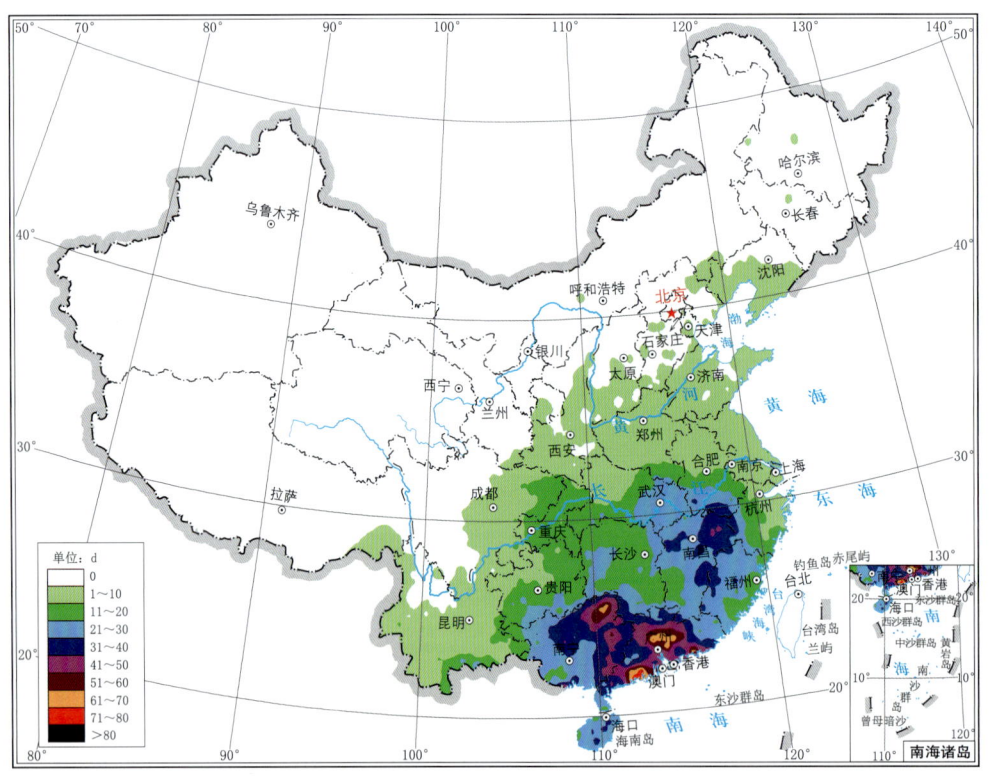

附图6.5 1981—2010年30 a 5月全国暴雨(≥50.0 mm/d)总日数(d)分布图

附录　全国暴雨气候概况

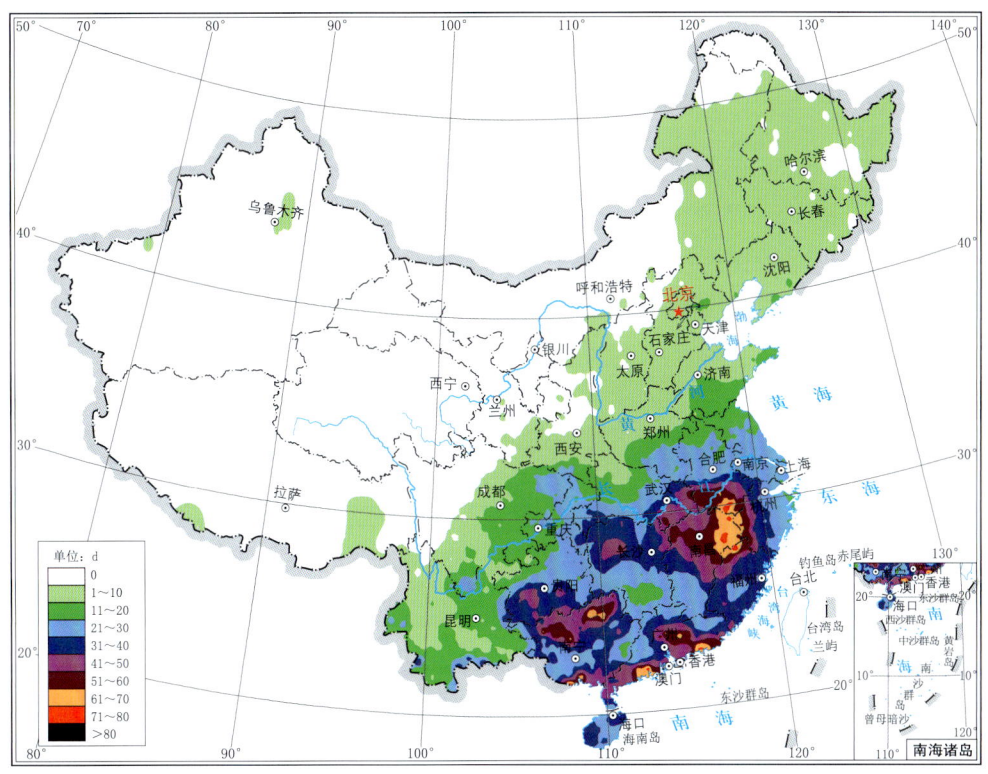

附图 6.6　1981—2010 年 30 a 6 月全国暴雨(≥50.0 mm/d)总日数(d)分布图

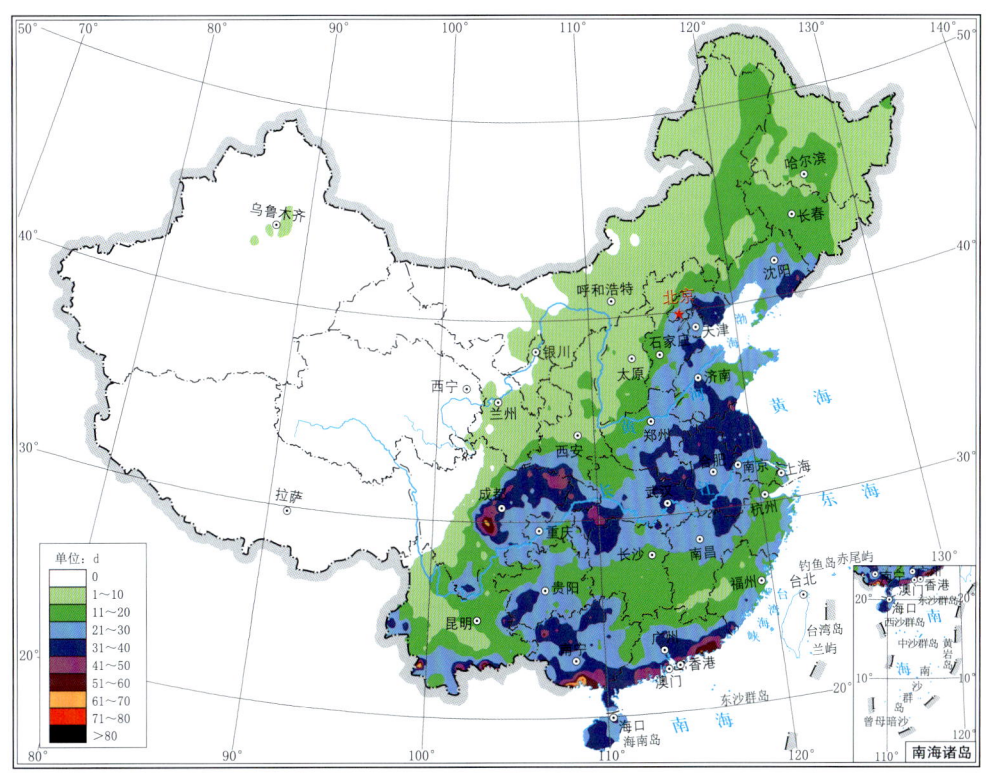

附图 6.7　1981—2010 年 30 a 7 月全国暴雨(≥50.0 mm/d)总日数(d)分布图

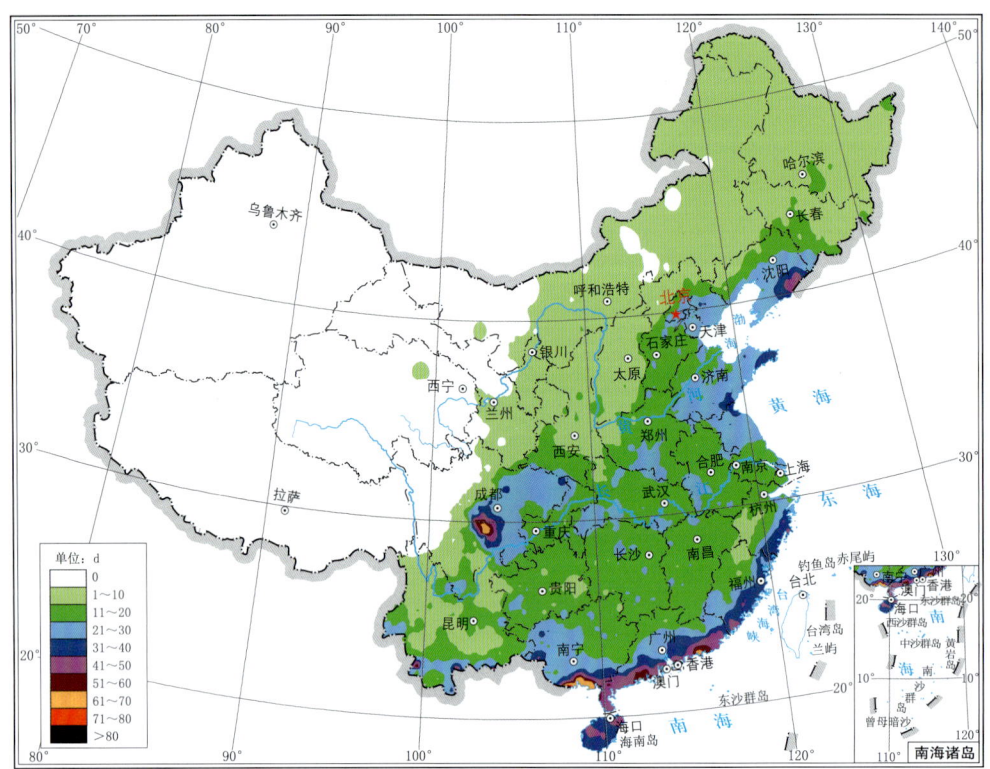

附图6.8　1981—2010年30 a 8月全国暴雨(≥50.0 mm/d)总日数(d)分布图

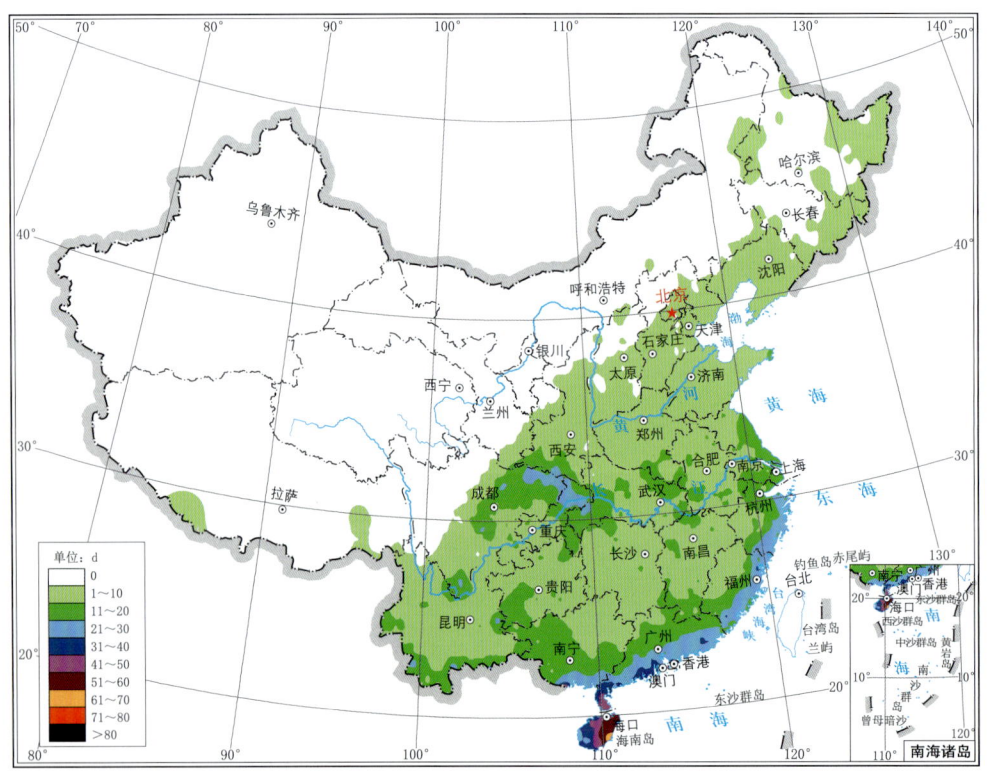

附图6.9　1981—2010年30 a 9月全国暴雨(≥50.0 mm/d)总日数(d)分布图

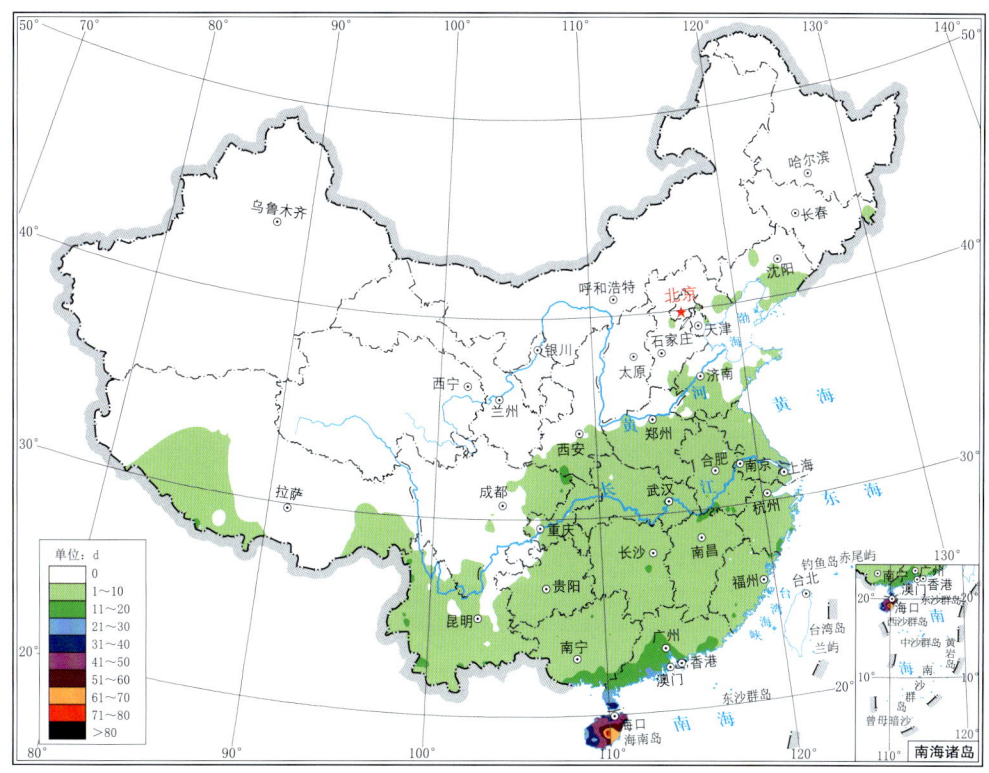

附图 6.10　1981—2010 年 30 a 10 月全国暴雨(≥50.0 mm/d)总日数(d)分布图

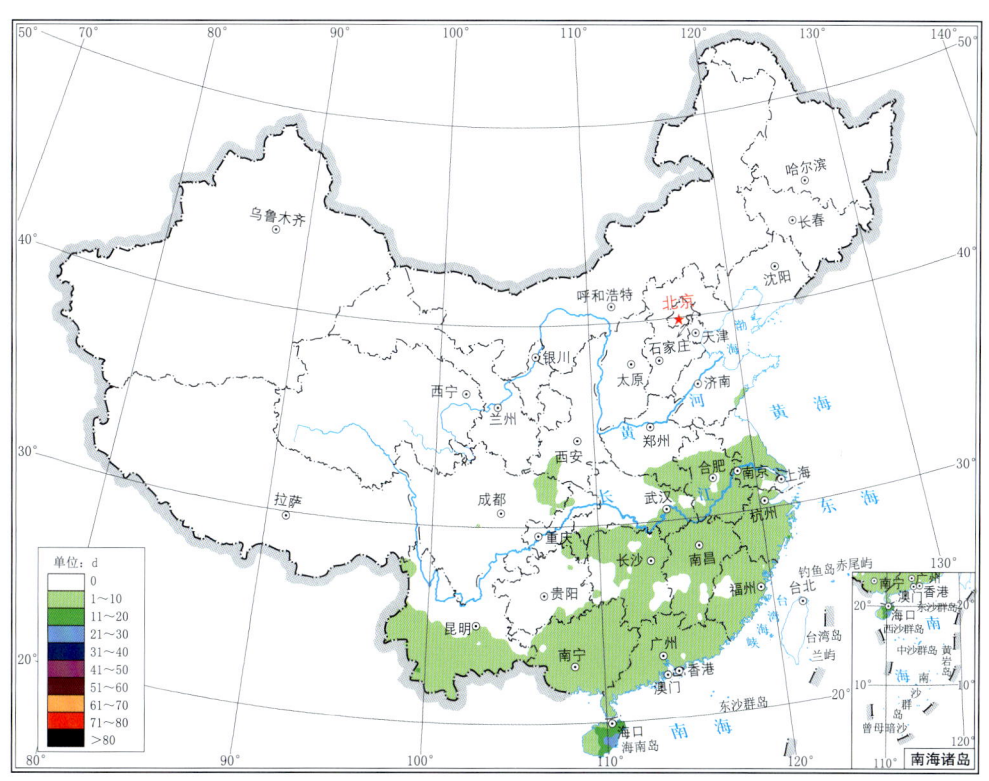

附图 6.11　1981—2010 年 30 a 11 月全国暴雨(≥50.0 mm/d)总日数(d)分布图

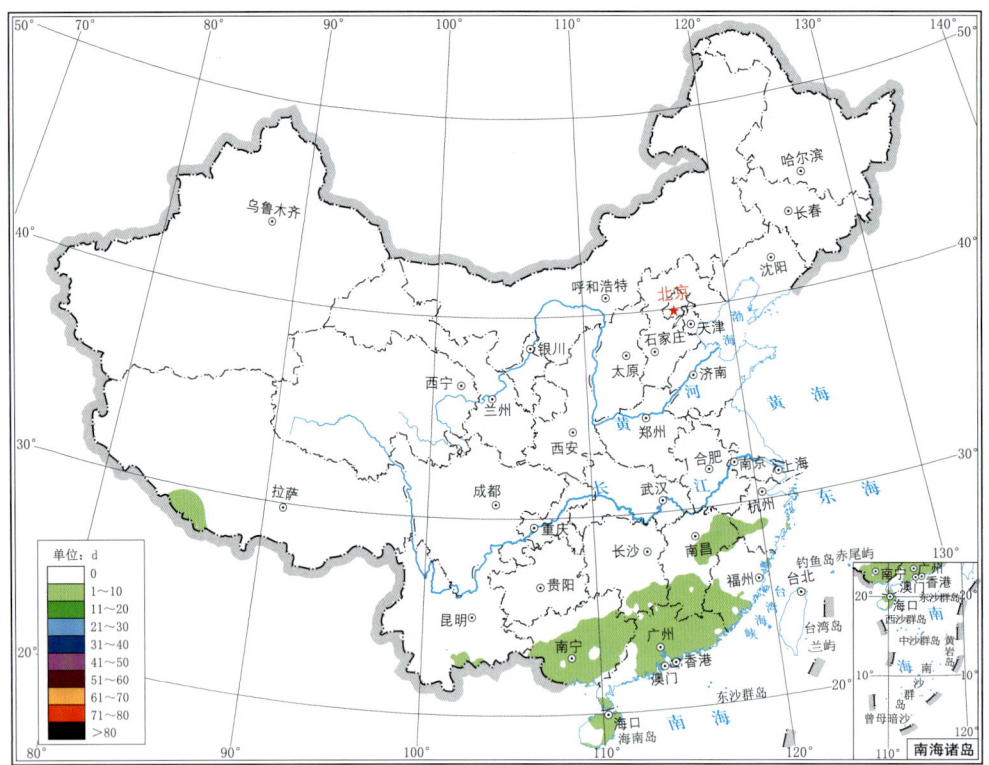

附图6.12　1981—2010年30 a 12月全国暴雨(≥50.0 mm/d)总日数(d)分布图

附录7　1981—2010年30 a 各月大暴雨(100.0～249.9 mm/d)总日数分布

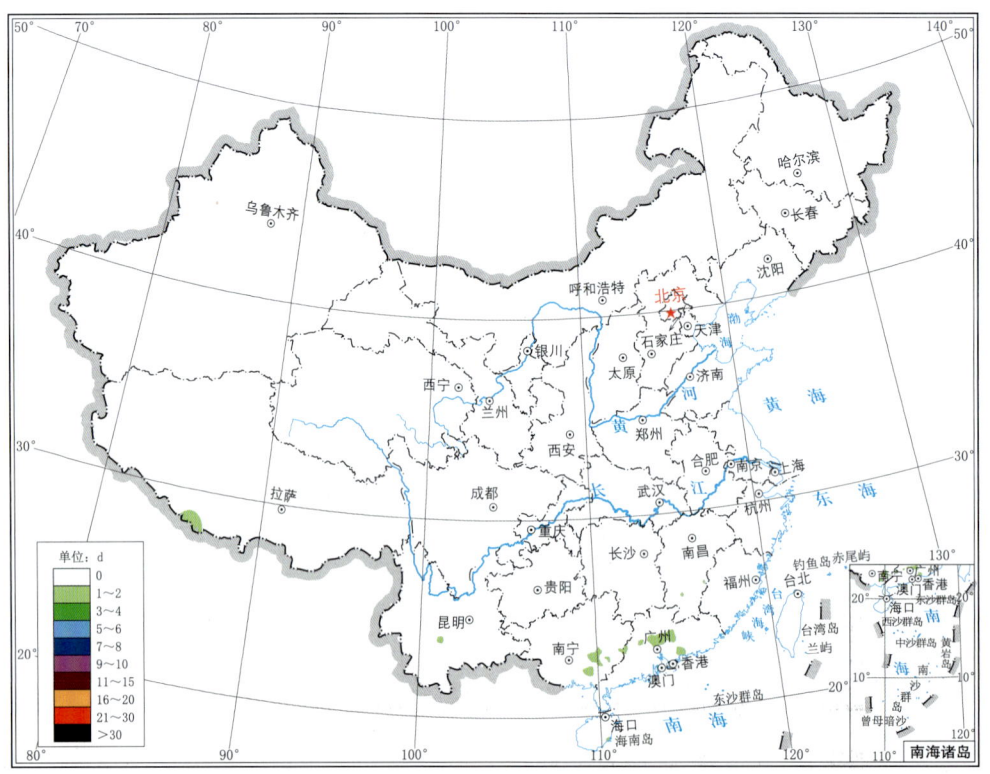

附图7.1　1981—2010年30 a 1月全国大暴雨(100.0～249.9 mm/d)总日数(d)分布图

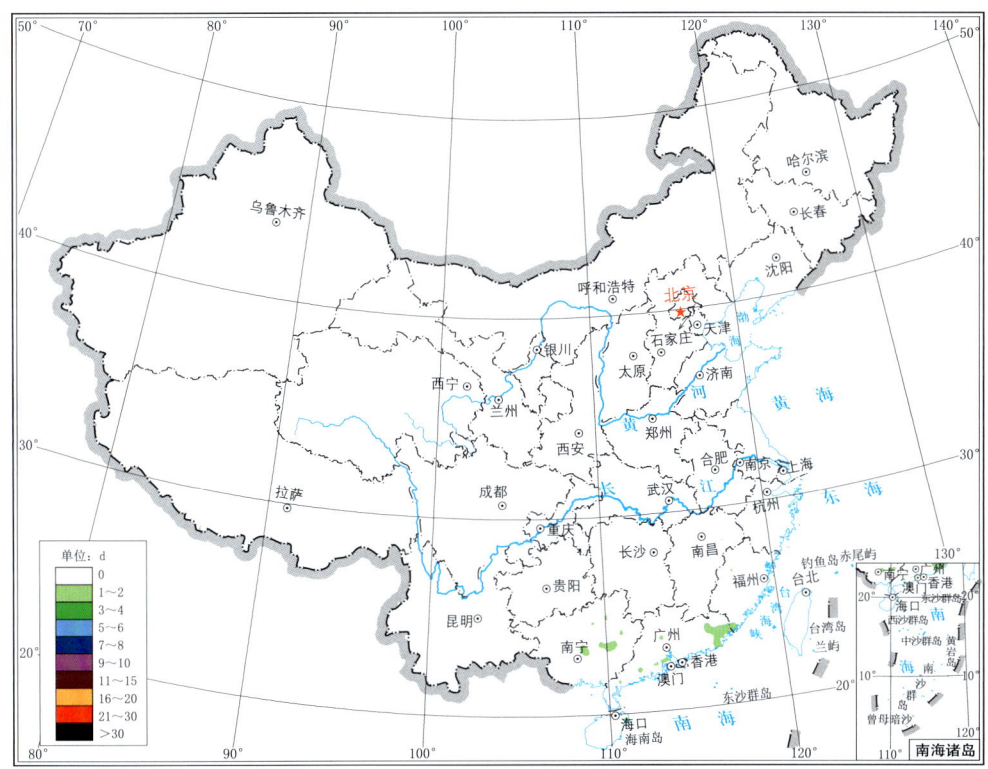

附图 7.2 1981—2010 年 30 a 2 月全国大暴雨(100.0～249.9 mm/d)总日数(d)分布图

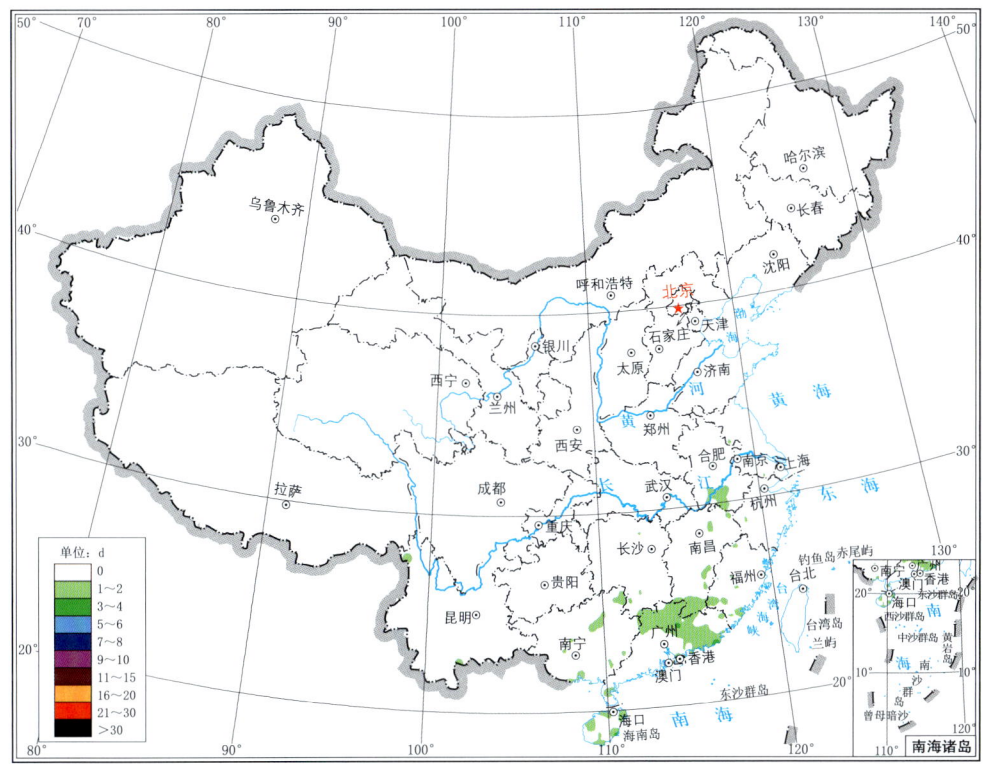

附图 7.3 1981—2010 年 30 a 3 月全国大暴雨(100.0～249.9 mm/d)总日数(d)分布图

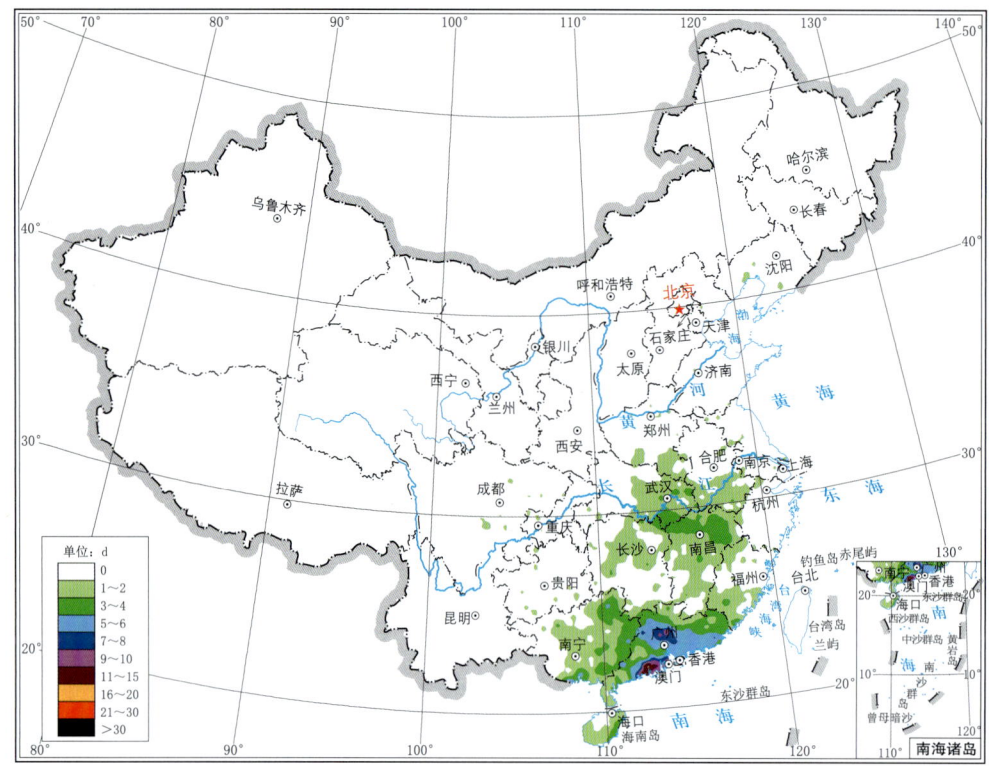

附图7.4 1981—2010年30 a 4月全国大暴雨(100.0~249.9 mm/d)总日数(d)分布图

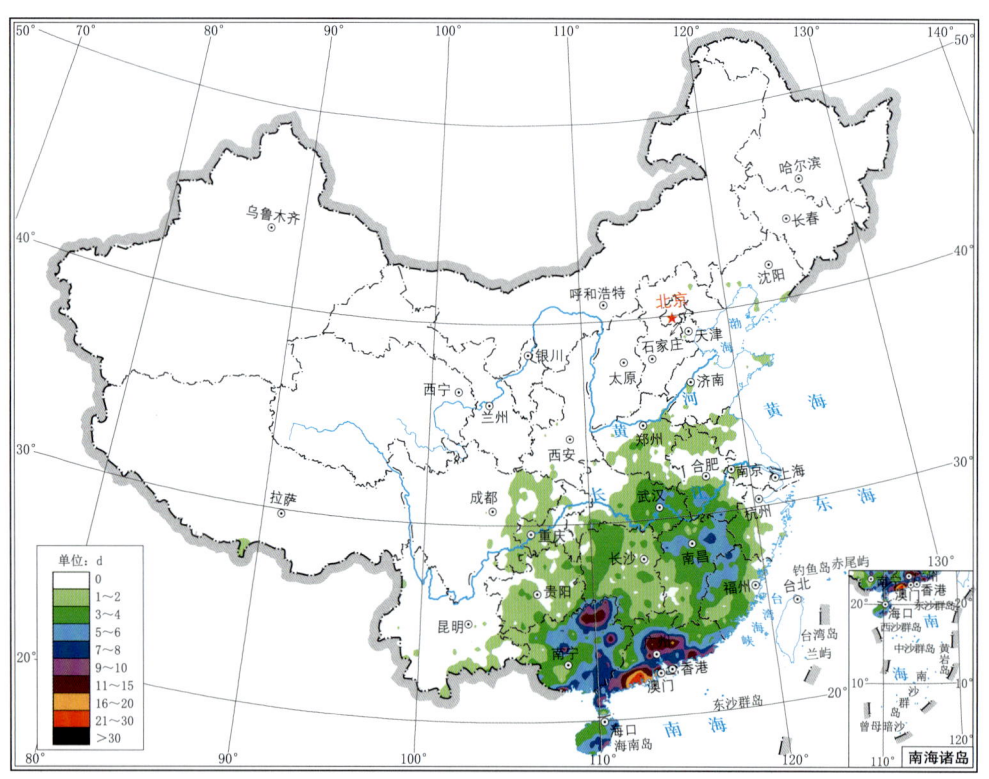

附图7.5 1981—2010年30 a 5月全国大暴雨(100.0~249.9 mm/d)总日数(d)分布图

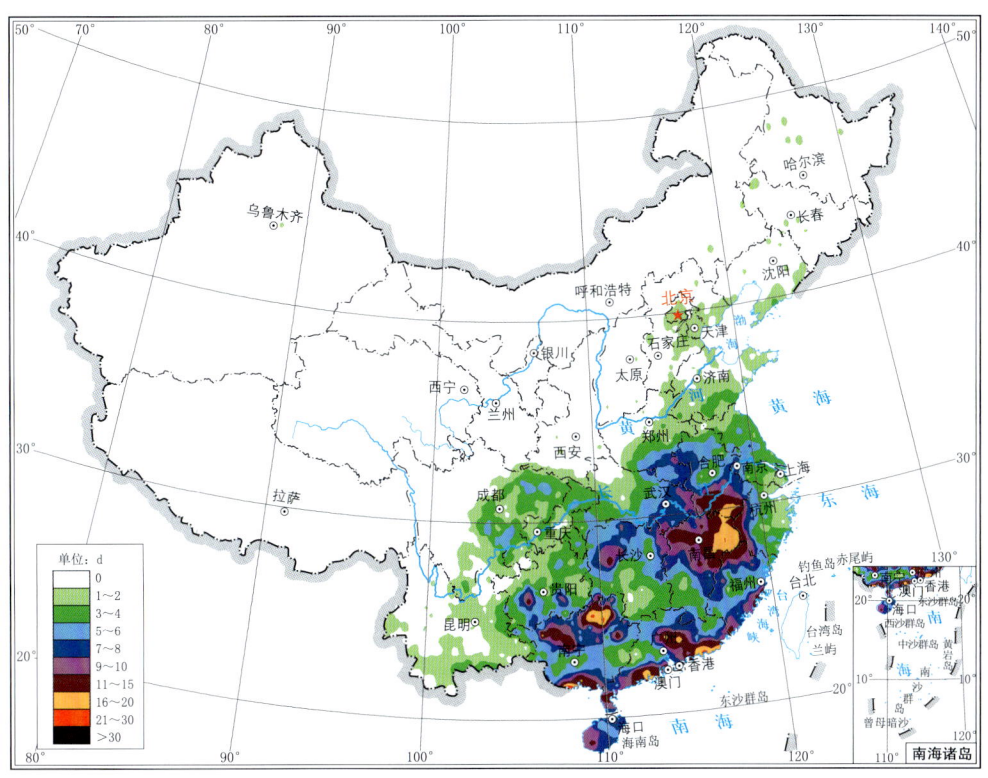

附图7.6 1981—2010年30 a 6月全国大暴雨(100.0~249.9 mm/d)总日数(d)分布图

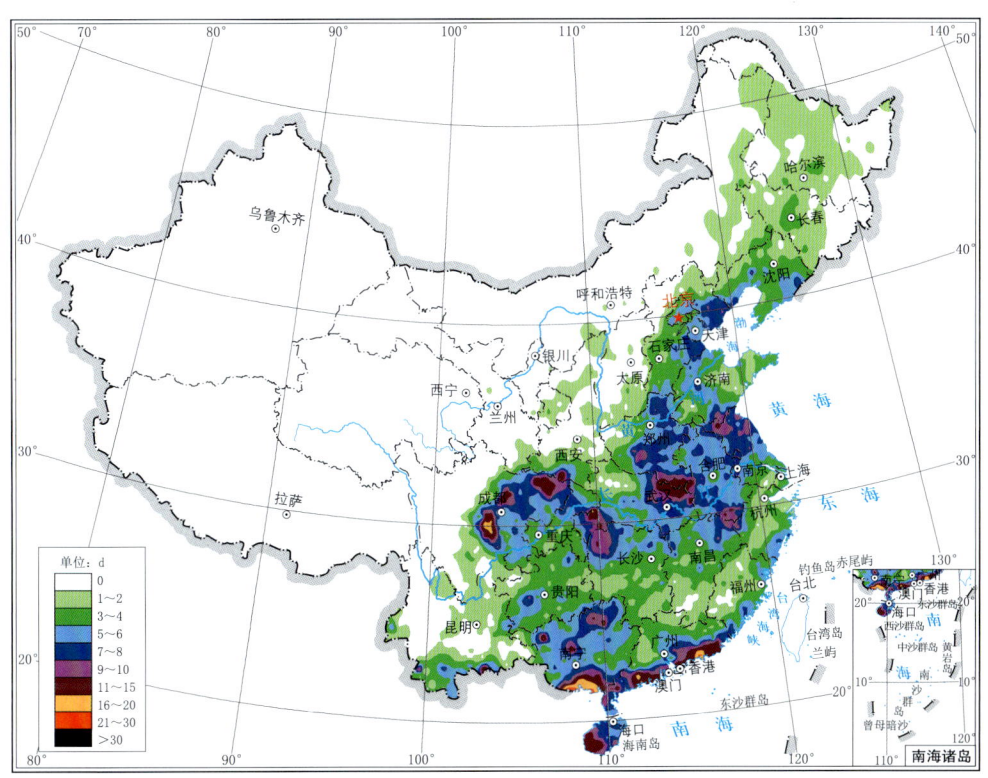

附图7.7 1981—2010年30 a 7月全国大暴雨(100.0~249.9 mm/d)总日数(d)分布图

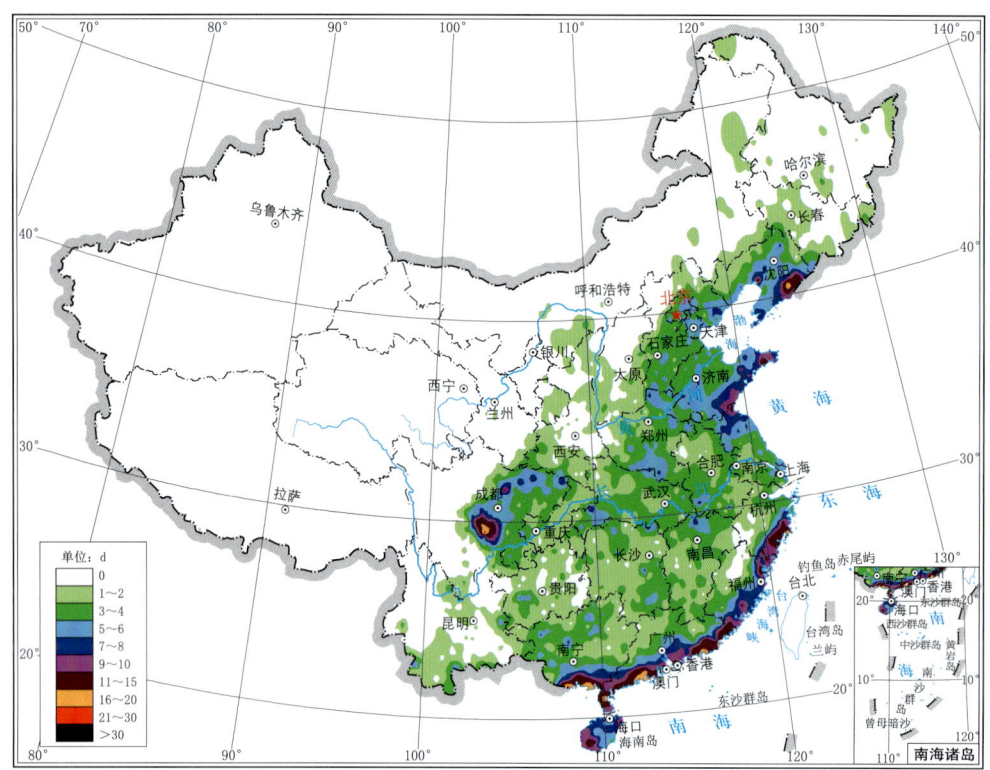

附图 7.8 1981—2010 年 30 a 8 月全国大暴雨(100.0~249.9 mm/d)总日数(d)分布图

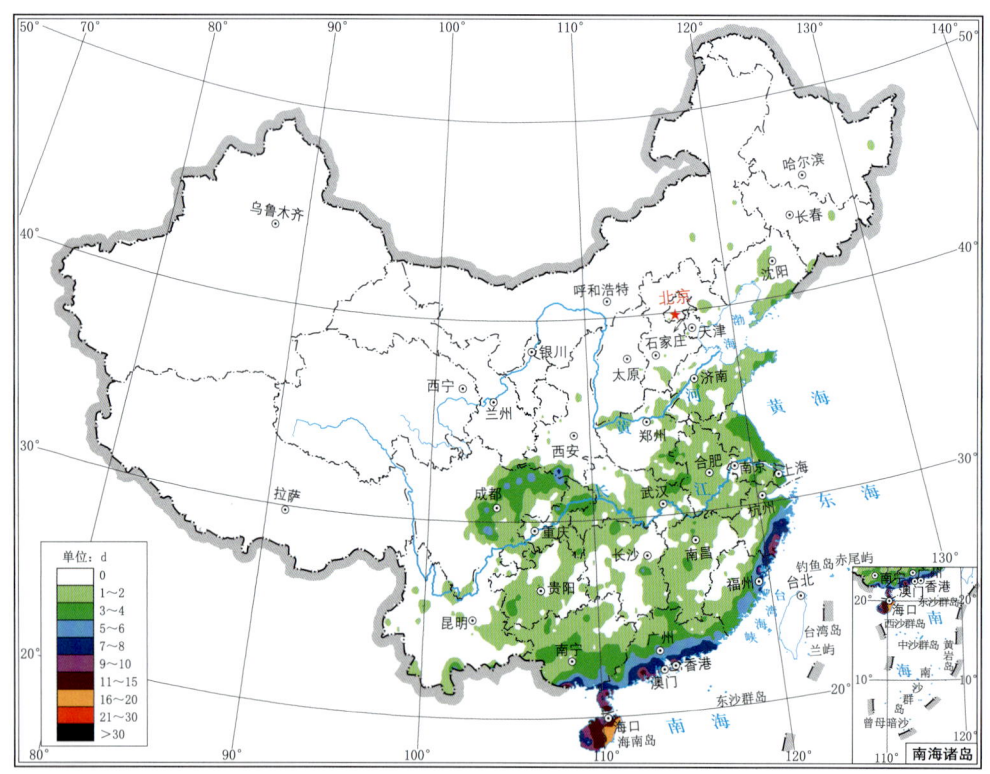

附图 7.9 1981—2010 年 30 a 9 月全国大暴雨(100.0~249.9 mm/d)总日数(d)分布图

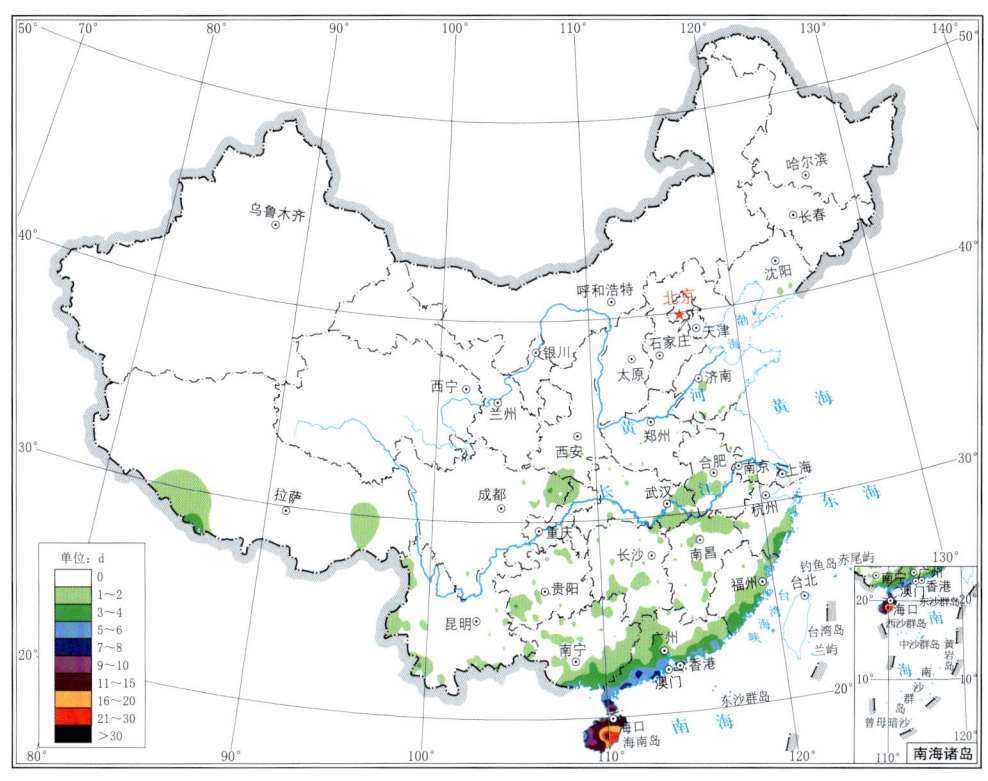

附图 7.10　1981—2010 年 30 a 10 月全国大暴雨(100.0~249.9 mm/d)总日数(d)分布图

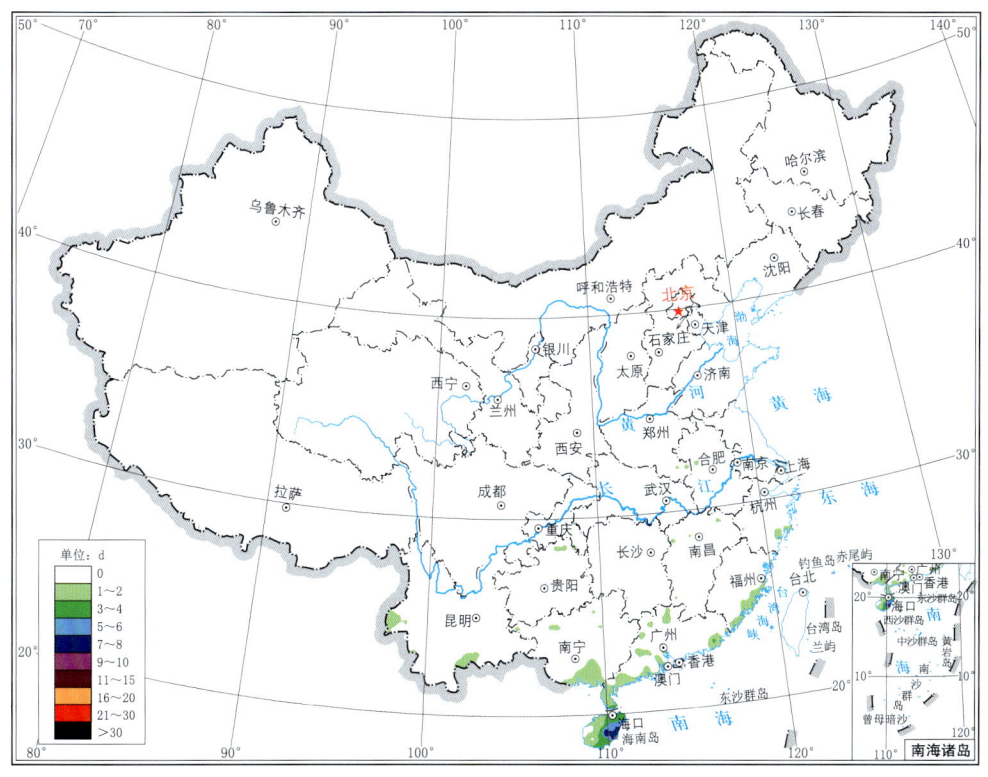

附图 7.11　1981—2010 年 30 a 11 月全国大暴雨(100.0~249.9 mm/d)总日数(d)分布图

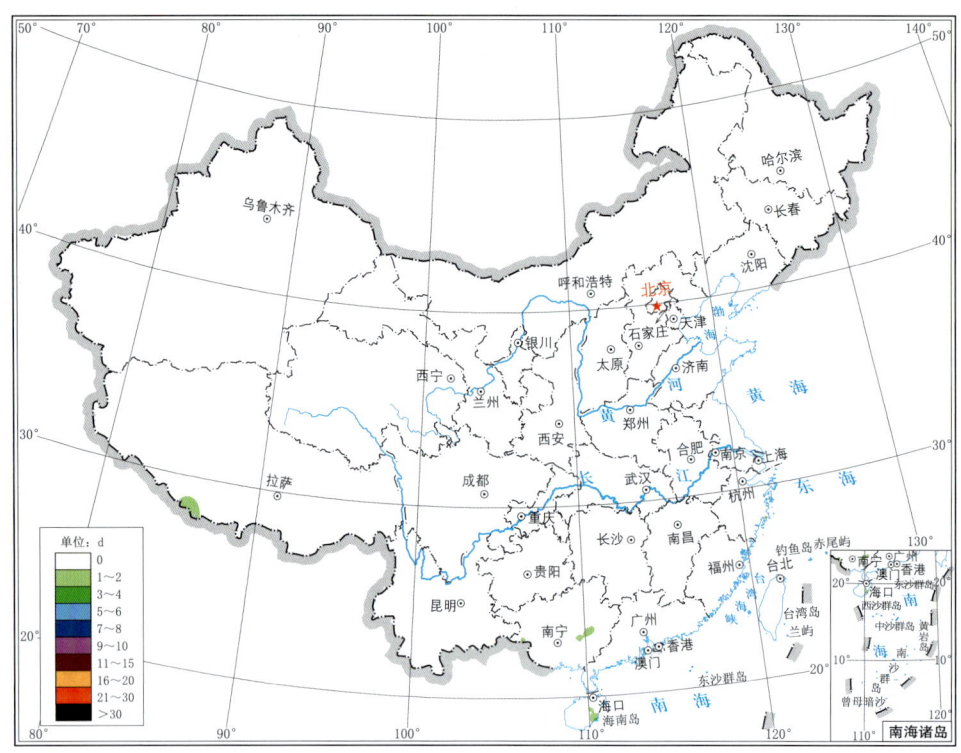

附图7.12 1981—2010年30 a 12月全国大暴雨(100.0~249.9 mm/d)总日数(d)分布图

附录8 1981—2010年30 a各月特大暴雨(≥250.0 mm/d)总日数分布

由于1981—2010年30 a间1月、2月、12月全国均未出现特大暴雨,故1月、2月、12月的特大暴雨日数图不再给出。

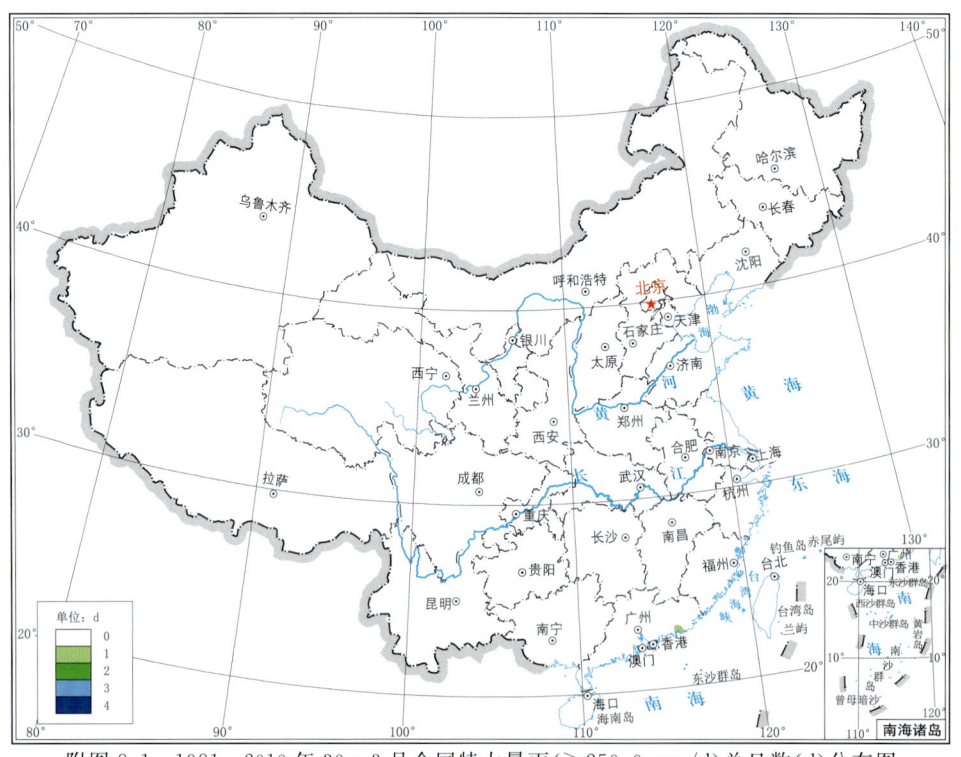

附图8.1 1981—2010年30 a 3月全国特大暴雨(≥250.0 mm/d)总日数(d)分布图

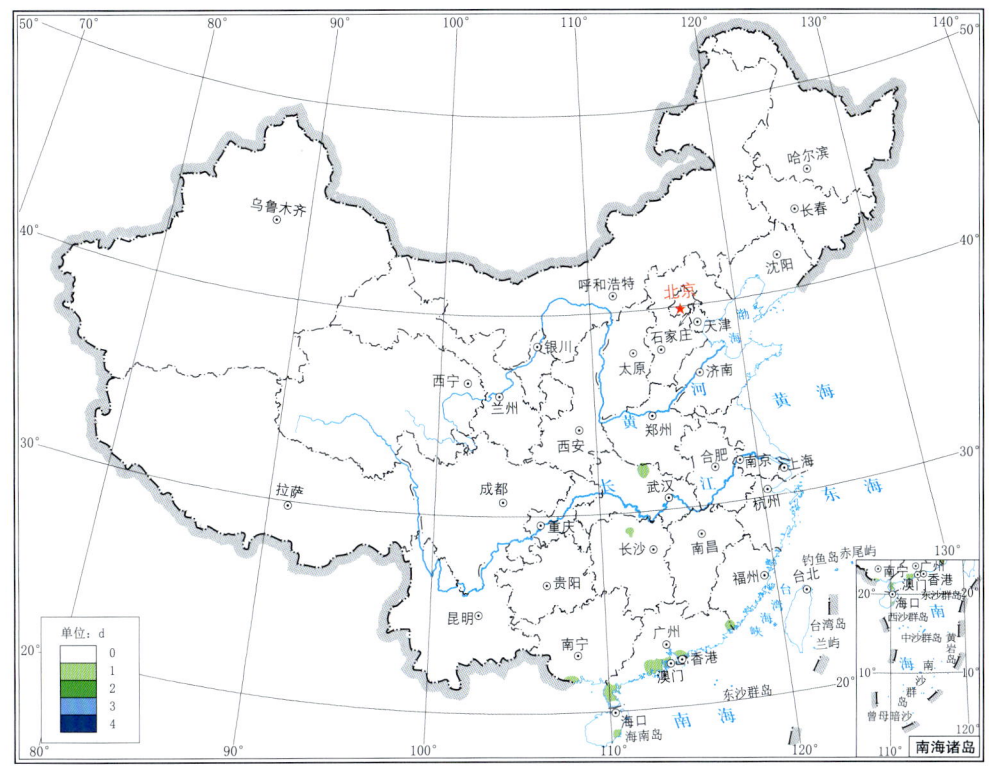

附图 8.2 1981—2010 年 30 a 4 月全国特大暴雨(≥250.0 mm/d)总日数(d)分布图

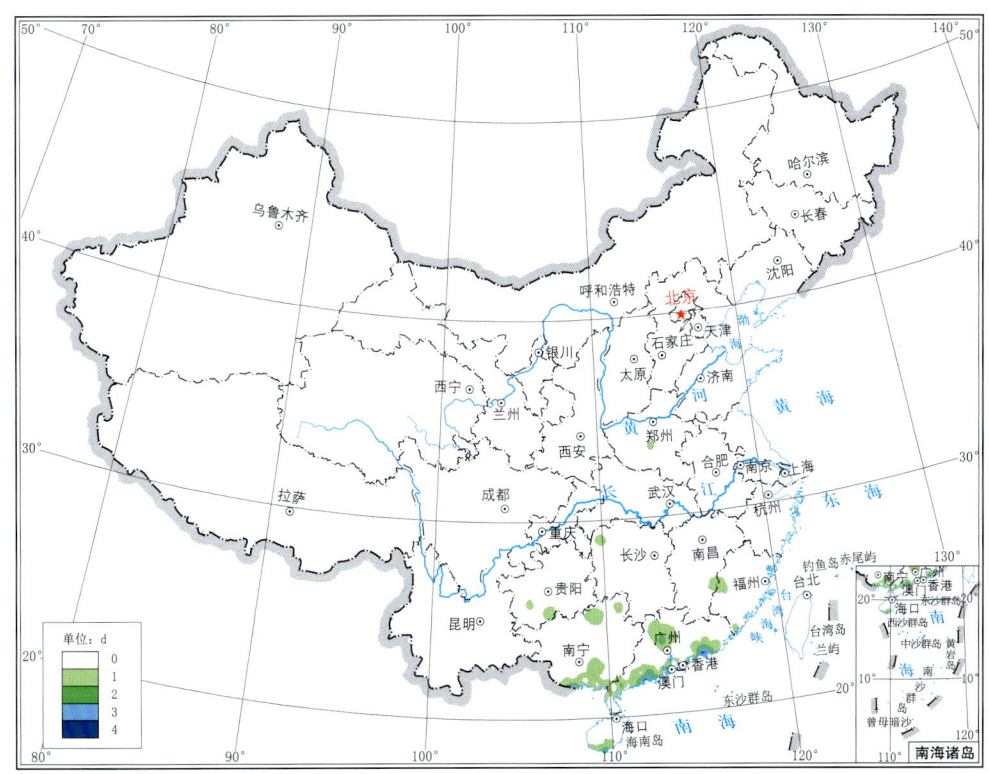

附图 8.3 1981—2010 年 30 a 5 月全国特大暴雨(≥250.0 mm/d)总日数(d)分布图

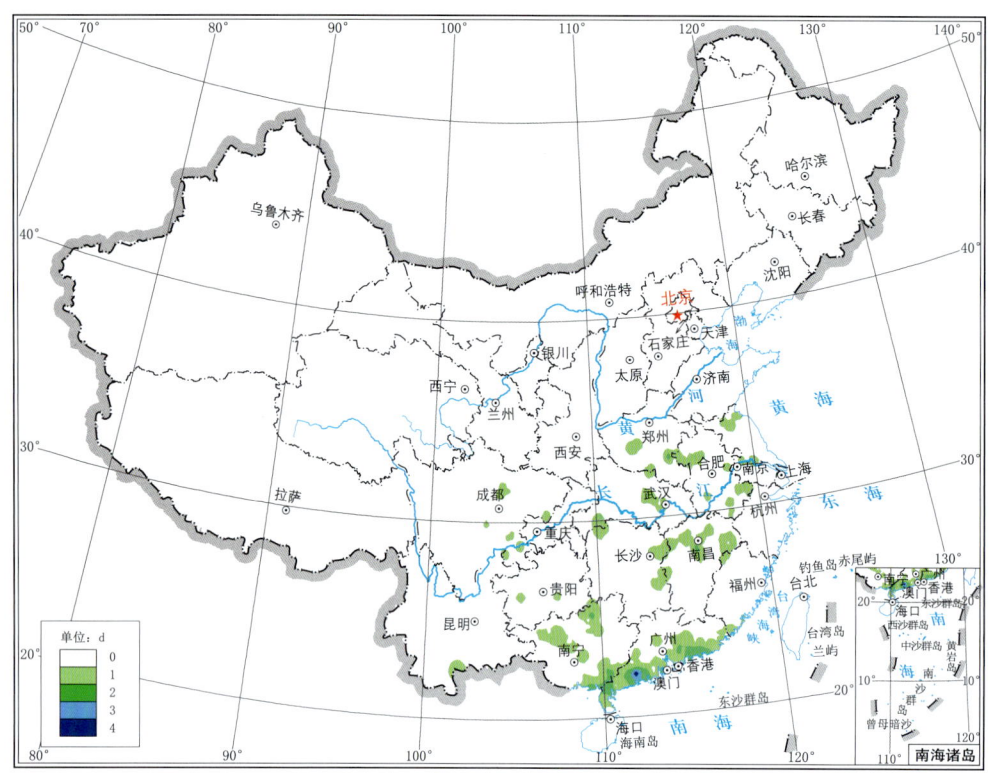

附图 8.4　1981—2010 年 30 a 6 月全国特大暴雨(≥250.0 mm/d)总日数(d)分布图

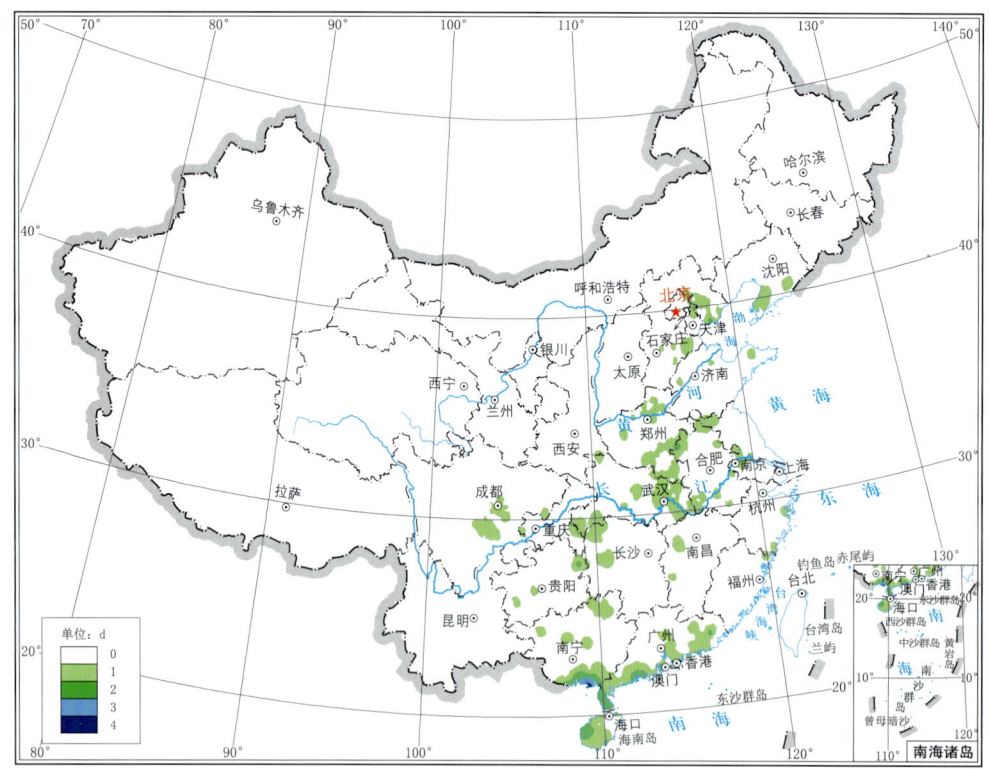

附图 8.5　1981—2010 年 30 a 7 月全国特大暴雨(≥250.0 mm/d)总日数(d)分布图

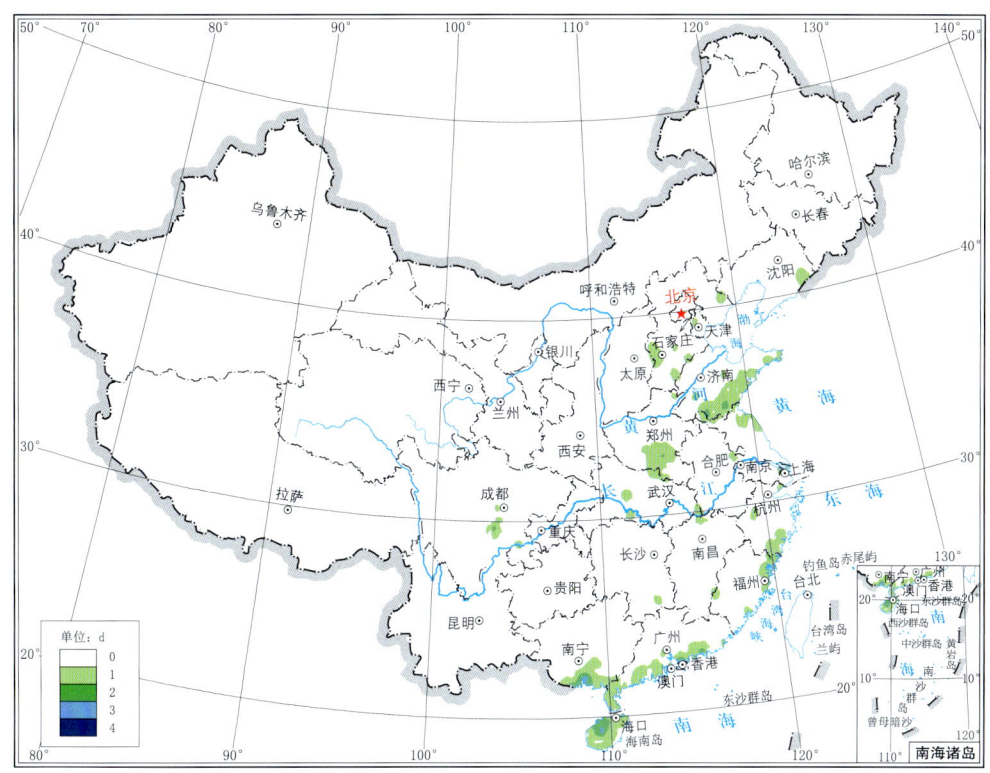

附图8.6 1981—2010年30 a 8月全国特大暴雨(≥250.0 mm/d)总日数(d)分布图

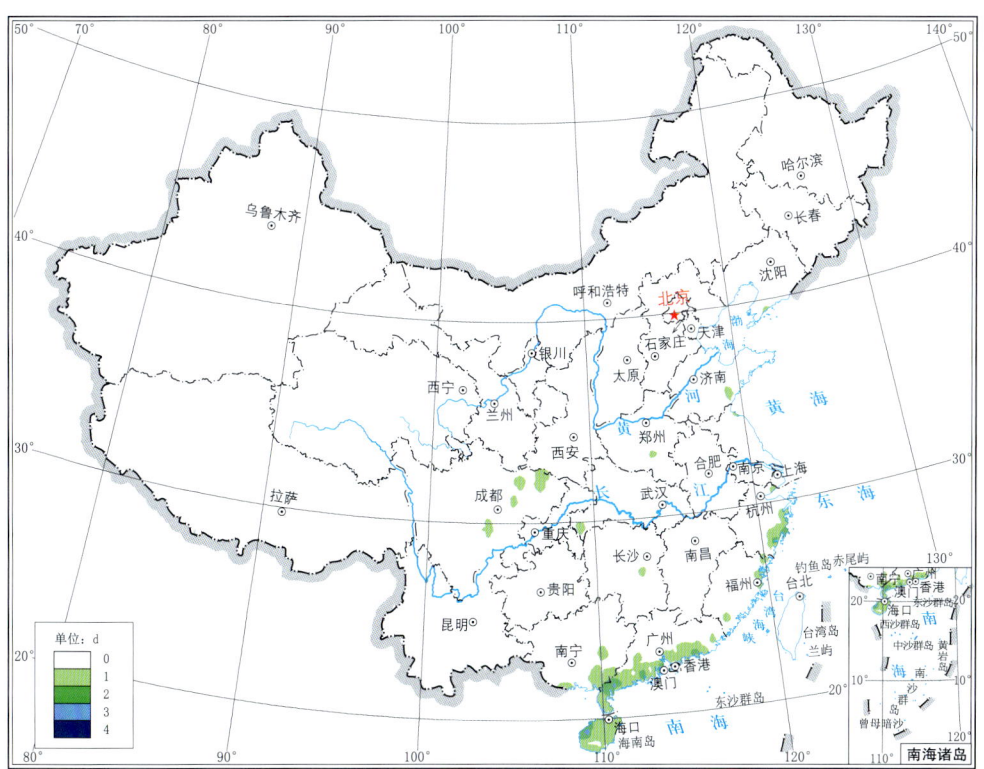

附图8.7 1981—2010年30 a 9月全国特大暴雨(≥250.0 mm/d)总日数(d)分布图

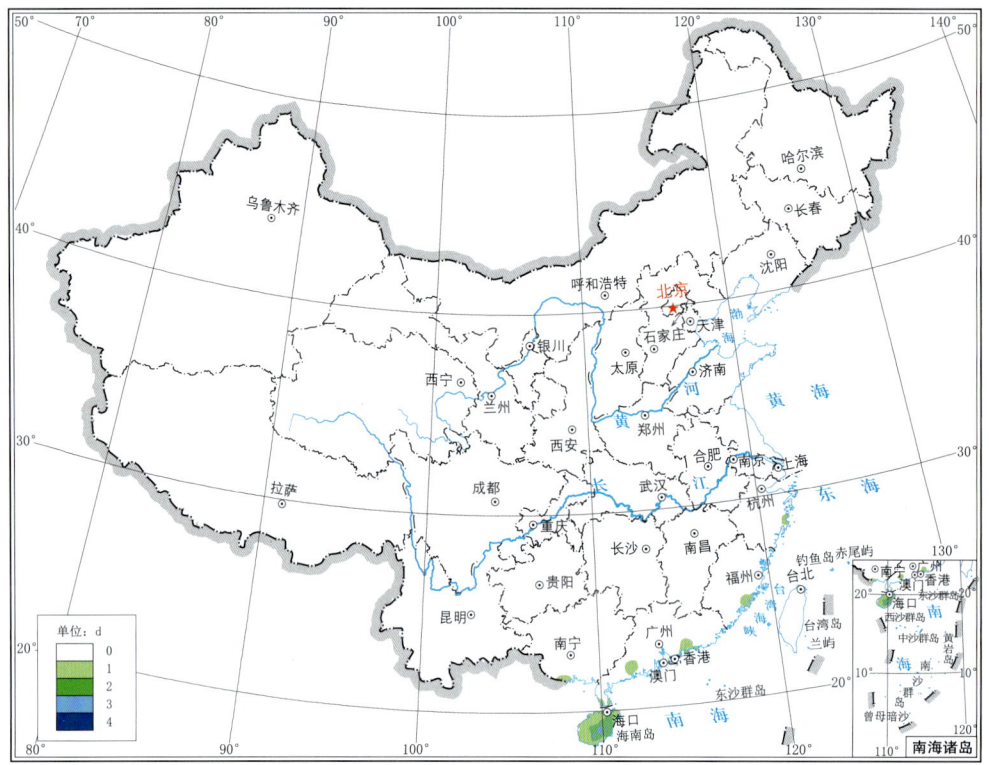

附图 8.8 1981—2010 年 30 a 10 月全国特大暴雨(≥250.0 mm/d)总日数(d)分布图

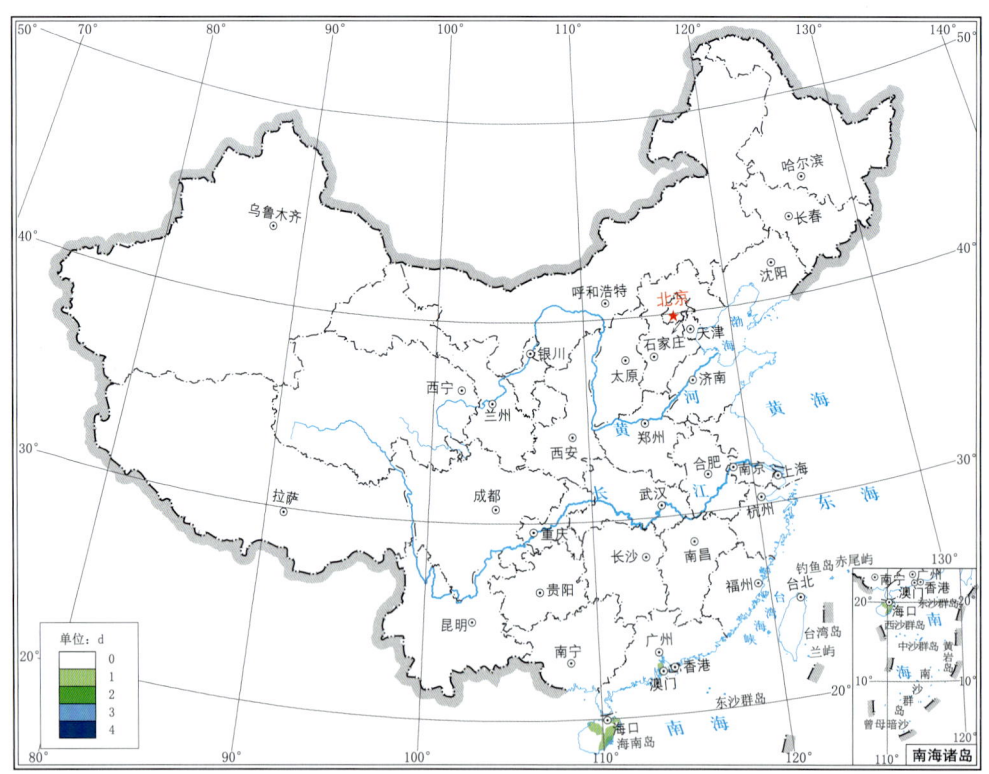

附图 8.9 1981—2010 年 30 a 11 月全国特大暴雨(≥250.0 mm/d)总日数(d)分布图

附录9 1961—2016年全国最大日降水量概况表

附表9.1a 1961—2016年全国各省(自治区、直辖市)第一季度各月最大日降水量概况表

省(自治区、直辖市)	1月			2月			3月		
	站名	降水量(mm)	出现时间(年-月-日)	站名	降水量(mm)	出现时间(年-月-日)	站名	降水量(mm)	出现时间(年-月-日)
北京	昌平	16.9	1973-01-23	霞云岭	21.6	1998-02-19	顺义	27.2	2003-03-20
天津	塘沽	16.0	2010-01-03	北辰区	24.2	1979-02-23	静海	39.8	2015-03-31
河北	昌黎	17.5	1973-01-24	昌黎	31.1	1962-02-10	兴隆	59.5	2003-03-20
山西	沁水	17.4	1967-01-27	运城	23.1	1979-02-22	闻喜	45.4	1979-03-29
内蒙古	呼和浩特	10.6	1981-01-18	凉城	25.3	1979-02-21	多伦县	47.0	1964-03-15
辽宁	丹东	34.0	1964-01-12	本溪	41.1	1962-02-10	东港	97.5	2007-03-04
吉林	珲春	34.7	2002-01-07	集安	43.9	2009-02-13	柳河	42.8	2007-03-04
黑龙江	双鸭山	21.5	2007-01-31	东宁	25.9	1990-02-20	虎林	37.1	2007-03-05
上海	南汇	49.8	1998-01-17	金山	50.5	2010-02-18	金山	68.5	1993-03-25
江苏	宜兴	61.0	1984-01-18	无锡	65.3	1979-02-22	盱眙	110.9	1991-03-07
浙江	龙泉	77.1	1998-01-14	开化	78.7	1975-02-05	衢州	106.4	1983-03-23
安徽	怀宁	65.2	2010-01-11	巢湖	200.0*	2001-02-08	巢湖	200.0	2001-03-09
福建	明溪	90.9	2003-01-26	诏安	135.2	1985-02-08	武平	148.4	1980-03-06
江西	石城	109.5	1989-01-07	新余	119.1	2004-02-29	龙南	155.3	1980-03-06
山东	临沂	39.0	1964-01-11	微山	40.0	1992-02-29	日照	60.6	2007-03-04
河南	信阳	63.7	1969-01-28	鹿邑	54.0	2004-02-21	鸡公山	97.4	1993-03-13
湖北	黄梅	62.8	2001-01-06	石首	81.4	2015-02-20	黄陂	87.9	1969-03-27
湖南	嘉禾	76.7	1980-01-28	新田	99.7	1994-02-11	新田	139.5	1990-03-23
广东	增城	127.6	1964-01-01	揭阳	130.2	1985-02-08	陆丰	267.1*	1992-03-26
广西	浦北	123.9	1969-01-30	平南	131.8	1983-02-28	岑溪	181.7	2014-03-30
海南	西沙	305.8*	1975-01-27	陵水	181.6	2005-02-27	万宁	224.8	1984-03-22
重庆	酉阳	41.4	1999-01-11	璧山	46.7	2007-02-07	涪陵	100.9	2014-03-20
四川	宁南	49.0	1962-01-29	通江	64.3	1998-02-13	蓬溪	75.6	1969-03-28
贵州	铜仁	47.4	1969-01-11	三都	71.5	2002-02-19	绥阳	107.1	1969-03-28
云南	西盟	137.3	2015-01-09	河口	104.8	2001-02-25	江城	111.0	1973-03-08
西藏	帕里	20.6	1966-01-04	帕里	31.0	1989-02-19	波密	44.8	2011-03-25
陕西	华山	22.9	2001-01-08	蓝田	51.0	2004-02-20	镇巴	54.5	1997-03-13
甘肃	合作	9.7	2015-01-05	徽县	18.8	2004-02-20	岷县	40.4	1967-03-28
青海	杂多	18.5	2008-01-24	杂多	13.5	2014-02-16	湟中	21.7	1990-03-26
宁夏	中卫	11.1	1993-01-07	泾源	12.8	1982-02-25	盐池	39.7	1990-03-24
新疆	伊宁县	27.4	2010-01-02	乌苏	40.2	2010-02-23	阿图什	47.3	1990-03-22

注：以*标注的数值为当月全国最大日降水量。

附表 9.1b 1961—2016 年全国各省（自治区、直辖市）第二季度各月最大日降水量概况表

省（自治区、直辖市）	4月			5月			6月		
	站名	降水量(mm)	出现时间(年-月-日)	站名	降水量(mm)	出现时间(年-月-日)	站名	降水量(mm)	出现时间(年-月-日)
北京	北京	51.0	1964-04-05	门头沟	106.1	1977-05-30	门头沟	190.5	2002-06-25
天津	城监站	106.8	1998-04-22	静海	123.0	1998-05-20	天津	130.5	1986-06-27
河北	玉田	106.2	1983-04-26	威县	115.7	2008-05-03	昌黎	201.2	1979-06-24
山西	沁源	83.4	1975-04-18	晋城	121.0	1992-05-05	高平	136.1	1980-06-29
内蒙古	科左中旗	64.2	1983-04-26	喀喇沁旗	72.3	1994-05-03	翁牛特旗	143.2	1991-06-11
辽宁	北宁	156.3	1983-04-26	丹东	151.2	1995-05-19	兴城	226.9	2006-06-29
吉林	前郭	89.2	1983-04-26	镇赉	97.4	2011-05-31	磐石	135.4	1977-06-29
黑龙江	肇源	63.4	1983-04-26	哈尔滨	79.1	1977-05-31	拜泉	156.0	1979-06-04
上海	奉贤	99.0	1983-04-14	金山	134.5	2008-05-28	嘉定	179.0	1999-06-30
江苏	昆山	113.1	1979-04-01	睢宁	229.7	1963-05-29	泰兴	312.2	1975-06-24
浙江	建德	141.2	2012-04-24	石浦	281.6	1976-05-25	大陈	224.9	2013-06-07
安徽	黄山区	144.4	1977-04-27	祁门	238.8	1995-05-20	阜南	346.0	1984-06-13
福建	漳浦	293.7	1969-04-13	宁化	334.8	1994-05-02	东山	350.4	2009-06-26
江西	修水	221.8	1999-04-24	广昌	327.4	1962-05-27	靖安	399.7	1977-06-15
山东	泰山	129.0	2003-04-18	邹平	180.6	2009-05-10	枣庄	244.5	1999-06-15
河南	新野	194.2	1973-04-29	民权	253.7	1963-05-19	桐柏	353.1	1989-06-07
湖北	枣阳	260.9	1973-04-29	监利	260.7	2006-05-25	武汉	298.5	1982-06-20
湖南	常德	251.1	1999-04-24	永顺	344.1	1995-05-31	桑植	373.8	1983-06-26
广东	珠海	620.3*	2010-04-14	清远	640.6*	1982-05-12	阳江	605.3*	2001-06-08
广西	融安	291.3	1968-04-09	灵山	498.3	1981-05-31	来宾	441.2	2010-06-01
海南	万宁	303.5	1961-04-16	三亚	327.5	1986-05-20	东方	329.8	2015-06-23
重庆	北碚	132.8	1975-04-27	彭水	210.8	2007-05-24	垫江	211.5	1979-06-04
四川	绵阳	155.1	1998-04-29	蓬溪	242.9	2007-05-30	遂宁	323.7	2013-06-30
贵州	六枝	162.9	1997-04-29	罗甸	336.7	1976-05-24	都匀	307.4	2010-06-08
云南	贡山	96.8	1973-04-15	河口	209.8	1985-05-16	江城	250.1	1987-06-02
西藏	波密	74.4	1985-04-26	帕里	130.0	2009-05-26	波密	75.2	1982-06-10
陕西	华山	93.7	1973-04-10	凤翔	144.2	1978-05-29	佛坪	203.3	2002-06-09
甘肃	庄浪	85.4	1973-04-28	文县	73.0	1987-05-30	张家川	113.6	2013-06-20
青海	互助	49.3	1964-04-19	贵南	49.4	1972-05-10	茶卡	70.6	2013-06-19
宁夏	惠农	39.9	2015-04-01	泾源	62.6	1967-05-16	西吉	90.5	2013-06-20
新疆	于田	46.6	1961-04-23	天池	59.9	1961-05-17	天池	131.7	2010-06-23

注：以 * 标注的数值为当月全国最大日降水量。

附表 9.1c 1961—2016 年全国各省（自治区、直辖市）第三季度各月最大日降水量概况表

省（自治区、直辖市）	7月			8月			9月		
	站名	降水量（mm）	出现时间（年-月-日）	站名	降水量（mm）	出现时间（年-月-日）	站名	降水量（mm）	出现时间（年-月-日）
北京	霞云岭	289.0	2012-07-21	丰台	220.3	1963-08-09	北京	106.0	2014-09-02
天津	蓟县	353.5	1978-07-25	武清	265.1	1984-08-10	蓟县	112.4	1987-09-03
河北	遵化	343.1	1978-07-25	邯郸	518.5	1963-08-04	抚宁	154.4	1986-09-01
山西	垣曲	244.0	2007-07-30	阳泉	261.5	1966-08-23	安泽	165.5	2005-09-20
内蒙古	乌审召	245.0	1961-07-22	科左后旗	178.4	2003-08-06	林西县	130.8	1986-09-02
辽宁	熊岳	331.7	1975-07-31	宽甸	271.7	1996-08-11	长海	253.1	1992-09-01
吉林	公主岭	194.5	1989-07-22	扶余	188.7	1994-08-06	敦化	138.7	1999-09-08
黑龙江	海伦	153.6	2013-07-30	甘南	201.6	1998-08-10	宝清	109.3	1973-09-11
上海	崇明	211.1	1976-07-02	宝山	394.5	1977-08-22	南汇	254.9	1963-09-13
江苏	徐州	315.4	1997-07-17	沛县	340.7	1981-08-09	西连岛	432.2	1985-09-02
浙江	宁海	355.7	1988-07-30	乐清	288.5	1965-08-20	乐清	446.7	1981-09-23
安徽	界首	440.4	1972-07-02	含山	401.7	2008-08-01	岳西	493.1	2005-09-03
福建	柘荣	472.5	2005-07-19	柘荣	415.2	2009-08-09	柘荣	381.7	1969-09-27
江西	南丰	315.2	2012-07-17	景德镇	364.6	2012-08-10	庐山	351.4	2005-09-02
山东	成山头	474.6	1963-07-18	诸城	619.7	1999-08-12	胶南	393.7	2012-09-21
河南	延津	379.1	2010-07-06	上蔡	755.1*	1975-08-07	遂平	254.5	1984-09-07
湖北	阳新	538.7	1994-07-12	远安	392.0	1990-08-15	咸丰	304.8	1983-09-09
湖南	张家界	455.5	2003-07-09	郴州	294.6	1999-08-13	南岳	311.2	1991-09-08
广东	珠海	560.4	1994-07-22	徐闻	417.1	2008-08-07	恩平	433.1	1965-09-28
广西	北海	509.2	1981-07-24	东兴	337.7	1969-08-12	北海	352.2	2002-09-27
海南	西沙	617.1*	1977-07-20	东方	368.4	2001-08-30	西沙	633.8*	1995-09-06
重庆	黔江	306.9	1982-07-28	铜梁	233.4	2009-08-03	开县	295.3	2004-09-05
四川	峨眉	524.7	1993-07-29	峨眉	374.3	1995-08-24	三台	283.5	1981-09-02
贵州	清镇	287.8	2014-07-16	长顺	247.8	2015-08-28	关岭	272.4	2001-09-08
云南	彝良	235.4	1992-07-13	江城	249.7	2003-08-27	鹤庆	174.2	1965-09-06
西藏	波密	65.1	1988-07-04	波密	75.9	2015-08-19	波密	80.0	1982-09-16
陕西	镇巴	238.2	1978-07-02	宁陕	304.5	2003-08-29	镇巴	253.3	1968-09-12
甘肃	庆城	190.2	1966-07-26	成县	180.7	1968-08-02	徽县	126.8	1983-09-06
青海	尖扎	75.5	1963-07-23	大通	119.9	2013-08-22	同仁	76.1	2010-09-21
宁夏	隆德	131.7	1977-07-05	麻黄山	133.5	1984-08-02	固原	61.2	1966-09-02
新疆	天池	101.0	2007-07-17	小渠子	84.1	2011-08-27	塔城	64.6	2015-09-21

注：以 * 标注的数值为当月全国最大日降水量。

附表 9.1d 1961—2016 年全国各省(自治区、直辖市)第四季度各月最大日降水量概况表

省(自治区、直辖市)	10月			11月			12月		
	站名	降水量(mm)	出现时间(年-月-日)	站名	降水量(mm)	出现时间(年-月-日)	站名	降水量(mm)	出现时间(年-月-日)
北京	密云	76.7	1970-10-23	顺义	56.5	2012-11-04	丰台	18.5	1977-12-15
天津	静海	134.3	2003-10-11	蓟县	77.5	2012-11-04	宝坻	23.0	1981-12-18
河北	沧州	144.9	2003-10-11	抚宁	86.4	2012-11-04	秦皇岛	38.1	1979-12-19
山西	昔阳	92.2	1968-10-06	阳城	43.8	1981-11-08	介休	17.8	1994-12-10
内蒙古	舍伯吐	72.4	1995-10-14	土默特左旗	46.2	2004-11-03	通辽	23.3	1979-12-19
辽宁	凤城	195.6	1991-10-24	宽甸	59.9	1966-11-06	旅顺	51.4	1979-12-19
吉林	珲春	80.1	1994-10-04	延吉	66.5	1964-11-12	辽源	25.0	1979-12-19
黑龙江	尚志	65.6	1995-10-14	尚志	40.7	2013-11-18	虎林	27.7	2014-12-01
上海	松江	224.6	2013-10-08	奉贤	88.2	2009-11-0	南汇	57.4	1972-12-22
江苏	启东	233.5	2013-10-08	射阳	105.9	1967-11-01	宜兴	52.5	1974-12-31
浙江	余姚	395.6	2013-10-07	大陈	164.4	1961-11-16	温岭	120.7	1972-12-22
安徽	池州	162.9	1983-10-05	霍邱	120.1	1984-11-10	岳西	72.8	2002-12-17
福建	崇武	311.5	1999-10-09	晋江	162.8	1986-11-16	厦门	113.2	2015-12-09
江西	婺源	187.7	1972-10-18	新建	141.3	2005-11-09	铅山	90.5	1994-12-10
山东	宁津	175.1	2003-10-11	崂山	116.8	1961-11-20	成山头	48.3	1992-12-27
河南	柘城	207.5	1992-10-02	新县	132.5	1965-11-07	淮滨	42.1	1991-12-24
湖北	赤壁	183.8	1987-10-13	通城	113.8	2005-11-10	江夏	75.4	2002-12-17
湖南	临湘	213.6	1987-10-13	桂东	127.1	2015-11-16	祁东	95.2	2002-12-18
广东	汕尾	438.2	1975-10-14	中山	279.2	1993-11-05	上川岛	148.9	1974-12-02
广西	金秀	335.5	2015-10-05	北海	320.4	2013-11-11	涠洲岛	185.2	1983-12-20
海南	琼海	614.7*	2010-10-05	陵水	413.7*	1970-11-23	西沙	192.0*	2006-12-13
重庆	开县	195.6	1992-10-03	酉阳	84.9	1996-11-05	秀山	36.7	1962-12-14
四川	平昌	214.4	1973-10-06	雅安	123.3	1979-11-03	开江	34.2	1997-12-21
贵州	镇远	178.6	1964-10-17	正安	119.0	1996-11-05	天柱	71.7	2010-12-12
云南	砚山	169.5	1983-10-24	元阳	169.3	1981-11-07	勐腊	149.4	2013-12-15
西藏	波密	131.4	1988-10-06	帕里	67.2	1995-11-10	波密	29.9	1981-12-11
陕西	宁陕	110.0	1999-10-01	宁陕	86.5	1994-11-13	白河	20.4	1979-12-20
甘肃	武山	57.7	2002-10-18	和政	37.8	1961-11-18	宁县	11.6	1975-12-07
青海	托托河	50.2	1985-10-18	湟中	25.7	1972-11-14	化隆	25.1	1961-12-11
宁夏	固原	46.6	2010-10-10	西吉	25.6	1979-11-03	海原	12.1	2015-12-12
新疆	博乐	48.7	2011-10-21	伊宁	41.0	2004-11-02	新源	34.6	1996-12-30

注:以 * 标注的数值为当月全国最大日降水量。

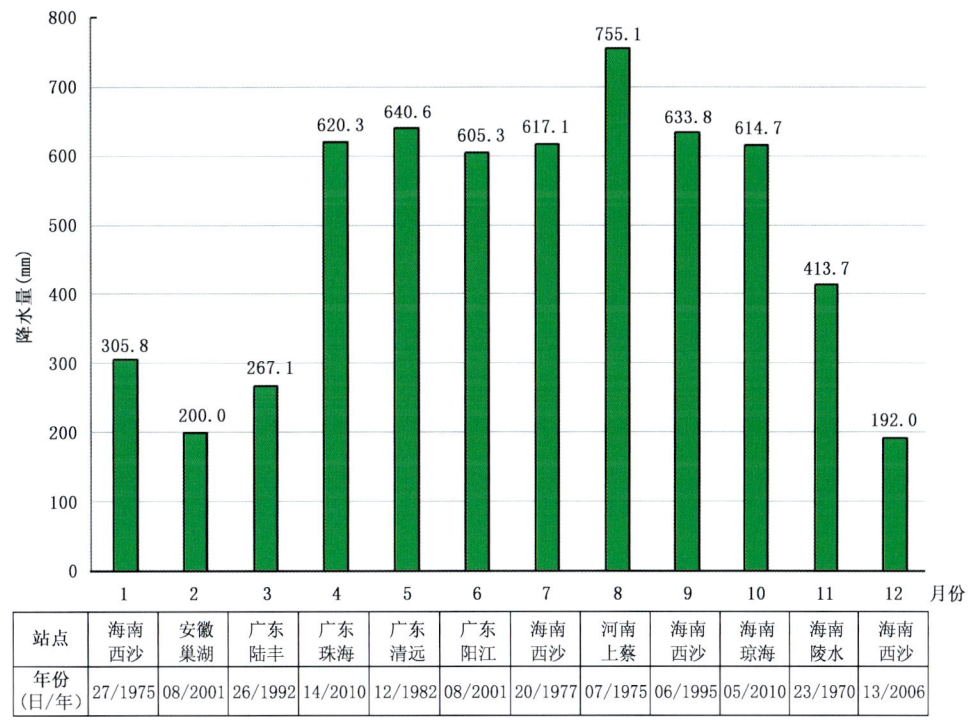

附图 9.1　1961—2016 年 1—12 月全国最大日降水量直方图
（图下方表格为与横坐标月份对应的最大日降水量出现的站点和时间）

附录 10　1981—2010 年 30 a 平均年降水量≤300.0 mm 的区域分布

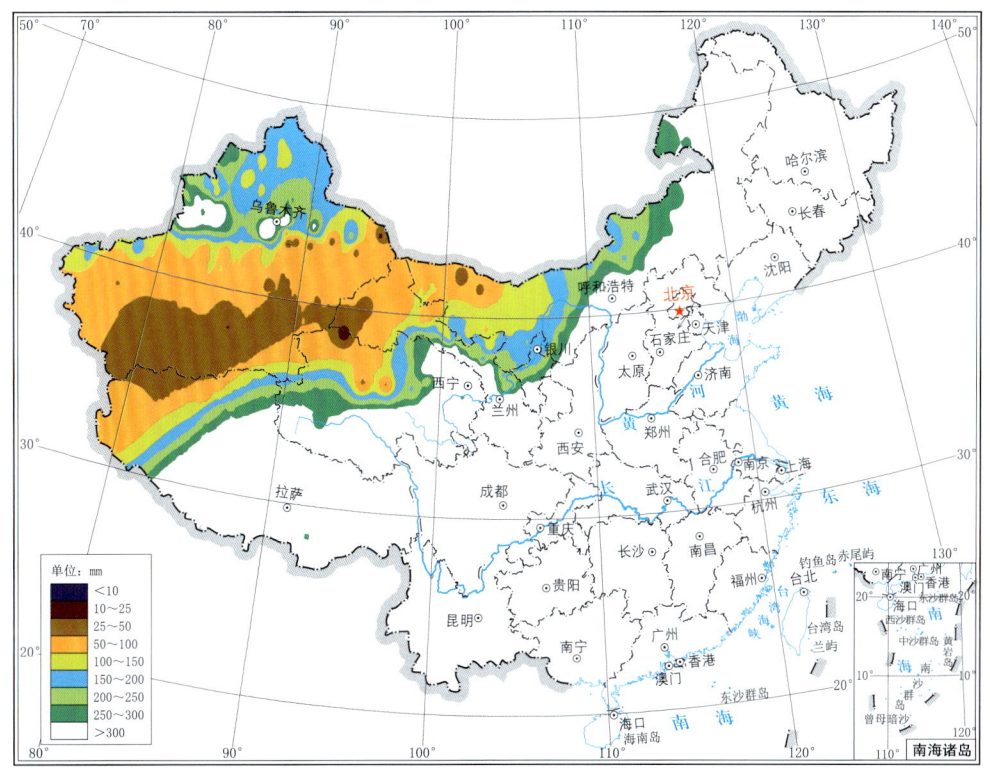

附图 10.1　1981—2010 年 30 a 平均年降水量≤300.0 mm 的区域分布图（单位：mm）